Einführung in die Nachrichtentechnik

Herausgegeben von Alfons Gottwald

Im Zeitalter der Kommunikation ist die ELEKTRISCHE NACHRICHTENTECHNIK eine vielschichtige Wissenschaft: Ihre rasche Entwicklung und Auffächerung zwingt Studenten, Fachleute und Spezialisten immer wieder, sich erneut mit sehr unterschiedlichen physikalischen Erscheinungen, mathematischen Hilfsmitteln, nachrichtentechnischen Theorien und ihren breiten oder sehr speziellen praktischen Anwendungen zu befassen.

EINFÜHRUNG IN DIE NACHRICHTENTECHNIK ist daher eine ebenso vielfältige Aufgabe. Dieser Vielfalt wollen unsere Autoren gerecht werden: Aus ihrer fachlichen und pädagogischen Erfahrung wollen sie in einer REIHE verschiedenartiger Darstellungen verschiedener Schwierigkeitsgrade EINFÜHRUNG IN DIE NACHRICHTENTECHNIK vermitteln.

Estimations-theorie I

Grundlagen und stochastische Konzepte

von
Privatdozent Dr.-Ing. Otmar Loffeld

Mit 52 Bildern

R. Oldenbourg Verlag München Wien 1990

Titel der Habilitationsschrift
„Grundlagen, Konzepte und Anwendungen der Estimationstheorie“

CIP-Titelaufnahme der Deutschen Bibliothek

Loffeld, Otmar:
Estimationstheorie / von Otmar Loffeld. – München ; Wien :
Oldenbourg
(Einführung in die Nachrichtentechnik)

1. Grundlagen und stochastische Konzpete. – 1990
ISBN 3-486-21616-3

Gesamtherstellung: Huber KG, Dießen

ISBN 3-486-21616-3

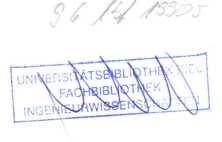

Inhalt

Estimationstheorie I: Grundlagen und stochastische Konzepte

Estimationstheorie II: Anwendungen – Kalman–Filter

Vorwort

Die vorliegende, zweibändige Darstellung der Grundlagen, Konzepte und Anwendungen der Estimationstheorie entstand während meiner Lehr– und Forschungstätigkeit am Institut für Nachrichtenverarbeitung der Universität–GH–Siegen. Diese Darstellung stellt eine stoffliche Obermenge zu einer zweisemestrigen Wahlvorlesung dar, die ich seit 1986 für alle Elektrotechniker im Hauptstudium an der Universität Siegen halte.

Die Konzepte der Estimationstheorie sind in der ingenieurwissenschaftlichen Ausbildung, speziell in der elektrischen Nachrichtentechnik, noch verhältnismäßig neu und wenig arriviert. Dies stellt ein krasses Mißverhältnis zu ihrer Bedeutung und auch Leistungsfähigkeit dar. Andererseits sind wichtige Grundlagen der Estimationstheorie in Form von Wahrscheinlichkeitstheorie und Stochastik in der Mathematik sehr wohl vorhanden und sehr gut ausgebaut. Dieser Fundus an Grundlagen ist jedoch, selbst für ausgebildete Ingenieure, häufig nur wenig nutzbar, da der durch die Rigorosität der Darstellung bedingte mathematische Formalismus (etwa die Satz–Beweis–Struktur vieler mathematischer Darstellungen) häufig den Blick auf die technisch nutzbare Anwendung verstellt. Eine andere Schwierigkeit der Anwendung mathematischen Grundlagenwissens besteht zum anderen auch häufig darin, daß die 'Ingenieurkunst' aus einer 'Gratwanderung' zwischen nur unter speziellen mathematischen Randbedingungen gültigen Sätzen und ingenieurwissenschaftlichen, rigoros mathematisch allerdings wenig nachvollziehbaren Abstraktionen der realen Welt (wie etwa dem 'weißen Rauschen') besteht.

Die Grundlagen der Estimationstheorie ergeben sich grob aus vier verschiedenen Gebieten. Zwei dieser Gebiete, die Beschreibung von Systemen im Zustandsraum und die Beschreibung von linearen, zeitinvarianten Systemen mit Hilfe von Übertragungsfunktionen im Laplace–, Fourier– und Z–Bereich sind in der ingenieurwissenschaftlichen Ausbildung sehr wohl vertreten. Jedoch werden diese Gebiete häufig wenig zusammenhängend und noch dazu mit verschiedenartiger Zielsetzung zum einen in der Regelungstechnik und zum anderen in der klassischen Nachrichtentechnik vorgestellt. Die beiden anderen Grundlagenlieferanten sind die Wahrscheinlichkeitstheorie und die Stochastik, die häufig immer noch als mathematische Spezialgebiete gelten. Aus dieser Situation heraus ergab sich die Notwendigkeit, die benötigten Grundlagen in einer zusammenhängenden und einheitlichen Form darzustellen und damit gleichzeitig die intermediäre Denkweise der Estimationstheorie klar zu machen. Die Anwendungen dieser Grundlagen in der Estimationstheorie ergeben sich danach umittelbar einleuchtend.

Die Aufteilung dieser inhaltlichen Gesamtheit auf zwei Teilbände mag auf den ersten Blick vielleicht gegen den Anspruch einer zusammenhängenden Darstellung verstoßen, doch erscheint sie nach längerer Betrachtung durchaus (und nicht nur drucktechnisch) sinnvoll: Band I der Darstellung bringt die Grundlagen der Estimationstheorie in Form von Zustandsraumdarstellungen, Wahrscheinlichkeitstheorie und Stochastik und schafft so die Voraussetzungen zum Verständnis der Anwendungen der Estimationstheorie in Form von Kalman–Filtern, die den Inhalt des zweiten Bandes bilden. Damit bilden beide Bände die angestrebte zusammenhängende Darstellung. Um diesen Zusammenhang weiter zu fördern, besitzen beide Teilbände das Gesamt–Inhaltsverzeichnis, zusätzlich wurde eine durchgehende Seitennummerierung gewählt. Auch verfügen beide Bände über das Gesamtsachwortverzeichnis.

Aber auch jeder Teilband bildet allein schon eine abgeschlossene Einheit. Wegen der ausführlichen Darstellung der Grundlagen der modernen Regelungstechnik, der Wahrscheinlichkeitstheorie und der linearen stochastischen Systemtheorie ist Band I für einen breiten Leserkreis interesant, vom Ingenieurstudenten im Hauptdiplom bis zum Ingenieur mit abgeschlossener Ausbildung. Darüberhinaus bietet Band I neben allen wahrscheinlichkeitstheoretischen Grundlagen durchaus schon Anwendungen der Estimationstheorie in Form der Parameterestimation. Band II wendet sich an solche Leser, die schon über die in Band I präsentierten Grundlagen verfügen, mit diesen Grundlagen werden verschiedene Kalman–Filterformulierungen mit verschiedenen Ansätzen abgeleitet und ausführlich diskutiert. Ein Kapitel über die Anwendung von Kalman–Filtern vervollständigt diesen Band.

Abschließend möchte ich mich für die Ermutigung und das positive Interesse von Herrn Prof. Dr.–Ing. R. Schwarte und Herrn Prof. Dr. rer. nat. H. Rühl bedanken. Besonders danke ich meinen Kollegen Dipl.–Ing. I. Aller, Dipl.–Ing. L. Tran Duc, Dr.–Ing. K. Hartmann, sowie den Herren Cand.–Ing. E. Schubert, Cand.–Ing. U. Steinbrecher und Cand.–Ing. F. Klaus, die mir bei den Programmier–, Zeichen– und redaktionellen Arbeiten eine wichtige Hilfe waren.

Ich möchte diese Arbeit meiner Frau Marita widmen. Sie war von der Entstehung dieser Arbeit in vielerlei Hinsicht am unmittelbarsten betroffen, nicht nur durch die Mithilfe bei den Schreibarbeiten. Ich danke ihr für ihre Geduld und Liebe.

Siegen, im Januar 1990 Otmar Loffeld

1 Einführung

1.1 Beschreibung der Problematik

Jeder, der sich mit der Problematik der Meßwertgewinnung und Verarbeitung beschäftigt hat, weiß, daß die Welt voller 'Unschärfe' und 'Ungenauigkeiten' ist. Alles, was wir sehen, beobachten oder messen, verliert bei eingehender Betrachtung seine Genauigkeit, seine eindeutige Bestimmtheit. Um Beispiele für diese Aussage zu finden, braucht man nicht einmal die Quantenmechanik als Paradebeispiel für eine stochastische Interpretation der realen Welt zu bemühen. Jederman findet diese Unschärfe im täglichen Leben, hat sich an sie gewöhnt und sogar Methoden entwickelt, sie zu verringern. Jeder Gegenstand des täglichen Lebens, ein Tisch, ein Zimmer besitzt Maße, die seine Ausdehnung, sein Gewicht, seine Masse usw. beschreiben. Um diese Maße zu bestimmen, macht man Messungen. Obwohl man weiß, daß die Maße, die man durch Messungen zu bestimmen versucht, Eigenschaften der Dinge beschreiben und damit unveränderlich sein sollten, wundert man sich nicht, daß verschiedene Messungen des gleichen Maßes verschiedene und je nach 'Genauigkeit' des Meßvorganges mehr oder weniger stark differierende Ergebnisse erbringen. Auch die Verwendung noch genauerer Meßgeräte ändert an dieser grundsätzlichen Tatsache nichts – die Differenzen zwischen den einzelnen Messungen werden nur kleiner, sie verschwinden aber nicht.

Die Erklärungen dieser grundlegenden Tatsache variieren, je nach Standpunkt des Erklärenden, von technisch mathematischen Beschreibungen über philosophische Betrachtungen bis hin zu theologischen Begründungen. Die einzelnen Betrachtungsweisen schließen sich weder gegenseitig aus noch ein, die Unterschiede zwischen ihnen entstehen durch die Verwendung unterschiedlicher Beschreibungsformen der gleichen Problematik. Diese Problematik ist dadurch gekennzeichnet, daß das, was wir sehen, beobachten oder messen, nicht das wirkliche 'Sein' der Dinge, sondern nur eine Interpretation dieses Seins darstellt. Wir interpretieren die Wirklichkeit unter Berücksichtigung der durch unsere Sinne vorgegebenen Erfahrungen, die in Form eines 'Weltbildes' vorliegen.

Das Ziel einer technischen Betrachtungsweise, um die es in dieser Darstellung vorwiegend geht, ist nicht, das 'Sein' der Dinge zu bestimmen oder zu erkennen, sondern ein Modell für diese Dinge zu finden, welches ihr 'sichtbares' Verhalten zufriedenstellend beschreibt. Bezüglich einer derartig bescheidenen Zielsetzung kann dann die reale, aber unbekannte Welt durch die 'Modellwelt' ersetzt werden. Das, was wir sehen oder messen, wird in dieser modellmäßigen Beschreibung als mehr oder weniger stark gestörte

Beobachtung der Modell–Realität interpretiert.

Der Ausdruck 'Beobachtung' mag auf den ersten Blick etwas ungewohnt erscheinen, kennzeichnet aber die Beeinflussung des Meßergebnisses durch die Meßanordnung. Die Projektion eines Quaders in Form seines Schattenbildes ist beispielsweise nur bei einer Beleuchtung mit achsenparallelem Licht, welches senkrecht zur Quaderstirnfläche und zur Bildebene einfällt, ein Rechteck, aus dessen Maßen direkt die Maße der Quaderstirnfläche ermittelt werden können. Bei jeder anderen Beleuchtung wirkt das Schattenbild vergrößert oder verzerrt und ermöglicht kaum noch Rückschlüsse auf das Aussehen des Originalgegenstandes. Der Terminus 'Beobachtung' kennzeichnet damit die systematischen Abhängigkeiten des Meßergebnisses von der Meßanordnung und von den bekannten und damit modellmäßig beschreibbaren Abbildungseigenschaften des Meßsystems.

Der Ausdruck 'Störung' kennzeichnet andererseits die Fehlereinflüsse bei der Messung, die in ihrer Art nicht reproduzierbar sind, sich also von Messung zu Messung unterschiedlich auswirken und damit gerade die stochastische Komponente einer Messung beschreiben.

Die Beseitigung von Störungen, die die in den Messungen enthaltene Information verdecken oder überlagern, bei gleichzeitiger Korrektur der systematischen Fehler, hat eine lange Geschichte, die in ihren Anfangsgründen auf die Arbeiten von C.F. Gauß (1795) zur Bestimmung von Planetentrajektorien /1/ zurückgeht. Weitere, mit den Anfängen dieser Fehlerbeseitigung verknüpfte Namen sind Legendre /2/ und in neuerer Zeit vor allen Dingen Kolmogorov /3,4/, Krein /5,6/, Wiener /7/ und Kalman /8/. Die Liste dieser Namen ist bei weitem nicht vollständig und die Auswahl der erwähnten Autoren recht willkürlich. Eine sehr gute und umfassende Übersicht, in der über 300 Originalveröffentlichungen zitiert und zusammenfassend interpretiert werden, stammt von Kailath /9/. Schon sehr früh hat sich der Begriff 'Estimationstheorie' oder Schätztheorie zur Beschreibung des gesamten Problemkreises der Stör– und Fehlerbeseitigung, sowohl im stochastischen als auch im systematischen Sinn etabliert. Die real unbekannten und nur aus gestörten Messungen beobachtbaren, interessierenden Kenngrößen werden 'geschätzt', wobei dieses 'Schätzen' von einem mathematisch fundierten numerischen Algorithmus durchgeführt wird.

1.2 Zielsetzung und Motivation einer stochastischen Interpretation der Realität

Das zentrale Problem der Estimationstheorie ist die Gewinnung von Information aus gestörten und damit unsicheren Meßwerten. Diese Information muß in den vorliegenden Meßwerten gar nicht direkt enthalten sein, sondern kann unter Umständen nur sehr indirekt beobachtbar sein, wie z.B. die Geschwindigkeit eines fahrenden Autos aus den gestörten Entfernungsmeßwerten, die ein auf der Stoßstange des Autos installierter, berührungslos wirkender Entfernungsmesser liefert. Diese Information kann einerseits benötigt werden, um Regelgrößen für die gezielte Veränderung der betrachteten Vorgänge, Abläufe oder Bewegungen zu gewinnen. Andererseits kann die Gewinnung der Information selbst die Hauptaufgabe, etwa in einer nachrichtentechnischen Problemstellung sein, bei der Übertragungsstörungen und Kanalverzerrungen beseitigt werden sollen. Auch in diesen Fällen muß die gewünschte Information nicht direkt in den vorliegenden Meßwerten enthalten sein, sondern kann auch in codierter Form vorliegen. Ein amplituden– oder frequenzmoduliertes, von Störungen überlagertes Empfangssignal wäre ein Beispiel eines derartigen analogen Übertragungsproblems. Ein solches Problem würde nachrichtentechnisch funktional mit Dekodierung oder Demodulation beschrieben, die gleichzeitig geforderte optimale Störunterdrückung würde auf eine optimale Dekodierung oder optimale Demodulation führen.

Alle diese sogenannten Estimationsprobleme besitzen das gemeinsame Kennzeichen, daß die zu gewinnende Information nur mehr oder weniger direkt durch Sensoren gewonnen werden kann, die ihrerseits wieder Meßfehler verursachen. Diese Meßfehler sind zum einen, wie oben angedeutet, zufälliger oder rauschartiger Natur, zum anderen entstehen systematische Fehler durch das dynamische Verhalten der Sensoren selbst.
Ein anderer Problemkreis ist dadurch gekennzeichnet, daß die interessierenden und aus den vorliegenden Meßwerten zu gewinnenden Kenngrößen nur Modellkenngrößen eines physikalischen Modells der realen Welt darstellen. Solche Modelle stellen aber, wie schon zuvor angedeutet, mathematisch und technisch sinnvolle Abstraktionen der realen Welt dar, die notwendigerweise starke Vereinfachungen aufgrund von Näherungen, unbekannten Parametern oder nicht modellierbaren Effekten enthalten. Weiterhin werden reale Systeme, deren Verhalten durch die Modellkenngrößen beschrieben werden soll, nicht nur von den eigenen bekannten Steuer– oder Eingangsgrößen, sondern auch von unbekannten, nach außen nicht direkt in Erscheinung tretenden Störgrößen (z.B. thermisches Eingangsrauschen eines Übertragungssystems oder nicht modellierte Einflußgrößen aus der Systemumgebung) beeinflußt, so daß das reale Systemverhalten von dem modellierten Systemverhalten in nicht vorhersehbarer Weise abweichen kann.

Als Fazit dieser Überlegungen kann festgehalten werden, daß das Ziel der Estimation die Gewinnung von Information oder Systemkenngrößen aus einer störbehafteten Umgebung ist, die dadurch gekennzeichnet ist, daß sich weder das Störverhalten, noch das Verhalten der unbekannten Systemkenngrößen genau vorhersagen und damit deterministisch beschreiben läßt. Damit wird eine stochastische Interpretation der realen Welt erforderlich und eine Informations– oder Meßdatenverarbeitung, die der stochastischen Natur dieser Problematik Rechnung trägt. Die dazu verwendeten Algorithmen heißen Estimationsalgorithmen. Das Grundproblem der Estimation läßt sich damit zu dem in Bild 1.1 dargestellten Blockschaltbild zusammenfassen, welches eine typische Anwendung eines optimalen Estimationsalgorithmus in Form eines sogenannten Kalman–Filters zeigt.

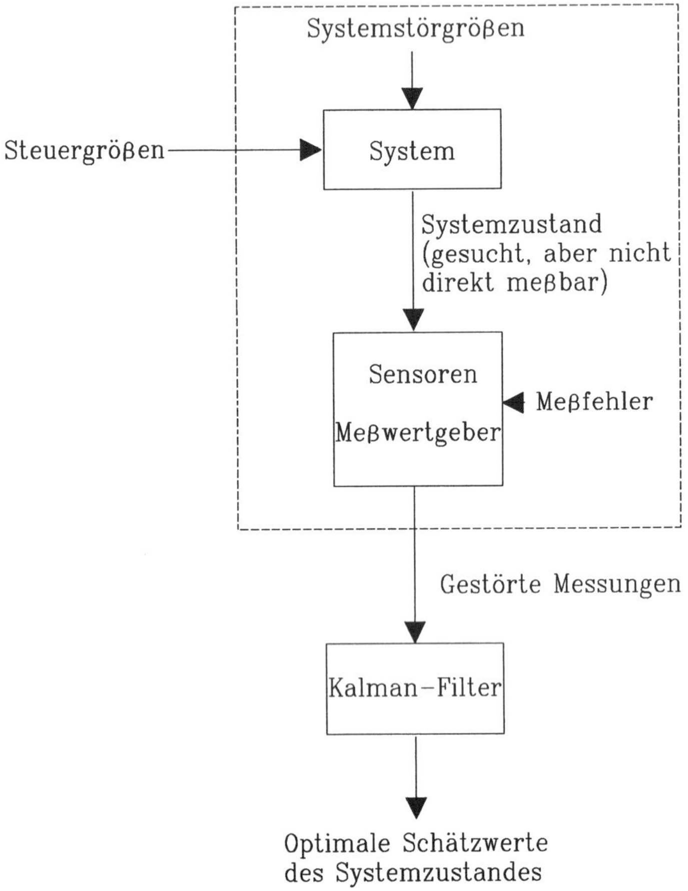

Bild 1.1: Estimationsproblem am Beispiel einer typischen Kalman–Filteranwendung

Unter den zahlreichen Estimationsansätzen wollen wir uns auf lineare, optimale Estimationsalgorithmen beschränken, die im Zustandsraum formuliert werden. Diese Algorithmen werden nach ihrem Entdecker 'Kalman–Filter' genannt und stellen für einen derartig weiten Anwendungsbereich die optimalen Verarbeitungsalgorithmen dar, daß eine Darstellung der Grundlagen der Estimationstheorie, die als Endziel die Ableitung und das Verständnis dieses Algorithmus anstrebt, immer noch hinreichend allgemein ist.

1.3 Optimalität und bedingte Verteilungsdichte, statistisches Konzept eines Filters

Ein statistisches Filter berechnet einen möglichst 'optimalen' Schätzwert einer gewünschten Kenngröße aus einer verrauschten Meßumgebung. Der Ausdruck 'optimal' kennzeichnet dabei die Minimierung eines sinnvollen Fehlerkriteriums, welches je nach Anwendungsfall durchaus unterschiedlich geartet sein kann. Ohne auf die einzelnen unterschiedlichen Fehlerkriterien an dieser Stelle schon eingehen zu wollen, kann man als neutralstes aller möglichen Optimalitätskriterien das Ziel einer optimalen Estimation folgendermaßen formulieren: Das Ziel einer in jeglicher Hinsicht optimalen Estimation wäre die Berechnung der vollständigen bedingten Verteilungsdichtefunktion einer gesuchten Kenngröße, bedingt auf die aktuell vorliegenden Meßwerte. Diese bedingte Verteilungsdichtefunktion enthält alle Information über eine gesuchte Kenngröße, die aus den vorliegenden Meßwerten gewonnen werden kann. Die Information liegt in einer statistischen Formulierung vor; denn die bedingte Verteilungsdichte gibt Auskunft über die Wahrscheinlichkeit eines speziellen Zahlenwertes der gesuchten Kenngröße unter der Voraussetzung, daß die mit dieser Größe zusammenhängenden Meßwerte bestimmte Zahlenwerte angenommen haben. Die Form und das Aussehen dieser bedingten Verteilungsdichtefunktion hängt demzufolge von den Zahlenwerten der gewonnenen Meßwerte ab und gibt Aufschluß über die statistische Zuverlässigkeit, mit der die Aussagen über die Zahlenwerte der gesuchten Kenngröße getroffen werden können:

- Ein ausgeprägtes und schmales Maximum ergibt eine relativ große Wahrscheinlichkeit, mit der die gesuchte Größe die Werte, bei denen die bedingte Verteilungsdichtefunktion maximal wird, annimmt.
- Ein breites, flaches Maximum macht alle Werte, die die gesuchte Größe annimmt, etwa gleichwahrscheinlich und damit Aussagen über diese Werte sehr unsicher.

Basierend auf der bedingten Verteilungsdichtefunktion $f_{x/y_1,y_2,\ldots y_N}$ der gesuchten Größe x, bedingt auf die Meßwerte $y_1 \ldots y_N$, kann man verschiedene optimale Schätzwerte definieren:

- Das Maximum der bedingten Verteilungsdichtefunktion (conditional mode), der sogenannte Maximum a posteriori Schätzwert (Map–estimate), beschreibt den Zahlenwert der Größe x, der aufgrund der vorliegenden Meßwerte die höchste Wahrscheinlichkeit besitzt.
- Der bedingte Erwartungswert (conditional mean) beschreibt den Erwartungswert der Größe x aufgrund der vorliegenden Meßwerte und ist das Zentrum der Wahrscheinlichkeits'masse'.
- Der bedingte Medianwert (conditional median) ist ein Schätzwert der Größe x, der dadurch gekennzeichnet ist, daß die Wahrscheinlichkeit, daß der tatsächliche Wert von x größer als dieser Schätzwert ist, genau gleich groß der Wahrscheinlichkeit ist, daß der tatsächliche Wert kleiner als dieser Schätzwert ist.

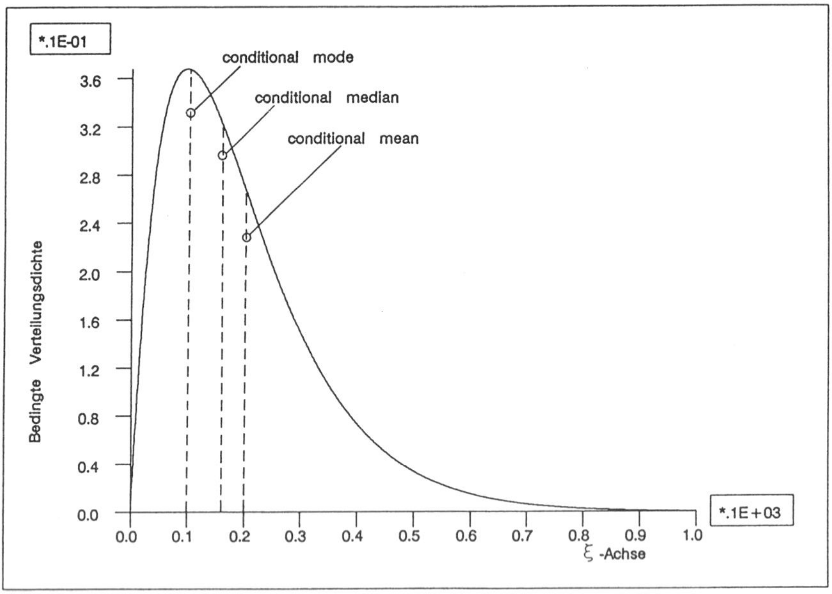

Bild 1.2: Bedingte Verteilungsdichtefunktion einer gesuchten Größe x mit optimalen Schätzwerten

Abbildung 1.2 zeigt eine willkürliche, bedingte Verteilungsdichtefunktion einer gesuchten Größe x, bedingt auf eine Anzahl von Meßwerten $y_1 ... y_N$, mit den eingezeichneten, möglichen optimalen Schätzwerten. Es sind, basierend auf der bedingten Verteilungsdichtefunktion, noch weitere optimale Schätzwertdefinitionen möglich, auf die erst im weiteren Verlauf dieser Darstellung eingegangen werden kann.

Im Falle gaußförmiger, bedingter Verteilungsdichten fallen alle diese optimalen Schätzwerte in einem Punkt zusammen, und der optimale Schätzwert erfüllt gleichzeitig alle drei oben genannten (und auch alle anderen sinnvollen) Optimalitätskriterien.

1.4 Optimalität, Kalman–Filter und Wiener–Filter

Ein Kalman–Filter ist ein optimaler, rekursiver Datenverarbeitungsalgorithmus, der von einem Digitalrechner ausgeführt wird. Es ist kein klassisches 'Filter' im Sinne einer 'Blackbox', welche das Frequenzspektrum eines Signales verändert. Seine Eigenschaften sind dadurch gekennzeichnet, daß es für eine breite Klasse von Problemen das optimale Filter ohne jegliche Einschränkung ist und trotzdem eine lineare Struktur besitzt. Für eine noch weitere Klasse von Anwendungen stellt es immerhin noch das optimale lineare Filter dar. Es verwendet alle Meßwerte entsprechend ihrer Genauigkeit, um die gesuchte Größe zu schätzen, und es benötigt dazu gewisse, sogenannte a–priori–Kenntnisse über das dynamische Verhalten des Systems und der Meßwertgeber, über das statistische Verhalten der Meßstörungen und der unbekannten Systemstörgrößen sowie alle verfügbaren Kenntnisse über Anfangswerte. (Die Verwendung von Anfangswerten und Startwerten stellt einen Unterschied speziell zu den Max. Likelihood Algorithmen dar)
Diese benötigten Modell–Vorkenntnisse werden im Zustandsraum mit Hilfe von linearen Systemmodellen, die mit weißem, gaußverteiltem Rauschen (driving noise) und deterministischen Eingangsgrößen 'getrieben' werden, spezifiziert. Die auftretenden Meßstörungen werden ebenfalls durch Zustandsraummodelle, die von weißem, gaußverteiltem Rauschen getrieben werden, modelliert. Zur Kennzeichnung der statistischen Eigenschaften der verwendeten Rauschprozesse reichen dann die ersten beiden Momente, Erwartungswert und Kovarianz, vollkommen aus. Diese Art der Modellierung ist in der Nachrichtentechnik relativ neu, nicht jedoch in der Regelungstechnik, in der Zustandsraumkonzepte im wesentlichen durch R. E. Kalman schon etwa 1960 eingeführt worden sind. Der klassische nachrichtentechnische Ansatz geht von Filterkonzepten aus, die im Frequenzbereich, etwa unter Zuhilfenahme der Fourier– oder Laplace–Transformation, beschrieben werden. In diesem Zusammenhang werden stochastische Prozesse durch ihr Leistungsdichtespektrum beschrieben und Übertragungssysteme durch ihre Übertragungsfunktion. Diese Ansätze führen in Verbindung mit der Minimierung eines quadratischen Fehlerkriteriums auf das bekannte 'Wiener–Filter'. Der Ansatz besitzt jedoch einige

Nachteile, die sich gerade bei praktischen Problemen sehr schwerwiegend auswirken können. Frequenzbereichsmodelle setzen implizit eine Stationarität der betrachteten Probleme voraus. Viele praktische Probleme sind jedoch nicht von stationärer Natur, besitzen demzufolge kein Leistungsdichtespektrum und können mit einem Frequenzbereichsansatz nicht erfaßt werden. Aufgrund des stationären Ansatzes besitzen Wiener–Filter eine zeitinvariante Filterstruktur und erfüllen damit die Optimalitätsanforderungen erst nach Ablauf der Einschwingphase. Während dieser Einschwingphase, deren Dauer ein festes Filterkennzeichen ist, ist das Filter aber nichtoptimal. Kalman–Filter sind dagegen zeitvariant, mit solchen Filtern ist es möglich, gleichzeitig das Einschwingverhalten und die stationäre Filtergenauigkeit zu optimieren. Das Wiener–Filter wird im Frequenzbereich durch seine optimale Übertragungsfunktion beschrieben. Die Realisierung dieser Übertragungsfunktion führt nur in wenigen Fällen auf einfach realisierbare Schaltungen. Kalman–Filter werden dagegen im Zustandsraum durch rekursive Gleichungen beschrieben und sind in ihrer zeitdiskreten Form direkt auf Digitalrechnern zu implementieren. Aufgrund der Beschreibung im Zustandsraum können auch Probleme mit mehreren Eingängen und Ausgängen sehr einfach behandelt werden, eine Tatsache, die auch in der modernen Nachrichtentechnik zunehmend an Bedeutung gewinnt. Wiener–Filter besitzen aus diesen Gründen für praktische Problemstellungen nur noch geringe Bedeutung und werden deshalb in den folgenden Kapiteln dieser Arbeit nicht weiter behandelt. Trotzdem soll ihre geschichtliche Bedeutung, vor allem auch für die Entwicklung der mathematischen Stochastik, nicht unterschlagen werden. Nach Ansicht des Autors stellen die Arbeiten von N. Wiener in Verbindung mit dem Grundlagenwerk von A.N. Kolmogorov die wesentlichen mathematischen Schritte im Übergang von 'Gauß zu Kalman' dar. Der interessierte Leser wird hierzu auf die spezielle mathematische Grundlagenliteratur verwiesen, in der allein das gesamte Lebenswerk von N. Wiener in 4 Sammelbänden /9,10,11,12/ zusammengefaßt ist, von denen Band 3 und /7/ die wesentlichen estimationstheoretischen Arbeiten enthalten.

1.5 Grundlegende Annahmen und ihre physikalische Bedeutung

Wir wollen uns in dieser Darstellung auf lineare Estimationsprobleme in Form linearer Systemmodelle beschränken und argumentieren dazu, wie folgt:

- Lineare Systemmodelle reichen häufig zur Beschreibung eines Problems aus
- In Fällen nichtlinearen Verhaltens kann oft um einen 'Arbeitspunkt' linearisiert werden
- Die lineare Systemtheorie ist einfacher handhabbar als die nichtlineare Systemtheorie

Wir verwenden, wann immer möglich, die ingenieurwissenschaftliche Abstraktion weißer Rauschprozesse. Diese Prozesse sind folgendermaßen charakterisiert: Die Zahlenwerte eines derartigen Rauschprozesses sind 'Realisationen' von unabhängigen Zufallsvariablen.

- Sie sind zeitlich unkorreliert, das heißt, die Kenntnisse über die Vergangenheit eines Rauschprozesses geben keinerlei Auskunft über sein gegenwärtiges und zukünftiges Verhalten.
- Das Leistungsdichtespektrum von weißem Rauschen ist flach, das heißt konstant für alle Frequenzen. Da dies aber eine unendliche Leistung eines solchen Prozesses bedingen würde, muß festgehalten werden:
- Weißes Rauschen existiert in der Realität nicht!

Die Argumentation für die Anwendung eines derartigen Konzeptes ist ingenieurwissenschaftlich:

- Jedes physikalische System hat Bandpaßeigenschaften – es reagiert nur auf Signale mit Frequenzen innerhalb eines bestimmten Bereiches. Frequenzanteile außerhalb dieses Bereiches beeinflussen das Systemverhalten nicht – deshalb kann eine Erweiterung von breitbandigem zu weißem Rauschen das Systemverhalten nicht beeinflussen, aber die benötigte Mathematik wird durch diesen 'Kunstgriff' stark vereinfacht.(Tatsächlich wird sie erst hierdurch handhabbar).
- Zeitkorrelierte Rauschprozesse (farbige Leistungsdichtespektren) werden dann durch 'Formfilter' modelliert, die von weißem Rauschen getrieben werden.

Die ingenieurwissenschaftliche Annäherung eines breitbandigen Rauschprozesses durch einen weißen Rauschprozeß ist in Abbildung 1.3 dargestellt.

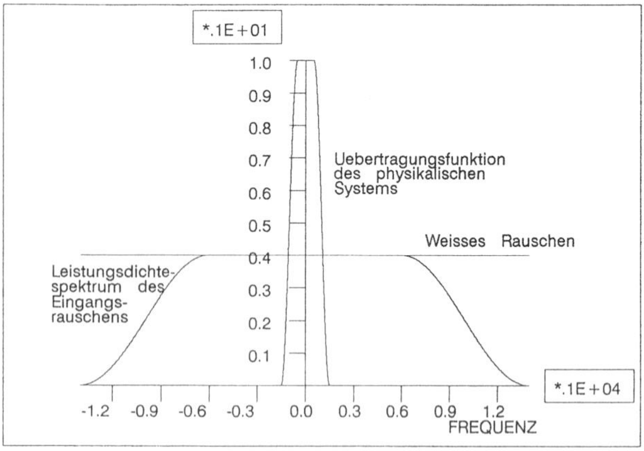

Bild 1.3: Annäherung eines farbigen Rauschprozesses durch einen weißen Rauschprozeß

Als dritte grundlegende Annahme verlangen wir, daß die betrachteten Rauschprozesse nicht nur weiß, sondern Gaußprozesse sind. Dies bedeutet, daß die Wahrscheinlichkeitsdichteverteilung dieser Prozesse zu jedem Zeitpunkt eine gauß'sche Glockenform annimmt. Die Argumentation hierbei ist ingenieurwissenschaftlich:

- Fast alle physikalischen Rauschprozesse werden von einer sehr großen Anzahl verschiedener und unabhängiger Rauschquellen mit infinitesimal kleinen Rauschbeiträgen verursacht – als eine Konsequenz des zentralen Grenzwertsatzes (s. Kapitel 3) tendiert die Verteilungsfunktion einer derartigen Überlagerung von Rauschprozessen gegen eine Gaußverteilung, auch wenn die Anzahl der überlagerten Quellen endlich bleibt.
- Gaußprozesse vereinfachen die Mathematik beträchtlich.
- Sehr oft sind in der Praxis nur die ersten beiden Momente (Erwartungswert (mean) und Kovarianz (covariance)) bekannt. Solange man keine weiteren Kenntnisse höherer Momente besitzt, gibt es keine bessere Annahme als eine Gaußverteilung, die durch die Angabe von Erwartungswert und Kovarianz vollständig beschrieben wird.
- Im Falle von gaußverteilten, bedingten Verteilungsdichten gilt: Ein Kalman–Filter, welches Erwartungswert und Kovarianz der bedingten Verteilungsdichte einer Variablen fortlaufend berechnet, liefert in diesem Falle alle Informationen über die zu schätzende Variable und nicht nur einen Teil aller möglichen Informationen.

1.6 Ein einfaches Beispiel zur Anwendung eines Estimationsalgorithmus

Wir betrachten ein Problem der berührungslosen Entfernungsmessung mit Hilfe eines Laserradars. Ohne auf das Meßverfahren an dieser Stelle weiter eingehen zu wollen, werden wir annehmen, daß es mit Hilfe eines derartigen, auf der Stoßstange eines fahrenden Autos montierten Meßgerätes möglich ist, mehr oder weniger fehlerbehaftete Entfernungsmessungen zu Hindernissen, auf die sich das Auto zubewegt, zu gewinnen.
Das Ziel einer nachgeschalteten Meßwertverarbeitung ist die Genauigkeitsverbesserung der Meßwerte. Wir nehmen dazu an, daß das Meßgerät zum Zeitpunkt t_1 den Entfernungsmeßwert $y(t_1)=y_1$ liefert. Aufgrund einer implementierten Selbstüberwachung liefert das Meßgerät zusätzlich zum Meßwert y_1 eine Genauigkeitsaussage in Form der Standardabweichung σ_{y1} oder der Varianz σ^2_{y1}, die angibt, wie stark die Zahlenwerte der aktuellen Messung um den wahren, fehlerfreien Meßwert schwanken. Damit besitzen wir gleichzeitig ein Maß für die Unsicherheit des Meßwertes y_1.

Statistisch betrachtet kann der Vorgang des Messens damit mit einer Zufallsvariablen beschrieben werden, deren Zahlenwerte die aktuell vorliegenden Meßwerte sind. Die Schwankung dieser Zahlenwerte um den nominal richtigen Wert kann dann durch die Wahrscheinlichkeitsverteilungsdichte der Meßzufallsvariablen beschrieben werden, für die wir eine Gaußverteilung annehmen, deren Standardabweichung σ_{y1}, bzw. Varianz σ^2_{y1} ein Maß für die Exaktheit der Messung darstellt.

Damit liegt aber auch zum Zeitpunkt t_1 eine Verteilungsdichte der aktuellen Entfernung $x(t_1)$ vor, bedingt auf die Messung $y(t_1)= y_1$.

<u>Was sagt diese bedingte Verteilungsdichte aus?</u>

Diese Verteilungsdichte gibt die Wahrscheinlichkeit an, mit der sich das Fahrzeug zum Zeitpunkt t_1, zu dem die Messung anfällt, an dem Ort $x(t_1) = \xi$ befindet, unter der Bedingung, daß die Messung den Zahlenwert $y(t_1) = y_1$ ergibt. σ_{y1} ist ein direktes Maß der Unsicherheit der Entfernung – je größer, desto ungenauer ist eine auf der Messung beruhende Entfernungsaussage. Diese bedingte Verteilungsdichtefunktion ist in Abbildung 1.4 dargestellt. Basierend auf dieser bedingten Verteilungsdichtefunktion ist ein guter Schätzwert der Entfernung sicherlich der bedingte Erwartungswert:

$$\hat{x}(t_1) = E\{x(t_1)/y(t_1)=y_1\} = y_1$$

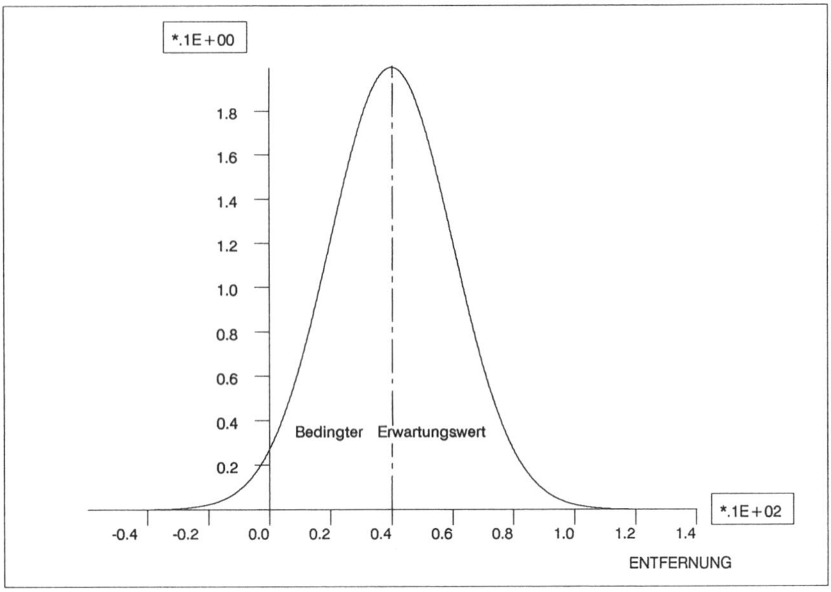

Bild 1.4: Bedingte Verteilungsdichte der Entfernung nach der ersten Messung

Die Varianz dieses Schätzwertes ist:

$$\sigma_{\hat{x}}^2(t_1) = \sigma_{y1}^2$$

Zum Zeitpunkt t_2 fällt nun eine weitere Messung $y(t_2)=y_2$ an, und wir wollen zunächst annehmen, daß die Differenz zwischen den beiden Meßzeitpunkten t_1 und t_2 so gering ist, daß sich die zu bestimmende Entfernung zum Hindernis aufgrund der Eigenbewegung des Fahrzeugs noch nicht nennenswert geändert hat. Die Selbstüberwachung des Meßgerätes kündigt einen relativ exakten Meßwert an, der durch eine Standardabweichung σ_{y2} charakterisiert wird, wobei $\sigma_{y2} \leq \sigma_{y1}$ gelten soll. Das Ergebnis dieser Messung allein wäre eine zweite bedingte Verteilungsdichtefunktion für die aktuelle Entfernung, bedingt auf diese zweite Messung alleine. Diese bedingte Dichte ist in Abbildung 1.5 dargestellt.

Die zweite, genauere Messung soll nun jedoch nicht für sich alleine betrachtet werden, sondern soll dazu verwendet werden, die Genauigkeit der Entfernungsschätzung nach der ersten Messung zu verbessern. Damit suchen wir nach einer optimalen Kombination der beiden Messungen zu einem optimalen Schätzwert der Entfernung, der dann genauer als jede der beiden Einzelmessungen sein müßte.

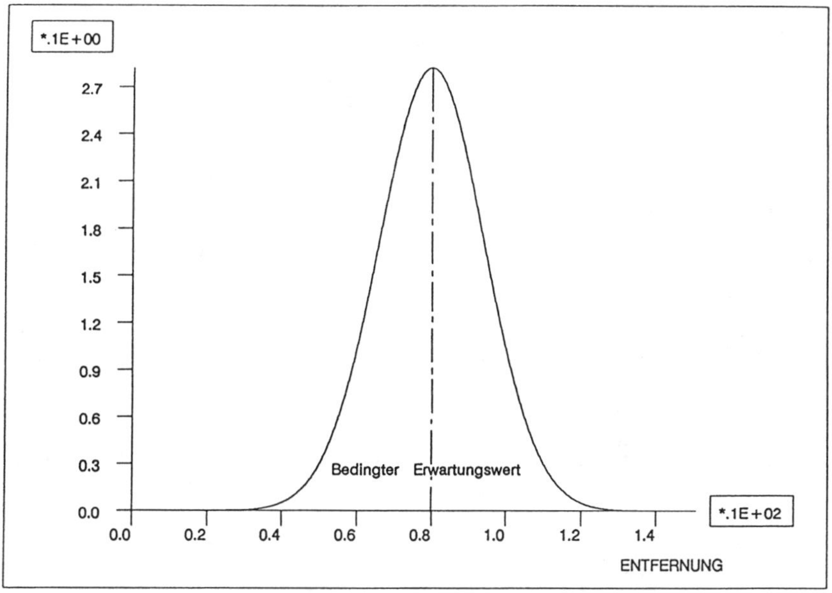

Bild 1.5: Bedingte Verteilungsdichte der Entfernung, bedingt auf die zweite Messung

Bei dieser Suche lassen wir uns von folgender Überlegung leiten:

Eine derartige Kombination muß logischerweise entsprechend der Genauigkeit der jeweiligen Messung durchgeführt werden, das heißt, die zweite, relativ genaue Messung in diesem Beispiel muß stark gewichtet werden, während die erste, relativ ungenaue Messung in einer Kombination nicht überbewertet werden darf.

Es kann mathematisch (s. Kap. 3) gezeigt werden, daß, basierend auf den gemachten Annahmen, auch die bedingte Wahrscheinlichkeitsverteilungsdichtefunktion der Entfernung, bedingt auf beide Messungen, wieder gaußförmig ist und durch die Angabe von bedingtem Erwartungswert μ_x und bedingter Kovarianz $\sigma_{\hat{x}}(t_2)^2$ beschrieben werden kann. Diese beiden Kenngrößen werden dann wie folgt berechnet:

$$\mu_x = \frac{\sigma_{y2}^2}{\sigma_{y1}^2 + \sigma_{y2}^2} \cdot y_1 + \frac{\sigma_{y1}^2}{\sigma_{y1}^2 + \sigma_{y2}^2} \cdot y_2$$

und:

$$\frac{1}{\sigma_x^{*2}(t_2)} = \frac{1}{\sigma_{y1}^2} + \frac{1}{\sigma_{y2}^2}$$

Man weist leicht nach, daß die beiden Messungen im umgekehrten Verhältnis zur jeweiligen Meßfehlerkovarianz gewichtet werden und daß die Varianz der Linearkombination von beiden Messungen $\sigma_x^{*2}(t_2)$ kleiner ist als jede der beiden Einzelvarianzen.

Die bedingte Verteilungsdichte der Entfernung, bedingt auf beide Messungen, ist in Abbildung 1.6 dargestellt.

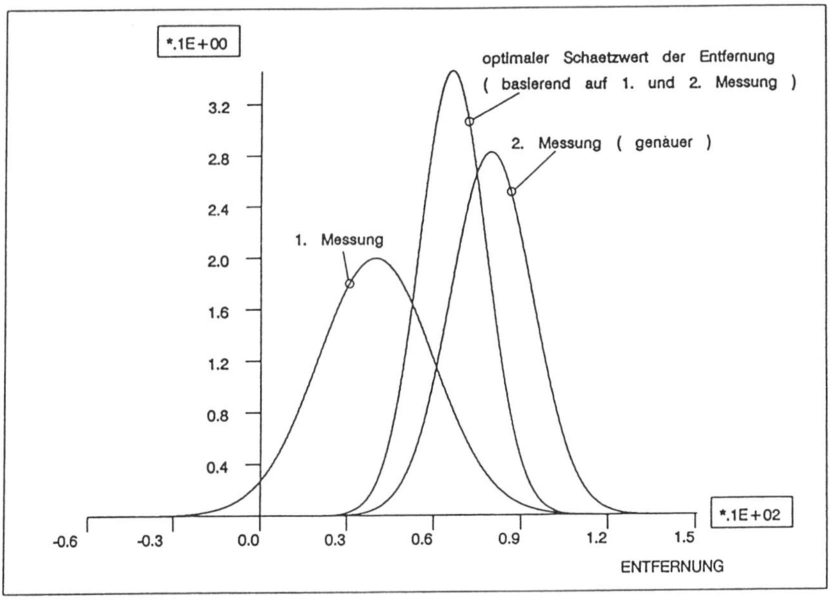

Bild 1.6: Bedingte Verteilungsdichtefunktion der Entfernung, basierend auf beiden Messungen

Hat man nun die bedingte Verteilungsdichtefunktion der Entfernung, bedingt auf beide Messungen, berechnet, bietet sich als bester neuer Schätzwert für die Entfernung der bedingte Erwartungswert an, das heißt:

$$\hat{x}(t_2) = \mu_x$$

Die Varianz dieses Schätzwertes wäre dann: $\sigma_{\hat{x}}^2(t_2)$

Um zu einem rekursiv strukturierten Algorithmus zu gelangen, sollen die Schätzwertgleichungen etwas umgeschrieben werden, und zwar streben wir eine Gleichungsstruktur an, bei der der neue Schätzwert durch Korrektur des vorangegangenen Schätzwertes entsteht (Prädiktor–Korrektor Struktur). Durch Einführung einer Gewichtungsmatrix $K(t_2)$ und durch Ausnutzen der Tatsache, daß $y(t_1) = \hat{x}(t_1)$ gilt, erhalten wir dann aus der vorangegangenen Schätzwertgleichung:

$$\hat{x}(t_2) = y(t_1) + K(t_2) \cdot [y(t_2) - y(t_1)]$$

$$= \hat{x}(t_1) + K(t_2) \cdot [y(t_2) - \hat{x}(t_1)]$$

wobei:

$$K(t_2) = \frac{\sigma_{y1}^2}{\sigma_{y1}^2 + \sigma_{y2}^2} = \frac{\sigma_{\hat{x}}^2(t_1)}{\sigma_{\hat{x}}^2(t_1) + \sigma_{y2}^2} \qquad \text{Kalmangain}$$

und:

$$\sigma_{\hat{x}}^2(t_2) = \sigma_{\hat{x}}^2(t_1) - K(t_2) \cdot \sigma_{\hat{x}}^2(t_1) \qquad \text{Varianz des Schätzwertes}$$

Dies sind die Kalman–Filter Gleichungen für stationäre Probleme.

Interpretation:

Die Kalman–Filter Gleichungen in der Prädiktor–Korrektor–Struktur sind offensichtlich sehr sinnvoll: Jeder neue Schätzwert wird als Linearkombination des letzten Schätzwertes und eines Korrekturtermes berechnet. Dabei stellt der letzte Schätzwert eine Voraussage (Prädiktion) für den neuen Schätzwert dar. Die Differenz zwischen dieser Voraussage und der aktuellen Messung wird mit dem Kalmangain gewichtet und dient dann zur Korrektur der Voraussage. Die Gewichtung der Differenz in Form des Kalmangains $K(t)$ bestimmt sich aus dem Verhältnis von der Voraussagefehlervarianz zur Summe von Voraussagefehlervarianz zuzüglich der Meßstörvarianz. So ist diese Gewichtung $K(t)$ hoch, wenn der Meßwert sehr exakt und die Prädiktion sehr unsicher ist – dies sorgt für eine starke Gewichtung der Korrektur. Andererseits wird die Korrektur sehr gering gewichtet, wenn die Messung selbst sehr unsicher, die Voraussage aber sehr zuverlässig ist.

Zusätzliche Berücksichtigung unbekannter Fahrzeugbewegungen

Wir nehmen nun an, daß das Fahrzeug sich eine ganze Weile weiterbewegt hat, bevor zum Zeitpunkt t_3 eine weitere Messung gemacht werden kann. Die einzigen Kenntnisse, die über die Fahrzeugbewegung vorliegen, sind:

$$\dot{x}(t) = \frac{d}{dt} x(t) = u + w$$

Hierbei stellt u eine mittlere, bekannte, sozusagen nominale Fahrzeuggeschwindigkeit dar. Die Abweichung der tatsächlichen Fahrzeuggeschwindigkeit von dieser konstanten Nominalgeschwindigkeit wird durch eine gaußverteilte Zufallsvariable w mit einem Erwartungswert von Null und einer bekannten Varianz σ_w^2 beschrieben. Dies bedeutet, wir modellieren die Fahrzeuggeschwindigkeit als konstant und nur im Mittel bekannt – die wahre Geschwindigkeit kann von der bekannten Geschwindigkeit um den Zahlenwert der Zufallsvariablen w abweichen.

Die Veränderung der bedingten Verteilungsdichtefunktion der Entfernung von Zeitpunkt t_2 bis zum Zeitpunkt t_3, aufgrund der nur näherungsweise bekannten Eigenbewegung des Fahrzeugs, ist in Bild 1.7 dargestellt.

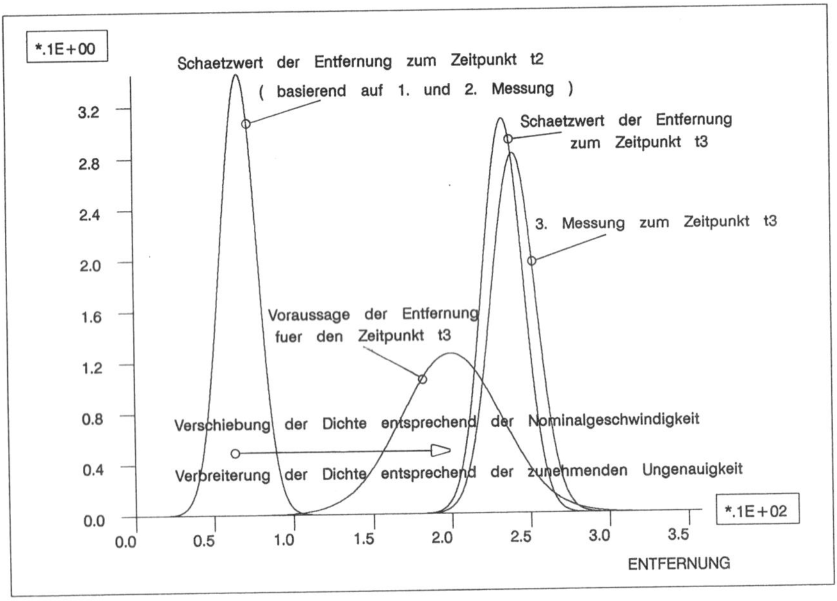

Bild 1.7: Darstellung der verschiedenen bedingten Dichten

Für den Zeitpunkt t_2 wurde die bedingte Verteilungsdichte schon zuvor berechnet. Mit fortschreitender Zeit verschiebt sich die bedingte Dichte mit der nominalen Geschwindigkeit u entlang der ξ–Achse. Gleichzeitig dehnt sich die bedingte Verteilungsdichte symmetrisch zum Erwartungswert aus. Dies entspricht der zunehmenden Unsicherheit aufgrund der unbekannten Realgeschwindigkeit, die sich mit fortschreitender Zeit akkumuliert.

Damit startet die Dichte zum Zeitpunkt t_2 mit dem besten Entfernungsschätzwert zu dieser Zeit und bewegt sich dann mit der Nominalgeschwindigkeit u entlang der ξ–Achse fort, entsprechend der modellmäßig bekannten Dynamik des bewegten Fahrzeugs. Die fortschreitende Ausdehnung der bedingten Dichte bei gleichzeitiger Verflachung deutet an, daß die Unsicherheit der Entfernung mit fortschreitender Zeit nach der letzten Messung immer größer wird.

Bevor zum Zeitpunkt t_3 ein neuer Meßwert anfällt, liegen aufgrund der angesammelten Unsicherheit seit der letzten Messung nur noch vage Kenntnisse über die aktuelle Entfernung vor. Diese Vorkenntnisse lassen sich aus dem letzten Schätzwert zum Zeitpunkt t_2 ableiten, zu dem man den Wegbeitrag addiert, der sich aus der Nominalgeschwindigkeit u, multipliziert mit der Zeitdifferenz $t_3 - t_2$, ergibt. Diese Voraussage (Prädiktion) der Entfernung lautet:

$$\hat{x}^-(t_3) = \hat{x}(t_2) + u \cdot [t_3 - t_2]$$

Bestmögliche Voraussage des Ortes

Die Varianz dieser Voraussage ist natürlich größer als die letzte Schätzfehlervarianz zum Zeitpunkt t_2, entsprechend der angesammelten Unsicherheit:

$$\sigma_{\hat{x}}(t_3^-)^2 = \sigma_{\hat{x}}(t_2)^2 + \sigma_w^2 \cdot [t_3 - t_2]$$

Prädiktionsvarianz

Nun fällt der dritte Meßwert $y(t_3) = y_3$ mit der Genauigkeit σ_{y3}^2 an. Wiederum liegen also Vorkenntnisse des Aufenthaltsortes, beschrieben durch die Prädiktionsdichte, vor und eine neue, dritte Messung. Die hierin enthaltene Information könnte wiederum durch eine bedingte Verteilungsdichte der Entfernung, bedingt auf die dritte Messung allein, dargestellt werden, analog zu den Überlegungen vor der Verarbeitung des 2. Meßwertes.

Gesucht wird nun wiederum eine optimale Kombination von Vorkenntnissen und neuer Messung. Für diese optimale Kombination von zwei bedingten Verteilungsdichten gilt völlig analog zu den Überlegungen bei der Verarbeitung des 2. Meßwertes:

$$\hat{x}(t_3) = \hat{x}^-(t_3) + K(t_3) \cdot [y_3 - \hat{x}^-(t_3)]$$

Bester Schätzwert, bedingter Erwartungswert, basierend auf den Messungen y_1, y_2 und y_3.

$$K(t_3) = \frac{\sigma_{\hat{x}}(t_3^-)^2}{\sigma_{y3}^2 + \sigma_{\hat{x}}(t_3^-)^2} \qquad \text{Kalmangain}$$

Die Varianz des neuen Schätzwertes ist:

$$\sigma_{\hat{x}}(t_3)^2 = \sigma_{\hat{x}}(t_3^-)^2 \cdot [1 - K(t_3)]$$

Damit ist die bedingte Verteilungsdichte $f_{x(t_3)/y(t_1),y(t_2),y(t_3)}$ mit der Angabe von bedingtem Erwartungswert $\hat{x}(t_3)$ und der bedingten Kovarianz vollständig beschrieben. Nun kann die gesamte Rekursion mit der Berechnung eines neuen Voraussageschätzwertes für den Zeitpunkt t_4, der Berechnung der Prädiktionsvarianz und der daraus folgenden Korrekturgewichtung $K(t_4)$, sowie der anschließenden Verarbeitung des 4. Meßwertes erneut starten. Das Ergebnis dieser Rekursion ist dann der 4. Schätzwert $\hat{x}(t_4)$ usw...

Damit sind die Kalman–Filter Gleichungen für ein eindimensionales Problem in einer zwar heuristischen, aber intuitiv logisch erscheinenden Form hergeleitet worden.

1.7 Ziele und Aufbau der Darstellung

Anhand der vorangegangenen Ausführungen sind die einzelnen Schwerpunkte klar zu erkennen, mit denen sich die folgenden Kapitel dieser Darstellung beschäftigen werden. Kapitel 2 wird sich zunächst der Beschreibung deterministischer Systemmodelle im Zustandsraum widmen. Diese Darstellung stellt die Grundlagen zur Formulierung linearer Systemmodelle mit mehreren Ein– und Ausgängen, die beliebig zeitvariant sein können, bereit. Die Ausführungen dieses Kapitels können und sollen das Studium der entsprechenden Grundlagenliteratur nicht ersetzen, aber wegen der Wichtigkeit des Verständnisses von Zustandsraummodellen für die spätere stochastische Modellbildung und für die Estimationstheorie ist dieses Kapitel jedoch ausführlicher gehalten, als man es von einem reinen Übersichtskapitel erwarten würde.

Kapitel 3 beschäftigt sich mit den wahrscheinlichkeitstheoretischen Grundlagen der Estimation. Das Ziel dieses Kapitels ist die Einführung von Wahrscheinlichkeitskonzepten in einer verständlichen, aber trotzdem (hoffentlich) nicht oberflächlichen Form. Dabei wurde der Tatsache Rechnung getragen, daß nach Kenntnis des Autors gerade zu diesem, für die Estimationstheorie äußerst wichtigen Gebiet kaum deutschsprachige, zugleich grundlagenorientierte und dem Ingenieurverständnis zugängliche Literatur existiert. Ein weiteres Anliegen dieses Kapitels ist die Formulierung statischer Zufallsmodelle zur Beschreibung statistischer Estimationsprobleme. Praktisches Endziel dieses Kapitels ist die Ableitung eines rekursiven, statischen Estimationsalgorithmus. Anhand der Optimalitätsuntersuchung dieses Algorithmus werden die verschiedenen Optimalitätskriterien diskutiert und miteinander verglichen. Daran schließt sich ein eigener Abschnitt an, der dem Konzept orthogonaler Projektionen und ihrer Bedeutung für die Estimation mit minimalem quadratischen Fehler gewidmet ist. Gerade durch das Konzept orthogonaler Projektionen wird dem Ingenieur ein Werkzeug an die Hand gegeben, optimale Estimationsalgorithmen zu formulieren, ohne sich mit den wahrscheinlichkeitstheoretischen Grundlagen beschäftigen zu müssen. Dies ist eine wichtige Vereinfachung der Ingenieurpraxis, stellt aber auch zugleich eine gewisse Gefahr dar, deshalb sollten zumindest einige Grundlagen dieses Konzeptes auch in einer ingenieurmäßigen Darstellung nicht fehlen.

Kapitel 4 schließlich erweitert die wahrscheinlichkeitstheoretischen Grundlagen von Kapitel 3 auf stochastische Prozesse, die zur modellmäßigen Beschreibung linearer, stochastischer Systemmodelle unbedingt benötigt werden. Dabei wird, ähnlich dem Vorgehen in Kapitel 2, zunächst von kontinuierlichen stochastischen Prozessen ausgegangen. Zur Beschreibung dieser Prozesse werden als Basiskonzepte Brown'sche Prozesse, stochastische Integrale und stochastische Differentiale eingeführt. Mit diesen Konzepten können schließlich lineare, stochastische Differentialgleichungen interpretiert und gelöst werden. Analog zum Vorgehen in Kapitel 2 können mit diesen Lösungen dann stochastisch äquivalente, zeitdiskrete stochastische Modelle zu den gegebenen stochastischen Differentialgleichungen abgleitet werden. Bei diesen Betrachtungen werden auch kontinuierliche, weiße Rauschprozesse als ingenieurwissenschaftliche Vereinfachung der kontinuierlichen Stochastik eingeführt und benutzt. Hauptziel dieses Kapitels ist neben der Bereitstellung der Grundlagen stochastischer Prozesse die ingenieurwissenschaftlich motivierte, aber trotzdem mathematisch fundierte Modellbildung linearer, dynamischer

Systeme mit stochastischer Anregung, die zur Beschreibung von Estimationsproblemen unbedingt erforderlich ist.

In Kapitel 5 finden die in den vorangegangenen Kapitel abgeleiteten Grundlagen ihre Anwendung bei der Ableitung und Formulierung des zeitdiskreten, linearen Optimalfilters, des sogenannten Kalman–Filters. Das Kapitel bietet drei unterschiedliche Formulierungen des optimalen Estimationsproblems, die von unterschiedlichen Voraussetzungen ausgehend, jeweils auf den gleichen, optimalen Kalman–Filteralgorithmus führen. Dieser Aufwand erscheint dem Verfasser gerechtfertigt, zumal die unterschiedlichen Herleitungen vollkommen unterschiedliche Aspekte des Kalman–Filters zeigen. Die sich dabei ergebenden, unterschiedlichen Aspekte des Kalman–Filters sollen dazu beitragen, die eigentliche Natur dieses Estimationsalgorithmus und damit einige Grundprinzipien der Estimation besser zu verstehen. Kapitel 5 beschäftigt sich weiterhin mit einigen mathematisch äquivalenten, numerisch jedoch unterschiedlichen Formulierungen des Kalman–Filters, die auch für praktische Probleme von einiger Wichtigkeit sein können. Auch wichtige Fragen wie Filterstabilität, numerisches Verhalten etc. werden in diesem Kapitel kurz andiskutiert. Praktische Probleme wie Filterdivergenz, Divergenztests, Plausibilitätstests von Meßwerten und Ausreißerkontrolle werden behandelt und Lösungsansätze vorgestellt, die in der Praxis von einiger Nützlichkeit sein können. Bei allen Darstellungen dieses Kapitels geht es dem Verfasser allerdings weniger um eine pedantische Realitätsnähe, sondern vielmehr darum, ein zusammenhängendes, tragfähiges Gesamtkonzept zu vermitteln, welches theoretisch abstrakt genug formuliert wird, daß das Gesamtkonzept als solches deutlich wird, auf der anderen Seite aber so verständlich bleibt, daß es, je nach Bedarf, zur Lösung praktischer Probleme herangezogen werden kann.

Kapitel 6 bringt schließlich ein ausführliches Beispiel für die Anwendung der Kalman–Filtertheorie zur Meßwertverarbeitung bei der Laserentfernungsmessung und vertieft das in dieser Einführung gebrachte, stark vereinfachte Anwendungsbeispiel beträchtlich. Dabei wird mit der stochastischen Modellbildung des Gesamtproblems begonnen, verschiedene Modellvereinfachungen werden vorgeschlagen und in ihrer Wirkungsweise diskutiert. Das auf der exakten Modellbildung beruhende Kalman–Filter wird formuliert und in seiner Wirkungsweise diskutiert. Anschließend wird das auf der vereinfachten Modellbildung beruhende Kalman–Filter vorgestellt und in seiner Wirkungsweise mit dem auf der exakten Modellierung beruhenden Kalman–Filter verglichen. Einige grundsätzliche Überlegungen zum praktischen Filterdesign beschließen dieses Kapitel.

1.8 Literatur zu Kapitel 1

1.) Gauß, C.F., Theoria Motus Corporum Coelestium in Sectionibus Conicis Solem Ambientum, Hamburg, 1809 (englische Übersetzung: Dover, New York, 1963)

2.) Legendre, A.M., 'Methode des moindres quarrés, pour trouver le milieu le plus probable entre les résultats de differentes observtions', Mem. Inst. France, S. 149–154, 1810

3.) Kolmogorov, A.N.,'Sur l'interpolation et extrapolation des suites stationaires', C.R. Acad. Sci.,Vol. 208, S.2043, 1939

4.) Kolmogorov, A.N.,'Stationary Sequences in Hilbert Space', in Linear Least–Squares Estimation, ed. Th. Kailath, Dowden, Hutchinson & Ross, Benchmark Book Series/17, Pennsylvania, 1977

5.) Krein, G.M., 'On a generalization of some investigations of G. Szegö, W.M. Smirnov, and A.N. Kolmogorov', Dokl. Akad. Nauk. SSSR, Vol. 46, S.91–94, 1945

6.) Krein, G.M., 'On a problem of extrapolation of A.N. Kolmogorov', Dokl. Akad. Nauk. SSSR, Vol. 46, S.306–309, 1945

7.) Wiener,N., Extrapolation, Interpolation and Smoothing of Stationary Time Series, with Engineering Applications, Technology Press and Wiley, New York, 1949, (Original 1942, Nat. Defense Res. Counsil Rep.)

8.) Kalman,R.E., 'A New Approach to Linear Filtering and Prediction Problems', J. Basic Eng., Vol. 82, S.34–45, Mar. 1960

9.) Kailath, Th., 'A View of Three Decades of Linear Filtering Theory', in Linear Least–Squares Estimation, ed. Th. Kailath, Dowden, Hutchinson & Ross, Benchmark Book Series/17, Pennsylvania, 1977

10.) Wiener,N., Collected Works with Commentaries, ed. P. Masani, Vol. I, MIT Press, Cambridge, 1976

11.) Wiener,N., Collected Works with Commentaries, ed. P. Masani, Vol. II, MIT Press, Cambridge, 1979

12.) Wiener,N., Collected Works with Commentaries, ed. P. Masani, Vol. III, MIT Press, Cambridge, 1981

13.) Wiener,N., Collected Works with Commentaries, ed. P. Masani, Vol. IV, MIT Press, Cambridge, 1985

14.) Maybeck,P.S.,'The Kalman Filter – An Introduction for Potential Users', TM–72–3 Air Force Flight Dynamics Laboratory, Wright Patterson AFB, Ohio, June 1972

2 Deterministische Systemmodelle im Zustandsraum

2.1 Einführung und Zielsetzung

Dieses Kapitel gibt eine kurze Zusammenfassung deterministischer Systemmodelle. Gleichzeitig dienen die Grundlagen dieses Kapitels als Voraussetzung für die stochastischen Systemmodelle, die später betrachtet werden. Systemmodellierung ist eine wesentliche Grundlage für das Kalman–Filterdesign, deshalb ist die Zusammenfassung dieses Kapitels relativ ausführlich.
Zunächst werden zeitkontinuierliche Modelle betrachtet, diese werden zwanglos von der aus der linearen Systemtheorie bekannten Übertragungsfunktion für Systeme mit einem Eingang und einem Ausgang abgeleitet. Dabei wird implizit von kausalen Systemen ausgegangen. Danach wird der Begriff Zustand verallgemeinert und die allgemeine Lösung der linearen Zustandsdifferentialgleichung hergeleitet. In diesem Zusammenhang werden lokale und globale Zustandsübergangsfunktionen eingeführt. Da Estimatoren und Regler typischerweise digital realisiert werden, folgen nach zeitkontinuierlichen Modellen die zeitdiskreten Darstellungen, diese werden aus den zeitkontinuierlichen Modellen abgeleitet. Es werden verschiedene Formen der zeitdiskreten Zustandsraumdarstellung diskutiert und abschließend werden die Begriffe Beobachtbarkeit und Steuerbarkeit behandelt.

Dieses Kapitel befaßt sich ausschließlich mit Zeitbereichsmodellen, da diese eine allgemeinere Darstellung als Frequenzbereichsmodelle ermöglichen.

2.2 Zeitkontinuierliche Systeme

2.2.1 Einführung der Zustandsraumdarstellung

Zur Einführung der Zustandsraumdarstellung werden zunächst lineare, zeitinvariante Systeme (LTI–Systeme) mit einem skalaren Eingang und einem skalaren Ausgang betrachtet.
Die Reaktion eines zeitinvarianten, linearen Systems mit einem Eingang u(t) und einem Ausgang y(t) wird mathematisch durch eine lineare Differentialgleichung n–ter Ordnung mit konstanten Koeffizienten beschrieben, die folgendes Aussehen besitzt:

$$\frac{d^n}{dt^n} y(t) + a_{n-1} \cdot \frac{d^{n-1}}{dt^{n-1}} y(t) + \ldots + a_0 \cdot y(t) = c_p \cdot \frac{d^p}{dt^p} u(t) + \ldots + c_0 \cdot u(t) \tag{2.1.a}$$

Führt man zur Abkürzung die Kurzschreibweise: $\frac{d^n}{dt^n}\, y(t) = y^{(n)}(t)$ ein, so ergibt sich:

$$y^{(n)}(t) + a_{n-1} \cdot y^{(n-1)}(t) + \ldots + a_0 \cdot y(t) = c_p \cdot u^{(p)}(t) + \ldots + c_0 \cdot u(t) \tag{2.1.b}$$

Hierbei ist u(t) die Anregungsfunktion und y(t) die Ausgangszeitfunktion des Systems. Die Linearität und Zeitinvarianz kann nun ausgenutzt werden, um das Eingangs – Ausgangsverhalten des Systems im Zeitbereich durch eine Stoßantwort h(t) und im Frequenzbereich durch eine Übertragungsfunktion H(f) zu beschreiben. Zieht man wegen der Beschränkung auf kausale Systeme die besser konvergierende Laplace–Transformation zur Herleitung einer Übertragungsfunktion H(s) vor, so kann man schreiben:

$$Y(s) = H(s) \cdot U(s) \tag{2.2}$$

Die Übertragungsfunktion H(s) findet man aus 2.1. durch Anwenden des Differentiationstheorems und gleichzeitiges Nullsetzen der Anfangsbedingungen. Es ergibt sich dann:

$$s^n \cdot Y(s) + a_{n-1} \cdot s^{n-1} \cdot Y(s) + \ldots + a_0 \cdot Y(s) = c_p \cdot s^p \cdot U(s) + \ldots + c_0 \cdot U(s) \tag{2.3}$$

Löst man nun nach $H(s) = \frac{Y(s)}{U(s)}$ auf, so erhält man die Übertragungsfunktion:

$$H(s) = \frac{Y(s)}{U(s)} = \frac{c_p s^p + c_{p-1} s^{p-1} + \ldots\ c_o}{s^n + a_{n-1} s^{n-1} + \ldots + a_0} \tag{2.4}$$

Die Pole von H(s) beschreiben das Verhalten der homogenen Lösung von Gl.2.1 und damit das dynamische Verhalten des Systems, während die Nullstellen von H(s) die Eingangszeitfunktion u(t), bzw. ihre Ableitungen gewichten. Die Ordnung des Nennerpolynoms entspricht dabei der Ordnung der Differentialgleichung.

2.2.2 Differentialgleichungssystem und Zustandsraumdarstellung

Jede Differentialgleichung n–ter Ordnung wie Gl.2.1 läßt sich in ein Differentialgleichungssystem von n Differentialgleichungen 1. Ordnung umwandeln. Aus Gleichung 2.4 folgt durch Umstellen:

$$Y(s)=[c_p s^p+c_{p-1}s^{p-1}+...+c_0] \cdot [\frac{1}{s^n+a_{n-1}s^{n-1}+...+a_0} \cdot U(s)] \tag{2.5}$$

Es wird nun eine Zwischengröße X(s) eingeführt mit:

$$X(s) = \frac{1}{s^n+a_{n-1}s^{n-1}+...+a_0} \cdot U(s) \tag{2.6}$$

Mit dieser Zwischengröße folgt aus Gl. 2.5:

$$Y(s) = [c_p s^p+c_{p-1}s^{p-1}+...+c_0] \cdot X(s) \tag{2.7}$$

Nach einer Rücktransformation ergibt sich unter Ausnutzen des Differentiationstheorems:

$$y(t) = c_p x^{(p)}(t) + c_{p-1}x^{(p-1)}(t) + ... + c_0 x(t) \tag{2.8}$$

Es ist also möglich, y(t) aus der Zwischengröße x(t) und den Ableitungen von x(t) zu berechnen, wenn x(t) bekannt ist. Zur Berechnung von x(t) geht man von Gl. 2.6 aus, wobei durch Umstellen folgt:

$$X(s) \cdot [s^n+a_{n-1}s^{n-1}+ ...+a_0] = U(s) \tag{2.9}$$

Durch Anwendung des Differentiationstheorems erhält man nach der Rücktransformation:

$$x^{(n)}(t) + a_{n-1}x^{(n-1)}(t) + ... + a_0 x(t) = u(t) \tag{2.10}$$

Umgestellt nach $x^{(n)}(t)$ ergibt sich:

$$x^{(n)}(t) = u(t) - a_{n-1}x^{(n-1)}(t) - \ldots - a_0x(t) \tag{2.11}$$

Zur Herleitung einer Zustandsraumbeschreibung führt man nun folgende neue Größen ein:

$$x_1(t) = x(t) \tag{2.12a}$$
$$x_2(t) = \dot{x}(t) = x^{(1)}(t) \tag{2.12b}$$
$$x_3(t) = \ddot{x}(t) = x^{(2)}(t) \tag{2.12c}$$
$$\cdot$$
$$\cdot$$
$$\cdot$$
$$x_n(t) = x^{(n-1)}(t) \tag{2.12d}$$

Aus Gl. 2.12 folgt durch Differenzieren:

$$\dot{x}_1(t) = x_1^{(1)}(t) = \dot{x}(t) = x_2(t) \tag{2.13a}$$
$$\dot{x}_2(t) = x_2^{(1)}(t) = x^{(2)}(t) = x_3(t) \tag{2.13b}$$
$$\cdot$$
$$\cdot$$
$$\dot{x}_{n-1}(t) = x_{n-1}^{(1)}(t) = x^{(n-1)}(t) = x_n(t) \tag{2.13c}$$
$$\dot{x}_n(t) = x^{(n)}(t) = u(t) - a_{n-1}x_n(t) - a_{n-2}x_{n-1}(t) - a_{n-3}x_{n-2}(t) - \ldots - a_0x_1(t) \tag{2.13d}$$

Zur Herleitung von Gl. 2.13d wurden Gl. 2.12d und Gl. 2.11 benutzt.

Die Gl. 2.13a – 2.13d beschreiben ein Differentialgleichungssystem bestehend aus n Differentialgleichungen 1.Ordnung. Dieses Gleichungssystem kann vorteilhaft als vektorielle Differentialgleichung 1.Ordnung dargestellt werden. Dazu führt man die vektorielle Variable $\underline{x}$ ein. Es gilt:

$$\underline{x}(t) = [x_1(t), x_2(t), x_3(t),\ldots, x_n(t)]^T \tag{2.14}$$

Durch komponentenweises Differenzieren folgt dann:

$$\dot{\underline{x}}(t) = \frac{d}{dt}\,\underline{x}(t) = [\dot{x}_1(t), \dot{x}_2(t), \ldots \dot{x}_n(t)]^T \tag{2.15}$$

Der Zusammenhang zwischen $\dot{\underline{x}}(t)$, $\underline{x}(t)$ und $u(t)$ ergibt sich nun aus dem Gleichungssystem 2.13:

$$\dot{\underline{x}}(t) = \begin{bmatrix} 0 & 1 & 0 & 0 & . & . & . & 0 \\ 0 & 0 & 1 & 0 & . & . & . & 0 \\ . & . & . & & . & . & . & . \\ . & . & . & & & & & . \\ . & . & . & & & & 0 & 1 \\ -a_0 & -a_1 & . & & . & . & . & -a_{n-1} \end{bmatrix} \cdot \underline{x}(t) + \begin{bmatrix} 0 \\ 0 \\ . \\ . \\ . \\ 1 \end{bmatrix} \cdot u(t) \tag{2.16}$$

Führt man nun noch zur Abkürzung 2 Matrizen F und B ein mit:

$$F = \begin{bmatrix} 0 & 1 & 0 & 0 & . & . & . & 0 \\ 0 & 0 & 1 & 0 & . & . & . & 0 \\ . & . & . & & . & . & . & . \\ . & . & . & & & & & . \\ . & . & . & & & & 0 & 1 \\ -a_0 & -a_1 & . & & . & . & . & -a_{n-1} \end{bmatrix} ; B = \begin{bmatrix} 0 \\ 0 \\ . \\ . \\ . \\ 1 \end{bmatrix} \tag{2.17}$$

dann ergibt sich durch Einsetzen:

$$\dot{\underline{x}}(t) = F \cdot \underline{x}(t) + B \cdot u(t) \tag{2.18}$$

Dies ist eine vektorielle Differentialgleichung für $\underline{x}(t)$, die das Systemverhalten in Abhängigkeit von der Eingangsgröße $u(t)$ beschreibt. Der Ausgang des Systems $y(t)$ kann nun folgendermaßen aus der Systemgröße $\underline{x}(t)$ abgeleitet werden. Aus Gl. 2.8 folgt mit Gl. 2.12:

$$y(t) = c_p x_{p+1}(t) + c_{p-1} x_p(t) + c_{p-2} x_{p-1}(t) + \ldots + c_0 x_1(t) \tag{2.19}$$

Dieser Zusammenhang lautet in Vektor–Matrix–Notation:

$$y(t) = C \cdot \underline{x}(t) \tag{2.20}$$

wobei:

$$C = [c_0, c_1, c_2, c_3, \ldots, c_p, 0, 0, 0, \ldots, 0] \tag{2.21}$$

Zusammenfassend ergibt sich dann folgende Beschreibung des Gesamtsystems:

$$\dot{\underline{x}}(t) = F \cdot \underline{x}(t) + B \cdot u(t) \tag{2.22}$$

$$y(t) = C\, \underline{x}(t) \tag{2.23}$$

Interpretation dieser Darstellung

Interpretiert man die Multiplikation einer Matrix mit einem Vektor als lineare Abbildung dieses Vektors auf einen anderen Vektor, so wird durch Gl. 2.23 der gesamte Vektorraum $\mathbb{R}^n$, den der Vektor $\underline{x}(t)$ beschreibt, auf die reelle Achse $\mathbb{R}^1$ abgebildet. Damit ist y(t) eine Projektion des n–dimensionalen Vektors $\underline{x}(t)$ auf eine Achse, man sagt auch, y(t) sei eine 'Beobachtung' (observation) des Vektors $\underline{x}(t)$. Im allgemeinen kann $\underline{y}(t)$ auch ein Vektor der Dimension m sein, dann beschreibt der Vektor $\underline{y}(t)$ einen sogenannten 'Beobachtungsraum' (observation space). Die Matrix C trägt demnach den Namen 'Beobachtungsmatrix' (observation matrix), sie bildet den Raum $\mathbb{R}^n$ in dem Beobachtungsraum $\mathbb{R}^m$ ab.

Der Vektor $\underline{x}(t)$ beschreibt das dynamische Verhalten des Systems in Form der vektoriellen Differentialgleichung 2.22. Das dynamische Verhalten wird von der Matrix F bestimmt, in der die Koeffizienten des Nennerpolynoms von H(s) auftreten. Damit beschreibt $\underline{x}(t)$ den Zustand des Systems zum Zeitpunkt t und trägt demnach die Bezeichnung 'Zustandsvektor'. Die Matrix F verknüpft den 'Zustand' $\underline{x}(t)$ mit seiner Ableitung und heißt 'Zustandsübergangsmatrix' (state transition matrix) oder genauer 'lokale Zustandsübergangsmatrix'. Den Raum, den der Vektor $\underline{x}(t)$ beschreibt, nennt man den 'Zustandsraum' (state space).

Der Zustandsvektor $\underline{x}(t)$ besitzt n Komponenten, entsprechend der Ordnung des Nennerpolynoms von H(s) und der Ordnung der ursprünglich gegebenen Differentialgleichung 2.1. Genauer gesagt ist der Zustandsvektor $\underline{x}(t)$ ein beliebiger minimaler Satz von Komponenten $x_1(t) \ldots x_n(t)$, die ausreichen, aus der Kenntnis des Systemzustandes zum Zeitpunkt t und der Eingangsgröße u(t) im Intervall $[t, t_0)$ jeden zukünftigen Systemzustand $\underline{x}(t_x)$ für $t \leq t_x \leq t_0$ zu berechnen. Diese Forderung ist eine grundsätzliche Bedingung, die jede Zustandsraumdarstellung erfüllen muß. Diese und weitere Bedingungen an die Zustandsraumdarstellung werden im weiteren Verlauf des Kapitels noch diskutiert.

Die Abbildung 2.23 kann als eine Abbildung des Zustandsraumes $\mathbb{R}^n$ in den Beobachtungsraum $\mathbb{R}^m$ betrachtet werden, wobei bei skalaren Ausgängen m=1 ist.
Der Zustand $\underline{x}(t)$ wird nur von der äußeren Eingangsgröße u(t) beeinflußt, die in der Terminologie der Regelungstechnik eine Steuergröße ('control input') darstellt. Bei nicht skalaren Eingängen ist $\underline{u}(t)$ ein p–dimensionaler Vektor, der sich 'control input' nennt. Die Matrix B ist dann eine $(n \times p)$ Matrix und trägt den Namen 'control matrix'.
Um eine vektorielle Differentialgleichung 1.Ordnung für einen Vektor der Dimension n zu lösen, benötigt man für jede der n Komponenten einen Anfangswert, man muß also n Anfangsbedingungen spezifizieren, um Gl. 2.22 lösen zu können!

2.2.3 Zusammenhang der Zustandsraumdarstellung mit der Übertragungsfunktion

Bei zeitinvarianten, linearen Systemen mit einem Eingang und einem Ausgang läßt sich durch die Laplace–Transformation ein einfacher Zusammenhang mit der Übertragungsfunktion H(s) etablieren.
Es folgt aus Gl. 2.22 durch Laplace–Transformation unter Vernachlässigung von Anfangsbedingungen:

$$s \cdot \underline{X}(s) = F \cdot \underline{X}(s) + B \cdot U(s)$$

Auflösen nach X(s) ergibt:

$$\underline{X}(s) = (s \cdot I - F)^{-1} \cdot B \cdot U(s) \tag{2.24}$$

Hierbei stellt I die Einheitsmatrix dar, und $(s \cdot I - F)^{-1}$ ist die inverse Matrix von $(s \cdot I - F)$. Nutzt man nun noch Gl. 2.23 aus, so erhält man:

$$Y(s) = C \cdot \underline{X}(s) = C \cdot (s \cdot I - F)^{-1} \cdot B \cdot U(s)$$

Hieraus erhält man für die Übertragungsfunktion:

$$H(s) = \frac{Y(s)}{U(s)} = C \cdot (s \cdot I - F)^{-1} \cdot B \tag{2.25}$$

Für Systeme mit nicht–skalaren Eingängen und Ausgängen läßt sich anstelle der Übertragungsfunktion eine Übertragungsfunktionsmatrix einführen, für die sich ein analoger Zusammenhang mit der Zustandsraumdarstellung herleiten läßt.

Die Matrix $(s \cdot I - F)^{-1}$ wird mit $\phi(s)$ bezeichnet und ist die Laplacetransformierte der globalen Systemübergangsmatrix.
Man erkennt aus Gl. 2.25, daß die Pole von H(s) identisch mit den Eigenwerten der Matrix F sind (Hinweis: Man betrachte die Eigenwertgleichung der Matrix F). Dies stützt die Aussage, daß das dynamische Verhalten des Systems nur von der Matrix F, genauer gesagt, von ihren Eigenwerten bestimmt wird.

Durch den in Gl. 2.25 dargestellten Zusammenhang wird deutlich, daß jedes System, welches durch eine Übertragungsfunktion n–ten Grades beschrieben wird (unter der Voraussetzung, daß keine Pol– Nullstellenkürzungen vorliegen), auch durch ein n–dimensionales Zustandsraummodell beschrieben werden kann, welches ein identisches Eingangs–Ausgangsverhalten besitzt. Diese Äquivalenz ist in Bild 2.1 dargestellt.

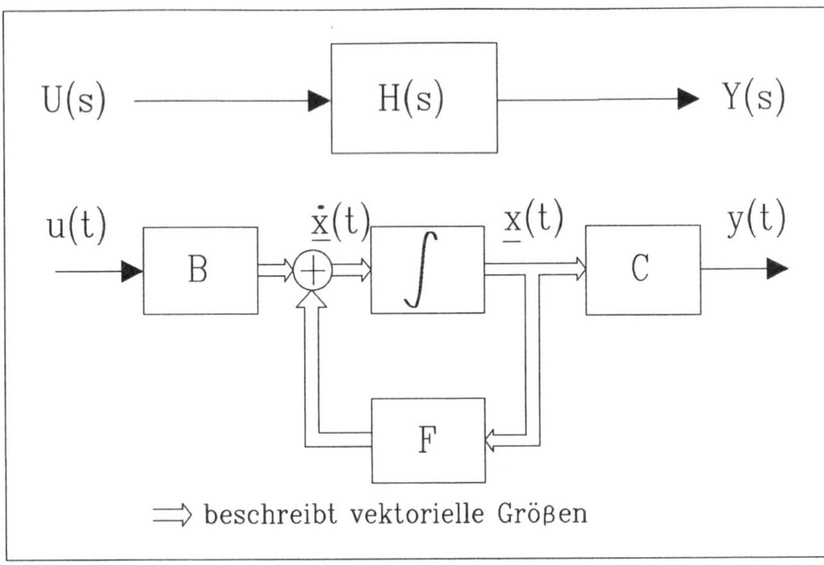

Bild 2.1: Äquivalenz von Übertragungsfunktionsmodell und Zustandsraumbeschreibung

Es ist natürlich auch möglich, sogenannte 'nicht–minimale' Zustandsraummodelle durch Hinzunahme überflüssiger Zustandskomponenten zu erzeugen. Diese hinzugenommenen Komponenten haben dann aber entweder keinerlei Auswirkungen auf den Systemausgang oder können vom Systemeingang her nicht beeinflußt werden, oder beides. Man sagt auch, die Zustandsraumdarstellung ist nicht vollständig 'beobachtbar', nicht vollständig 'steuerbar', oder weder vollständig 'beobachtbar' noch vollständig 'steuerbar'. Die Konzepte 'Steuerbarkeit' und 'Beobachtbarkeit' werden noch ausführlicher diskutiert.

Damit ist die Zustandsraumdarstellung für lineare, zeitinvariante Systeme mit skalarem Ein– und Ausgang als äquivalente Beschreibung zu Übertragungsfunktionskonzepten eingeführt worden. Die Begriffe Zustand, Zustandsübergangsfunktion etc. müssen nun noch auf allgemeine, nichtlineare, zeitvariante Systeme mit vektoriellen Ein– und Ausgangsgrößen erweitert werden. Dazu wird in den folgenden Unterpunkten dieses Kapitels zunächst die verwendete Notation eingeführt, um dann den Begriff des Zustandes mathematisch fassen zu können. Gleichzeitig werden Bedingungen an eine Zustandsraumdarstellung formuliert und damit auch die wichtigen Begriffe 'Globale' und 'Lokale Zustandsübergangsfunktion' eingeführt.

2.3 Mathematische Definition der Zustandsraumbeschreibung

2.3.1 Konventionen und Notation

In dieser Darstellung werden Skalare durch kleine lateinische Buchstaben, z.B. a, Vektoren durch kleine unterstrichene Buchstaben gekennzeichnet, z.B. $\underline{x}$ sei ein $(n\times 1)$–Spaltenvektor. Matrizen kennzeichnen wir durch große lateinische Buchstaben, z.B. A sei eine $(n\times n)$–Matrix, die Transponierte einer Matrix erhält ein hochgestelltes T, z.B. A^T, und die Inverse einer Matrix wird durch A^{-1} beschrieben. Eine Ausnahme bilden die Laplacetransformierten der Vektoren, die auch mit großen Buchstaben gekennzeichnet werden; diese werden allerdings als Funktion der unabhängigen Variablen s geschrieben, so daß eine Verwechslung mit Matrizen ausgeschlossen ist. Einheitsvektoren in die Richtung einer bestimmten Komponente eines Vektors werden durch $\underline{e}_i$ dargestellt, wobei i die Nummer der i–ten Komponente des Vektors darstellt. Eine Zeitabhängigkeit einer Größe wird dadurch ausgedrückt, daß diese Größe explizit als Funktion einer kontinuierlichen Zeitvariablen, z.B. $\underline{x}(t)$, oder als Funktion einer diskreten Zeitvariablen, z.B. $\underline{x}(k)$ dargestellt wird.

2.3.2 Zustand

Der <u>Zustand</u> eines Systems ist im mathematischen Sinne ein Vektor in einem n–dimensionalen Raum $\mathbb{R}^n$, der es erlaubt, die Wirkung aller im allgemeinen vektoriellen Eingangsgrößen in der Vergangenheit $(t<t_0)$ so zu beschreiben, daß zu einem beliebigen Zeitpunkt $t_1> t_0$ der neue Zustand des Systems und damit auch der Systemausgang allein aus der Kenntnis des aktuellen Zustandes und der Eingangsgrößen $\underline{u}(t)$ im Intervall $[t_0,t_1)$ eindeutig berechnet werden kann.

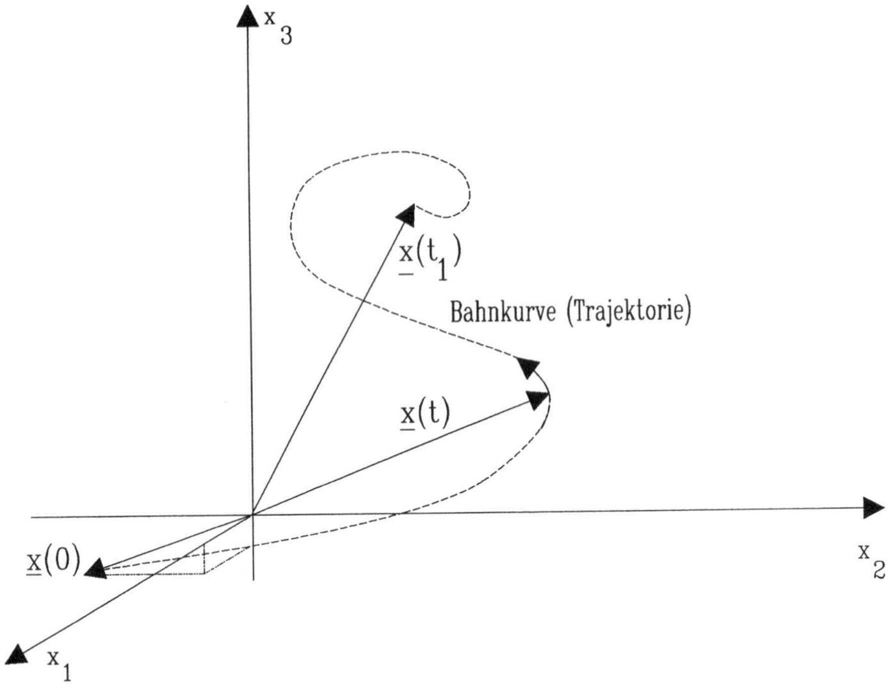

Bild 2.2: Geometrische Darstellung des Zustandes im Zustandsraum der Ordnung n=3

2.3.3 Zustandsübergangsfunktionen

Zustandsübergangsfunktionen kennzeichnen den Übergang des Systemzustandes von einem Zustand in den nächsten Zustand, wobei eine globale Übergangsfunktion den Übergang von einem beliebigen Zustand in einen anderen beliebigen Zustand zu einem beliebigen späteren Zeitpunkt kennzeichnet, eine lokale Übergangsfunktion den Übergang vom aktuellen in den jeweils nächsten Zustand beschreibt. Diese Interpretation birgt im Falle der kontinuierlichen Zeitabhängigkeit Schwierigkeiten, da es auf einer kontinuierlichen Zeitachse zu einem festen Punkt keinen "nächsten" Zeitpunkt gibt. Dieser Fall verlangt eine andere Definition der lokalen Übergangsfunktion.

2.3.3.1 Globale Zustandsübergangsfunktion

Unter der globalen Zustandsübergangsfunktion $\underline{\phi}(\underline{x}(t_0), \underline{u}(t),t)$ versteht man eine vektorwertige Funktion, die den Übergang des Zustandes $\underline{x}(t_0)$ in den Zustand $\underline{x}(t)$ in Abhängigkeit vom Ausgangszustand $\underline{x}(t_0)$, den vektoriellen Eingangsgrößen $\underline{u}(t)$ im halboffenen Intervall $[t_0,t)$ und der Zeit t beschreibt, das heißt:

$$\underline{x}(t) = \underline{\phi}(\underline{x}(t_0), \underline{u}(t), t) \tag{2.26}$$

Diese globale Zustandsübergangsfunktion läßt auch nichtlineare Zusammenhänge zu und ist im allgemeinen schwierig zu berechnen. Die globale Übergangsfunktion muß gewisse Bedingungen erfüllen, damit die Zustandsberechnung über die globale Zustandsübergangsfunktion eindeutig ist.

2.3.3.2 Bedingungen an die globale Übergangsfunktion

Bedingung 1:

$$\underline{\phi}(\underline{x}(t_0), \underline{u}(t), t_0) = \underline{x}(t_0) \tag{2.27}$$

Diese Bedingung besagt, daß die globale Übergangsfunktion auch den Übergang eines Ausgangszustandes in sich selbst beschreiben muß. Diese Bedingung ist völlig selbstverständlich, da an die Wahl des späteren Zeitpunktes für den ein neuer Zustand berechnet werden soll, im Sinne der Allgemeingültigkeit keine Bedingungen gestellt werden dürfen.

Bedingung 2:

Der Zustand eines Systems $\underline{x}(t_2)$ zum Zeitpunkt t_2 läßt sich mit Hilfe der Zustandsübergangsfunktion aus dem Zustand $\underline{x}(t_1)$ zum Zeitpunkt t_1 folgendermaßen berechnen:

$$\underline{x}(t_2) = \underline{\phi}(\underline{x}(t_1), \underline{u}(t), t_2) \tag{2.28}$$

Für den Zustand $\underline{x}(t_1)$ gilt aber in Abhängigkeit vom Zustand $\underline{x}(t_0)$ zum Zeitpunkt t_0:

$$\underline{x}(t_1) = \underline{\phi}(\underline{x}(t_0), \underline{u}(t), t_1)$$

Eingesetzt in Gl. 2.28 ergibt sich dann:

$$\underline{x}(t_2) = \underline{\phi}\left[\underline{\phi}[\underline{x}(t_0), \underline{u}(t), t_1], \underline{u}(t), t_2\right] \tag{2.29}$$

$\underline{x}(t_2)$ muß sich mit der globalen Zustandsübergangsfunktion aber auch direkt, ohne den Zwischenzustand $\underline{x}(t_1)$ berechnen lassen, daß heißt, es muß auch gelten:

$$\underline{x}(t_2) = \underline{\phi}(\underline{x}(t_0), \underline{u}(t), t_2) \tag{2.30}$$

Damit folgt als 2. Bedingung die Forderung an die globale Zustandsübergangsfunktion:

$$\underline{\phi}\left[\underline{\phi}[\underline{x}(t_0), \underline{u}(t), t_1], \underline{u}(t), t_2\right] = \underline{\phi}[\underline{x}(t_0), \underline{u}(t), t_2] \tag{2.31}$$

Dies ist in Bild 2.3 graphisch dargestellt.

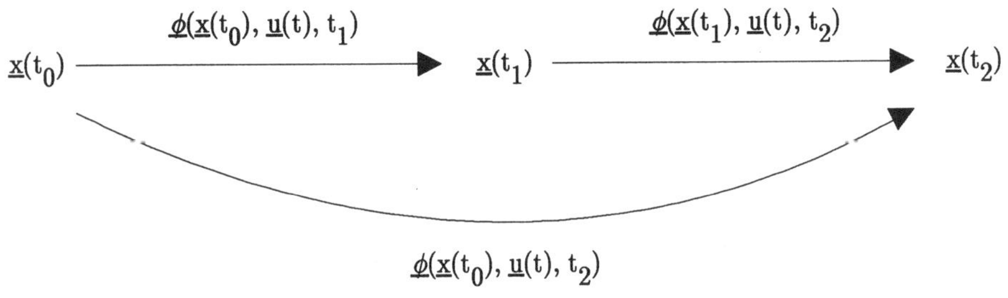

Bild 2.3: Graphische Darstellung der Bedingung 2 an die globale Zustandsübergangsfunktion

Aufgrund dieser Bedingung wird garantiert, daß der neue Zustand nicht davon abhängt, wie und über welche Zwischenzustände man ihn berechnet.

<u>Bedingung 3 (Kausalität):</u>

Sind zwei Eingangsgrößen $\underline{u}_1(t)$ und $\underline{u}_2(t)$ im halboffenen Intervall $[t_0, t_1)$ gleich, außerhalb dieses Intervalles aber unterschiedlich, d.h.:

$$\underline{u}_1(t) = \underline{u}_2(t) \quad \text{für } t \in [t_0, t_1)$$

und (2.32a)

$$\underline{u}_1(t) \neq \underline{u}_2(t) \quad \text{für } t \notin [t_0, t_1)$$

dann muß trotzdem gelten:

$$\underline{x}(t_1) = \underline{\phi}[\underline{x}(t_0), \underline{u}_1(t), t_1] \stackrel{!}{=} \underline{\phi}[\underline{x}(t_0), \underline{u}_2(t), t_1] \tag{2.32b}$$

Laut Bedingung 3 kann der Zustand $\underline{x}(t_1)$ nur von den Eingangsgrößen $\underline{u}(t)$ im halboffenen Intervall $[t_0, t_1)$ abhängen, nicht von dem Verlauf von $\underline{u}(t)$ vor dem Zeitpunkt t_0 (Folge der Definition des Zustandes: $\underline{x}(t_0)$ beschreibt die Wirkung aller Eingangsgrößen $\underline{u}(t)$ in der Vergangenheit bis zum Zeitpunkt t_0 ausschließlich). Der Zustand $\underline{x}(t_1)$ hängt auch nicht von der Zukunft ab. Diese Bedingung trägt also der Definition des Zustandes Rechnung und garantiert die Kausalität der Darstellung, das heißt, das durch die Zustandsdarstellung beschriebene System kann nicht in die Zukunft blicken.

Die Bedingungen 1 – 3 und die allgemeine Definition des Zustandsvektors garantieren eine eindeutige Zustandsraumdarstellung, jedoch muß betont werden, daß die Wahl eines Zustandsvektors $\underline{x}(t)$ durch die Definition und die Bedingungen an eine Übergangsfunktion nicht eindeutig bestimmt ist. Für ein gegebenes physikalisches System ist zwar die minimale Ordnung des Zustandsvektors (durch die Ordnung der beschreibenden Differentialgleichung) bestimmt, es existiert aber eine unendliche Vielzahl von möglichen Zustandsvektoren dieser Dimension.

Interpretiert man den Zustandsvektor geometrisch, so ergibt sich die minimale Ordnung eines Zustandsvektors daraus, daß zur Darstellung eines Punktes in $\mathbb{R}^n$ minimal n Basisvektoren benötigt werden, wenn diese Basisvektoren ein Orthogonalsystem bilden. Es gibt aber unendliche viele Orthogonalsysteme, mit denen es möglich ist, diesen Raum zu beschreiben.

2.3.3.3 Lokale Übergangsfunktion

2.3.3.3.1 Zeitdiskrete Systeme

Zeitdiskrete Systeme sind durch Zustandsvektoren $\underline{x}(k)$ gekennzeichnet, wobei $\underline{x}(k)$ den Zustand des Systems zum festen Zeitpunkt $t_k = k \cdot T$ beschreibt, wenn T die Intervallbreite des Abtastintervalles beschreibt. Hierfür läßt sich die lokale Übergangsfunktion sehr einfach aus der globalen Übergangsfunktion herleiten, wenn man spezifiziert, daß die lokale Übergangsfunktion den Zustandsübergang vom Ausgangszustand $\underline{x}(k)$ in den nächsten Zustand $\underline{x}(k+1)$ beschreibt, das heißt:

$$\underline{x}(k+1) = \underline{\phi}[\underline{x}(k), \underline{u}(k), k+1] \tag{2.33}$$

Nach der Definition von $\underline{u}(t)$ im vorherigen Abschnitt stellt $\underline{u}(k)$ die zeitliche Diskretisierung von $\underline{u}(t)$ im Intervall $[k\cdot T, (k+1)\cdot T)$ dar, das heißt, es können nur Werte von $\underline{u}(j)$ aus dem Intervall $k \leq j < k+1$ einen Einfluß auf $\underline{x}(k+1)$ haben. Diesen lokalen Zusammenhang beschreibt man häufig in der einfacheren Notation:

$$\underline{x}(k+1) \mathrel{\hat{=}} \underline{f}[\underline{x}(k), \underline{u}(k), k+1] \tag{2.34}$$

$\underline{f}(\cdot, \cdot, \cdot)$ wird die lokale Übergangsfunktion genannt.

2.3.3.3.2 Zeitkontinuierliche Systeme

Bei diesen Systemen kann die lokale Übergangsfunktion nicht als eine Spezialisierung der globalen Übergangsfunktion aufgefaßt werden, da es zu $x(t)$ auf der kontinuierlichen Zeitachse keinen nächsten Zustand gibt, da die Zeitpunkte auf der reellen Achse nicht abzählbar sind. Bei zeitkontinuierlichen Systemen beschreibt die lokale Übergangsfunktion $\underline{f}(\underline{x}(t), \underline{u}(t), t)$ die Änderungsgeschwindigkeit: $\dot{\underline{x}}(t) = d/dt\ \underline{x}(t)$ als Funktion von $\underline{x}(t)$, $\underline{u}(t)$ und t. Hierbei ist $d/dt\ \underline{x}(t)$ als Spaltenvektor aufzufassen, dessen i–te Komponente aus dem Differential $d/dt\ x_i(t) = \dot{x}_i(t)$ besteht. Formelmäßig geschrieben ergibt sich dann folgende Definition:

$$\dot{\underline{x}}(t) = \underline{f}[\underline{x}(t), \underline{u}(t), t] \tag{2.35}$$

Damit diese Definition der lokalen Übergangsfunktion mit der Definition der globalen Übergangsfunktion konsistent ist, muß die Funktion $\underline{f}(\underline{x}(t), \underline{u}(t), t)$ einige grundlegende Bedingungen erfüllen, die letztlich nur ihre Integrabilität sichern. Kurz zusammengefaßt lauten diese Bedingungen:

1. $\underline{f}(\cdot, \cdot, \cdot)$ ist zumindest stückweise stetig in t. Mit anderen Worten ist damit für jeden Vektor $\underline{x}_i \in \mathbb{R}^n$ die Abbildung $\underline{f}(\underline{x}_i, \underline{u}_j, \cdot)$ stetig, bis auf endlich viele Punkte, an denen aber links– und rechtsseitige Grenzwerte existieren.

2. $\underline{f}(\cdot, \cdot, \cdot)$ ist lipschitzbeschränkt über $\underline{x}(t)$, das bedeutet, es existiert eine stückweise stetige Funktion $k(\cdot)$, so daß für alle $t \in [0, \infty)$ und alle $\underline{x}_1, \underline{x}_2 \in \mathbb{R}^n$ gilt:

$$\|\underline{f}(\underline{x}_1(t), \underline{u}(t), t) - \underline{f}(\underline{x}_2(t), \underline{u}(t), t)\| < k(t) \cdot \|\underline{x}_1(t) - \underline{x}_2(t)\|$$

wobei die Normstriche hier eine Maximalnorm bezeichnen, es gilt:

$$\|\underline{v}\| = \max_i |v_i| \text{ für alle } \underline{v} \in \mathbb{R}^n.$$

3. $\underline{f}(\cdot, \cdot, \cdot)$ ist stetig über $\underline{u}(t)$

Diese 3 Bedingungen stellen sicher, daß für jeden Startwert $\underline{x} \in \mathbb{R}^n$ und jedes $t \in [0, \infty)$ und jede stückweise stetige Funktion $\underline{u}(\cdot)$, eine eindeutige stetige Abbildung $\underline{\phi}(\cdot,\cdot,\cdot)$ existiert, die die reelle Zeitachse $[0, \infty)$ nach $\mathbb{R}^n$ abbildet, so daß:

$$\underline{x}(t) = \underline{\phi}[\underline{x}(t_0), \underline{u}(t), t] = \underline{\phi}[\underline{x}_0, \underline{u}(t), t]$$

und

$$\dot{\underline{\phi}}[\underline{x}(t), \underline{u}(t), t] = \underline{f}[\underline{\phi}(\underline{x}_0, \underline{u}(t), t), \underline{u}(t), t]$$

ist für alle $t \in [0, \infty)$, mit Ausnahme der Unstetigkeitsstellen. Die Funktion $\underline{\phi}(\cdot,\cdot,\cdot)$ ist die Lösung der Differentialgleichung (2.35) und heißt globale Zustandsübergangsfunktion. Diese hängt nur von den Anfangswerten $\underline{x}_0$, t_0 und den Eingangsgrößen von $\underline{u}(t)$ im Intervall $[t_0, t)$ ab.

2.3.4 Ausgangsfunktionen

Aus den mehreren möglichen Definitionen wählen wir die für die Estimationstheorie geeignetere Definition aus, in der eine im allgemeinen vektorielle Ausgangsgröße $\underline{y}(t)$ als eine Funktion gewisser oder auch aller Komponenten des Zustandsvektors dargestellt wird, d.h.:

$$\underline{y}(t) = \underline{g}(\underline{x}(t),t) \tag{2.36}$$

Der Ausgangsvektor ermöglicht nach dieser Definition, gewisse oder günstigstenfalles alle Komponenten des Zustandsvektors zu beobachten. Im zeitdiskreten Fall lautet obige Gleichung:

$$\underline{y}(k) = \underline{g}(\underline{x}(k), k) \tag{2.37}$$

2.3.5 Zustandsraumgleichungen

Die Beschreibung zeitlicher Zustandsvektorverläufe (Trajektorien) durch globale Übergangsfunktionen erweist sich in der Praxis als sehr schwierig – im allgemeinen ist eine analytische Formulierung der globalen Übergangsfunktionen sogar unmöglich.
Deshalb verwenden praktische Systemformulierungen immer die Darstellung mit der lokalen Zustandsübergangsfunktion, die eine Zustandsdarstellung mit vektoriellen Differentialgleichungen im kontinuierlichen Fall, mit vektoriellen Differenzengleichungen im zeitdiskreten Fall ermöglicht. Die rekursive Struktur einer Differenzengleichung kommt einer rechnergestützten Lösung von Zustandsraumproblemen sehr entgegen, so daß diese Darstellung für die Praxis eine sehr große Bedeutung erlangt hat.

2.3.5.1 Lineare Zustandsraumgleichungen

Von besonderer Wichtigkeit ist der Spezialfall der linearen Systeme, das heißt, lokale Übergangsfunktion und Ausgangsfunktion sind linear. Für den zeitdiskreten Fall ergibt sich dann:

$$\underline{x}(k+1) = \underline{f}(\underline{x}(k), \underline{u}(k), k+1) = A(k) \cdot \underline{x}(k) + B(k) \cdot \underline{u}(k) \tag{2.38}$$

$$\underline{y}(k) = \underline{g}(\underline{x}(k), k) = C(k) \cdot \underline{x}(k) \tag{2.39}$$

bzw.

$$\dot{\underline{x}}(t) = \underline{f}(\underline{x}(t), \underline{u}(t), t) = F(t) \cdot \underline{x}(t) + B(t) \cdot \underline{u}(t) \tag{2.40}$$

$$\underline{y}(t) = \underline{g}(\underline{x}(t), t) = C(t) \cdot \underline{x}(t) \tag{2.41}$$

für den zeitkontinuierlichen Fall.

Hierbei sind:

$\underline{x}(k)$, $\underline{x}(t)$ n–dimensionale Vektoren im Raum $\mathbb{R}^n$

$\underline{y}(k)$, $\underline{y}(t)$ m–dimensionale Vektoren aus dem Unterraum $\mathbb{R}^m$

$\underline{u}(k)$, $\underline{u}(t)$ sind p–dimensionale Vektoren aus $\mathbb{R}^p$

Dann sind A(k), F(t) (n×n)–Matrizen, B(k), B(t) sind (n×p)–Matrizen und C(t), C(k) sind (m×n)–Matrizen.

2.3.5.2 Zeitinvariante Systeme

Eine weitere Vereinfachung der Systemdarstellung erhält man, wenn die Matrizen A, B, C zeitinvariant sind, also nicht von der Zeit abhängen. Dann ergibt sich:

$$\underline{x}(k+1) = A \cdot \underline{x}(k) + B \cdot \underline{u}(k) \tag{2.42}$$

$$\underline{y}(k) = C \cdot \underline{x}(k) \tag{2.43}$$

Hier stellt der neue Zustandsvektor eine Linearkombination des letzten Zustandsvektors und der Eingangsgröße dar, der Ausgang ergibt sich als Linearkombination der einzelnen Zustandsvektorkomponenten, der Zustandsvariablen. Dies ist in Bild 2.4 graphisch dargestellt.

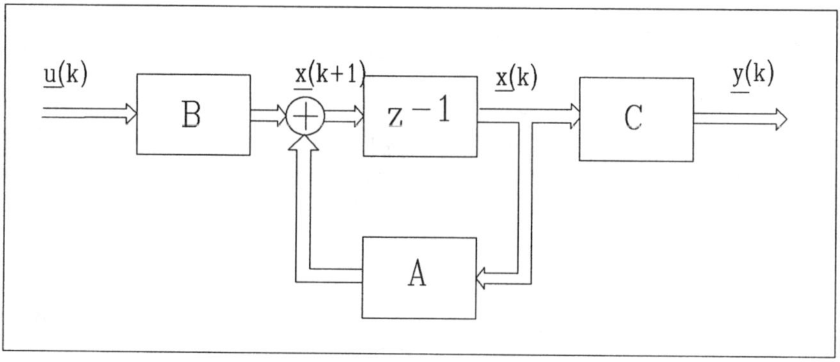

Bild 2.4: Zeitinvariantes, zeitdiskretes, lineares Zustandsraummodell

Wie aus Bild 2.4 ersichtlich ist, enthält ein zeitdiskretes System ein ideales Verzögerungsglied als Zustandsspeicher. Derartige Verzögerungen um eine Taktzeit sind digital leicht realisierbar.

Für zeitkontinuierliche Systeme gelten analoge Beziehungen:

$$\dot{\underline{x}}(t) = F \cdot \underline{x}(t) + B \cdot \underline{u}(t) \tag{2.44}$$

$$\underline{y}(t) = C \cdot \underline{x}(t) \tag{2.45}$$

Dies ist die Zustandsraumdarstellung für lineare zeitinvariante Systeme, die schon in der Einführung für Systeme mit einem skalaren Ausgang und einem skalaren Eingang aus der Übertragungsfunktion zwanglos abgeleitet wurde. Zeitkontinuierliche Systeme enthalten als Zustandsspeicher einen Integrator, wie aus Bild 2.5 ersichtlich ist.

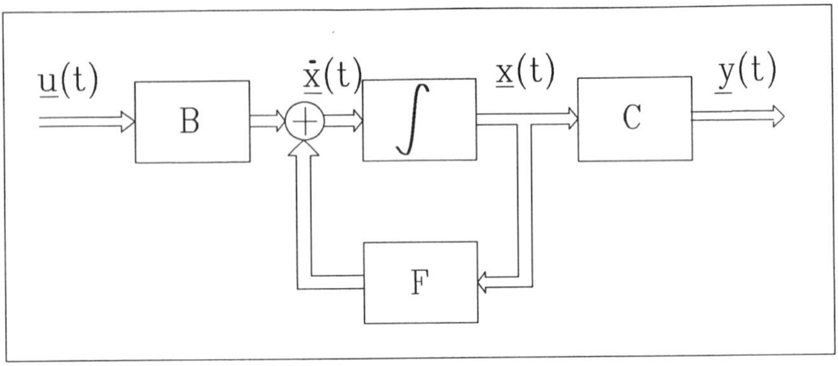

Bild 2.5: Zeitkontinuierliches, lineares, zeitinvariantes Zustandsraummodell

Die lineare Zustandsraumdarstellung, allerdings erweitert für stochastische Eingangsgrößen, wird im späteren Verlauf die Grundlage der stochastischen Systemmodellierung und damit die Basis der linearen Estimationstheorie bilden.

2.3.6 Spezielle Normalformen der Zustandsraummodelle

Spezielle Formen der linearen Zustandsraumdarstellungen haben im wesentlichen den Sinn, Matrixsymmetrien und –formen einzuführen, die den Umgang mit den als Matrixgleichungen vorliegenden Zustandsraumdarstellungen vereinfachen, oder (und) den Rechenaufwand minimieren. Andere Formen ergeben sich zwangsläufig aus dem Vorgehen bei der Modellierung, z.B. die physikalische Zustandsraumbeschreibung. Die Normalformen werden in diesem Kapitel der Einfachheit halber für Systeme mit skalaren Ein– und Ausgängen abgeleitet, sind aber einfach auf Systeme mit vektoriellen Ein– und Ausgangsgrößen übertragbar.

2.3.6.1 Physikalische Zustandsraumdarstellung

Bei dieser Art von Modellierung stellen die Zustandsvariablen physikalische Größen dar, z.B. Spannungsverläufe an Kondensatoren, oder Stromverläufe in Induktivitäten, Entfernungen, Geschwindigkeiten und Beschleunigungen von bewegten Körpern etc. Es handelt sich hier um keine Normalform, da man bei dieser Modellierung entweder gleich von einem gegebenen Differentialgleichungssystem ausgeht, oder eine Differentialgleichung höherer Ordnung in ein entsprechendes Differentialgleichungssystem aus Differentialgleichungen 1. Ordnung umwandelt. Üblicherweise führt diese Modellierung auf zeitkontinuierliche Zustandsraumbeschreibungen.

2.3.6.2 Regelungsnormalform

Diese Zustandsraumdarstellung ist einfach aus einer gegebenen Übertragungsfunktion im Laplacebereich herzuleiten; so liegt z.B. die eingangs hergeleitete Zustandsraumdarstellung schon in Regelungsnormalform vor. Diese Normalform trägt ihren Namen aufgrund der Tatsache, daß eine nichtminimale Zustandsraumdarstellung, die in diese Form umgewandelt wird, zwar steuerbar (regelbar), aber nicht beobachtbar ist. Zur Herleitung dieser Normalform für zeitkontinuierliche Systeme wird auf die Ausführungen zu Beginn dieses Kapitels hingewiesen. Implizit wurde bei dieser Ableitung aber davon ausgegangen, daß der Zählergrad der gegebenen Übertragungsfunktion H(s) kleiner ist, als der Nennergrad. Bei realen Systemen kann der Zählergrad allerdings maximal gleich dem Nennergrad werden, wenn die Systemübertragungsfunktion einen Proportionalanteil aufweist. In einem derartigen Fall ergäbe sich eine unecht gebrochen rationale Übertragungsfunktion H(s), die zunächst in einen ganzzahligen Anteil und in einen echt gebrochen rationalen Anteil (Nennergrad > Zählergrad) aufgespalten werden müßte. Der ganzzahlige Anteil würde dann in der entsprechenden Zustandsraumdarstellung auf einen direkten 'Durchgriff' der Eingangszeitfunktion u(t) auf die Ausgangszeitfunktion y(t) führen, so daß man folgende Ausgangsgleichung erhielte:

$$y(t) = C \cdot \underline{x}(t) + D \cdot u(t)$$

Wir wollen an dieser Stelle die Regelungsnormalform für zeitdiskrete Systeme direkt aus der Übertragungsfunktion H(z) ableiten. Für zeitdiskrete Systeme gilt nämlich:

$$Y(z) = H(z) \cdot U(z) = \frac{P(z)}{Q(z)} \cdot U(z) = \frac{c_0 + c_1 z + c_2 z^2 + \ldots + c_p z^p}{a_0 + a_1 z + \ldots + a_{n-1} z^{n-1} + z^n} \cdot U(z) \tag{2.46}$$

Bei kausalen Systemen kann der Zählergrad maximal gleich dem Nennergrad werden; die Gleichheit von Zähler– und Nennergrad gilt für Systeme ohne Verzögerungszeit. Im Falle der Gleichheit von Zählergrad und Nennergrad wird H(z) in einen ganzzahligen und einen gebrochen rationalen Anteil zerlegt, so daß gilt:

$$H(z) = D + H'(z) = D + \frac{R(z)}{Q(z)} \tag{2.47}$$

mit

$$R(z) = b_0 + b_1 z + b_2 z + \ldots b_{n-1} z^{n-1} \tag{2.48}$$

Wir definieren zunächst die Zwischengröße W(z):

$$W(z) = \frac{1}{Q(z)} \cdot U(z) \tag{2.49}$$

Damit folgt für Y(z):

$$Y(z) = D \cdot U(z) + R(z) \cdot W(z) \tag{2.50}$$

Wenn $p<n$, d.h. der Zählergrad echt kleiner ist als der Nennergrad, gilt:

$$D = 0, \; R(z) = P(z)$$

Dann ergibt sich für Y(z):

$$Y(z) = W(z) \cdot P(z) \tag{2.51}$$

Die Zwischengröße W(z) hängt nur von U(z) ab, während der Ausgang Y(z) in diesem Fall nur von W(z) abhängt. Formt man Gl. 2.49 um, ergibt sich:

$$\begin{aligned} U(z) &= W(z)\, Q(z) \\ &= W(z) \cdot [a_0 + a_1 z + a_2\, z^2 + \ldots z^n] \end{aligned} \tag{2.52}$$

Die Rücktransformation in den Zeitbereich ergibt unter Ausnutzung des Verschiebungstheorems der z–Transformation:

$$a_0 w(k) + a_1 w(k+1) + a_2 w(k+2) + \ldots + w(k+n) = u(k) \tag{2.53}$$

Transformiert man Gl. 2.50 ebenfalls zurück, erhält man:

$$y(k) = D \cdot u(k) + b_0 w(k) + b_1 w(k+1) + \ldots b_{n-1} w(k+n-1) \tag{2.54}$$

Im Fall $p<n$ gilt mit $D=0$ und $R(z)=P(z)$

$$y(k) = c_0 w(k) + c_1 w(k+1) + c_2 w(k+2) + \ldots c_p w(k+p) \tag{2.55}$$

Führt man nun Zustandsvektorkomponenten $x_1(k) - x_n(k)$ ein mit:

$$\begin{aligned} x_1(k) &= w(k) \\ x_2(k) &= w(k+1) \\ x_3(k) &= w(k+2) \\ &\cdot \\ &\cdot \\ &\cdot \\ x_n(k) &= w(k+n-1) \end{aligned} \tag{2.56}$$

so erhält man für die Zustandsraumdarstellung:

$$
\begin{aligned}
x_1(k+1) &= w(k+1) = x_2(k) \\
x_2(k+1) &= w(k+2) = x_3(k) \\
&\;\vdots \\
x_n(k+1) &= w(k+n) = u(k) - a_0x_1(k) - a_1x_2(k) - \dots - a_{n-1}x_n(k)
\end{aligned}
\tag{2.57}
$$

und für den Ausgang y(k):

$$y(k) = D\cdot u(k) + b_0x_1(k) + b_1x_2(k) + \dots + b_{n-1}x_n(k) \tag{2.58}$$

bzw. für $p<n$ und $D=0$:

$$y(k) = c_0x_1(k) + c_1x_2(k) + \dots c_px_{p+1}(k) \tag{2.59}$$

Diese Zusammenhänge können eleganter in Vektor–Matrix–Notation dargestellt werden:

$$\underline{x}(k+1) = A_R\cdot \underline{x}(k) + B_R\cdot u(k) \tag{2.60}$$

$$y(k) = D_R\cdot u(k) + C_R\cdot \underline{x}(k) \tag{2.61a}$$

bzw. für $p < n$

$$y(k) = C_R\cdot \underline{x}(k) \tag{2.61b}$$

Die Matrizen bestimmen sich zu:

$$A_R = \begin{bmatrix} 0 & 1 & 0 & . & . & . & 0 \\ 0 & 0 & 1 & 0 & . & . & 0 \\ . & . & . & . & . & . & . \\ . & . & . & . & . & . & 0 \\ 0 & 0 & . & . & . & 0 & 1 \\ -a_0 & -a_1 & . & . & . & . & -a_{n-1} \end{bmatrix} \; ; \; B_R = \begin{bmatrix} 0 \\ 0 \\ . \\ . \\ . \\ 1 \end{bmatrix} \tag{2.62}$$

Die Matrix A_R besitzt die sogenannte 'Frobeniusform', wird deshalb auch Frobenius–Matrix genannt /1/.

Für C_R ergibt sich im Fall p=n:

$$C_R = [b_0, b_1, \ldots \quad b_{n-1}] \tag{2.63a}$$

bzw. für p<n:

$$C_R = [c_0, c_1, \ldots c_p, 0, \ldots 0] \tag{2.63b}$$

Diese Herleitung verläuft bei zeitkontinuierlichen Systemen völlig analog, es ergeben sich dann die folgenden Modellgleichungen:

$$\dot{\underline{x}}_R(t) = F_R \cdot \underline{x}_R(t) + B_R \cdot u(t) \tag{2.64}$$

$$y_R(t) = C_R \cdot \underline{x}_R(t) + D_R \cdot u(t) \tag{2.65}$$

wobei bei gleicher Koeffizientenwahl der Übertragungsfunktion H(s) folgende Äquivalenzen gelten:

$$F_R = A_R \text{ (zeitdiskret)}$$

$$B_R = B_R \text{ (zeitdiskret)} \tag{2.66}$$

$$C_R = C_R \text{ (zeitdiskret)}$$

$$D_R = D_R \text{ (zeitdiskret)}$$

Dabei gilt $D_R = 0$, wenn die Übertragungungsfunktion H(s) keinen Proportionalanteil aufweist, d.h. wenn der Zählergrad kleiner ist als der Nennergrad. Die graphische Darstellung der Regelungsnormalform für zeitdiskrete Systeme mit p<n findet sich in Bild 2.6.

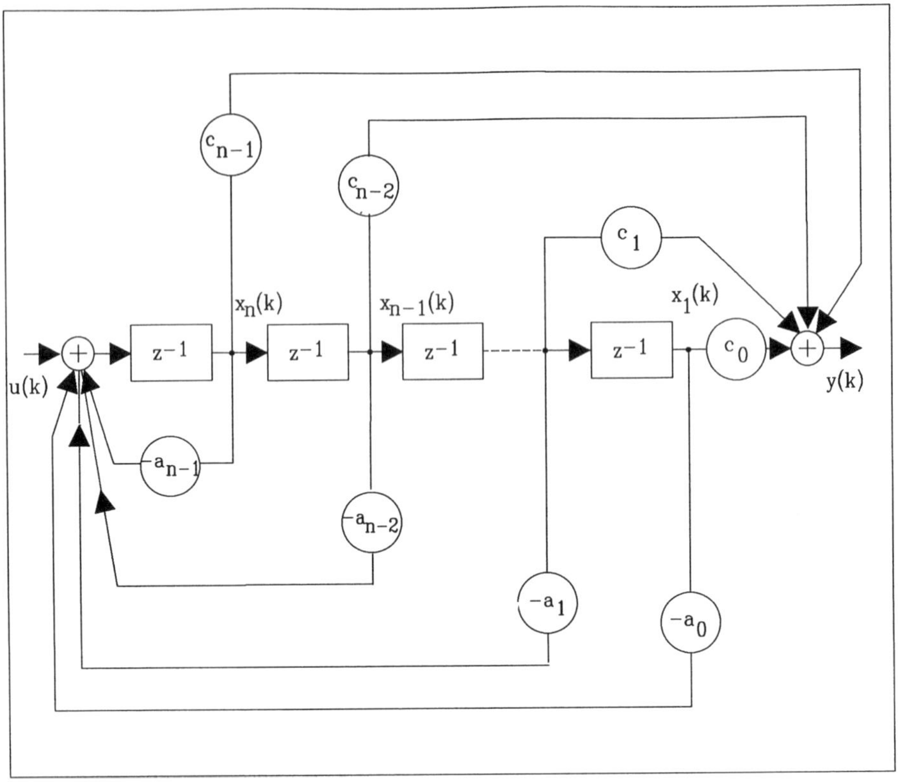

Bild 2.6: Regelungsnormalform für zeitdiskrete Systeme (D=0)

Die graphische Darstellung der Regelungsnormalform bei zeitkontinuierlichen Systemen ergibt sich direkt aus der zeitdiskreten Darstellung, indem man die Verzögerungsglieder durch Integratoren und die zeitdiskreten Zustände $x_i(k)$ durch zeitkontinuierliche Zustände ersetzt. Die zeitdiskrete Eingangsgröße u(k) wird, ebenso wie die zeitdiskrete Ausgangsgröße, durch die entsprechenden zeitkontinuierlichen Größen u(t) und y(t) ersetzt.

2.3.6.3 Beobachternormalform

Zur Herleitung der Beobachternormalform geht man wieder von der Übertragungsfunktion H(s) bei zeitkontinuierlichen und von H(z) bei zeitdiskreten Systemen aus. In beiden Fällen stellt man die gegebene Übertragungsfunktion als echt gebrochen rationale Funktion von negativen Potenzen von s bzw. von z dar. Für zeitkontinuierliche Systeme gilt dann:

$$H(s) = \frac{Y(s)}{U(s)} = \frac{c_0 s^{-n} + c_1 s^{-n+1} + \ldots + c_p s^{p-n}}{a_0 s^{-n} + a_1 s^{-n+1} + \ldots + a_{n-1} s^{-1} + 1} \tag{2.67}$$

<u>Anmerkung:</u> Im folgenden wird vorausgesetzt, daß p<n gilt. (Im Falle von p=n muß zunächst durch 'Ausdividieren' dafür gesorgt werden, daß H(s) echt gebrochen rational ist, analog zum Vorgehen bei der Ableitung der Regelungsnormalform).

Die Auflösung von Gl. 2.67 nach Y(s) ergibt zunächst:

$$\begin{aligned} Y(s) = {} & [c_0 s^{-n} + c_1 s^{-n+1} + \ldots + c_p s^{p-n}] \cdot U(s) \\ & - [a_0 s^{-n} + a_1 s^{-n+1} + \ldots + a_{n-1} s^{-1}] \cdot Y(s) \end{aligned} \tag{2.68}$$

Ordnet man in dieser Gleichung nach Potenzen von s^{-1}, so erhält man:

$$\begin{aligned} Y(s) = {} & s^{-n} \cdot [c_0 U(s) - a_0 Y(s)] \\ & + s^{-n+1} \cdot [c_1 U(s) - a_1 Y(s)] \\ & + \ldots \\ & . \\ & . \\ & + s^{-1} \cdot [c_{n-1} U(s) - a_{n-1} Y(s)] \end{aligned} \tag{2.69}$$

Es muß bei dieser Darstellung berücksichtigt werden, daß $c_\nu = 0$ für $\nu > p$ ist.

Die Rücktransformation in den Zeitbereich ergibt:

$$y(t) = \underbrace{\int_0^t \dots \int_0^t}_{n} [c_0 u(t) - a_0 y(t)]\, dt....dt$$

$$+ \underbrace{\int_0^t \dots \int_0^t}_{n-1} [c_1 u(t) - a_1 y(t)]\, dt....dt$$

$$+ \dots$$

$$\cdot$$

$$\cdot$$

$$+ \int_0^t [c_{n-1} u(t) - a_{n-1} y(t)]\, dt \qquad (2.70)$$

Damit ist y(t) die Summe von Integratorausgängen, wobei der 1. Summand das Ergebnis einer n–fachen Integration, der letzte Summand das Ergebnis einer einfachen Integration ist. Man kann leicht nachweisen, daß der Ausgang eines Integrators als Zustandsgröße geeignet ist, da er die Bedingungen an die globale Systemzustandsübergangsfunktion (Gl. 2.27 – 2.32) erfüllt. Deshalb definiert man:

$$x_1(t) = \int_0^t [c_0 u(t) - a_0 y(t)]\, dt \qquad (2.71)$$

$$x_2(t) = \int_0^t x_1(t) + [c_1 u(t) - a_1 y(t)]\, dt \qquad (2.72)$$

$$x_3(t) = \int_0^t x_2(t) + [c_2 u(t) - a_2 y(t)]\, dt \qquad (2.73)$$

$$\cdot$$

$$\cdot$$

$$x_n(t) = \int_0^t x_{n-1}(t) + [c_{n-1} u(t) - a_{n-1} y(t)]\, dt \qquad (2.74)$$

Für die Ausgangsgröße y(t) gilt dann:

$$y(t) = x_n(t) \tag{2.75}$$

Durch Differenzieren der Gl. 2.71 – 2.74 erhält man die lokale Systemübergangsfunktion:

$$\dot{x}_1(t) = -a_0 x_n(t) + c_0 u(t) \tag{2.76}$$

$$\dot{x}_2(t) = x_1(t) - a_1 x_n(t) + c_1 u(t) \tag{2.77}$$

$$\dot{x}_3(t) = x_2(t) - a_2 x_n(t) + c_2 u(t) \tag{2.78}$$

$$\vdots$$

$$\dot{x}_n(t) = x_{n-1}(t) - a_{n-1} x_n(t) + c_{n-1} u(t) \tag{2.79}$$

Diesen Zusammenhang schreibt man in Vektor–Matrix–Notation:

$$\dot{\underline{x}}_B(t) = F_B \cdot \underline{x}_B(t) + B_B \cdot u(t) \tag{2.80}$$

$$y(t) = C_B \cdot \underline{x}_B(t) \tag{2.81}$$

wobei für die Matrizen gilt:

$$F_B = \begin{bmatrix} 0 & 0 & 0 & . & . & . & -a_0 \\ 1 & 0 & 0 & . & . & . & -a_1 \\ 0 & 1 & 0 & . & . & . & . \\ . & . & . & . & . & . & . \\ . & . & . & . & . & . & . \\ 0 & 0 & . & . & . & 1 & -a_{n-1} \end{bmatrix} \; ; \; C_B^T = \begin{bmatrix} 0 \\ . \\ . \\ . \\ 0 \\ 1 \end{bmatrix} \tag{2.82}$$

$$B_B = [\, c_0, c_1, \dots c_p, 0, \dots 0]^T \tag{2.83}$$

Dies ist die Zustandsraumdarstellung in Beobachternormalform. Betrachtet man die Systemmatrizen F_B, B_B, C_B, so verifiziert man leicht die Zusammenhänge der Beobachternormalform mit der Regelungsnormalform:

$$F_B = F_R^T \tag{2.84}$$

$$B_B = C_R^T \tag{2.85}$$

$$C_B = B_R^T \tag{2.86}$$

Dies ist die Dualitätsbeziehung für Zustandsraummodelle; man erkennt, daß Regelungsnormalform und Beobachternormalform zueinander dual sind. Diese Dualitätsbeziehung wurde hier nur für Systeme mit skalarem Ein– und Ausgang gezeigt, gilt aber auch generell für Multiinput– Multioutput–Systeme. Die Beobachternormalform für zeitkontinuierliche Systeme (D=0) ist in Bild 2.7 graphisch dargestellt.

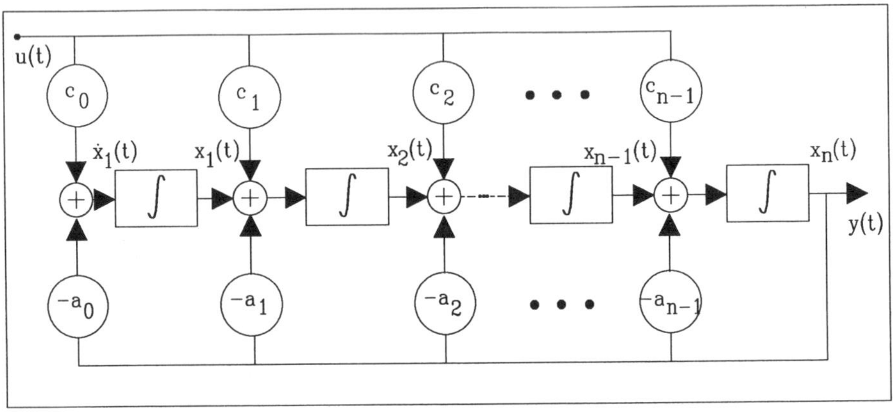

Bild 2.7: Beobachternormalform für zeitkont. Systeme (D=0)

Die zeitdiskrete Darstellung der Beobachternormalform kann man aus der zeitkontinuierlichen Darstellung gewinnen, indem die Integratoren durch Verzögerungsglieder und die zeitkontinuierlichen Größen $x_i(t)$, $u(t)$, $y(t)$ durch ihre zeitdiskreten Entsprechungen $x_i(k)$, $u(k)$, $y(k)$ ersetzt werden.

2.3.6.4 Kanonische Form, Jordan–Form

2.3.6.4.1 Einfache Eigenwerte von F (einfache Pole von H(s))

Stellt man die Übertragungsfunktion H(s) in Partialbruchform dar, wobei der Einfachheit halber zunächst nur einfache Pole von H(s) angenommen werden, kann man schreiben:

$$H(s) = \sum_{i=1}^{n} \frac{b_i}{s - \lambda_i} \tag{2.87}$$

wobei die λ_i die Pole von H(s) und b_i die Koeffizienten der Partialbruchentwicklung sind.

Damit gilt für die Laplacetransformierte der Ausgangszeitfunktion y(t):

$$Y(s) = \sum_{i=1}^{n} \frac{b_i}{s - \lambda_i} \cdot U(s) \tag{2.88}$$

Wir definieren nun:

$$X_1(s) = \frac{1}{s - \lambda_1} \cdot U(s) \tag{2.89}$$

$$X_2(s) = \frac{1}{s - \lambda_2} \cdot U(s) \tag{2.90}$$

$$\vdots$$

$$X_n(s) = \frac{1}{s - \lambda_n} \cdot U(s) \tag{2.91}$$

Für die Ausgangsgröße erhält man daraus:

$$Y(s) = \sum_{i=1}^{n} b_i X_i(s) \tag{2.92}$$

Zurücktransformiert erhält man aus Gl. 2.88:

$$y(t) = \sum_{i=1}^{n} b_i x_i(t) \tag{2.93}$$

Aus den Gl. 2.89 – 2.91 erhält man durch Rücktransformation:

$$\dot{x}_1(t) = u(t) + \lambda_1 x_1(t) \tag{2.94}$$

$$\dot{x}_2(t) = u(t) + \lambda_2 x_2(t) \tag{2.95}$$

$$\vdots$$

$$\dot{x}_n(t) = u(t) + \lambda_n x_n(t) \tag{2.96}$$

In Vektor–Matrix–Notation erhält man aus den Gl. 2.94 – 2.96:

$$\dot{\underline{x}}_J(t) = F_J \cdot \underline{x}(t) + B_J \cdot u(t) \tag{2.97}$$

$$y(t) = C_J \cdot \underline{x}(t) \tag{2.98}$$

wobei für die Matrizen gilt:

$$F_J = \begin{bmatrix} \lambda_1 & 0 & 0 & . & . & . & 0 \\ 0^1 & \lambda_2 & 0 & . & . & . & 0 \\ 0 & 0^2 & \lambda_3 & . & . & . & . \\ . & . & . & . & . & . & . \\ . & . & . & . & . & . & . \\ 0 & 0 & . & . & . & 0 & \lambda_n \end{bmatrix} \quad ; \quad B_J = \begin{bmatrix} 1 \\ 1 \\ 1 \\ . \\ . \\ 1 \end{bmatrix} \tag{2.99}$$

$$C_J = [b_1, b_2, \dots b_n] \tag{2.100}$$

Die Systemzustandsübergangsmatrix F_J weist Diagonalgestalt auf. Die Hauptdiagonalelemente sind die Pole der Übertragungsfunktion H(s) und gleichzeitig die Eigenwerte der Zustandsübergangsmatrix. Bild 2.8 zeigt das Blockschaltbild der Jordan–Form für einfache Pole von H(s) (einfache Eigenwerte von F_J).

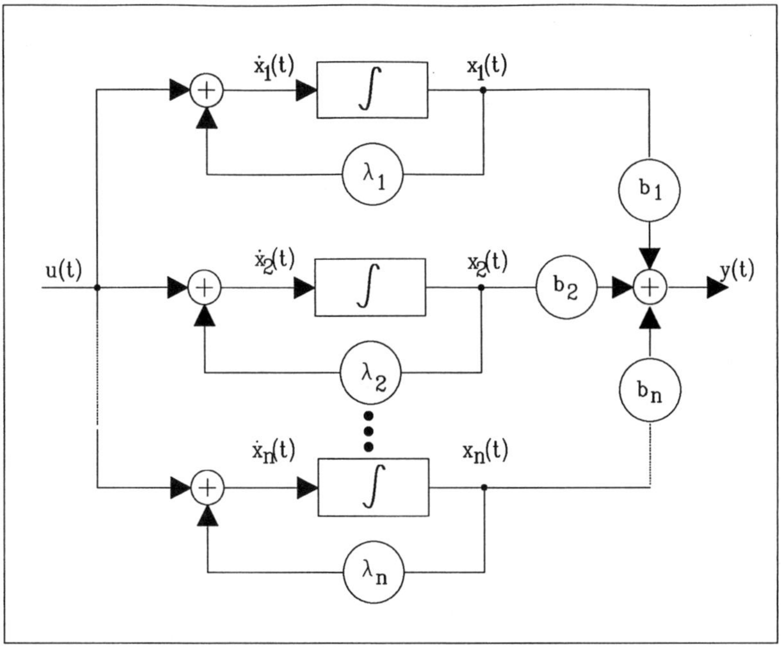

Bild 2.8: Jordan–Form für einfache Eigenwerte von H(s)

2.3.6.4.2 Jordan–Form für mehrfache Eigenwerte (mehrfache Pole von H(s))

Im Fall r_i–facher Pole von H(s) lautet die Partialbruchzerlegung:

$$
\begin{aligned}
H(s) = \; & \frac{b_{1,r_1}}{(s-\lambda_1)^{r_1}} + \frac{b_{1,r_1-1}}{(s-\lambda_1)^{r_1-1}} + \ldots + \frac{b_{1,1}}{(s-\lambda_1)} \\
& + \frac{b_{2,r_2}}{(s-\lambda_2)^{r_2}} + \frac{b_{2,r_2-1}}{(s-\lambda_2)^{r_2-1}} + \ldots + \frac{b_{2,1}}{(s-\lambda_2)} \\
& + \ldots \\
& + \frac{b_{l,r_l}}{(s-\lambda_l)^{r_l}} + \frac{b_{l,r_l-1}}{(s-\lambda_l)^{r_l-1}} + \ldots + \frac{b_{l,1}}{(s-\lambda_l)}
\end{aligned}
\tag{2.101}
$$

Dabei gilt: $r_1 + r_2 + \dots r_l = n$ = Grad des Nennerpolynoms

Nun definiert man:

$$X_1(s) = \frac{1}{(s-\lambda_1)} \cdot U(s) \tag{2.102}$$

$$X_2(s) = \frac{1}{(s-\lambda_1)^2} \cdot U(s) = \frac{1}{(s-\lambda_1)} \cdot X_1(s) \tag{2.103}$$

.

.

$$X_{r_1}(s) = \frac{1}{(s-\lambda_1)^{r_1}} \cdot U(s) = \frac{1}{(s-\lambda_1)} \cdot X_{r_1-1}(s) \tag{2.104}$$

$$X_{r_1+1}(s) = \frac{1}{(s-\lambda_2)} \cdot U(s) \tag{2.105}$$

$$X_{r_1+2}(s) = \frac{1}{(s-\lambda_2)^2} \cdot U(s) = \frac{1}{(s-\lambda_2)} \cdot X_{r_1+1}(s) \tag{2.106}$$

.

.

$$X_{r_2+r_1}(s) = \dots = \frac{1}{(s-\lambda_2)} \cdot X_{r_2+r_1-1}(s) \tag{2.107}$$

.

.

$$X_n(s) = \dots = \frac{1}{(s-\lambda_l)} \cdot X_{n-1}(s) \tag{2.108}$$

Die Rücktransformation ergibt die Zustandsdifferentialgleichungen:

$$\dot{x}_1(t) = \lambda_1 x_1(t) + u(t) \tag{2.109}$$

$$\dot{x}_2(t) = \lambda_1 x_2(t) + x_1(t) \tag{2.110}$$

$$\dot{x}_3(t) = \lambda_1 x_3(t) + x_2(t) \tag{2.111}$$

.

.

$$\dot{x}_{r_1}(t) = \lambda_1 x_{r_1}(t) + x_{r_1-1}(t) \tag{2.112}$$

$$\dot{x}_{r_1+1}(t) = \lambda_2 x_{r_1+1}(t) + u(t) \tag{2.113}$$

$$\vdots$$

$$\dot{x}_{r_2+r_1}(t) = \lambda_2 x_{r_2+r_1}(t) + x_{r_2+r_1-1}(t) \tag{2.114}$$

$$\vdots$$

$$\dot{x}_{r_1+r_2+\cdots+r_{l-1}+1}(t) = \lambda_l x_{r_1+\cdots+r_{l-1}+1}(t) + u(t) \tag{2.115}$$

$$\vdots$$

$$\dot{x}_n(t) = \lambda_l x_n(t) + x_{n-1}(t) \tag{2.116}$$

In Vektor–Matrix–Notation lautet dieser Zusammenhang:

$$\dot{\underline{x}}_J(t) = F_J \cdot \underline{x}_J(t) + B_J \cdot u(t) \tag{2.117}$$

$$y(t) = C_J \cdot \underline{x}_J(t) \tag{2.118}$$

wobei F_J eine quadratische $[n \times n]$–Matrix ist, die ihrerseits aus quadratischen $[r_i \times r_i]$–Untermatrizen J_i (i=1...l) besteht und Blockdiagonalgestalt aufweist, das heißt, alle Nebendiagonalmatrizen sind Null. Die quadratischen Untermatrizen nennt man Jordan–Blöcke.

$$F_J = \begin{bmatrix} J_1 & 0 & 0 & . & . & . & 0 \\ 0 & J_2 & 0 & 0 & . & . & 0 \\ 0 & & J_3 & 0 & . & . & \\ . & 0 & . & . & . & . & 0 \\ 0 & . & . & . & . & . & \\ 0 & 0 & . & . & . & . & J_l \end{bmatrix} \tag{2.119}$$

$$J_i = \begin{bmatrix} \lambda_i & 0 & 0 & . & . & . & 0 \\ 1 & \lambda_i & 0 & . & . & . & 0 \\ 0 & 1 & \lambda_i & . & . & . & 0 \\ 0 & 0 & . & . & . & . & . \\ 0 & 0 & . & . & . & . & 0 \\ 0 & 0 & . & . & . & 1 & \lambda_i \end{bmatrix} \tag{2.120}$$

Anmerkung: Die Koeffizienten λ_i können komplex sein. Dann existiert aber immer ein konjugiert komplexer Wert λ_i^*.

Für die Steuermatrix B und die Beobachtungsmatrix C erhält man:

$$B_J^T = [\underbrace{1,0,\ldots,0}_{r_1}, \underbrace{1,0,\ldots,}_{r_2} \; 1,0,\ldots 0,\underbrace{1,0,\ldots .0}_{r_l}] \tag{2.121}$$

$$C_J = [b_{11}, b_{12}, \ldots, b_{1r_1}, b_{21}, b_{22}, \ldots b_{lr_l}] \tag{2.122}$$

Dies ist die Jordan–Form für mehrfache Eigenwerte λ_i.

2.3.6.5 Zusammenfassung

In den vorangegangenen Unterpunkten wurden verschiedene Normalformen für Systeme mit skalarem Ein– und Ausgang abgeleitet. Die Ergebnisse sind auf Systeme mit vektoriellen Ein– und Ausgängen leicht übertragbar – für eine detailliertere Darstellung wird auf die spezielle Literatur dynamischer Systeme /1,2,3,4/ hingewiesen.

2.3.7 Äquivalente Systeme

In den vorangegangenen Unterpunkten wurden verschiedene Zustandsraummodelle abgeleitet, die bezüglich des Ein– Ausgangsverhaltens identisch sind, aber unterschiedliche System–, Steuer–, und Beobachtungsmatrizen besitzen.
Es stellt sich nun die Frage, wie diese Überlegungen auf Systeme mit vektoriellen Ein– und Ausgangsgrößen zu verallgemeinern sind.

2.3.7.1 Lineare äquivalente Systeme

Zwei Systeme, beschrieben durch die Zustandsvektoren $\underline{x}$, $\underline{x}^*$, sowie durch die Matrizen F, F^*, B, B^*, C, C^* heißen äquivalent, falls gilt:

Zu jedem Anfangszustand $\underline{x}(0)$ existiert ein Anfangszustand $\underline{x}^*(0)$ und umgekehrt existiert zu jedem Anfangszustand $\underline{x}^*(0)$ ein Anfangszustand $\underline{x}(0)$, so daß zu jedem Zeitpunkt $t>0$ für beliebige Eingangsfunktionen $\underline{u}(t)$ die beiden Systeme nicht unterscheidbare Ausgangsfunktionen erzeugen.

Anmerkung: Die Definition gilt sowohl für zeitdiskrete als auch zeitkontinuierliche Systeme. Im Fall von zeitvarianten Systemen muß der Anfangszeitpunkt $t_0 = 0$ durch den Anfangszeitpunkt $t_0 = t_0$ ersetzt werden.

Diese Problemstellung ist aus folgendem Grund von Interesse:
Vielfach sind die Zustandsvariablen mit physikalischen Größen verknüpft. Dies wird dann der Fall sein, wenn man die Zustandsgleichungen aus physikalischen Gesetzmäßigkeiten herleitet (s. 2.3.6.1 Physikalische Zustandsraumdarst.). Vorteilhaft ist dabei, daß ein enger Zusammenhang zwischen der Rechnung und dem physikalischen System besteht. Oft kann es aber nötig sein, zu anderen, nur mathematisch definierten Zustandsgrößen überzugehen. Der Grund kann darin liegen, daß ein System so einfacher simuliert werden kann oder daß gewisse Möglichkeiten zur Estimation leichter erkennbar sind. Auch kann der Fall eintreten, daß zu einem gegebenen System ein anderes, mit besonders einfach zu realisierenden Matrizen gesucht wird. Nach der Definition des äquivalenten Systems muß zwischen den Zustandsvariablen $\underline{x}$ und $\underline{x}^*$ ein eindeutiger Zusammenhang existieren:

$$\underline{x}(t) = S \cdot \underline{x}^{*}(t) \tag{2.123}$$

$$\underline{x}^{*}(t) = S^{-1} \cdot \underline{x}(t) \tag{2.124}$$

S ist eine invertierbare [n×n]–Matrix, die Invertierbarkeit dieser Matrix entspricht der umkehrbaren Eindeutigkeit der Zuordnung von $\underline{x}(t)$ und $\underline{x}^{*}(t)$. Dieser Zusammenhang gilt analog für zeitdiskrete Systeme.

2.3.7.2 Zusammenhang zwischen den Matrizen A, B, C und A^{*}, B^{*}, C^{*}

Gegeben sei das zeitkontinuierliche zeitinvariante Zustandsraummodell

$$\dot{\underline{x}}(t) = F \cdot \underline{x}(t) + B \cdot \underline{u}(t) \tag{2.125}$$

$$\underline{y}(t) = C \cdot \underline{x}(t) \tag{2.126}$$

Durch Linksmultiplikation von Gl. 2.125 mit S^{-1} ergibt sich:

$$S^{-1} \cdot \dot{\underline{x}}(t) = S^{-1} \cdot F \cdot \underline{x}(t) + S^{-1} \cdot B \cdot \underline{u}(t) \tag{2.127}$$

Mit Gl. 2.124 folgt daraus:

$$\dot{\underline{x}}^{*}(t) = S^{-1} \cdot F \cdot \underline{x}(t) + S^{-1} \cdot B \cdot \underline{u}(t) \tag{2.128}$$

Ersetzt man nun noch $\underline{x}(t)$ durch Gl. 2.123 ergibt sich:

$$\dot{\underline{x}}^{*}(t) = S^{-1} \cdot F \cdot S \cdot \underline{x}^{*}(t) + S^{-1} \cdot B \cdot \underline{u}(t) \tag{2.129}$$

und

$$\underline{y}(t) = C \cdot S \cdot \underline{x}^{*}(t) \tag{2.130}$$

Diesen Zusammenhang kann man äquivalent wie folgt beschreiben:

$$\dot{\underline{x}}^*(t) = F^* \cdot \underline{x}^*(t) + B^* \cdot \underline{u}(t) \tag{2.131}$$

$$\underline{y}(t) = C^* \cdot \underline{x}^*(t) \tag{2.132}$$

so daß für die Matrizen des äquivalenten Systems gilt:

$$F^* = S^{-1} \cdot F \cdot S \tag{2.133}$$

$$B^* = S^{-1} \cdot B \tag{2.134}$$

$$C^* = C \cdot S \tag{2.135}$$

und für die Startwerte von $\underline{x}$, $\underline{x}^*$ gilt:

$$\underline{x}(0) = S \cdot \underline{x}^*(0) \tag{2.136}$$

$$\underline{x}^*(0) = S^{-1} \cdot \underline{x}(0) \tag{2.137}$$

Man bezeichnet lineare Systeme, zwischen deren Abbildung die Beziehungen 2.133 – 2.137 gültig sind, als ähnliche oder algebraisch äquivalente Systeme.

2.3.7.3 Interpretation der Ähnlichkeitstransformation

Matrizen sind zahlenmäßige Darstellungen von linearen Abbildungen eines Vektorraumes V in einen Vektorraum W (Bild 2.9). Existiert zwischen zwei Matrizen F^* und F eine Beziehung der Form:

$$F^* = S^{-1} \cdot F \cdot S$$

so heißt dies, daß F^* und F die gleiche Abbildung des Vektorraumes V in verschiedenen Basen darstellt. Bild 2.9 verdeutlicht diese Zusammenhänge.

Abbildung $\underline{f}(\cdot)$

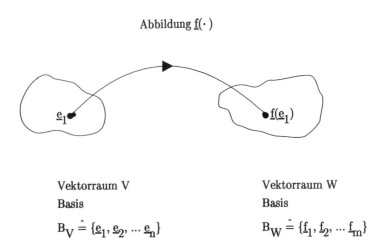

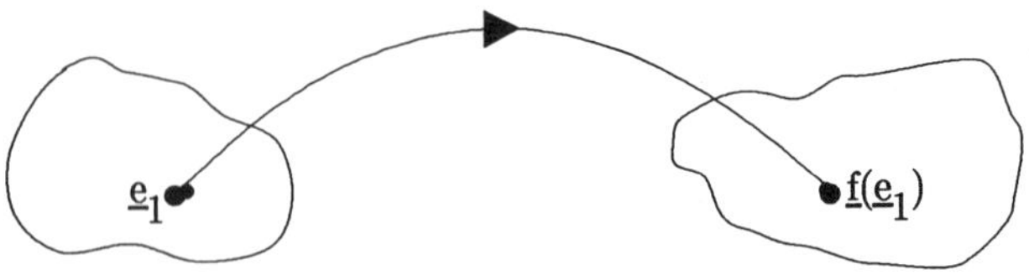

Vektorraum V
Basis
$B_V \hat{=} \{\underline{e}_1, \underline{e}_2, \dots \underline{e}_n\}$

Vektorraum W
Basis
$B_W \hat{=} \{\underline{f}_1, \underline{f}_2, \dots \underline{f}_m\}$

Die Matrix F ist die zur Abbildung $\underline{f}$ korrespondierende Matrix in Bezug auf die Basen B_V und B_W.

$$F = \left[[\underline{f}(\underline{e}_1)]_{B_W} \dots [(\underline{f}(\underline{e}_n)]_{B_W} \right]$$

F besteht aus den Spaltenvektoren $[\underline{f}(\underline{e}_i)]_{B_W}$; die Spaltenvektoren $[\underline{f}(\underline{e}_n)]_{B_W}$ sind die Komponenten des Bildes $\underline{f}(\underline{e}_n)$ des Basisvektors $\underline{e}_n \in V$ in Bezug auf die Basis B_W.

Für zwei andere Basen gilt:

$$\tilde{B}_V \hat{=} \{\tilde{\underline{e}}_1, \tilde{\underline{e}}_2, \dots, \tilde{\underline{e}}_n\} \qquad \tilde{B}_W \hat{=} \{\tilde{\underline{f}}_1, \tilde{\underline{f}}_2, \dots \tilde{\underline{f}}_m\}$$

Die Matrix F lautet dann:

$$\tilde{F} = \left[[\underline{f}(\tilde{\underline{e}}_1)]_{\tilde{B}_W} \dots [\underline{f}(\tilde{\underline{e}}_n)]_{\tilde{B}_W} \right]$$

Bild 2.9: Zusammenhang zwischen linearer Abbildung $\underline{f}$: $V \to W$, Basisvektoren und Abbildungsmatrizen

2.4 Lösung der Zustandsdifferentialgleichung für lineare Systeme – Globale Zustandsübergangsfunktion –

Bei linearen zeitkontinuierlichen Systemen lautet die lokale Zustandsübergangsfunktion:

$$\underline{f}(\underline{x}(t), \underline{u}(t),t) = \dot{\underline{x}}(t) = F(t)\cdot \underline{x}(t) + B(t)\cdot \underline{u}(t) \tag{2.138}$$

Hierbei ist: $x(t)$ der n–dimensionale Zustandsvektor zum Zeitpunkt t, $\dot{x}(t)$ die Ableitung des Zustandsvektors, $\underline{u}(t)$ ist ein p–dimensionaler Vektor, der die Systemeingangsgrößen beschreibt
$F(t)$ ist eine zeitvariante $[n\times n]$–Matrix
$B(t)$ ist eine zeitvariante $[n\times p]$–Matrix

$F(\cdot)$, $B(\cdot)$, $\underline{u}(\cdot)$ seien stückweise stetige Matrix– bzw. Vektorzeitfunktionen

2.4.1 Lösung der Differentialgleichung

Beh.: Der allgemeine Lösungsansatz der Differentialgleichung lautet:

$$\underline{x}(t) = \phi(t,t_0)\cdot \underline{x}(t_0) + \int_{t_0}^{t} \phi(t,\tau)\cdot B(\tau)\cdot \underline{u}(\tau)\, d\tau. \tag{2.139}$$

wobei $\phi(t,t_0)$ Zustandsübergangsmatrix genannt wird.
$\phi(\cdot,\cdot)$ ist eine von zwei Argumenten abhängige $[n\times n]$–Matrix.

Überprüfung des Ansatzes:

$$\dot{\underline{x}}(t) = \frac{d}{dt}\left[\phi(t,t_0)\cdot \underline{x}(t_0)\right] + \frac{d}{dt}\int_{t_0}^{t} \phi(t,\tau)\cdot B(\tau)\cdot \underline{u}(\tau)\, d\tau \tag{2.140}$$

Die Anwendung der Leibniz–Integrationsregel:

$$\frac{d}{dt}\int_{a(t)}^{b(t)} f(t,v)\, dv = \int_{a(t)}^{b(t)} \frac{d}{dt} f(t,v)\, dv + f(t,b(t))\cdot \frac{db(t)}{dt} - f(t,a(t))\cdot \frac{da(t)}{dt} \tag{2.141}$$

ergibt:

$$\underline{\dot{x}}(t) = \dot{\phi}(t,t_0)\cdot \underline{x}(t_0) + \int_{t_0}^{t} \dot{\phi}(t,\tau)\cdot B(\tau)\cdot \underline{u}(\tau)\, d\tau$$

$$+\ \phi(t,t)B(t)\underline{u}(t) \qquad (2.142)$$

$$\overset{!}{=} F(t)\cdot \underline{x}(t) + B(t)\cdot \underline{u}(t) \qquad (2.143)$$

Setzt man nun für x(t) wieder den Ansatz aus Gl. 2.139 ein, ergibt sich:

$$\underline{\dot{x}}(t) = \dot{\phi}(t,t_0)\cdot \underline{x}(t_0) + \int_{t_0}^{t} \dot{\phi}(t,\tau)\cdot B(\tau)\cdot \underline{u}(\tau)\, d\tau + \phi(t,t)\cdot B(t)\cdot \underline{u}(t)$$

$$\overset{!}{=} F(t)\cdot [\phi(t,t_0)\cdot \underline{x}(t_0) + \int_{t_0}^{t} \phi(t,\tau)\cdot B(\tau)\cdot \underline{u}(\tau)\, d\tau] + B(t)\cdot \underline{u}(t)$$

$$(2.144)$$

Zusammenfassen und Umstellen dieser Gleichung liefert:

$$\dot{\phi}(t,t_0)\cdot \underline{x}(t_0) - F(t)\cdot \phi(t,t_0)\cdot \underline{x}(t_0) + \phi(t,t)\cdot B(t)\cdot \underline{u}(t) - B(t)\cdot \underline{u}(t)$$

$$+ \int_{t_0}^{t} [\dot{\phi}(t,\tau)\cdot B(\tau)\cdot \underline{u}(\tau) - F(t)\cdot \phi(t,\tau)\cdot B(\tau)\cdot \underline{u}(\tau)]\, d\tau \overset{!}{=} 0 \qquad (2.145)$$

Durch weiteres Zusammenfassen ergibt sich:

$$[\dot{\phi}(t,t_0) - F(t)\cdot \phi(t,t_0)]\cdot \underline{x}(t_0) + \int_{t_0}^{t} [\dot{\phi}(t,\tau) - F(t)\cdot \phi(t,\tau)]\cdot B(\tau)\cdot \underline{u}(\tau) d\tau$$

$$+ [\phi(t,t) - I]\cdot B(t)\cdot \underline{u}(t) \overset{!}{=} 0 \qquad (2.146)$$

Damit die gegebene Differentialgleichung von dem gewählten Ansatz erfüllt wird, muß die links des Gleichheitszeichens in Gl. 2.146 stehende Summe identisch verschwinden, und zwar unabhängig von den jeweiligen Werten von $\underline{x}(t_0)$, B(t), $\underline{u}(t)$ und unabhängig von der Wahl des Integrationsintervalles $[t_0,t)$. Dies ist nur möglich, wenn alle drei Summanden einzeln und unabhängig voneinander verschwinden. Daraus folgen dann die Bestimmungsgleichungen:

$$\dot{\phi}(t,t_0) - F(t)\cdot \phi(t,t_0) = 0 \tag{2.147a}$$

$$\dot{\phi}(t,\tau) - F(t)\cdot \phi(t,\tau) = 0 \tag{2.147b}$$

$$\phi(t,t) - I = 0 \tag{2.148}$$

Gl. 2.147a und Gl. 2.147b sind äquivalent, so daß nur Gl. 2.147a und 2.148 zur Bestimmung von $\phi(t,t_0)$ verwendet werden können. Damit ist gezeigt, daß der Lösungsansatz aus Gl. 2.139 die gegebene Differentialgleichung 2.138 erfüllt, wenn $\phi(t,t_0)$ folgende Bestimmungsgleichungen erfüllt:

$$\dot{\phi}(t,t_0) = F(t)\cdot \phi(t,t_0) \tag{2.149}$$

$$\phi(t_0,t_0) = I \text{ (Startwert der DGL.)} \tag{2.150}$$

Damit erfüllt die Systemübergangsmatrix die homogene Zustandsdifferentialgleichung!

Anmerkung: Die letzte Bedingung: $\phi(t_0,t_0) = I$ hätte ebenso aus der Forderung 1 an die globale Zustandsübergangsfunktion (Gl. 2.27) abgeleitet werden können, aus der folgt: $\underline{x}(t_0) = \phi(t_0,t_0)\cdot \underline{x}(t_0)$. Daraus ergibt sich unmittelbar Gl. 2.150.

Mit der so berechneten globalen Systemzustandsübergangsmatrix lautet die globale Systemzustandsübergangsfunktion:

$$\underline{x}(t) = \underline{\phi}(\underline{x}(t_0), \underline{u}(t), t) = \phi(t,t_0)\cdot \underline{x}(t_0) + \int_{t_0}^{t} \phi(t,\tau)\cdot B(\tau)\cdot \underline{u}(\tau)\, d\tau \tag{2.151}$$

Die doppelte Verwendung von 'ϕ' sowohl zur Kennzeichnung der globalen Zustandsübergangsfunktion, als auch zur Kennzeichnung der globalen Zustandsübergangsmatrix bei linearen Systemen sollte nicht verwirren, da die globale Zustandsübergangsfunktion als vektorwertige Funktion in Abhängigkeit von 3 Variablen unterstrichen wird, während die globale Zustandsübergangsmatrix $\phi(t,t_0)$ eine quadratische [n×n]–Matrix in Abhängigkeit von 2 Variablen ist, die nicht unterstrichen wird.

2.4.2 Globale Zustandsübergangsfunktion und Lösung der Zustandsdifferentialgleichung bei linearen, zeitinvarianten Systemen

Die lokale Systemzustandsübergangsfunktion (Zustandsdifferentialgleichung) lautet für lineare, zeitinvariante Systeme mit konstanten Matrizen F,B:

$$\dot{\underline{x}}(t) = F\cdot \underline{x}(t) + B\cdot \underline{u}(t) \tag{2.152}$$

Diese Gleichung wird erfüllt von:

$$\dot{\phi}(t,t_0) = F\cdot \phi(t,t_0) \text{ mit: } \phi(t_0,t_0) = I \tag{2.153}$$

Die Lösung von Gl. 2.152 ist mit Hilfe der Laplacetransformation und –rücktransformation möglich; hier wird zunächst die Lösung mit einem Ansatz bevorzugt. Die Gl. 2.138 entsprechende homogene Differentialgleichung lautet:

$$\dot{\underline{x}}(t) = F\cdot \underline{x}(t) \tag{2.154}$$

Diese Differentialgleichung wird erfüllt von:

$$\underline{x}(t) = e^{Ft}\cdot \underline{x}_0 \tag{2.155}$$

wobei $\underline{x}_0$ ein beliebiger, konstanter Vektor ist, der aus den Anfangswerten der DGL. bestimmt werden muß.

<u>Verifikation:</u>

$$\dot{\underline{x}}(t) = F\cdot e^{Ft}\cdot \underline{x}_0 = F\cdot \underline{x}(t)$$

Damit ist der Ansatz verifiziert.

Setzt man in Gl. 2.155 t=0, so erhält man:

$$\underline{x}(0) = \underline{x}_0 \tag{2.156}$$

als Bestimmungsgleichung für $\underline{x}_0$.

Andererseits folgt aus Gl. 2.151 im zeitinvarianten Fall für die Lösung der homogenen Differentialgleichung 2.154 durch Nullsetzen von $\underline{u}(t)$ im Intervall $[t_0,t)$:

$$\underline{x}(t) = \phi(t,t_0)\cdot \underline{x}(t_0) \tag{2.157}$$

Aus Gleichung 2.155 ergibt sich für $\underline{x}(t_0)$:

$$\underline{x}(t_0) = e^{Ft_0}\cdot \underline{x}_0 \tag{2.158}$$

Einsetzen von Gl. 2.158 in Gl. 2.157 ergibt:

$$\underline{x}(t) = \phi(t,t_0)\cdot e^{Ft_0}\cdot \underline{x}_0 \tag{2.159}$$

Gleichzeitig gilt aber mit Gl. 2.155 : $\underline{x}(t) = e^{Ft}\cdot \underline{x}_0$, so daß man folgende Identität erhält:

$$\phi(t,t_0)\cdot e^{Ft_0}\cdot \underline{x}_0 - e^{Ft}\cdot \underline{x}_0 = 0$$

Ausklammern von $\underline{x}_0$ ergibt:

$$[\phi(t,t_0)\cdot e^{Ft_0} - e^{Ft}]\cdot \underline{x}_0 = 0 \tag{2.160}$$

Diese Gleichung muß für beliebige Anfangswerte $\underline{x}_0$ gelten, so daß zur Erfüllung von Gleichung 2.160 gefordert werden muß:

$$\phi(t,t_0)\cdot e^{Ft_0} - e^{Ft} = 0 \tag{2.161}$$

Daraus erhält man durch Umformen:

$$\phi(t,t_0) = e^{F(t-t_0)} = \phi(t-t_0) \tag{2.162}$$

Die globale Zustandsübergangsmatrix $\phi(t,t_0)$ (gelegentlich auch Fundamentalmatrix genannt) ist im zeitinvarianten Fall also nur eine Funktion der Zeitdifferenz $(t-t_0)$. Damit gilt für die allgemeine Lösung der Zustandsdifferentialgleichung bei linearen zeitinvarianten Systemen:

$$\underline{x}(t) = \phi(t-t_0)\cdot \underline{x}(t_0) + \int_{t_0}^{t} \phi(t-\tau)\cdot B(\tau)\cdot \underline{u}(\tau)\, d\tau \tag{2.163}$$

$$\text{mit: } \phi(t-t_0) = e^{F(t-t_0)} = I + F\cdot (t-t_0) + \frac{1}{2!} F^2\cdot (t-t_0)^2 \ldots \tag{2.164}$$

Der Ausdruck $e^{F(t-t_0)}$ stellt eine Matrix dar, die im Sinne der obigen Reihenentwicklung verstanden werden muß. Der Integralterm in Gl. 2.163 stellt nichts anderes als ein kausales vektorielles Faltungsintegral dar. Faltungsintegrale sind aus der linearen Systemtheorie für zeitinvariante Systeme bestens bekannt und es sollte deshalb nicht verwundern, daß die Lösung der Zustandsdifferentialgleichung für den linearen zeitinvarianten Fall ein Faltungsintegral enthält, welches die Wirkung der Eingangsgröße $\underline{u}(t)$ im Zeitintervall $[t_0,t)$ beschreibt. Der erste Summand von Gl. 2.163 beschreibt die homogene Lösung der Systemzustandsdifferentialgleichung, die die Wirkung der Zustandsanfangswerte beinhaltet.

2.4.2.1 Berechnung der globalen Systemzustandsübergangsmatrix mit Hilfe der Laplace–Transformation

Aus Gl. 2.153 folgt:

$$\dot{\phi}(t,t_0) = F \cdot \phi(t,t_0)$$

Da bei zeitinvarianten Systemen $\phi(t,t_0) = \phi(t-t_0)$ gilt, wie oben gezeigt wurde, kann man schreiben:

$$\dot{\phi}(t-t_0) = F \cdot \phi(t-t_0)$$

Die Anwendung der Laplacetransformation ergibt:

$$[s \cdot \phi(s) - \phi(0)] \cdot e^{-st_0} = F \cdot \phi(s) \cdot e^{-st_0}$$

Umformen und Ausklammern von $\phi(s)$ liefert:

$$[s \cdot I - F] \cdot \phi(s) = \phi(0) = I$$

Auflösen nach $\phi(s)$ durch 'Von–links–Multiplizieren' mit der Inversen von $(s \cdot I - F)$ ergibt:

$$\phi(s) = [s \cdot I - F]^{-1} \tag{2.165}$$

Die Rücktransformation dieses Ausdruckes ergibt dann:

$$\phi(t) = \mathfrak{L}^{-1}\{[s \cdot I - F]^{-1}\} \tag{2.166}$$

wobei $\mathfrak{L}^{-1}$ die inverse Laplacetransformierte bezeichnet.

Damit ist die globale Systemzustandsübergangsmatrix gleich der inversen Laplacetransformierten der Matrix $[s \cdot I - F]^{-1}$. Die Eigenwerte dieser Matrix beschreiben das dynamische Verhalten des Systems und sind identisch mit den Polen der Übertragungsfunktion im Falle von Systemen mit skalarem Eingang und skalarem Ausgang!

2.4.3 Zusammenfassung

Im Unterpunkt 2.4 wurde die globale Zustandsübergangsfunktion für lineare zeitkontinuierliche Systeme abgeleitet. Dabei konnte die globale Systemzustandsübergangsmatrix im zeitvarianten Fall als Lösung der homogenen Zustandsdifferentialgleichung berechnet werden. Im Falle zeitinvarianter Systeme konnte zur Lösung dieser Differentialgleichung die Laplacetransformation verwendet werden. Mit diesen Ergebnissen können lineare, zeitkontinuierliche Systeme vollständig beschrieben werden und es stehen damit auch die Grundlagen für die Ableitung der lokalen und globalen Systemzustandsübergangsfunktion bei linearen zeitdiskreten Systemen zur Verfügung. Dies ist der Inhalt des folgenden Unterpunktes.

2.5 Ableitung eines äquivalenten zeitdiskreten Zustandsraummodells

Die große Mehrzahl aller physikalischen Systeme in der Praxis weist makroskopisch ein zeitkontinuierliches Verhalten auf und wird demzufolge durch zeitkontinuierliche Modelle beschrieben. Moderne Meß–, Regel– und Steuersysteme werden andererseits vorzugsweise auf digitalen, das heißt zeitdiskreten Rechnerstrukturen implementiert, so daß hierfür Modelle benötigt werden, mit denen die zeitkontinuierliche Struktur der Umgebung an die implizit zeitdiskrete Arbeitsweise des Rechners angepaßt werden kann, ein sogenanntes zeitdiskretes Modell einer zeitkontinuierlichen Umwelt.

In den vorangegangenen Unterpunkten wurden zeitdiskrete Modelle entweder als Analogien zu zeitkontinuierlichen Zustandsraummodellen vorgestellt, oder für Systeme mit skalarem Ein– und Ausgang aus der Übertragungsfunktion H(z) abgeleitet (Regelungsnormalform). Dieses Verfahren bedingt jedoch, daß das zu modellierende System durch eine zeitdiskrete Übertragungsfunktion H(z) beschreibbar ist, also linear, zeitinvariant ist und nur einen Eingang und einen Ausgang besitzt.
Lineare, zeitinvariante Mehrgrößensysteme, das sind Systeme mit mehr als einem skalaren Ein– und Ausgang, kann man zwar durch Übertragungsfunktionsmatrizen beschreiben und bei der Herleitung der Zustandsraumdarstellung analog zu den hier zuvor beschriebenen Verfahren vorgehen, jedoch wäre ein derartiges Vorgehen aus folgenden Gründen ineffektiv:

1. Einschränkung auf zeitinvariante Modelle
2. Die Gewinnung von Übertragungsfunktionen, resp. Übertragungsmatrizen ist meßtechnisch aufwendig.
3. Die meisten Probleme sind zeitkontinuierlicher Natur und werden durch Differentialgleichungen, bzw. Differentialgleichungssysteme beschrieben, die bekannt, bzw. berechenbar sind, nicht aber durch Differenzengleichungen oder durch zeitdiskrete Übertragungsfunktionen.

Differentialgleichungssysteme lassen sich direkt in zeitkontinuierliche Zustandsraummodelle umwandeln, es ist daher wünschenswert, ein Verfahren anzugeben, mit welchem aus einem gegebenen zeitkontinuierlichen Zustandsraummodell ein zeitdiskretes äquivalentes Zustandsraummodell abgeleitet werden kann.
Diese Ableitung soll in diesem Unterpunkt durchgeführt werden. Dabei wird zunächst der Begriff der zeitdiskreten Äquivalenz eingeführt. Auf der Basis der globalen Systemzustandsübergangsfunktion für lineare Systeme wird dann das zeitdiskrete Äquivalent

eines gegebenen zeitkontinuierlichen Modells hergeleitet.

2.5.1 Definition des zeitdiskreten äquivalenten Zustandsraummodelles

Gegeben sei ein lineares zeitkontinuierliches System, beschrieben durch die Gleichungen 2.167 und 2.168 und ein lineares zeitdiskretes System beschrieben durch die Gl. 2.169 und 2.170

$$\dot{\underline{x}}_c(t) = F_c(t)\cdot \underline{x}_c(t) + B_c(t)\cdot \underline{u}_c(t) \tag{2.167}$$

$$\underline{y}_c(t) = C_c(t)\cdot \underline{x}_c(t) \tag{2.168}$$

$$\underline{x}_d(k+1) = A_d(k)\cdot \underline{x}_d(k) + B_d(k)\cdot \underline{u}_d(k) \tag{2.169}$$

$$\underline{y}_d(k) = C_d(k)\cdot \underline{x}_d(k) \tag{2.170}$$

Das zeitdiskrete System heißt zeitdiskretes Äquivalent zum zeitkontinuierlichen Modell, wenn an den zeitdiskreten Abtastpunkten $t_k = k\cdot T$, wobei T der zeitliche Abstand zweier Abtastpunkte ist, folgende Identität gilt:

$$\underline{y}_d(k) = \underline{y}_c(t_k{=}kT) \tag{2.171}$$

$$\underline{x}_d(k) = \underline{x}_c(t_k{=}kT) \tag{2.172}$$

für jede beliebige stückweise stetige Eingangszeitfunktion u(t).

Es soll an dieser Stelle auf 2 Punkte hingewiesen werden:

1. Die Zuordnung eines zeitdiskreten Äquivalentes zu einem gegebenen zeitkontinuierlichen Modell ist durch die Definition nicht eindeutig umkehrbar, solange an die Wahl des Abtastintervalles keine Bedingung gestellt wird. So existieren im allgemeinen zu einem zeitdiskreten Modell beliebig viele zeitkontinuierliche Modelle, deren Zustands– und Ausgangswerte an den diskreten Abtastzeitpunkten mit den Werten des zeitdiskreten Äquivalentes übereinstimmen, zwischen den Abtastzeitpunkten aber unterschiedliches Verhalten zeigen.
Soll die Zuordnung umkehrbar eindeutig sein, muß das Abtastintervall ensprechend des Nyquistkriteriums gewählt werden und zwar bezüglich aller vorkommenden Zustandsvektorkomponenten und nicht nur bezüglich der Ausgangsgrößen $\underline{y}(t)$.

2. Die Bestimmung der zeitdiskreten Steuergröße $\underline{u}(k)$ ist durch die vorangegangene Definition ebenfalls vorgegeben. $\underline{u}(t)$ muß so gewählt werden, daß zeitdiskretes Modell und zeitkontinuierliches Modell im Sinne der Definition äquivalentes Verhalten zeigen.

2.5.2 Ableitung des zeitdiskreten äquivalenten Modells

Das zeitdiskrete Äquivalent Gl. 2.169 und 2.170 soll aus der globalen Systemzustandsübergangsfunktion Gl. 2.151 für den Spezialfall $t_0 = kT$ und $t = (k+1)T$ abgeleitet werden. Dann gilt:

$$\underline{x}_c(t=(k+1)T) = \phi((k+1)T,kT)\cdot \underline{x}_c(t_0=kT) + \int_{kT}^{(k+1)T} \phi((k+1)T,\tau)\cdot B_c(\tau)\cdot \underline{u}_c(\tau)\, d\tau \tag{2.173}$$

Für das zeitdiskrete Modell gilt:

$$\underline{x}_d(k+1) = A_d(k)\cdot \underline{x}_d(k) + B_d(k)\cdot \underline{u}_d(k) \tag{2.174}$$

Fordert man jetzt die Äquivalenz von Gl. 2.173 und 2.174 für die Abtastpunkte $t_k = kT$ und $t_{k+1} = (k+1)T$, das heißt:

$$\underline{x}_c(t=(k+1)T) = \underline{x}_d(k+1) \tag{2.175}$$

$$\underline{x}_c(t=kT) = \underline{x}_d(k) \tag{2.176}$$

so folgt für die Matrix $A_d(k)$:

$$A_d(k) = \phi((k+1)T,kT) \tag{2.177}$$

und:

$$B_d(k)\cdot \underline{u}_d(k) = \int_{kT}^{(k+1)T} \phi((k+1)T,\tau)\cdot B_c(\tau)\cdot \underline{u}_c(\tau)\, d\tau \tag{2.178}$$

wenn $\underline{u}(t)$ im Intervall $[kT,(k+1)\cdot T)$ konstant ist, das heißt:

$$\underline{u}(t) = \underline{u}_c(kT) = \underline{u}_d(k) \text{ für } t\in[kT,(k+1)T) \tag{2.179}$$

kann man schreiben:

$$B_d(k)\cdot \underline{u}_d(k) = \int_{kT}^{(k+1)T} \phi((k+1)T,\tau)\cdot B_c(\tau)\, d\tau \cdot \underline{u}_d(k) \qquad (2.180)$$

so daß man in diesem Fall erhält:

$$B_d(k) = \int_{kT}^{(k+1)T} \phi((k+1)T,\tau)\cdot B_c(\tau)\, d\tau \qquad (2.181)$$

$$\underline{u}_d(k) = \underline{u}(t{=}kT) \qquad (2.182)$$

Gilt Gl. 2.179 allerdings nicht, muß entweder Gl. 2.178 angewendet werden, oder nähert man $\underline{u}_d(k)$ durch $\underline{u}_c(kT)$ an, so macht man einen systematischen Fehler, der allerdings umso vernachlässigbarer ist, je kleiner das Abtastintervall T gewählt wird. Fordert man jetzt $\underline{y}_d(k) = \underline{y}_c(t{=}kT)$, so erhält man:

$$\underline{y}_d(k) = C_d(k)\cdot \underline{x}_d(k) = \underline{y}_c(kT) = C_c(kT)\cdot \underline{x}_c(kT) \qquad (2.183)$$

Damit gilt für $C_d(k)$:

$$C_d(k) = C_c(kT) \qquad (2.184)$$

Für die globale Systemzustandsübergangsmatrix $\phi((k+1)T,kT)$ galt mit Gl.2.149 und Gl. 2.150:

$$\dot{\phi}(t,kT) = F(t)\cdot \phi(t,kT) \qquad (2.185)$$

mit dem Startwert:

$$\phi(kT,kT) = I \qquad (2.186)$$

Diese Gleichung müßte also im zeitvarianten Fall F(t) für jeden neuen Zeitpunkt $t_{k+1} = (k+1)T$ im äquivalenten zeitdiskreten System gelöst werden, um dann mit dieser Lösung im Fall $\underline{u}(t) = \text{const.}$ Gl. 2.181 lösen zu können.

Häufig ist es aber rechnerisch einfacher, Differentialgleichungen über ein Intervall $[t_k, t_{k+1})$ zu lösen, als eine Integralgleichung der Form 2.181. Dazu definiert man:

$$\bar{B}(t,t_k) = \int_{t_k=kT}^{t} \phi(t,\tau)\cdot B_c(\tau)\, d\tau \tag{2.187}$$

Differenziert man Gl. 2.187 unter Anwendung der Leibnizdifferentiationsregel, erhält man:

$$\dot{\bar{B}}(t,t_k) = \int_{t_k}^{t} \dot{\phi}(t,\tau)\cdot B_c(\tau)\, d\tau + \phi(t,t)\cdot B_c(t)$$

$$= \int_{t_k}^{t} F(t)\cdot \phi(t,\tau)\cdot B_c(\tau)\, d\tau + B_c(t)$$

$$= F(t)\cdot \int_{t_k}^{t} \phi(t,\tau)\cdot B_c(\tau)\, d\tau + B_c(t)$$

$$= F(t)\cdot \bar{B}(t,t_k) + B_c(t) \tag{2.188}$$

Diese Gleichung wird durch eine Vorwärtsintegration beginnend mit dem Startwert: $\bar{B}(t_k,t_k) = 0$ gelöst, ebenso die Gl. 2.185, die mit dem Startwert $\phi(t_k,t_k) = I$ gelöst wird. Dann setzt man:

$$B_d(k) = \bar{B}(t_{k+1},t_k) \tag{2.189}$$

und

$$A_d(k) = \phi(t_{k+1},t_k) \tag{2.190}$$

sowie:

$$\underline{u}_d(k) = \underline{u}_c(t=kT) \tag{2.191}$$

Im allgemeinen zeitvarianten Fall müssen diese Gleichungen für jedes Abtastintervall neu gelöst werden, eine Vereinfachung ergibt sich für zeitinvariante Systeme mit konstanten Matrizen.

2.5.2.1 Zeitdiskretes Äquivalent für zeitinvariante Systemmatrizen

Im zeitinvarianten Fall gilt mit Gl. 2.162:

$$A_d(k) = \phi(t_{k+1},t_k) = e^{F(t_{k+1}-t_k)} = e^{F(T)} = \mathfrak{L}^{-1}\{(s\cdot I-F)^{-1}\}\Big|_{t=T} \quad (2.192)$$

Diese Matrix muß nur einmal berechnet werden. Die e–Funktions–Matrix kann in einer Reihe entwickelt werden:

$$\phi(t_{k+1},t_k) = \phi(T) = e^{FT} = I + F\cdot T \; + \ldots. \quad (2.193)$$

Bricht man die Reihenentwicklung nach dem 2. Glied ab, erhält man:

$$A_d(k) = \phi(T) \cong I + F\cdot T \quad (2.194)$$

Die Steuermatrix berechnet sich dann zu:

$$\begin{aligned} B_d(k) &= \int_{t_k}^{t_{k+1}} \phi(t_{k+1}-\tau)\cdot B_c \, d\tau \\ &= \int_0^T \phi(v)\, dv \cdot B_c = B_d \end{aligned} \quad (2.195)$$

Auch diesen Ausdruck kann man häufig vereinfachen:

$$B_d = \int_0^T [I + F\cdot v]\cdot dv \cdot B_c \quad (2.196)$$

$$= [I\cdot v + \tfrac{1}{2}\cdot F\cdot v^2]\Big|_0^T \cdot B_c$$

$$= [I\cdot T + \tfrac{1}{2}\cdot F\cdot T^2] \cdot B_c$$

$$= [I + \tfrac{1}{2}\cdot F\cdot T] \cdot B_c\cdot T \quad (2.197)$$

2.5.2.2 Vereinfachung für langsam veränderliche Matrizen F(t), $B_c(t)$

Wenn F(t), $B_c(t)$ zwar nicht zeitinvariant sind, sich aber nur langsam ändern, kann man häufig F(t) und $B_c(t)$ über ein Abtastintervall als konstant annehmen, ohne einen zu großen Fehler zu machen. Dann kann man häufig annähern:

$$A_d(k) = \phi(t_{k+1},t_k) \tilde{=} I + F(t_k)\cdot [t_{k+1}-t_k] \tag{2.198}$$

$$B_d(k) = \bar{B}(t_{k+1},t_k)$$

wobei:

$$\dot{\bar{B}}(t,t_k) \tilde{=} F(t_k)\cdot \bar{B}(t_k,t_k) + B_c(t_k)$$

$$= B_c(t_k) \tag{2.199a}$$

Daraus folgt durch Integration:

$$\bar{B}(t,t_k) \tilde{=} B_c(t_k)\cdot (t-t_k) \tag{2.199b}$$

und mit Gl. 2.189:

$$B_d(k) = \bar{B}(t_{k+1},t_k) \tilde{=} B_c(t_k)\cdot [t_{k+1}-t_k] = B_c(t_k)\cdot T \tag{2.199c}$$

2.5.2.3 Zusammenfassung: Zeitdiskretes äquivalentes Zustandsraummodell

Das zeitdiskrete äquivalente Zustandsraummodell wird durch die Gl. 2.200 und 2.201 beschrieben:

$$\underline{x}(k+1) = \phi(k+1,k)\cdot \underline{x}(k) + B_d(k)\cdot \underline{u}_d(k) \tag{2.200a}$$

$$= A_d(k)\cdot \underline{x}(k) + B_d(k)\cdot \underline{u}_d(k) \tag{2.200b}$$

$$\underline{y}(k) = C_d(k)\cdot \underline{x}(k) \tag{2.201}$$

Der Index "d" wird, wenn keine Verwechslungsgefahr besteht, weglassen.

2.5.3 Globale Systemübergangsfunktion für zeitdiskrete lineare Systeme

In diesem Unterpunkt wird die globale Zustandsübergangsfunktion linearer zeitdiskreter Systeme gesucht. Da eine Verwechslungsgefahr ausgeschlossen ist, lassen wir bei diesen Betrachtungen den Index 'd' fort.

Setzt man k+1 = 1 erhält man aus Gl. 2.200a:

$$\underline{x}(1) = \phi(1,0)\cdot \underline{x}(0) + B(0)\cdot \underline{u}(0) \tag{2.202a}$$

analog erhält man für k+1 = 2

$$\underline{x}(2) = \phi(2,1)\cdot \underline{x}(1) + B(1)\cdot \underline{u}(1)$$

$$= \phi(2,1)\cdot \phi(1,0)\cdot \underline{x}(0) + \phi(2,1)\cdot B(0)\cdot \underline{u}(0) + B(1)\cdot \underline{u}(1) \tag{2.202b}$$

Ebenso für k+1 = 3

$$\underline{x}(3) = \phi(3,2)\cdot \underline{x}(2) + B(2)\cdot \underline{u}(2)$$

$$= \phi(3,2)\cdot [\phi(2,1)\cdot \phi(1,0)\cdot \underline{x}(0) + \phi(2,1)\cdot B(0)\cdot \underline{u}(0)$$

$$+ B(1)\cdot \underline{u}(1)] + B(2)\cdot \underline{u}(2)$$

$$= \phi(3,2)\cdot \phi(2,1)\cdot \phi(1,0)\cdot \underline{x}(0) + \phi(3,2)\cdot \phi(2,1)\cdot B(0)\cdot \underline{u}(0)$$

$$+ \phi(3,2)\cdot B(1)\cdot \underline{u}(1) + B(2)\cdot \underline{u}(2) \tag{2.202c}$$

Allgemein erhält man für k+1 = i

$$\underline{x}(i) = \prod_{j=1}^{i} \phi(j,j-1)\cdot \underline{x}(0) + \sum_{j=0}^{i-1} \left[\prod_{v=j+1}^{i-1} \phi(v+1,v)\right]\cdot B(j)\cdot \underline{u}(j) \tag{2.203a}$$

wobei:

$$\prod_{v=j+1}^{i-1} \phi(v+1,v) = \begin{cases} \phi(i,i-1)\cdot \phi(i-1,i-2) \;\ldots\; \cdot \phi(j+2,j+1) & \text{für } i-1>j \\ I & \text{für } i-1=j \end{cases} \tag{2.203b}$$

Die Produktausdrücke in Gl. 2.203a erweisen sich als störend und unhandlich. Betrachtet man daher die globale Übergangsfunktion für kontinuierliche Systeme, kann man schreiben:

$$\underline{x}(i) = \underline{x}_d(i) = \underline{x}_c(t=iT) = \phi(iT,0)\cdot\underline{x}(0) + \int_0^{iT} \phi(iT,\tau)B_c(\tau)\underline{u}_c(\tau)d\tau \qquad (2.204)$$

Vergleicht man den homogenen Anteil von Gl. 2.204 mit Gl. 2.203a, erhält man die wichtige Beziehung:

$$\phi(iT,0) = \phi(i,0) = \prod_{j=1}^{i} \phi(j,j-1) = \prod_{j=0}^{i-1} \phi(j+1,j) \qquad (2.205)$$

Hieraus folgt für Gl. 2.203b:

$$\prod_{v=j+1}^{i-1} \phi(v+1,v) = \phi(i,(j+1)) = \phi(iT,(j+1)T) \qquad (2.206)$$

(Das Weglassen der Abtastintervalle T entspricht formal einer Normierung T=1, wird aber der Einfachheit halber oft praktiziert.)

Mit Gl. 2.206 und Gl. 2.205 erhält man aus Gl. 2.203a:

$$\underline{x}(i) = \phi(iT,0)\cdot\underline{x}(0) + \sum_{j=0}^{i-1} \phi[iT,(j+1)T]\cdot B(j)\cdot\underline{u}(j) \qquad (2.207)$$

oder vereinfacht, indem man T = 1 setzt:

$$\underline{x}(i) = \phi(i,0)\cdot\underline{x}(0) + \sum_{j=0}^{i-1} \phi(i,j+1)\cdot B(j)\cdot\underline{u}(j) \qquad (2.208a)$$

Es sollte hierbei angemerkt werden, daß bei der Ableitung implizit angenommen wurde, daß $i \geq 1$ gilt. Für i=0 erhalten wir nämlich:

$$\underline{x}(0) = I\cdot\underline{x}(0) \qquad (2.208b)$$

Damit haben wir in Form der Gleichung 2.208a,b die globale Zustandsübergangsfunktion für lineare, zeitdiskrete Systeme abgeleitet.

2.5.3.1 Vereinfachung für zeitinvariante Systeme

Für lineare, zeitinvariante zeitdiskrete Systeme gilt:

$$\underline{x}(k+1) = A \cdot \underline{x}(k) + B \cdot \underline{u}(k) \tag{2.209}$$

Dann erhält man allgemein für k+1=i aus Gl. 2.203a:

Für i=0:

$$\underline{x}(0) = I \cdot \underline{x}(0) \tag{2.210a}$$

Für i≥1:

$$\underline{x}(i) = A^{i} \cdot \underline{x}(0) + \sum_{j=0}^{i-1} A^{i-j-1} \cdot B \cdot \underline{u}(j) \tag{2.210b}$$

Es gilt dann nämlich:

$$\phi(i,0) = A^{i} = \phi(i-0) \tag{2.211}$$

$$\phi(i,j+1) = A^{i-1-j} = \phi(i-j-1) \tag{2.212}$$

Damit erhält man aus Gl. 2.210:

$$\underline{x}(i) = \phi(i-0) \cdot \underline{x}(0) + \sum_{j=0}^{i-1} \phi[i-(j+1)] \cdot B \cdot \underline{u}(j) \tag{2.213}$$

Der zweite Term von Gl. 2.213 stellt wieder ein kausales zeitdiskretes Faltungsprodukt dar. Damit sind die Voraussetzungen geschaffen worden, aus einem gegebenen zeitkontinuierlichen System das zeitdiskrete äquivalente Zustandsraummodell abzuleiten und die allgemeine Lösung dieses Zustandsraummodells zu berechnen. Dabei ist insbesondere wichtig, daß die Ableitung des zeitdiskreten äquivalenten Modells nicht die Kenntnis einer zeitdiskreten Übertragungsfunktion voraussetzt, sondern direkt aus dem zeitkontinuierlichen Zustandsraummodell erfolgen kann.

Wir wenden uns nun zwei speziellen Eigenschaften von Zustandsraummodellen zu, die für die Estimationstheorie, aber auch für die Regelungstechnik, von großer Bedeutung sind, der Beobachtbarkeit, der Erreichbarkeit und der Steuerbarkeit von Zustandsraummodellen.

2.6 Erreichbarkeit, Steuerbarkeit und Beobachtbarkeit linearer Systeme

Die Begriffe Steuerbarkeit, Erreichbarkeit und Beobachtbarkeit spielen in der modernen Systemtheorie eine grundlegende Rolle und wurden 1960 von R.E. Kalman eingeführt. Auch für die Estimationstheorie sind diese Konzepte von zentraler Bedeutung, da z.B. nur solche Zustände aus einer Meßreihe geschätzt werden können, die überhaupt aus diesen Meßwerten beobachtbar sind. (Aus dem Zifferblatt einer Uhr kann man zwar die Uhrzeit ermitteln, nicht aber die Umgebungstemperatur, mit anderen Worten, aus der Messung der Zeit ist die Umgebungstemperatur nicht beobachtbar).

Zunächst werden in diesem Unterpunkt die Begriffe Steuerbarkeit, Erreichbarkeit und Beobachtbarkeit definiert. Danach werden Kriterien für die vollständige Beobachtbarkeit eines Systemzustandes abgeleitet. Analog dazu werden dann die Bedingungen für Erreichbarkeit und Steuerbarkeit abgeleitet. Die Ableitung wird hier für zeitdiskrete Zustandsraummodelle durchgeführt, verläuft aber für zeitkontinuierliche Modelle völlig analog.

2.6.1 Definition der Begriffe

II.6.1.1 Steuerbarkeit

Man betrachtet ein System, ausgehend vom Zeitpunkt $t_0=k_0T$. Das System befinde sich zu diesem Zeitpunkt im Zustand $\underline{x}(t_0) = \underline{x}_0$ und soll in der endlichen Zeit $(t_1-t_0) = (k_1-k_0)\cdot T$ durch eine geeignete Eingangsgröße $\underline{u}(k)$ in den Zustand $\underline{x}(t_1)= \underline{x}(k_1\cdot T)$ überführt werden.

Man nennt ein System <u>vollständig steuerbar</u> (completely controllable), wenn ein beliebiger Zustand $\underline{x}(t_0)$ durch eine geeignete Wahl der Eingangsfunktion $\underline{u}(k)$ in endlicher Zeit in den Endzustand $\underline{x}(t_1)=\underline{0}$ überführt werden kann. Mit der globalen Übergangsfunktion schreiben wir dafür:

$$\underline{x}(t_1) = \underline{\phi}[\underline{x}(t_0), \underline{u}(t), t_1] = \underline{0} \text{ ; für } \underline{x}(t_0) \text{ beliebig ; } t_1 \geq t_0 \tag{2.214}$$

2.6.1.2 Erreichbarkeit

Ein System ist vollständig erreichbar (completely reachable), wenn es durch geeignete Wahl des Steuervektors im Zeitintervall $(t_1-t_0)=(k_1-k_0)\cdot T$ vom Nullzustand in jeden beliebigen Zustand überführt werden kann. Damit erfüllt die globale Übergangsfunktion eines erreichbaren Systems:

$$\underline{x}(t_1) = \underline{\phi}[\underline{0}, \underline{u}(t), t_1] \text{ beliebig; } t_1 \geq t_0 \tag{2.215}$$

Ein System kann von einem beliebigen Anfangszustand $\underline{x}(t_0)$ in endlicher Zeit in einen beliebigen Endzustand $\underline{x}(t_2)$ überführt werden, wenn es sowohl vollständig steuerbar als auch erreichbar ist. Durch die Steuerbarkeit wird gewährleistet, daß das System in der endlichen Zeit $(t_1-t_0)=(k_1-k_0)\cdot T$ in den Nullzustand überführt werden kann. Die Erreichbarkeit garantiert dann das Erreichen jedes beliebigen Endzustandes in der endlichen Zeit $(t_2-t_1)=(k_2-k_1)\cdot T$.

Steuerbarkeit und Erreichbarkeit spielen auch in der Estimationstheorie eine wichtige Rolle, da sie hinreichend dafür sind, daß auch der Zustandsschätzvektor in endlicher Zeit von einem beliebigen Anfangszustand in einen beliebigen Endzustand überführt werden kann.
Die Steuerbarkeit ist, allerdings in der schärferen Form der stochastischen Steuerbarkeit, eine der hinreichenden Bedingungen für die asymptotische globale Stabilität des Kalman–Filters.

2.6.1.3 Beobachtbarkeit

Für die Estimationstheorie ist die Beobachtbarkeit eines Systemzustandes eine unmittelbar einsehbare Grundvoraussetzung, da nur beobachtbare Zustandsvektorkomponenten geschätzt werden können. Nun sind im allgemeinen nicht alle Zustandsvariablen direkt meßbar. Vielfach sind die Zustandsvariablen nur fiktive mathematische Größen, die zur einfacheren Berechenbarkeit des Systemverhaltens eingeführt werden, und die im realen System nicht vorhanden sind. Andererseits können die Zustandsvariablen, die auch im realen System existieren, unter Umständen schwer meßbar sein. Die Ausgangszeitfunktionen eines Systems sind dagegen meßbar, allerdings, wie schon angedeutet wurde, störbehaftet (stochastische Modellierung, siehe Kapitel 4).
Damit stellt sich die Frage, unter welchen Bedingungen, zunächst im störungsfreien Fall, aus der Messung der Ausgangszeitfunktion $\underline{y}(k)$ über ein gewisses Zeitintervall auf den

früheren Systemzustand geschlossen werden kann. Wenn dies möglich ist, nennt man ein System vollständig beobachtbar (completely observable). Ein System heißt vollständig beobachtbar, wenn man bei bekannter Steuerfunktion $\underline{u}(k)$ für $k_0 \leq k < k_1$ aus der Messung von $\underline{y}(k)$ über ein endliches Zeitintervall $[k_0, k_1]$ eindeutig auf den Zustand $\underline{x}(k_0)$ schließen kann.

Ein anschauliches Beispiel zur Beobachtbarkeit

Ein Auto bewege sich mit steigender Geschwindigkeit und konstanter Beschleunigung. Die Bewegungsgleichungen lauten:

$$\dot{x}_1(t) = v(t) = x_2(t); \; x_1(t) \mathrel{\hat{=}} \text{Ort zum Zeitpunkt t}$$

$$\dot{x}_2(t) = a = \text{const.}; \; x_2(t) \mathrel{\hat{=}} \text{Geschwindigkeit zum Zeitpunkt t}$$

Das System ist vollständig beobachtbar, wenn die Ortskoordinate $x_1(t)$ gemessen werden kann, aus dem Unterschied zweier Entfernungen zu zwei verschiedenen Zeitpunkten kann auf die mittlere Geschwindigkeit geschlossen werden. Umgekehrt kann ohne Kenntnis der Anfangswerte, speziell der Ortskoordinate, aus der Messung der Geschwindigkeit niemals die Ortskoordinate bestimmt werden, da die benötigte Integrationskonstante wegen der fehlenden Anfangswerte nicht bestimmbar ist.
Im folgenden werden wir ausschließlich mit Hilfe der Zustandsgleichungen Kriterien für die Erreichbarkeit, Steuerbarkeit und Beobachtbarkeit eines Systems ableiten.

2.6.2 Vollständige Beobachtbarkeit

2.6.2.1 Zeitvariante, lineare Systeme

Betrachtet wird der homogene Anteil der lokalen Zustandsübergangsfunktion für zeitdiskrete Systeme:

$$\underline{x}_h(k+1) = \phi(k+1,k) \cdot \underline{x}_h(k) \tag{2.216}$$

Für den Beobachtungsvektor gilt:

$$\underline{y}(k) = C(k) \cdot \underline{x}(k) \tag{2.217}$$

Ein System gilt nun als beobachtbar, wenn der Systemzustand $\underline{x}(k_0)$ zum Zeitpunkt $t_0=k_0 \cdot T$ aus den Werten des Beobachtungsvektors $\underline{y}(k)$ mit $k \in [k_0, k_f]$ eindeutig bestimmt werden kann.

Aus der globalen Systemzustandsübergangsfunktion folgt:

$$\underline{x}(k_0+j) = \phi(k_0+j,k_0) \cdot \underline{x}(k_0) + \sum_{i=k_0}^{k_0+j-1} \phi(k_0+j,i+1) \cdot B(i) \cdot \underline{u}(i) \tag{2.218}$$

Betrachtet man nur den homogenen Lösungsanteil dieser Gleichung durch Nullsetzen von $\underline{u}(i)$, so erhält man:

$$\underline{x}_h(k_0+j) = \phi(k_0+j,k_0) \cdot \underline{x}(k_0) \tag{2.219}$$

Anmerkung: Bei nicht verschwindenden Eingangsgrößen kann man folgendermaßen substituieren:

$$\underline{x}(k_0+j) - \sum_{i=k_0}^{k_0+j-1} \phi(k_0+j,i+1) \cdot B(i) \cdot \underline{u}(i) = \underline{x}_h(k_0+j) \tag{2.220}$$

Für die Beobachtung der homogenen Lösung $\underline{y}_h(k_0+j)$ gilt:

$$\underline{y}_h(k_0+j) = C(k_0+j) \cdot \underline{x}_h(k_0+j) \tag{2.221}$$

$$= C(k_0+j) \cdot \phi(k_0+j,k_0) \cdot \underline{x}(k_0) \tag{2.222}$$

Im Falle nicht verschwindender Eingangsgrößen ergibt sich aus Gl. 2.222:

$$\underline{y}_h(k_0+j) = C(k_0+j) \cdot \underline{x}_h(k_0+j)$$

$$= C(k_0+j) \cdot \underline{x}(k_0+j) - C(k_0+j) \cdot \sum_{i=k_0}^{k_0+j-1} \phi(k_0+j,i+1) \cdot B(i) \cdot \underline{u}(i) \tag{2.223}$$

Der erste Term rechts des Gleichheitszeichens in Gl. 2.223 ist aber die gemessene Beobachtung $\underline{y}(k_0+j)$, so daß man umformen kann:

$$\underline{y}_h(k_0+j) = \underline{y}(k_0+j) - C(k_0+j)\cdot \sum_{i=k_0}^{k_0+j-1} \phi(k_0+j,i+1)\cdot B(i)\cdot \underline{u}(i) \qquad (2.224)$$

Damit erhält man ein eindeutiges Gleichungssystem, welches zu jedem Zeitpunkt $k=k_0+j$ mit $j=0,1,2,\ldots (k_f-k_0)$ den homogenen Ausgangsvektor $\underline{y}_h(k)$ in Abhängigkeit des Anfangsvektors $\underline{x}(k_0)$ darstellt. Umgekehrt kann man aus den bekannten Vektoren $\underline{y}_h(k)$ im Intervall $[k_0,k_f]$ den Anfangsvektor $\underline{x}(k_0)$ dann und nur dann eindeutig bestimmen, wenn das entstehende Gleichungssystem umkehrbar eindeutig ist.
Um die umkehrbare Eindeutigkeit eines Gleichungssystems zu überprüfen, bedienen wir uns der Vektor–Matrixdarstellung dieses Gleichungssystems:

Wir führen zunächst einen vergrößerten Beobachtungsvektor $\underline{y}_{ha}(k_f)$ ein mit:

$$\underline{y}_{ha}(k_f) = [\underline{y}_h(k_0)^T |\ \underline{y}_h(k_0+1)^T |\ \ldots |\ \underline{y}_h(k_f)^T]^T \qquad (2.225)$$

Dieser Vektor besteht aus (k_f-k_0+1) übereinander geschriebenen Spaltenvektoren, besitzt also die Dimension: $[[k_f-k_0+1]\cdot m \times 1]$.

Dieser vergrößerte homogene Beobachtungsvektor läßt sich über eine vergrößerte Beobachtungsmatrix $C_a(k_f,k_0)$ mit dem Startvektor $\underline{x}(k_0)$ verknüpfen:

$$\underline{y}_{ha}(k_f) = C_a(k_f,k_0)\cdot \underline{x}(k_0) \qquad (2.226)$$

wobei:

$$C_a(k_f,k_0) = \begin{bmatrix} C(k_0) \\ C(k_0+1)\phi(k_0+1,k_0) \\ \cdot \\ \cdot \\ C(k_f)\cdot\phi(k_f,k_0) \end{bmatrix} \qquad (2.227)$$

eine partitionierte Matrix, bestehend aus den Untermatrizen: $C(k_0+j)\cdot \phi(k_0+j,k_0)$ ist. Damit besitzt $C_a(k_f,k_0)$ die Dimension $[(k_f-k_0+1)\cdot m \times n]$.

Das vektorielle Gleichungssystem 2.226 ist zunächst nicht umkehrbar, da im allgemeinen $(k_f-k_0+1)\cdot m \neq n$.

Um trotzdem zu einer eindeutigen Lösung für $\underline{y}(k_0)$ zu gelangen, bedienen wir uns eines Tricks. Wir multiplizieren Gl. 2.226 von links mit $C_a(k_f,k_0)^T$ und erhalten:

$$C_a(k_f,k_0)^T\cdot \underline{y}_{ha}(k_f)= C_a(k_f,k_0)^T\cdot C_a(k_f,k_0)\cdot \underline{x}(k_0) \tag{2.228}$$

Man definiert nun zur Vereinfachung folgende Abkürzungen:

$$\underline{y}_{ha}^{*}(k_f) = C_a(k_f,k_0)^T\, \underline{y}_{ha}(k_f) \tag{2.229}$$

und:

$$C_a(k_f,k_0)^T\cdot C_a(k_f,k_0) = M(k_f,k_0) \tag{2.230}$$

Der Ausdruck $C_a(k_f,k_0)^T\cdot \underline{y}_{ha}(k_f)$ kann als Abbildung des Vektors $\underline{y}_{ha}(k_f)$ mit der Dimension $[(k_f-k_0+1)m \times 1]$ auf den $[n\times 1]$–Vektor $\underline{y}_{ha}^{*}(k_f)$ interpretiert werden. Der Vektor $y_{ha}^{*}(k_f)$ erreicht aber nur dann jeden beliebigen Punkt des Raumes $\mathbb{R}^n$, wenn der Rang der Matrix $C_a(k_f,k_0)^T$ gleich n ist. Dann beschreibt Gl. 2.229 eine Projektion des Vektorraumes $\mathbb{R}^{(k_f-k_0+1)m}$ auf den Vektorraum $\mathbb{R}^n$. Die Matrix $M(k_f,k_0)$ besitzt die Dimension $[n\times n]$. Setzt man die Gl. 2.229 und 2.230 in Gl. 2.228 ein, erhält man:

$$\underline{y}_{ha}^{*}(k_f) = M(k_f,k_0)\cdot \underline{x}(k_0) \tag{2.231}$$

Diese Gleichung kann dann und nur dann eindeutig nach $\underline{x}(k_0)$ aufgelöst werden, wenn $M(k_f,k_0)$ invertierbar ist.

Eine quadratische $[n\times n]$–Matrix ist invertierbar, wenn ihre Determinante nicht gleich 0 ist, oder wenn sie n linear unabhängige Spaltenvektoren besitzt. $M(k_f,k_0)$ ist eine Abbildungsmatrix, die den $[n\times 1]$–Vektor $\underline{x}(k_0)$ auf den $[n\times 1]$–Vektor $\underline{y}_{ha}^{*}(k_f)$ abbildet. Die Spaltenvektoren von $M(k_f,k_0)$ spannen dabei den Beobachtungsraum auf, in dem der Vektor $\underline{y}_{ha}^{*}(k_f)$ liegt. Besitzt die Matrix $M(k_f,k_0)$ n linear unabhängige Spaltenvektoren, so sind alle Vektoren $\underline{x}(k_0)$ durch die Abbildung vollständig beobachtbar.

Die Forderung, daß $M(k_f,k_0)$ n linear unabhängige Spaltenvektoren besitzen muß, ist gleichbedeutend mit der Forderung, daß $M(k_f,k_0)$ den Rang n besitzen muß. Dies heißt, für die Beobachtbarkeit eines Systems muß gefordert werden:

$$\text{rang}\,\{M(k_f,k_0)\} = n \tag{2.232}$$

$M(k_f,k_0)$ heißt dabei: "Beobachtbarkeits–Gramian (Observability–Gramian)"
Aus Gl. 2.230 folgt:

$$M(k_f,k_0) = \sum_{k=k_0}^{k_f} \phi(k,k_0)^T \cdot C(k)^T \cdot C(k) \cdot \phi(k,k_0) \tag{2.233}$$

$M(k_f,k_0)$ ist das Produkt von zwei Matrizen $C_a(k_f,k_0)^T \cdot C_a(k_f,k_0)$. Damit $M(k_f,k_0)$ den Rang n besitzt, müssen auch $C_a(k_f,k_0)$ und $C_a(k_f,k_0)^T$, die zueinander transponiert sind, den Rang n besitzen (Folge des Satzes von Sylvester). Eine notwendige und hinreichende Bedingung für die vollständige Beobachtbarkeit eines Systems ist folglich auch:

$$\text{rang}\{C_a(k_f,k_0)\} = \text{rang}\{\begin{bmatrix} C(k_0) \\ C(k_0+1)\cdot\phi(k_0+1,k_0) \\ \vdots \\ C(k_f)\cdot\phi(k_f,k_0) \end{bmatrix}\} = n \tag{2.234}$$

Dies ist die notwendige und hinreichende Bedingung für die vollständige Beobachtbarkeit eines Systems, der Rang der Beobachtbarkeitsmatrix $C_a(k_f,k_0)$ muß n sein!
Anmerkung: Die Tatsache, daß es sich um eine notwendige und hinreichende Bedingung handelt, ergibt sich daraus, daß das betrachtete Gleichungssystem dann und nur dann eindeutig nach $\underline{x}(k_0)$ (für beliebige $\underline{x}(k_0)\in\mathbb{R}^n$) auflösbar ist, wenn rang $\{M(k_f,k_0)\}=n$ ist.

2.6.2.2 Beobachtbarkeit für zeitinvariante Systeme

Im Falle zeitinvarianter Systeme vereinfacht sich die Beobachtbarkeitsmatrix (2.234) durch Anwendung von Gl. 2.212 zu:

$$\text{rang}\{C_a(k_f,k_0)\} = \text{rang}\{\begin{bmatrix} C \\ C\cdot A \\ C\cdot A^2 \\ \vdots \\ C\cdot A^{(k_f-k_0)} \end{bmatrix}\} \tag{2.235}$$

Dies heißt, eine notwendige und hinreichende Bedingung für die vollständige Beobachtbarkeit ist in diesem Fall:

$$\text{rang } C_a(k_f,k_0) = n \tag{2.236}$$

2.6.2.3 Zusammenfassung und Interpretation

Die Beobachtbarkeit eines Zustandsraummodells gewährleistet, daß durch die Beobachtung der Ausgangsfunktion eines Systems über eine gewisse Zeit der Systemzustand $\underline{x}(k_0)$ zu einem beliebigen Zeitpunkt k_0 eindeutig bestimmbar ist, wenn die Eingangsfunktion $\underline{u}(k)$ während der Beobachtungszeit bekannt ist. Als notwendige und hinreichende Bedingung für die vollständige Beobachtbarkeit mußte der Rang der Beobachtbarkeitsmatrix $C_a(k_f,k_0) = n$ sein. Diese Beobachtbarkeitsmatrix $C_a(k_f,k_0)$ muß bei zeitvarianten Systemen für jeden Zeitpunkt k über das Zeitintervall $[k_0,k_f]$ neu berechnet werden, während es im zeitinvarianten Fall genügt, die Beobachtbarkeit zu einem einzigen beliebigen Zeitpunkt zu untersuchen. Aus der Zeitinvarianz der Beobachtbarkeitsmatrix folgt dann die Beobachtbarkeit für alle Zeitpunkte.

2.6.3 Vollständige Erreichbarkeit

Für die Untersuchung der vollständigen Erreichbarkeit eines Systems muß die Frage geklärt werden, ob es möglich ist, aus dem Anfangszustand $\underline{x}(k_0) = \underline{0}$ durch eine geeignete Wahl des Steuervektors $\underline{u}(k)$ im Intervall $[k_0, k_f-1]$ in jeden beliebigen Endzustand $\underline{x}(k_f)$ zu überführen. Dazu betrachtet man die globale Zustandsübergangsfunktion für die Zeitpunkte k_0 und k_f für verschwindende Anfangswerte $\underline{x}(k_0)=\underline{0}$.

$$\underline{x}(k_f) = \sum_{i=k_0}^{k_f-1} \phi(k_f,i+1)\cdot B(i)\cdot \underline{u}(i) = \sum_{i=k_0+1}^{k_f} \phi(k_f,i)\cdot B(i-1)\cdot \underline{u}(i-1) \tag{2.237}$$

Führt man zunächst wieder einen vergrößerten Steuervektor $\underline{u}_A(k_f-1)$ ein mit:

$$\underline{u}_A(k_f-1) = [\underline{u}(k_0)^T |\ \underline{u}(k_0+1)^T |\ \ldots |\ \underline{u}(k_f-1)^T]^T \tag{2.238}$$

so kann man Gl. 2.237 in Vektor–Matrix Notation darstellen:

$$\underline{x}(k_f) = B_A(k_f,k_0)\cdot \underline{u}_A(k_f-1) \tag{2.239}$$

wobei

$$B_A(k_f,k_0) = [\phi(k_f,k_0+1)\cdot B(k_0)|\ \phi(k_f,k_0+2)\cdot B(k_0+1)|\ ....\ |\ B(k_f-1)] \tag{2.240}$$

Die Frage nach der Erreichbarkeit jedes beliebigen Vektors $\underline{x}(k_f) \in \mathbb{R}^n$ ist gleichbedeutend mit der Frage, ob das Produkt $B_A(k_f,k_0)\cdot \underline{u}_A(k_f-1)$ den ganzen Raum $\mathbb{R}^n$ erreicht, bzw. ob die Gl. 2.239 für beliebige Vektoren $\underline{x}(k_f)$ nach $\underline{u}_A(k_f-1)$ aufgelöst werden kann. Dazu gehen wir von folgender Überlegung aus; gegeben sei eine lineare Abbildung der Form:

$$\underline{x}(k_f) = W_D(k_f,k_0)\cdot \underline{\eta} \tag{2.241}$$

wobei $\underline{\eta}$ ein $[n_0\times 1]$–Vektor ist. Die Dimension n_0 dieses Vektors muß mindestens gleich n sein, wenn $\underline{x}(k_f) \in \mathbb{R}^n$ sein soll. Dann existiert zu jedem Vektor $\underline{x}(k_f) \in \mathbb{R}^n$ mindestens ein Steuervektor $\underline{\eta}$, wenn der Rang von $W_D(k_f,k_0) = n$ ist. Dies bedeutet, daß die Matrix $W_D(k_f,k_0)$ n linear unabhängige Spaltenvektoren besitzen muß. Es gilt damit also:

$$\text{rang}\{W_D(k_f,k_0)\} = n \tag{2.242}$$

als Bedingung für die vollständige Erreichbarkeit.

Wenn das System vollständig erreichbar ist gilt aber auch:

$$\underline{x}(k_f) = B_A(k_f,k_0)\cdot \underline{u}_A(k_f-1) \tag{2.243}$$

Macht man für $W_D(k_f,k_0)$ den Produktansatz:

$$W_D(k_f,k_0) = B_A(k_f,k_0)\cdot B_A(k_f,k_0)^T \tag{2.244}$$

so erhält man durch Einsetzen dieses Ansatzes in Gl.2.241 und durch anschließenden Koeffizientenvergleich mit Gl. 2.243:

$$\underline{u}_A(k_f-1) = B_A(k_f,k_0)^T\cdot \underline{\eta} \tag{2.245}$$

als Bestimmungsgleichung für $\underline{u}_A(k_f-1)$ aus $\underline{\eta}$, wenn ein Steuervektor $\underline{\eta}$ im Sinne der vollständigen Erreichbarkeit existiert.

Damit ist gezeigt, daß die Bedingung: rang $W_D(k_f k_0) = n$, die die Existenz von $\underline{\eta}$ *sichert,* hinreichend für die vollständige Erreichbarkeit eines Systems ist, da mit $B_A(k_f,k_0)$ ein Steuervektor $\underline{u}_A(k_f-1)$ berechnet werden kann, wenn $\underline{\eta}$ existiert.
Um zu zeigen, daß diese Bedingung auch notwendig ist, führen wir einen indirekten Beweis: Wir behaupten, ein System sei vollständig erreichbar, das heißt, es existiere eine Steuersequenz $\underline{u}_A(k_f-1)$ im Sinne von Gl. 2.243, ohne daß ein Steuervektor $\underline{\eta}$ im Sinne von Gl. 2.242 existiert. Dies bedeutet:

$$\underline{x}(k_f) = B_A(k_f,k_0)\cdot \underline{u}_A(k_f-1) \text{ ist lösbar für beliebige } \underline{x}(k_f) \in \mathbb{R}^n$$

und:

$$\underline{x}(k_f) = W_D(k_f,k_0)\cdot \underline{\eta} \text{ ist nicht auflösbar nach } \underline{\eta}.$$

Betrachtet man die Folgen der Nichtauflösbarkeit von Gl. 2.241, so erhält man mit einem Spaltenvektoransatz für $W_D(k_f,k_0)$:

$$W_D(k_f,k_0) = [\underline{w}_1 | \; \dots \; | \underline{w}_n] \tag{2.246}$$

für einen beliebigen n–dimensionalen Vektor $\underline{v} = [v_1 \dots v_n]^T \in \mathbb{R}^n$:

$$W_D(k_f,k_0)\cdot \underline{v} = \underline{w}_1 v_1 + \underline{w}_2 v_2 \;\dots\; + \underline{w}_n v_n = \sum_{i=1}^{n} \underline{w}_i v_i \tag{2.247}$$

Die Gleichung ist nur dann nach $\underline{v}$ auflösbar, wenn die Spaltenvektoren $\underline{w}_1 \dots \underline{w}_n$ linear unabhängig sind. Aus der Nicht–Auflösbarkeit nach $\underline{v}$ folgt dann umgekehrt, daß höchstens n–1 Spaltenvektoren $\underline{w}_1 \dots \underline{w}_{n-1}$ linear unabhängig sein können und daß sich der n–te Spaltenvektor $\underline{w}_n$ als Linearkombination der n–1 linear unabhängigen Vektoren darstellen läßt. Dann gibt es eine Koeffizientenkombination $v_1^* - v_{n-1}^*$, für die gilt:

$$\sum_{i=1}^{n-1} v_i^* \cdot \underline{w}_i = \underline{w}_n \tag{2.248}$$

Mit $v_n^* = -1$ folgt dann :

$$\sum_{i=1}^{n} v_i^* \cdot \underline{w}_i = \underline{0} \tag{2.249}$$

bzw.:

$$W_D(k_f,k_0) \cdot \underline{v}^* = \underline{0} \tag{2.250}$$

für mindestens einen Vektor $\underline{v}^* \in \mathbb{R}^n$!

Gleichzeitig erfüllt der so gefundene Vektor $\underline{v}^*$ folgende Bedingung:

$$\underline{v}^{*T} \cdot \underline{x}(k_f) = [v_1^*, v_2^*, \ldots, v_{n-1}^*, -1] \cdot \begin{bmatrix} x_1(k_f) \\ x_2(k_f) \\ \vdots \\ x_n(k_f) \end{bmatrix}$$

$$= \sum_{i=1}^{n} v_i^* \cdot x_i(k_f) \neq 0 \tag{2.251}$$

Die Behauptung: Es existiert kein Steuervektor $\underline{\eta}$, so daß $W_D(k_f,k_0) \cdot \underline{\eta} = \underline{x}(k_f)$ gilt, ist damit gleichbedeutend mit der Doppelaussage:

$$W_D(k_f,k_0) \cdot \underline{v} = \underline{0} \tag{2.252}$$

und:

$$\underline{v}^T \cdot \underline{x}(k_f) \neq 0 \tag{2.253}$$

für mindestens einen Vektor $\underline{v} \in \mathbb{R}^n$

Aus Gl. 2.253 folgt mit Gl. 2.243:

$$v^T \cdot B_A(k_f,k_0) \cdot \underline{u}_A(k_f-1) \neq 0 \tag{2.254}$$

Aus Gl. 2.252 folgt dagegen:

$$B_A(k_f,k_0) \cdot B_A(k_f,k_0)^T \cdot \underline{v} = \underline{0} \tag{2.255}$$

Wir möchten nun zeigen, daß Gl. 2.254 und Gl. 2.255 sich widersprechen, deshalb multiplizieren wir Gl. 2.255 von links mit $\underline{v}^T$:

$$\underline{v}^T \cdot B_A(k_f,k_0) \cdot B_A(k_f,k_0)^T \cdot \underline{v} = 0 \tag{2.256}$$

Als Spaltenvektornorm geschrieben ergibt sich daraus:

$$\| B_A(k_f,k_0)^T \cdot \underline{v} \|^2 = 0 \tag{2.257}$$

Dies ist aber nur möglich für:

$$B_A(k_f,k_0)^T \cdot \underline{v} = \underline{0} \tag{2.258}$$

Durch Transponieren folgt dann:

$$\underline{v}^T \cdot B_A(k_f,k_0) = \underline{0}^T \tag{2.259}$$

Damit gilt aber mit Gl. 2.254:

$$\underline{0}^T \cdot \underline{u}_A(k_f-1) \neq 0 \text{ bzw. } 0 \neq 0 \tag{2.260}$$

Dies ist ein Widerspruch zur Annahme, folglich kann auch keine Sequenz $\underline{u}_A(k_f-1)$ existieren, wenn kein Vektor $\underline{\eta}$ existiert. Damit ist auch die Notwendigkeit der Bedingung:

$$\text{rang}\,[W_D(k_f,k_0)] = n$$

gezeigt.

Die Bedingung: rang $[W_D(k_f,k_0)] = n$ ist damit notwendig und hinreichend für die vollständige Erreichbarkeit eines Systems. Berücksichtigt man ferner noch, daß:

$$W_D(k_f,k_0) = B_A(k_f,k_0) \cdot B_A(k_f,k_0)^T$$

so muß auch gelten:

$$\text{rang}\,[B_A(k_f,k_0)] = \text{rang}\,[\phi(k_f,k_0+1) \cdot B(k_0) \mid \ldots \mid B(k_f-1)] = n \tag{2.261}$$

als notwendige und hinreichende Bedingung für die vollständige Erreichbarkeit.

2.6.3.1 Erreichbarkeit für zeitinvariante Systeme

Die Bedingung 2.261 vereinfacht sich im Fall zeitinvarianter Systemmatrizen mit:

$$\phi(k_f,k_0+1) = A^{k_f-k_0-1} \quad \text{zu:}$$

$$\text{rang}\,[A^{k_f-k_0-1}\cdot B,\ A^{k_f-k_0-2}\cdot B,\ \dots\ B] = n \tag{2.262}$$

2.3.6.2 Zusammenhang von Erreichbarkeit und Steuerbarkeit bei linearen Systemen.

Die vollständige Steuerbarkeit eines Systems verlangt, daß es möglich ist, das System aus einem beliebigen Anfangszustand $\underline{x}(k_0) = \underline{x}_0$ durch eine Steuerfolge $\underline{u}(k)$ im Intervall $[k_0,k_f-1]$ in den Endzustand $\underline{x}(k_f) = \underline{0}$ zu überführen.

Mit der globalen Zustandsübergangsfunktion geschrieben lautet diese Forderung:

$$\underline{0} = \phi(k_f,k_0)\cdot \underline{x}(k_0) + \sum_{i=k_0+1}^{k_f} \phi(k_f,i)\cdot B(i-1)\cdot \underline{u}(i-1)$$

oder umgeformt:

$$-\,\phi(k_f,k_0)\cdot \underline{x}(k_0) = \sum_{i=k_0+1}^{k_f} \phi(k_f,i)\, B(i-1)\, \underline{u}(i-1) \tag{2.263}$$

für beliebige Anfangsvektoren $\underline{x}(k_0) \in \mathbb{R}^n$.

Die rechte Seite von Gl. 2.263 ist identisch mit Gl. 2.237, die für die vollständige Erreichbarkeit formuliert wurde.

Führt man nun formal den 'homogenen' Endzustand:

$$\underline{x}_h(k_f) = -\phi(k_f,k_0)\cdot \underline{x}(k_0) \tag{2.264}$$

ein, so erhält man:

$$\underline{x}_h(k_f) = B_A(k_f,k_0)\cdot \underline{u}_A(k_f-1) \tag{2.265}$$

mit $B_A(k_f,k_0)$, $\underline{u}_A(k_f-1)$ nach Gl. 2.240 und 2.238.

Im Sinne der vollständigen Erreichbarkeit kann $\underline{x}_h(k_f)$ jeder beliebige Vektor $\underline{x}_h \in \mathbb{R}^n$ sein, für die vollständige Steuerbarkeit ist $\underline{x}_h = -\phi(k_f,k_0)\ \underline{x}(k_0)$, wobei nur $\underline{x}(k_0) \in \mathbb{R}^n$ beliebig ist. Damit gehört $\underline{x}_h(k_f) = -\phi(k_f,k_0) \cdot \underline{x}(k_0)$ zu einem Unterraum $\mathbb{R}^{n'}$, der nur dann die Dimension $n' = n$ besitzt, wenn der Rang der Abbildungsmatrix (Zustandsübergangsmatrix) $\phi(k_f,k_0) = n$ ist. (Im Sinne der vollständigen Steuerbarkeit müssen nur solche Vektoren erreichbar sein, die aus der homogenen globalen Zustandsübergangsfunktion entstehen). Damit ist auch klar, daß aus der vollständigen Erreichbarkeit die vollständige Steuerbarkeit folgt, also ein vollständig erreichbares System auch vollständig steuerbar ist. Umgekehrt folgt aus der vollständigen Steuerbarkeit nicht die vollständige Erreichbarkeit, wie man zum Beispiel durch:

$$\phi(k_f,k_0) \equiv 0 \text{ für alle } k_f,k_0 \text{ sofort einsieht.}$$

Ein derartiges System ist vollständig steuerbar, aber nicht erreichbar!
Sucht man nun nach Fällen, in denen Steuerbarkeit und Erreichbarkeit äquivalent sind, muß man fordern, daß die Zustandsübergangsmatrix $\phi(k_f,k_0)$ für beliebige Zeitpunkte vom Rang n ist. Das heißt, Steuerbarkeit und Erreichbarkeit sind äquivalent, wenn $\det\{\phi(k_f,k_0)\} \neq 0$ gilt!

2.7 Zusammenfassung

Im letzten Unterpunkt dieses Kapitels wurden die Eigenschaften von zeitdiskreten Zustandsraummodellen, Beobachtbarkeit und Erreichbarkeit, respektive Steuerbarkeit erörtert. Die Beobachtbarkeit erwies sich dabei als unmittelbar für die Estimation von Zuständen wichtige Eigenschaft, während die Erreichbarkeit für Regelungen im Zustandsraum eine nicht verzichtbare Voraussetzung darstellt.
Beide Eigenschaften sind für die Stabilität von Kalman–Filtern sehr wichtig, deshalb wurden sie in dieser Darstellung kurz angerissen. Die Behandlung dieser Thematik ist notwendigerweise sehr gedrängt, die Darstellung in diesem Kapitel kann und soll kein Ersatz für die detaillierte regelungstechnische Grundlagenliteratur sein. So wurde zum Beispiel auf die Darstellung der Stabilität nach Lyapunov an dieser Stelle ganz verzichtet, was im Sinne einer zusammenfassenden Darstellung für die Estimationstheorie sicherlich vertretbar ist. Für die hierzu notwendige Theorie muß an dieser Stelle auf die umfangreiche Spezialliteratur verwiesen werden.

2.8 Literatur zu Kapitel 2

1.) Gantmacher, F.R. The Theory of Matrices, Vol.I and Vol.II, Chelsea Publishing Company, New York, 1960

2.) Sage, A.P. and White, C.C., Optimum Systems Control, Prentice Hall, Englewood Cliffs, New Jersey, 1977

3.) Maybeck, P.S., Stochastic Models, Estimation and Control, Vol.I, Academic Press, New York, 1979

4.) Meyr,H., Regelungstechnik II, Vorlesung an der RWTH Aachen, 1980

5.) Ludyk, G., Theorie dynamischer Systeme, Elitera, Berlin, 1977

6.) Zadeh, L.A. and Desoer, C.A., Linear System Theory, MC Graw Hill, New York, 1963

7.) Desoer, C.A., Notes for a Second Course on Linear Systems, Van Nostrand–Reinhold, Princeton, New Jersey, 1970

8.) Naylor, A.W., and Sell, G.R., Linear Operator Theory in Engineerinig and Science, Holt, New York, 1971

9.) Düchting, W., Regelungstechnik I, II, Vorlesung an der Universität Siegen

10.) Brammer, K., Siffling, G., Kalman–Bucy–Filter, Oldenbourg Verlag, München, Wien, 1985

3 Wahrscheinlichkeitstheorie und Statische Modelle

3.1 Einführung und Zielsetzung

In diesem Kapitel sollen die wahrscheinlichkeitstheoretischen Grundlagen, die zum Verständnis der Kalman–Filtertheorie benötigt werden, behandelt werden. Zielsetzung ist dabei die geeignete Beschreibung von stochastischen Ereignissen und Prozessen. Diese sogenannte stochastische Modellbildung basiert zum einen auf der deterministischen Modellierung im Zustandsraum nach Kapitel 2, zum anderen auf wahrscheinlichkeitstheoretischen Grundlagen.

Bei der Einführung der Wahrscheinlichkeit wählen wir den axiomatischen Ansatz, bei dem Ereignisse als Teilmengen einer Ereignismenge aufgefaßt werden. Die Wahrscheinlichkeit eines Ereignisses entspricht dann direkt dem 'Maß' (mit bestimmten Eigenschaften) einer Menge. Nach der Einführung der Wahrscheinlichkeit als Maß von Teilmengen einer Ereignismenge wird die Zufallsvariable als Abbildung der Ereignismenge in den Euklidischen Raum eingeführt. Der Wahrscheinlichkeit entspricht hier dann die 'Wahrscheinlichkeitsverteilungsfunktion', kurz 'Verteilungsfunktion' genannt. Die Ableitung der Verteilungsfunktion heißt 'Wahrscheinlichkeitsdichte', 'Verteilungsdichtefunktion' oder einfach 'Dichtefunktion' und ist von besonderem Interesse, da die Momente und Erwartungswerte von Zufallsvariablen, die anschließend eingeführt werden, mit dieser Dichtefunktion besonders einfach berechnet werden können. Im Hinblick auf die besonderen Belange der Estimationstheorie werden dann bedingte Verteilungsdichten und bedingte Erwartungswerte behandelt. Wegen der grundlegenden Bedeutung für die angestrebte Modellbildung werden abschließend gaußverteilte Zufallsvariablen und ein hierfür gültiger statischer Estimationsalgorithmus eingeführt.

3.2 Axiomatische Begründung der Wahrscheinlichkeitstheorie

3.2.1 Wahrscheinlichkeit und relative Häufigkeit

Der mathematische Begriff der Wahrscheinlichkeit ist eng mit dem empirischen Begriff der relativen Häufigkeit eines Ereignisses verbunden; die Wahrscheinlichkeit wird vielfach als Grenzwert der relativen Häufigkeit verstanden. Bezeichnet man ein Ereignis allgemein mit A, die Wahrscheinlichkeit für dieses Ereignis mit P(A), die Anzahl der Ereignisse A, die in einer Versuchsreihe auftreten, mit N(A) und die Gesamtzahl der Versuche mit N, so kann man zunächst für die Auftrittshäufigkeit des Ereignisses A in einer Versuchsreihe schreiben:

$$h(A) = \frac{N(A)}{N} \tag{3.1}$$

Läßt man nun die Anzahl der Versuche stetig anwachsen, stellt man im allgemeinen fest, daß auch die Anzahl der Ereignisse A etwa im gleichen Maße mitwächst, so daß der Quotient h(A) gegen einen festen Wert strebt. Führt man nun den Grenzübergang $N \to \infty$ durch, kann man für den Fall, daß ein Grenzwert für h(A) existiert, schreiben:

$$P(A) = \lim_{N \to \infty} \frac{N(A)}{N} = \lim_{N \to \infty} h(A) \tag{3.2}$$

Wo liegen nun aber die Probleme eines derartigen Ansatzes?

Die relative Häufigkeit ist eine empirische Größe, wohingegen die Wahrscheinlichkeit stets eine mathematische Abstraktion, hier in Form eines Grenzüberganges, darstellt. Problematisch hierbei ist, daß ein Beweis der Existenz dieses Grenzwertes im konkreten Anwendungsfall nicht möglich ist.
Als Beispiel hierzu werde eine Versuchsreihe bestehend aus 40 Münzwürfen einer 'fairen' Münze betrachtet. Trägt man nun die relative Häufigkeit des Ereignisses 'Zahl' über der laufenden Nummer des Münzwurfes auf, so ergeben sich die in Bild 3.1 und Bild 3.2 dargestellten 'typischen' Verläufe, während der Verlauf in Bild 3.3 'untypisch' ist.

Der Ausdruck 'typisch' besagt, daß die Kurven 3.1 und 3.2 mit der Erwartung eines derartigen Versuchsergebnisses übereinstimmen – woher stammt aber diese Erwartung? Genaugenommen berücksichtigt eine derartige Erwartung zwei zentrale Voraussetzungen:

1. Das Resultat eines Münzwurfes: Kopf ('K') oder Zahl ('Z') ist unabhängig von der 'Vorgeschichte', das heißt, es gibt keinerlei Verbindung zwischen den Ergebnissen der einzelnen Würfe.
2. Beide Seiten der Münze treten 'gleichwahrscheinlich' auf, dies heißt, jede der beiden Seiten hat vor einem Münzwurf die gleichen Chancen aufzutreten ('faire' Münze, 'fairer' Werfer).

Aufgrund dieser Vorüberlegungen empfindet man die Kurvenverläufe 3.1 und 3.2 als typisch, 3.3 dagegen als untypisch. Die Häufigkeit entsteht dabei als Mittelwert einer Sequenz von Ergebnissen. Die relative Häufigkeit des Ergebnisses 'Zahl'= 0.5 bedeutet, daß

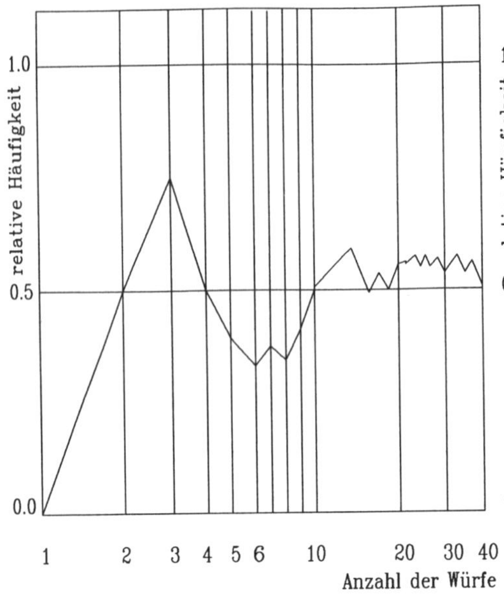

Bild 3.1: 'Typischer' Häufigkeitsverlauf eines Münzwurfexperimentes

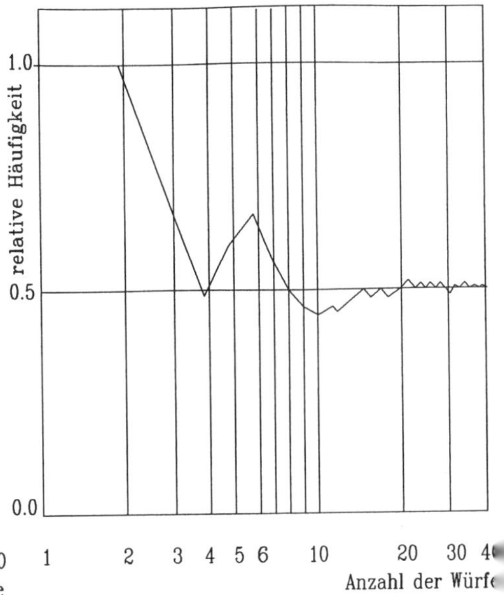

Bild 3.2: 'Typischer' Häufigkeitsverlauf eines Münzwurfexperimentes

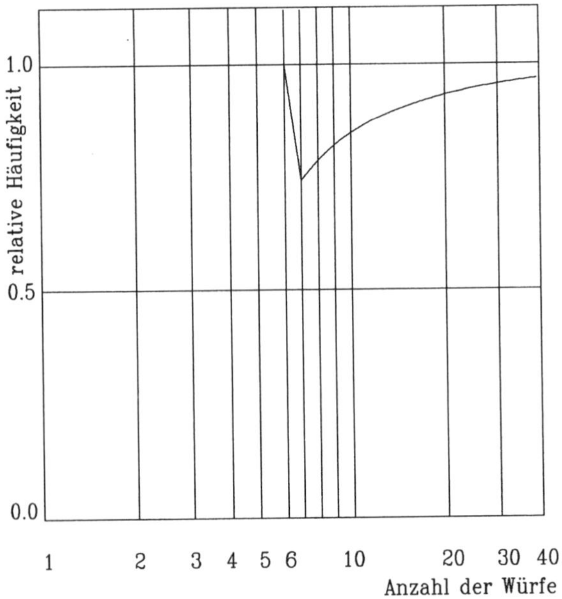

Bild 3.3: 'Untypischer' Häufigkeitsverlauf eines Münzwurfexperimentes

in der Sequenz gleichviel Ergebnisse 'Z' und 'K' auftreten. Nun existiert eine große Anzahl von Sequenzen vorgegebener Länge, in denen gleichviele Ereignisse 'K' und 'Z' auftreten, da die Reihenfolge der Ereignisse keine Rolle spielt. Die Anzahl der verschiedenen Sequenzen, die gleichviele Ereignisse Kopf und Zahl enthalten, hängt jedoch davon ab, wie häufig Kopf oder Zahl in der Sequenz auftreten.
Betrachtet man zum Beispiel eine Sequenz der Länge N=40, so existiert genau eine Sequenz dieser Länge, in der 40mal das Ereignis 'K' auftritt und 0mal das Ereignis 'Z', ebenso existiert umgekehrt nur eine Sequenz der Länge 40 mit N(K)=0 und N(Z)=40. Die Anzahl möglicher Sequenzen dieser Länge, in denen 39mal das Ereignis 'Kopf' auftritt, d.h. N(K) = 39, beträgt schon N =40, das heißt, es existieren 40 verschiedene Sequenzen der Länge N=40, in denen das Ereignis 'Kopf' mit N(K)=39 auftritt. Eine derartige Sequenz würde zu einem untypischen Häufigkeitsverlauf (3.3) führen. Beschreibt man allgemein die Anzahl verschiedener Sequenzen der Länge N, in denen die gleiche Anzahl von Ereignissen 'K' auftritt mit N_{sK}, so erhält man aus der Kombinatorik:

$$N_{sK} = \frac{N!}{[N-N(K)]! \cdot N(K)!} = \begin{bmatrix} N \\ N(K) \end{bmatrix} = {}_{N}C_{N(K)} \qquad (3.3)$$

Man bezeichnet einen Ausdruck ${}_{N}C_{x}$ als Binomialkoeffizient.

Betrachtet man dagegen die Gesamtzahl N_{sges} der Möglichkeiten, aus den beiden Ereignissen 'K' und 'Z' verschiedene Sequenzen der Länge N zu bilden, so erhält man:

$$N_{sges} = \sum_{N[K]=0}^{N} {}_{N}C_{N(K)} = \sum_{N[K]=0}^{N} \begin{bmatrix} N \\ N(K) \end{bmatrix} = \begin{bmatrix} N \\ 0 \end{bmatrix} + \begin{bmatrix} N \\ 1 \end{bmatrix} + \begin{bmatrix} N \\ 2 \end{bmatrix} + \dots + \begin{bmatrix} N \\ N \end{bmatrix} \qquad (3.4)$$

Mit dem Binomischen Lehrsatz gilt aber:

$$\sum_{i=0}^{N} \begin{bmatrix} N \\ i \end{bmatrix} \cdot a^{N-i} \cdot b^{i} = (a+b)^{N} \qquad (3.5)$$

Setzt man nun in Gl. 3.5 a=b=1, so erhält man mit Gleichung 3.4:

$$N_{sges} = 2^{N} \qquad (3.6)$$

als Gesamtzahl aller möglichen Ereignissequenzen der Länge N mit zwei verschiedenen Ereignissen 'K' und 'Z'.

Für die relative Häufigkeit einer Sequenz der Länge N, in der die Anzahl N(K) von Ereignissen 'K' auftritt, erhält man, da es keine bevorzugten Einzelsequenzen geben kann, dann mit Gl. 3.1:

$$h(N_{sK}) = \frac{N_{sK}}{2^N} = \frac{\left[\begin{matrix} N \\ N(K) \end{matrix}\right]}{2^N} \tag{3.7}$$

Mit der in (3.7) angegebenen Häufigkeit treten dann Sequenzen auf, die bei einer Länge von N eine Anzahl von N(K) 'Kopfereignissen' beinhalten. Darunter sind auch untypische Verläufe nach Bild 3.3.
Dies besagt aber letztlich nichts anderes, als daß bei einem Grenzübergang $N \rightarrow \infty$ auch untypische Häufigkeitsverläufe auftreten können; dies passiert zwar mit wachsender Versuchsreihenlänge zunehmend seltener, aber es kann passieren!

Aus dem zuvor Gesagten leitet sich unmittelbar die Kritik an einer empirischen Definition der Wahrscheinlichkeit als Grenzwert der relativen Häufigkeit nach Gl. 3.2 ab; der Ausgang einer Versuchsreihe und damit das Ergebnis für die Wahrscheinlichkeit ist stark abhängig von der Versuchsreihenlänge, und aus dem Verlauf der Versuchsreihe sind keinerlei Rückschlüsse auf die Gültigkeit eines Grenzüberganges nach Gl. 3.2 möglich. Legt man nämlich die Länge einer Versuchsreihe einmal fest (Beispiel N=40 oder N=10000), so unterscheiden sich zwar die Häufigkeiten, mit der eine untypische Sequenz auftritt, hat man aber gerade eine dieser untypischen Sequenzen 'erwischt', so existiert ein Grenzübergang nach Gl. 3.2 nicht, und damit konvergiert die relative Auftrittshäufigkeit selbst bei N=10000 nicht gegen die Auftrittswahrscheinlichkeit!

Aus dieser Argumentation ergibt sich zwingend die Notwendigkeit einer widerspruchsfreien, d.h. axiomatischen Definition der Wahrscheinlichkeit. Dies ist der Gegenstand des nächsten Unterpunktes.

(Anmerkung: Die in diesem Unterpunkt angerissenen Probleme der Kombinatorik und der Wahrscheinlichkeit des Auftretens gewisser Versuchsergebnisse bei endlich langer Versuchsreihe sind Gegenstand der Statistik und Kombinatorik. Für eine detailliertere Darstellung dieser Probleme und ihrer Beschreibung verweisen wir auf die Spezialliteratur.)

3.2.2 Axiomatische Definition der Wahrscheinlichkeit

3.2.2.1 Ereignisse, Elementarereignisse, Ereignisraum

Um zu einer mathematisch handhabbaren Darstellung eines Versuches zu gelangen, führen wir zunächst den Ereignisraum Ω ein (auch Ereignismenge genannt), dessen Elemente aus allen möglichen Ergebnissen des Versuches bestehen. Jedes einzelne Element dieses Ereignisraums Ω wird mit ω bezeichnet und heißt Elementarereignis. Umgekehrt kann man eine Gesamtmenge durch die Angabe der Elemente, die sie enthält, beschreiben, in diesem Fall beschreibt man die Ereignismenge Ω mit:Ω :$\omega \in \Omega$. Jedes Element ω des Ereignisraumes kann man sich als Punkt dieses Raums vorstellen. In dieser Grundmenge kann man nun Teilmengen A definieren, die als Ereignisse bezeichnet werden. Im Gegensatz zu den Elementarereignissen bestehen die Ereignisse aus Mengen von Elementarereignissen. Ein Ereignis A ist dann eingetreten, wenn das beobachtete Elementarereignis ω Element von A ist, d.h. $\omega \in$ A. Jedes Ereignis A ist Teilmenge von Ω, dies beschreibt man mit: $A \subset \Omega$.

Als Beispiel hierzu betrachten wir zwei aufeinander folgende Würfe mit einer fairen Münze. Der Ereignisraum enthält 4 Elemente ω_i, die Elementarereignisse. Beschreibt man diesen Ereignisraum durch die Angabe seiner Elemente, so gilt:

$$\Omega = \{(K,Z); (K,K); (Z,Z); (Z,K)\}$$

wobei 'K' für Kopf steht, 'Z' für Zahl. Dies ist in Bild 3.4 graphisch dargestellt.

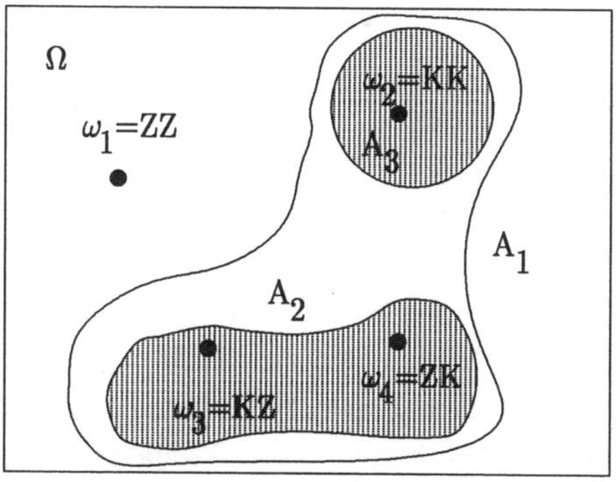

Bild 3.4: Ereignisraum bei 2 Münzwürfen

Interessiert man sich nun für folgende Ereignisse:

A_1 = Mindestens einmal Kopf
A_2 = Genau einmal Kopf
A_3 = Genau zweimal Kopf

so stellt man fest, daß die Ereignisse A_1– A_3 Teilmengen von Ω sind, die in Bild 3.4 eingezeichnet sind. Jede Teilmenge enthält Punkte ω, das heißt Elementarereignisse. Macht man nun einen Versuch bei diesem Münzwurfexperiment und beobachtet als Elementarereignis z.B. ω_j = (K,Z), so kann man sagen, da ω_j Element von A_1 und A_2 , nicht aber Element von A_3 ist, die Ereignisse A_1 und A_2 seien eingetreten, dagegen sei das Ereignis A_3 nicht eingetreten.

Der Ereignisraum Ω kann diskret sein mit einer abzählbar endlichen oder unendlichen Anzahl von Elementen, wie in dem Beispiel, er kann aber auch kontinuierlich sein, das heißt mit einer nicht abzählbaren Anzahl von Elementen, etwa den Rauschspannungen an einem Widerstand.

Interpretation dieser Festlegungen

Die Einführung von Ereignissen als Teilmengen A_i des Ereignisraumes Ω, dessen Elemente die Elementarereignisse sind, erscheint zunächst verwirrend, hat aber einen tieferen mathematischen Sinn:

Viele Experimente können nicht abzählbar unendlich viele Ergebnisse liefern, z.B. die Spannungswerte eines rauschenden Widerstandes. Dies führt unmittelbar auf einen Ereignisraum mit nicht abzählbar unendlich vielen Elementen. Jedem Elementarereignis könnte bei dem rauschenden Widerstand z.B ein möglicher Rauschspannungswert entsprechen. Das Ziel der Wahrscheinlichkeitstheorie ist, den auftretenden Ereignissen eines Experimentes Wahrscheinlichkeiten zuzuordnen, wobei die Wahrscheinlichkeit eine bestimmte endliche Größe (ein endliches Maß) sein soll. Würde man nun den Elementarereignissen direkt Wahrscheinlichkeiten zuordnen wollen, so kann aufgrund des Endlichkeitsgedankens der Wahrscheinlichkeit und der Nichtabzählbarkeit eines kontinuierlichen Ereignisraumes jedem Elementarereignis aber nur die Wahrscheinlichkeit 0 zugeordnet werden, wenn für die zugeordneten Wahrscheinlichkeiten eine Additivitätseigenschaft gelten soll. Wahrscheinlichkeiten von Null machen aber keinen Sinn, zumal die Aussage, ein Spannungswert U_x trete mit der Wahrscheinlichkeit 0 auf, offenbar nicht ausschließt, daß dieser Spannungswert auftritt, sondern nur bedeutet, daß er ebenso wahrscheinlich wie unendlich viele andere Spannungswerte ist. Um dieser Problematik auszuweichen, führt man Teilmengen des Ereignisraumes ein, die jede für sich entweder abzählbar endlich oder unendlich viele, oder nicht abzählbar unendlich viele Elementarereignisse, wie beim Beispiel des rauschenden Widerstandes, enthalten können. In diesem Fall entspricht einer derartigen Teilmenge ein Spannungsbereich mit einer Obergrenze und Untergrenze. Über diesen Zwischenschritt kann man auch bei kontinuierlichen Ereignisräumen abzählbare Ereignisse definieren, denen man endliche Auftrittswahrscheinlichkeiten zuordnen kann. Dies ergibt auch technisch einen Sinn, da in den meisten Fällen Wahrscheinlichkeitsaussagen über Ergebnisbereiche gemacht werden müssen, nicht aber Aussagen über die Wahrscheinlichkeit eines bestimmten diskreten Spannungswertes eines rauschenden Widerstandes. Ein weiterer Punkt, der für diese Einführung spricht, ist der, daß es oft nicht möglich oder wünschenswert ist, alle Elementarereignisse eines Experimentes zu kennen, wenn nur eine gewisse Klasse von Ereignissen von Bedeutung ist. In einem derartigen Fall möchte man allen Ereignissen aus dieser Klasse gerne Wahrscheinlichkeiten zuordnen, anderen aber nicht. Über die Einführung von Teilmengen eines Ereignisraumes hat man diese Möglichkeit.

Offenbar muß aber eine gewisse Methodik bei der Formulierung dieser Teilmengen benutzt werden, damit die definierten Teilmengen alle möglichen Ausgänge eines Experimentes beschreiben, so daß die Einführung von Wahrscheinlichkeiten für die auftretenden Ereignisse auch widerspruchsfrei erfolgen kann. Dies ist der Gegenstand des folgenden Unterpunktes, in dem die Klassen von Teilmengen, sogenannte 'Felder' eingeführt werden.

3.2.2.2 Klassen von Teilmengen, Felder

Ereignisse sind Teilmengen des Ereignisraumes und Zusammenfassungen von Elementarereignissen; diesen Ereignissen ordnet die Wahrscheinlichkeitstheorie Auftrittswahrscheinlichkeiten zu. Bei der Zusammenfassung der Elementarereignisse zu Teilmengen müssen einige leicht einsehbare Grundforderungen erfüllt werden.

Die definierten Ereignisse müssen alle möglichen Experimentergebnisse beschreiben, daraus folgt unmittelbar:

1. Wenn die Teilmenge A ein Ereignis ist, welches mit definierter Wahrscheinlichkeit auftritt, dann ist auch das Nichtauftreten des Ereignisses A (beschrieben mit der Komplementmenge $\overline{A}$) ein Ereignis mit definierter Wahrscheinlichkeit.
2. Wenn zwei Teilmengen A und B von Ω Ereignisse sind, dann müssen auch die Verbindungen dieser Ereignisse wieder Ereignisse sein, dies bezieht sich auf Durchschnitte und Vereinigungen. Der Durchschnitt von 2 Teilmengen ist äquivalent mit der Aussage, die Ereignisse A <u>und</u> B sind gemeinsam aufgetreten. Beispielsweise lieferte der Durchschnitt von A_1 und A_2 bei dem Münzwurfexperiment die Elementarereignisse 'KZ', 'ZK'. Der Vereinigung entspricht die Aussage, die Ereignisse A <u>oder</u> B sind aufgetreten.
3. Aus dem Durchschnitt einer Menge mit ihrer Komplementmenge ergibt sich die leere Menge ϕ, das 'Null'ereignis. Auch diese Menge muß damit ein Ereignis sein.
4. Aus der Vereinigung einer Menge mit ihrem Komplement ergibt sich die Gesamtmenge Ω, diese muß damit auch ein Ereignis sein.

Bezeichnet man die Klasse der Teilmengen, die diese Forderung erfüllen, mit dem Ausdruck Sigma–Algebra $\mathcal{F}$, so kann man <u>definieren:</u>

Eine Sigma–Algebra $\mathcal{F}$ ist eine Klasse von Teilmengen, welche als Elemente die Teilmengen $A \subset \Omega$ enthält, die folgende Bedingungen und Verknüpfungen erfüllen:

1) $$A \in \mathcal{F} \longrightarrow \overline{A} \in \mathcal{F} \tag{3.8}$$

2) $$A_1 \in \mathcal{F} \text{ und } A_2 \in \mathcal{F} \longrightarrow (A_1 \cap A_2) \in \mathcal{F}\,;\,(A_1 \cup A_2) \in \mathcal{F} \tag{3.9a}$$

oder verallgemeinert: $$\bigcap_i A_i \in \mathcal{F}\,;\,\bigcup_i A_i \in \mathcal{F} \tag{3.9b}$$

für alle abzählbar endlichen oder unendlichen Durchschnitte und Vereinigungen.

3) $$\phi \in \mathcal{F}\,;\,\Omega \in \mathcal{F} \tag{3.10}$$

Hierbei bedeuten '$\subset$' die Mengenrelation '(echte) Teilmenge von', und $\cup, \cap$ die Mengenoperationen 'Vereinigungsmenge' und 'Durchschnittsmenge'.

Die obige Definition ist nicht 'minimal', da in Gl. 3.9 a und 3.9b entweder nur die Zugehörigkeit der Vereinigungsmenge zur Sigma–Algebra gefordert werden muß, und sich dann die Zugehörigkeit der Durchschnittsmenge über die Zugehörigkeit der Komplementmenge nach Gl. 3.8 und anschließender Anwendung der De Morgan Regel ergibt. Ebenso folgt mit Gl. 3.8:

$$\bar{\phi} \in \mathcal{F} \longrightarrow \Omega \in \mathcal{F},$$ so daß auch Gl. 3.10 redundant ist.

Es ist anzumerken, daß andere Formulierungen obiger Definitionen möglich sind, die sich aber durch die Anwendung der Komplementregel von De Morgan in Verbindung mit Gl. 3.8 ineinander überführen lassen.

Zusammenfassend ist eine Sigma–Algebra eine Klasse (Menge) von Mengen, deren Elemente spezielle, auf dem Ereignisraum definierte Teilmengen A sind (eins dieser Elemente ist der Ereignisraum selbst). Dies ist eine Analogie zu den Elementarereignissen ω, die Elemente des Ereignisraumes Ω sind.

Stellt man sich den Ereignisraum Ω als Menge aller Punkte im n–dimensionalen Euklidischen Raum $\mathbb{R}^n$ vor und gibt man $\mathcal{F}$ als eine Sigma–Algebra vor, deren Teilmengen A durch:

$$A = \{\underline{\omega} : \underline{\omega} \leq \underline{a}, \underline{\omega} \in \Omega\} \tag{3.11}$$

sowie durch die Komplemente, Durchschnitte und Vereinigungen der nach Gl. 3.11 gegebenen Mengen gegeben sind, erhält man das sogenannte Borel–Feld $\mathcal{F}_B$, welches für die hier betrachteten Anwendungen von besonderer Bedeutung ist.

Nach Gl. 3.11 bestehen die Teilmengen A aus vektoriellen Elementen $\underline{\omega}$, wobei die Notation $\underline{\omega} \leq \underline{a}$ bedeutet, daß die einzelnen Koordinaten von $\underline{\omega}$ kleiner gleich den entsprechenden Koordinaten von $\underline{a}$ sind, d.h. $\omega_1 \leq a_1$, $\omega_2 \leq a_2$, ... $\omega_n \leq a_n$. Damit enthalten die Elementmengen A des Borel–Feldes $\mathcal{F}_B$ (Borel–Algebra) ihrerseits Vektoren aus $\mathbb{R}^n$ als Elemente. Durch die Anwendung der Vereinigungs– und Durchschnittsoperationen auf die nach Gl. 3.11 gebildeten Mengen entstehen offene, halboffene und geschlossene Intervalle auf den einzelnen reellen Koordinatenachsen des $\mathbb{R}^n$. Aus diesem Grunde ist das Borel–Feld für alle Wahrscheinlichkeitsanwendungen im Zusammenhang mit den reellen Zahlen von Bedeutung.

Als Beispiel betrachten wir den Ereignisraum Ω, der aus der reellen Achse $\mathbb{R}^1$ besteht und zwei reele Werte a_1 und a_2, wobei $a_1 < a_2$ gelten soll. Gibt man zwei Mengen A_1

und A_2 der Borel–Algebra vor mit:

$$A_1 = \{\omega : \omega \le a_1, \omega \in \mathbb{R}^1\} = (-\infty, a_1] \quad (3.12)$$

$$A_2 = \{\omega : \omega \le a_2, \omega \in \mathbb{R}^1\} = (-\infty, a_2] \quad (3.13)$$

so folgt mit Gl. 3.8:

$$\bar{A}_1 = \overline{(-\infty, a_1]} = (a_1, \infty) \in \mathscr{F}_B \quad (3.14)$$

als Beispiel für die Darstellung eines offenen Intervalles und aus dem Durchschnitt von $\bar{A}_1$ und A_2:

$$\bar{A}_1 \cap A_2 = (a_1, \infty) \cap (-\infty, a_2] = (a_1, a_2] \quad (3.15)$$

als Beispiel für ein auf der linken Seite offenes, auf der rechten Seite geschlossenes Intervall.

Möchte man geschlossene Intervalle erzeugen, muß man einem auf der linken Seite offenen, rechts geschlossenen Intervall die linke (nicht zum Intervall zugehörige) Grenze als Punkt hinzufügen, also das halboffene Intervall mit einer Menge vereinigen, die als einziges Element die linke Intervallgrenze als Punkt enthält. Solche Mengen, die nur einen einzigen Punkt enthalten, kann man als Durchschnitt von abzählbar unendlich vielen Mengen der Form:

$$B_k = \{\omega : (b-[\tfrac{1}{k}]) < \omega \le b\} = (b - \tfrac{1}{k}, b] \quad (3.16)$$

beschreiben:

$$\bigcap_{k=1}^{\infty} B_k = \{\text{Punkt} = b\} \quad (3.17)$$

<u>Anmerkung:</u> Zur Darstellung eines Punktes benötigt man eine abzählbar unendliche Zahl von Durchschnitten, deshalb ist die Verallgemeinerung von Gl. 3.9a auf 3.9b in jedem Fall erforderlich.

Durch die Vereinigung einer derartigen 'Einpunkt'menge mit einem halboffenen Intervall ergibt sich dann ein geschlossenes Intervall:

$$(b,c] \cup (\bigcap_{k=1}^{\infty} B_k) = [b,c] \quad (3.18)$$

Über Komplemente und Durchschnitte kann man dann offene und halboffene (auf der rechten Seite offene) Intervalle erzeugen. Damit enthält das Borel–Feld der reellen Achse alle wichtigen Intervalltypen.

3.2.2.3 Definition der Wahrscheinlichkeitsfunktion

Den Ereignissen, die als Elemente einer Sigma–Algebra definiert sind, kann man nun Wahrscheinlichkeiten zuordnen. Dazu führt man die Wahrscheinlichkeitsfunktion $P(\cdot)$ (Wahrscheinlichkeitsmaß) als skalare, reelwertige Funktion ein, die auf einer Sigma–Algebra $\mathcal{F}$ definiert ist und jedem Element A dieser Algebra ($A \in \mathcal{F}$) einen Wert P(A) zuweist, den man als Wahrscheinlichkeit des Ereignisses A bezeichnet. Die Wahrscheinlichkeitsfunktion besitzt folgende definierende Eigenschaften:

$$1.)\ P(A) \geq 0 \tag{3.19}$$

$$2.)\ P(\Omega) = 1 \tag{3.20}$$

3.) Wenn die Teilmengen $A_1, A_2 ... A_N$ disjunkt und Elemente von $\mathcal{F}$ sind, d.h. $A_i \cap A_j = \phi$ und $A_i, A_j \in \mathcal{F}$ für alle i,j $i \neq j$, dann gilt:

$$P\left(\bigcup_{i=1}^{N} A_i\right) = \sum_{i=1}^{N} P(A_i) \tag{3.21}$$

für alle abzählbar endlichen oder unendlichen Werte von N.

Durch die Definition der Wahrscheinlichkeitsfunktion wird jedem Ereignis A ein Wahrscheinlichkeitswert P(A) zwischen 0 und 1 zugeordnet. Damit kann die Wahrscheinlichkeitsfunktion als Abbildung des Borel–Feldes in das geschlossene Intervall [0,1] aufgefaßt werden. Diese Definition der Wahrscheinlichkeitsfunktion stimmt mit dem empirischen Verhalten der relativen Häufigkeiten und den daraus gewonnenen Erkenntnissen über die Wahrscheinlichkeiten überein. Anhand spezieller Ereignisse läßt sich die Übereinstimmung der Wahrscheinlichkeitswerte mit den Werten der relativen Häufigkeit überprüfen. Die Wahrscheinlichkeit des sicheren Ereignisses Ω ist 1 und damit gleich der relativen Häufigkeit dieses Ereignisses.

Ist ein Ereignis A_1 eine Teilmenge von A_2, dann ist die Wahrscheinlichkeit von A_2 mindestens so groß wie (oder auch größer als) die Wahrscheinlichkeit von A_1, was auch für die rel. Häufigkeit gilt. Zerlegt man nämlich die Menge A_2 in zwei disjunkte Teilmengen, kann man schreiben:

$$A_2 = A_1 \cup (\bar{A}_1 \cap A_2) \quad (3.22)$$

A_1 und $(\bar{A}_1 \cap A_2)$ sind disjunkte Mengen in $\mathcal{F}$, deshalb gilt für die Wahrscheinlichkeit $P(A_2)$ mit Gl. 3.21:

$$P(A_2) = P(A_1) + P(\bar{A}_1 \cap A_2) \quad (3.23)$$

Da die Funktionwerte P(A) nach Gl. 3.19 immer größer gleich Null sind, ergibt sich aus Gl. 3.23:

$$P(A_2) \geq P(A_1) \quad \text{wenn } A_1 \subset A_2 \quad (3.24)$$

Folgerungen

Aus der Definition der Wahrscheinlichkeit ergeben sich einige Folgerungen:

Es gilt für beliebige Mengen $A \in \mathcal{F}$:

$$A \cup \bar{A} = \Omega \quad (3.25)$$

Für die Wahrscheinlichkeiten folgt daraus mit Gl. 3.22:

$$P(A) + P(\bar{A}) = P(\Omega) = 1 \quad (3.26)$$

oder aufgelöst nach $P(\bar{A})$:

$$P(\bar{A}) = 1 - P(A) \quad (3.27)$$

Wendet man Gl. 3.27 auf Ω und ϕ an, die komplementär sind, erhält man:

$$P(\phi) = 1 - P(\Omega) = 0 \quad (3.28)$$

Man bezeichnet ϕ als das unwahrscheinliche oder nicht wahrscheinliche Ereignis.

Für die Wahrscheinlichkeit nicht disjunkter Mengen A, B kann man herleiten:

$$A \cup B = A \cup (\bar{A} \cap B) \quad (3.29)$$

wobei rechts des Gleichheitszeichens disjunkte Mengen stehen. Demnach gilt mit Gl. 3.21:

$$P(A \cup B) = P(A) + P(\bar{A} \cap B) \tag{3.30}$$

Das Ereignis B läßt sich auch darstellen als:

$$B = B \cap (\Omega) = B \cap (A \cup \bar{A}) = (B \cap A) \cup (B \cap \bar{A}) \tag{3.31}$$

wobei die Durchschnitte rechts des Gleichheitszeichens wieder disjunkte Mengen sind. Damit ergibt sich wieder durch Anwenden von Gl. 3.21 auf 3.31:

$$P(B) = P(B \cap A) + P(B \cap \bar{A}) \tag{3.32}$$

Auflösen nach $P(B \cap \bar{A})$ und Einsetzen in Gl. 3.30 ergibt:

$$P(A \cup B) = P(A) + P(B) - P(A \cap B) \tag{3.33}$$

für beliebige, disjunkte oder nicht disjunkte Teilmengen A,B, die Elemente der Sigma–Algebra $\mathscr{F}$ sind.

3.2.2.4 Einführung des Wahrscheinlichkeitsraumes

Durch das Triplet $(\Omega, \mathscr{F}, P)$, also durch Ereignisraum Ω, Sigma Algebra $\mathscr{F}$ und durch die Wahrscheinlichkeitsfunktion $P(\cdot)$ wird der sogenannte Wahrscheinlichkeitsraum als Maßraum definiert. Alle Kenngrößen wurden axiomatisch, d.h. widerspruchsfrei eingeführt und können damit als Basis für eine widerspruchsfreie Wahrscheinlichkeitstheorie dienen. Die Ergebnisse dieser Theorie sind durchaus kompatibel mit dem heuristischen Ansatz der rel. Häufigkeit. Es bleibt nur anzumerken, daß der axiomatische Ansatz alleine nicht ausreicht, um die Wahrscheinlichkeiten eines gegebenen Problems zahlenmäßig zu bestimmen, vielmehr dient er dazu, zu überprüfen, ob die Wahrscheinlichkeiten, bzw. die Wahl der Ereignisse bei einem gegebenen Problem eine widerspruchsfreie Problemformulierung ermöglichen. Auf der Basis dieser widerspruchsfreien Problemformulierung können dann Zufallsvariablen definiert werden. Dies ist der Inhalt des nächsten Unterpunktes.

3.3 Zufallsvariablen

Die im vorangegangen Unterpunkt definierte Wahrscheinlichkeitsfunktion P(·) weist jeder Menge $A \subset \Omega$, die Element der Sigma–Algebra ist, einen Wahrscheinlichkeitswert P(A) zu. Die Mengen der Sigma–Algebra entsprechen den Ereignissen, ihre Elemente ω den Elementarereignissen. Die Beschreibung der Ereignisse durch Mengen, bzw. durch die Elemente, die die Mengen enthalten, bereitet jedoch häufig Schwierigkeiten. Deshalb ist eine Beschreibung der Mengen im reellen Zahlenraum sehr nützlich. Man 'sucht' dazu eine Abbildung des Ereignisraumes Ω auf die reellen Zahlen, die so beschaffen ist, daß man anstelle der Zuweisung von Wahrscheinlichkeiten zu den Mengen der Sigma–Algebra diese Wahrscheinlichkeiten direkt den 'Abbildungen' der Mengen zuweisen kann. Interpretiert man die Wahrscheinlichkeit als Maß einer Menge, wird eine Abbildung gesucht, die es ermöglicht, dieses Maß nicht im Ereignisraum Ω, sondern im Bildraum von Ω zu bestimmen, also eine meßbare Funktion. Diesen Zweck erfüllen Zufallsvariablen, sie weisen abstrakten Ereignissen reelle Zahlen zu. Diese Zahlen können zum Beipiel den gemessenen Spannungswerten an einem rauschenden Vierpol entsprechen.

3.3.1 Skalare Zufallsvariablen

Eine skalare Zufallsvariable x(·) ist eine reellwertige Funktion, die jedem Punkt $\omega \in \Omega$ einen reellen Wert $x(\omega)$ zuweist, so daß jede Menge $A \subset \Omega$, die durch:

$$A = \{\omega : x(\omega) \leq \xi\} \tag{3.34}$$

für beliebige reelle Werte von ξ ($\xi \in \mathbb{R}^1$) gegeben ist, ein Element der Sigma–Algebra $\mathcal{F}$ ist ($A \in \mathcal{F}$). Damit ist eine Zufallsvariable eine Abbildung des Raumes Ω auf die reelle Achse ($\Omega \rightarrow \mathbb{R}^1$).

Die Schreibweise x(·) für die Zufallsvariable x soll andeuten, daß die Zufallsvariable eine Funktion ist, die jedem Element des Ereignisraumes einen Wert $x_r = x(\omega)$ zuweist. Dieser Wert wird Realisation der Zufallsvariablen genannt. Damit lautet die verbale Beschreibung von Gl. 3.34: A ist die Menge aller Punkte (Elementarereignisse) in Ω, für die die Abbildungswerte $x_r = x(\omega)$, die die Zufallsvariable x(·) jenen Punkten zuweist, kleiner gleich einer reellen Schranke ξ sind.

3.3.2 Vektorielle Zufallsvariablen

Das Konzept der skalaren Zufallsvariablen als Abbildung des Ereignisraumes auf eine reelle Achse läßt sich ohne Schwierigkeiten auf vektorielle Zufallsvariablen erweitern. Eine vektorielle Zufallsvariable (Zufallsvektor) $\underline{x}(\cdot)$ ist eine vektorwertige, reelle Funktion, die jedem Punkt $\omega \in \Omega$ einen Realisationsvektor $\underline{x}_T = \underline{x}(\omega)$ so zuweist, daß alle Mengen $A \subset \Omega$ der Form:

$$A = \{\omega : \underline{x}(\omega) \leq \underline{\xi}\} \tag{3.35}$$

für beliebige reelle Werte von $\underline{\xi}$ ($\underline{\xi} \in \mathbb{R}^n$) Elemente der Sigma–Algebra $\mathcal{F}$ sind.

Um das Konzept einer Zufallsvariablen zu verdeutlichen, soll eine Funktion betrachtet werden, die keine Zufallsvariable für ein gegebens Problem darstellt. Der Ereignisraum Ω bestehe aus dem halboffenen Intervall (0,10] auf der reellen Achse. Die beiden interessierenden Ereignisse beschreiben, ob ω einen Wert aus dem Intervall $I_1 = (0,5]$ oder aus $I_2 = (5,10]$ annimmt. Damit besteht die minimale Sigma–Algebra dieses Problems aus allen möglichen Komplementen, Vereinigungen und Durchschnitten dieser beiden Intervalle, so daß gilt:

$$\mathcal{F} = \{\phi;\ \Omega = (0,10];\ I_1 = (0,5];\ I_2 = (5,10]\}$$

ω kann einen beliebigen Wert im Intervall (0,10] annehmen, aber das Interesse gilt nur der Unterscheidung, in welcher Hälfte des Intervalles der Wert liegt.Versuchsweise wählen wir nun für die Zufallsvariable $x(\cdot)$ die Identitätsabbildung:

$$x(\omega) = \omega$$

die in Bild 3.5 skizziert ist. Betrachtet man nun aber eine Menge der Form:

$$A = \{\omega : x(\omega) \leq 3\} = (0,3]$$

so stellt man fest, daß A kein Element der Sigma–Algebra $\mathcal{F}$ ist. Durch die Definition der Zufallsvariablen müssen aber alle Mengen der Form:

$$A = \{\omega : x(\omega) \leq \xi\}$$

Elemente der Sigma–Algebra sein, so daß die gewählte Funktion $x(\cdot)$ keine Zufallsvariable für das gegebene Problem darstellt.

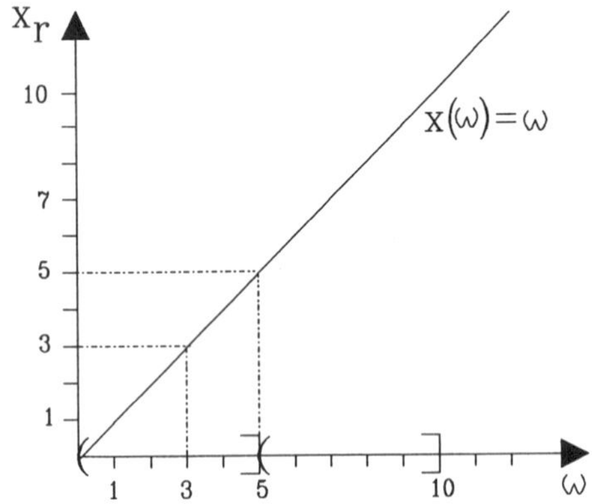

Bild 3.5: Funktion, die keine Zufallsvariable darstellt.

Vielmehr muß gewährleistet sein, daß durch eine beliebige Wahl der Schranke ξ keine anderen Mengen entstehen, als in der Sigma–Algebra enthalten sind. Dies kann nur durch eine Zufallsvariable gewährleistet werden, die jeweils für die beiden Intervalle I_1 und I_2 verschiedene, aber über dem Intervall konstante Werte annimmt. Eine derartige Zufallsvariable ist in Bild 3.6 dargestellt. Für diese Wahl einer Zufallsvariablen gilt die Definition nach Gl. 3.34, denn für $\xi = 3$ erhält man z.B. $A_1 = \{\omega : x(\omega) \leq 3\} = \phi$. Weiter gilt:

$$A_2 = \{\omega : x(\omega) \leq 6\} = (0, 5]$$
$$A_3 = \{\omega : x(\omega) \leq 20\} = (0,10]$$

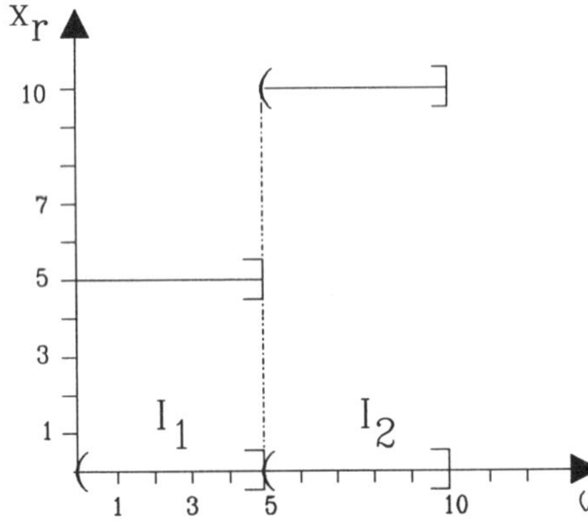

Bild 3.6: Zufallsvariablendefinition: $x(\omega) = 5$, wenn $\omega \in I_1$ und $x(\omega) = 10$, wenn $\omega \in I_2$.

Um die aus diesem Beispiel gewonnenen Erkenntnisse zu verallgemeinern, führen wir zunächst den Begriff des 'Atoms' einer Sigma–Algebra ein:

Wir nennen eine Teilmenge $A \subset \Omega$ ein Atom der Sigma–Algebra $\mathcal{F}$, wenn $A \in \mathcal{F}$ gilt, und keine weitere Teilmenge von A, außer der leeren Menge ϕ Element der Sigma–Algebra ist.

Mit dieser Definition eines Atoms muß man für eine gültige Zufallsvariable fordern:

Eine Zufallsvariable kann nur einen einzigen konstanten Wert für die Elemente eines Atoms einer Sigma–Algebra annehmen.

3.3.3 Zusammenfassung

Zufallsvariablen sind Abbildungen des Ereignisraumes in den Euklidischen Raum $\mathbb{R}^n$, so daß die Bilder der zur Sigma–Algebra gehörigen Ereignisse halboffene Intervalle (im skalaren Fall halboffene Intervalle auf der reellen Achse $(-\infty, \xi]$) darstellen. Jedes Atom im Ereignisraum wird in <u>einen</u> Vektor in $\mathbb{R}^n$ abgebildet. Umgekehrt gehören zu allen Mengen in $\mathbb{R}^n$ der Form:

$$A_i = \{\underline{x}(\omega) \in \mathbb{R}^n \colon -\infty < x_i(\omega) \leq \xi_i;\ i = 1,2,\dots n\}$$

Ereignisse im Ereignisraum Ω, $A_i \subset \Omega$, $A_i \in \mathcal{F}$). Diesen Ereignismengen werden durch die Wahrscheinlichkeitsfunktion $P(\cdot)$ Wahrscheinlichkeiten zugeordnet. Diese Zusammenhänge sind in Abbildung 3.7 graphisch dargestellt.

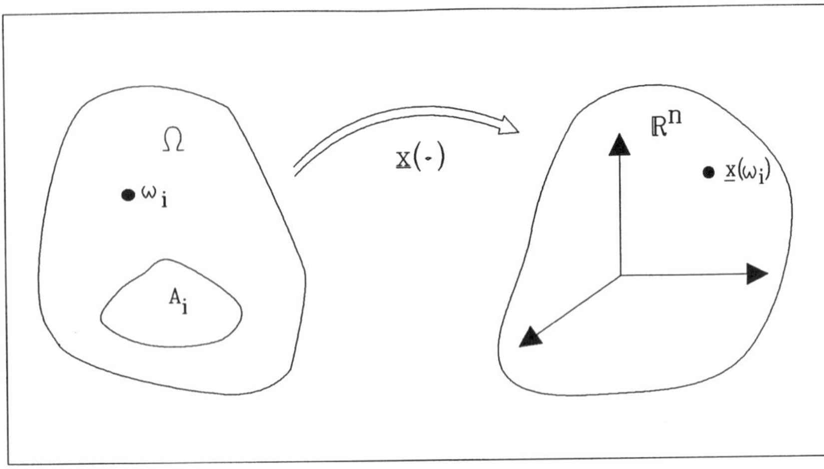

Bild 3.7: Die Zufallsvariable als Abbildung

Für die Anwendungen, die im folgenden betrachtet werden, besteht der Ereignisraum Ω aus dem euklidischen Raum $\mathbb{R}^n$, die Sigma–Algebra ist das Borel–Feld, welches aus allen Mengen der Form:

$$A_i = \{\underline{\omega} : \underline{\omega} \leq \underline{a}, \underline{\omega} \in \Omega\} \tag{3.36}$$

besteht. Eine geeignete Zufallsvariable ist dann die Identitätsabbildung:

$$\underline{x}(\underline{\omega}) = \underline{\omega} \tag{3.37}$$

Dann besteht ein Atom in $\Omega = \mathbb{R}^n$ aus einem einzigen Punkt (Vektor), welches durch die Zufallsvariable in einen n–dimensionalen Vektor $\underline{x}(\underline{\omega})$ abgebildet wird. Jede Realisation $\underline{x}(\underline{\omega})$ der Zufallsvariablen $\underline{x}(\cdot)$ ist damit ein n–dimensionaler Vektor, dessen Koordinaten Werte aus dem Intervall $(-\infty, \infty)$ annehmen können.

Im folgenden werden die Elementarereignisse $\underline{\omega}$ nicht mehr vektoriell als Punkte eines Raumes, sondern skalar als Elemente einer Menge interpretiert; demnach schreiben wir für die Realisationen von vektoriellen Zufallsvariablen:

$$\underline{x}_r = \underline{x}(\omega) \tag{3.38}$$

3.4 Einführung der Wahrscheinlichkeitsverteilung

Durch die Definition der Zufallsvariablen $\underline{x}(\cdot)$ sind alle Mengen der Form:

$$A = \{\omega : \underline{x}(\omega) < \underline{\xi}\} = \{\omega : x_1(\omega) \leq \xi_1, x_2(\omega) \leq \xi_2, \ldots x_n(\omega) \leq \xi_n\} \tag{3.39}$$

Ereignisse, denen im Ereignisraum durch die Wahrscheinlichkeitsfunktion Wahrscheinlichkeiten zugewiesen werden. Damit kann man die Wahrscheinlichkeitsverteilungsfunktion $F_{\underline{x}}(\underline{\xi})$ der Zufallsvariablen $\underline{x}(\cdot)$, kurz Verteilungsfunktion genannt, definieren:

$$F_{\underline{x}}(\underline{\xi}) = P(\{\omega : \underline{x}(\omega) \leq \underline{\xi}\}) \tag{3.40}$$

Die Wahrscheinlichkeitsverteilungsfunktion ist damit eine skalare, reellwertige Funktion, die für die Zufallsvariable $\underline{x}(\cdot)$ die gleiche Rolle spielt, wie die Wahrscheinlichkeitsfunktion $P(\cdot)$ für die Ereignisse in der Sigma–Algebra. Da der Zufallsvektor $\underline{x}$ n Komponenten $x_1 \ldots x_n$ besitzt, folgt aus Gl. 3.40:

$$\begin{aligned} F_{\underline{x}}(\underline{\xi}) &= P\,\{\omega : x_1(\omega) \leq \xi_1, x_2(\omega) \leq \xi_2 \ldots\ x_n(\omega) \leq \xi_n\} \\ &= F_{x_1,x_2,x_3,\ldots x_n}(\xi_1,\xi_2,\ldots,\xi_n) \end{aligned} \tag{3.41}$$

so daß $F_{\underline{x}}$ auch als die Verbundverteilungsfunktion der Zufallsvariablen $x_1 \ldots x_n$ bezeichnet wird.

3.5 Zusammenfassung

Abbildung 3.8 faßt die wesentlichen Ergebnisse dieses Unterpunktes zusammen. Der zunächst abstrakte Ereignisraum Ω enthält als Elemente die Elementarereignisse ω, die den Ergebnissen des durchgeführten Experimentes entsprechen. Diese Ereignisse werden zu Teilmengen A zusammengefaßt; diesen Teilmengen entsprechen die Ereignisse. Den in einer Sigma–Algebra enthalten Mengen wird durch die Wahrscheinlichkeitsfunktion ein Wahrscheinlichkeitsmaß zugeordnet, welches Zahlenwerte zwischen 0 und 1 annimmt. Das Triplet $(\Omega, \mathcal{F}, P)$ bildet den Wahrscheinlichkeitsraum. Ebenso wurde in Form der Zufallsvariablen $\underline{x}(\cdot)$ eine Abbildung des Ereignisraumes Ω in den Euklidischen Raum $\mathbb{R}^n$eingeführt, deren Zahlenwerte $\underline{x}(\omega)$ für ein bestimmtes Argument ω Realisationen genannt wurden. Die Wahrscheinlichkeiten der Ereignismengen A und die Realisationen der Zufallsvariablen $\underline{x}(\omega)$ werden über die Wahrscheinlichkeitsverteilungsfunktion $F_{\underline{x}}(\cdot)$ verknüpft, die eine Abbildung von $\mathbb{R}^n$ in das Intervall [0,1] darstellt. Für einen speziellen Wert von ξ liefert die Verteilungsfunktion $F_{\underline{x}}(\cdot)$ den Zahlenwert $F_{\underline{x}}(\underline{\xi})$ als Wahrscheinlichkeit der Menge $\omega \in \Omega$, deren Bilder $\underline{x}(\omega)$ kleiner gleich der Schranke $\underline{\xi}$ sind.

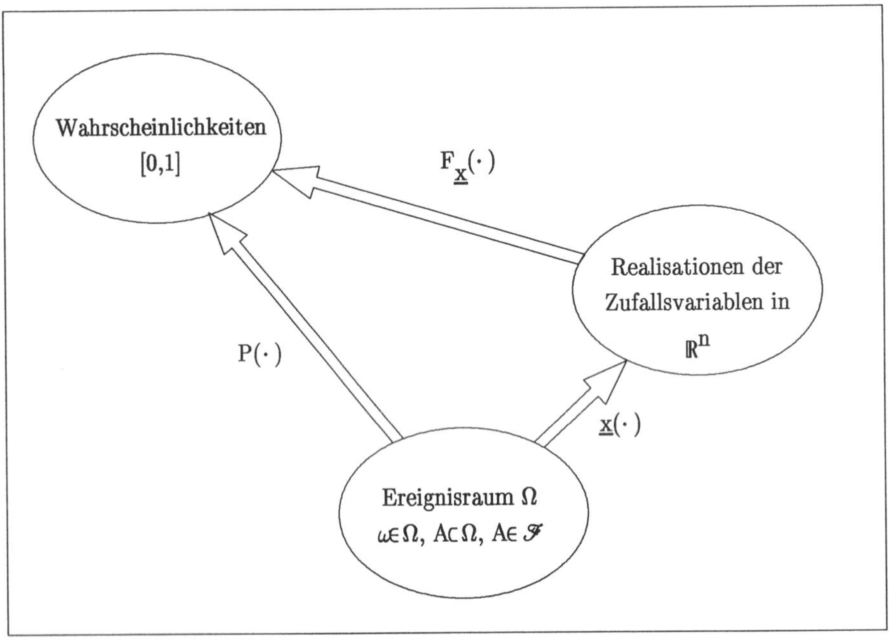

Bild 3.8: Wahrscheinlichkeit, Zufallsvariable und Verteilungsfunktion

3.6 Wahrscheinlichkeitsverteilung und Verteilungsdichte

3.6.1 Verteilungsfunktion

Nach der Einführung von Zufallsvariablen als Abbildung des Ereignisraumes in einen im allgemeinen n–dimensionalen Realisationenraum $\mathbb{R}^n$ wurde die Verteilungsfunktion $F_{\underline{x}}(\cdot)$ als eine Zuordnungsfunktion eingeführt, die den Mengen der Form:

$$A_i = \{\omega : -\infty < \underline{x}(\omega) \leq \underline{\xi}\} \in \mathcal{F} \text{und } A_i \subset \Omega \tag{3.42}$$

Wahrscheinlichkeiten $P(A_i)$ zuweist, so daß gilt:

$$F_{\underline{x}}(\underline{\xi}) = P(A_i) \tag{3.43}$$

Ein <u>Beispiel:</u>

Wir betrachten wieder das bei der Einführung der Zufallsvariablen benutzte Beispiel, bei dem der Ereignisraum aus dem Intervall (0,10] auf der reellen Achse und die zugehörige Sigma–Algebra aus den beiden disjunkten Intervallen I_1=(0,5] und I_2=(5,10], dem gesamten Ereignisraum Ω, sowie der leeren Menge ϕ bestand. Für die in Bild 3.6 gegebene Zufallsvariable $x(\cdot)$ erhält man dann folgende Beziehungen:

$$F_x(5) = P\{\omega : x(\omega) \leq 5\} = P(I_1) \tag{3.44}$$

$$F_x(10) = P\{\omega : x(\omega) \leq 10\} = P(I_1 \cup I_2) = P(\Omega) = 1 \tag{3.45}$$

Die beiden Intervalle I_1 und I_2 sind disjunkt, d.h.:

$$I_1 \cap I_2 = \phi \tag{3.46}$$

Demnach gilt mit Gl. 3.21:

$$P(I_1 \cup I_2) = P(I_1) + P(I_2) = P(\Omega) = 1 \tag{3.47}$$

Weiter gilt:

$$\bar{I}_1 = (5,10] = I_2 \tag{3.48}$$

$$P(\bar{I}_1) = 1 - P(I_1) = P(I_2) \text{ und } P(\bar{I}_2) = 1 - P(I_2) \quad (3.49)$$

Die Intervalle I_1 und I_2 teilen den Ereignisraum symmetrisch auf, deshalb gilt:

$$P(I_1) = P(I_2) \quad (3.50)$$

so daß man durch Einsetzen in 3.47 erhält:

$$P(I_1) = P(I_2) = 0{,}5 \quad (3.51)$$

Damit folgt für die Verteilungsfunktion $F_x(\cdot)$:

$$F_x(5) = 0{,}5 \text{ und } F_x(10) = 1 \quad (3.52)$$

Ebenso gilt:

$$F_x(6) = P(\omega : x(\omega) \leq 6) = P(A_2) = P(I_1) = 0{,}5 \quad (3.53)$$

da $A_2 = I_1$. Für $\xi = 3$ ergab sich $A_1 = \phi$, und damit gilt:

$$F_x(3) = P(A_1) = P(\phi) = 0 \quad (3.54)$$

Die Verteilungsfunktion $F_x(\cdot)$ ist in Bild 3.9 dargestellt.

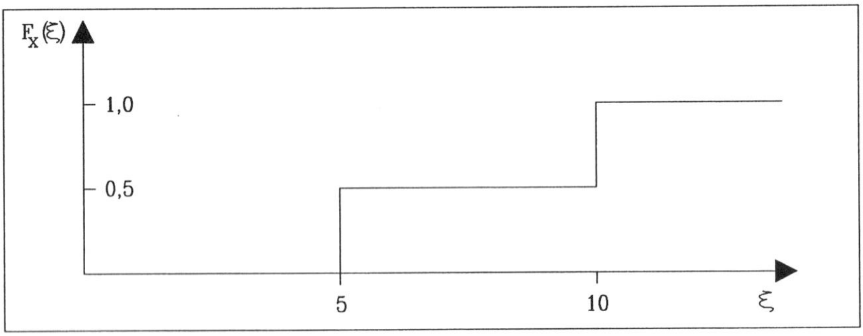

Bild 3.9: Verteilungsfunktion

Gibt man eine vektorielle Zufallsvariable $\underline{x}$ vor mit:

$$\underline{x} = \begin{bmatrix} x_1 \\ x_2 \\ . \\ . \\ . \\ x_n \end{bmatrix} \tag{3.55}$$

stellt die Verteilungsfunktion $F_{\underline{x}}$ eine skalare Funktion der vektoriellen "Dummyvariablen" $\underline{\xi} = [\xi_1, \xi_2, ..., \xi_n]^T$ dar:

$$F_{\underline{x}}(\underline{\xi}) = F_{x_1,x_2,x_3,...,x_n}(\xi_1, \xi_2, \xi_3,..., \xi_n) \tag{3.56a}$$

$$= P\{\omega: x_1(\omega) \leq \xi_1, x_2(\omega) \leq \xi_2, x_3(\omega) \leq \xi_3,..., x_n(\omega) \leq \xi_n\} \tag{3.56b}$$

Die Bedeutung dieser Schreibweise kann nicht genug betont werden:
Die Verteilungsfunktion $F_{\underline{x}}(\underline{\xi})$ der vektoriellen Zufallsvariablen ergibt die Wahrscheinlichkeit dafür, daß die Realisationen (Funktionswerte) $\underline{x}(\omega)$ der Zufallsvariablen kleiner gleich einer vektoriellen Schrankenvariablen $\underline{\xi}$ (Dummyvariablen) sind. Diese Wahrscheinlichkeit ist eine skalare Größe und das Maß der Menge $A = \{\omega : \underline{x}(\omega) \leq \underline{\xi}\}$, die durch die Definition der Zufallsvariablen ein Element der Sigma–Algebra $\mathcal{F}$ ist.

3.6.1.1 Monotonieeigenschaft der Verteilungsfunktion

Die Mengensequenz $A_i = \{\omega : \underline{x}(\omega) \leq \underline{\xi}_i\}$ ist monoton zunehmend, wenn $\underline{\xi}_{i+1} \geq \underline{\xi}_i$, d.h.:

$$A_i \subset A_{i+1} \text{ für } i+1 \geq i \tag{3.57}$$

Für monoton zunehmende Sequenzen von Mengen kann man schreiben:

$$A_{i+1} = A_i \cup (A_{i+1} - A_i) \tag{3.58}$$

wobei der Ausdruck $(A_{i+1} - A_i) = A_{i+1} \cap \bar{A}_i$ eine Mengendifferenz darstellt. Es kann leicht gezeigt werden, daß:

$$A_i \cap (A_{i+1} - A_i) = \phi \tag{3.59}$$

Damit sind A_i und die Differenz $(A_{i+1} - A\ )$ disjunkte Mengen, und für die Wahrscheinlichkeit von A_{i+1} ergibt sich damit:

$$P(A_{i+1}) = P(A_i) + P(A_{i+1} - A_i) \tag{3.60}$$

Da $P(A) \geq 0$ für beliebige Mengen $A \in \mathscr{F}$ ist, gilt damit:

$$P(A_{i+1}) \geq P(A_i) \quad \text{für } \underline{\xi}_{i+1} \geq \underline{\xi}_i \tag{3.61}$$

Schließlich gilt mit Gl. 3.42 und 3.43:

$$F_{\underline{x}}(\underline{\xi}_{i+1}) \geq F_{\underline{x}}(\underline{\xi}_i) \quad \text{für } \underline{\xi}_{i+1} \geq \underline{\xi}_i \tag{3.62}$$

oder mit $\underline{\xi}_{i+1} = \underline{\xi}_i + d\underline{\xi} = \underline{\xi} + d\underline{\xi}$:

$$F_{\underline{x}}(\underline{\xi} + d\underline{\xi}) \geq F_{\underline{x}}(\underline{\xi}) \quad \text{für} \quad d\underline{\xi} \geq \underline{0} \tag{3.63}$$

Damit ist die Verteilungsfunktion $F_{\underline{x}}(\cdot)$ eine monotone Funktion.

3.6.1.2 Weitere Eigenschaften der Verteilungsfunktion

Es gilt:

$$F_{\underline{x}}(\infty, \infty, ..., \infty) = P\{\omega : x_1(\omega) \leq \infty, x_2(\omega) \leq \infty, ..., x_n(\omega) \leq \infty\}$$

$$= P\{\Omega\} = 1 \tag{3.64}$$

$$F_{\underline{x}}(\xi_1, ..., -\infty, .., \xi_n) = P\{\omega : x_1(\omega) \leq \xi_1, ..., x_i(\omega) \leq -\infty, ...\}$$

$$= P\{\phi\} = 0 \tag{3.65}$$

Dies bedeutet, wenn alle Argumente der Verteilungsfunktion gegen Unendlich streben, nimmt die Verteilungsfunktion den Wert 1 an, wenn nur eines der Argumente gegen Minus–Unendlich strebt, dann nimmt die Verteilungsfunktion den Wert 0 an.

Randverteilungen

Wenn man sich nur für die Wahrscheinlichkeit der ersten k Zufallsvariablen $x_1 \dots x_k$ des n–dimensionalen Zufallsvektors $\underline{x}$ interessiert, wobei die Werte der restlichen Zufallsvariablen beliebig sein können, kann man schreiben:

$$F_{x_1,\dots x_k}(\xi_1, \dots \xi_k) = P\{\omega : x_1(\omega) \leq \xi_1, \dots x_k(\omega) \leq \xi_k, x_{k+1}(\omega) \leq \infty, \dots, x_n(\omega) \leq \infty\} \quad (3.66)$$

$$= F_{x_1,\dots,x_k,\dots,x_n}(\xi_1, \dots, \xi_k, \infty, \dots, \infty) \quad (3.67)$$

Die Verteilungsfunktion $F_{x_1,\dots x_k}(\xi_1,\dots\xi_k)$ wird auch Randverteilung der Zufallsvariablen $x_1 \dots x_k$ genannt. Es sollte angemerkt werden, daß die ersten k–Zufallsvariablen von $\underline{x}$ nur zur Vereinfachung der Schreibweise gewählt wurden. Setzt man ein beliebiges Argument ξ_i in $F_{\underline{x}}(\underline{\xi}) = \infty$, ergibt sich sofort die Randverteilung der verbleibenden Zufallsvariablen. Ebenso kann die Reihenfolge der Vektorkomponenten von $\underline{x}$ ohne Einschränkung der Allgemeingültigkeit so umgestellt werden, daß sich die Randverteilung bezüglich der $n-m = k$ Zufallsvariablen immer als die Verteilungsfunktion der ersten k Zufallsvariablen ergibt.

Wahrscheinlichkeit von halboffenen, beschränkten Intervallen

Die Verteilungsfunktion kann auch benutzt werden, um die Wahrscheinlichkeit derjenigen Teilmenge von Ω zu berechnen, deren Abbildung das halboffene, beschränkte Intervall $(\xi_1, \xi_2]$ ist. Jedes halboffene, auf einer Seite unbeschränkte Intervall kann zum Beispiel als Vereinigung zweier disjunkter Teilintervalle dargestellt werden, z.B. gilt im skalaren Fall:

$$\{\omega : x(\omega) \leq \xi_2\} = \{\omega : x(\omega) \leq \xi_1\} \cup \{\omega : \xi_1 < x(\omega) \leq \xi_2\} \quad (3.68)$$

Da beide Teilmengen disjunkt sind, können die Einzelwahrscheinlichkeiten addiert werden, und es ergibt sich:

$$P(\{\omega : x(\omega) \leq \xi_2\}) = P(\{\omega : x(\omega) \leq \xi_1\}) + P(\{\omega : \xi_1 < x(\omega) \leq \xi_2\})$$

oder aufgelöst nach $P(\{\omega : \xi_1 < x(\omega) \leq \xi_2\})$:

$$P(\{\omega : \xi_1 < x(\omega) \le \xi_2\}) = P(\{\omega : x(\omega) \le \xi_2\}) - P(\{\omega : x(\omega) \le \xi_1\})$$

$$= F_x(\xi_2) - F_x(\xi_1) \tag{3.69}$$

<u>Stetigkeit der Verteilungsfunktion – Stetigkeit nach rechts</u>

Wenn $x(\cdot)$ eine Zufallsvariable mit einer gegebenen Verteilungsfunktion F_x ist, dann gilt:

$$F_x(\xi^+) = \lim_{\xi_i \to 0} F_x(\xi+\xi_i) = F_x(\xi) \tag{3.70}$$

für beliebige Punkte ξ auf der reellen Achse

<u>Beweis:</u>

Gegeben sei eine monoton abnehmende Sequenz von Mengen A_i der Form:

$$A_i = \{\omega : x(\omega) \in (\xi, \xi+\xi_i]\} \; ; \; \xi_{i+1} \le \xi_i \; ; \; i=1, 2, 3, \ldots \tag{3.71a}$$

und

$$\lim_{i \to \infty} \xi_i = 0 \tag{3.71b}$$

Es gilt nun:

$$F_x(\xi^+) - F_x(\xi) = \lim_{i \to \infty} F_x(\xi+\xi_i) - F_x(\xi)$$

$$= \lim_{i \to \infty} [F_x(\xi+\xi_i) - F_x(\xi)] \tag{3.72}$$

$$= \lim_{i \to \infty} P(\{\omega : x(\omega) \in (\xi, \xi+\xi_i]\}) \tag{3.73}$$

wobei Gl. 3.73 aus 3.72 durch Anwenden von Gl. 3.69 folgt.

Betrachtet man nun die Sequenz A_i, so gilt wegen der abnehmenden Monotonie:

$$A_i \supset A_{i+1} \tag{3.74}$$

so daß mit dem Kontinuitätstheorem /5/ der Wahrscheinlichkeit gilt:

$$\lim_{i \to \infty} P(A_i) = P(\lim_{i \to \infty} A_i) \tag{3.75}$$

und ebenfalls wegen der Monotonieeigenschaften der Sequenz A_i:

$$\lim_{i \to \infty} A_i = \bigcap_{i=1}^{\infty} A_i = \phi \tag{3.76}$$

wobei die letzte Identität aus Gl. 3.71b folgt.

Damit ergibt sich aus Gl. 3.73:

$$F_x(\xi^+) - F_x(\xi) = P(\phi) = 0 \tag{3.77}$$

woraus die Stetigkeitsaussage Gl 3.70 sofort folgt.

Stetigkeit nach links, Wahrscheinlichkeit von Punkten

Um die Wahrscheinlichkeit von offenen oder geschlossenen Intervallen zu berechnen, muß zunächst die Wahrscheinlichkeit dafür bestimmt werden, daß die Zufallsvariable $x(\cdot)$ einen bestimmten Wert annimmt. Betrachtet man dazu das halboffene Intervall : $(\xi_0 - \epsilon, \xi_0]$ mit $\epsilon \geq 0$ und den Grenzwert der Wahrscheinlichkeit dafür, daß $x(\cdot)$ einen Wert aus diesem Intervall annimmt, erhält man:

$$P(\{\omega : x(\omega) = \xi_0\}) = \lim_{\epsilon \to 0} P(\{\omega : x(\omega) \in (\xi_0 - \epsilon, \xi_0])$$

$$= \lim_{\epsilon \to 0} [F_x(\xi_0) - F_x(\xi_0 - \epsilon)] \tag{3.78}$$

$$= F_x(\xi_0) - \lim_{\epsilon \to 0} F_x(\xi_0 - \epsilon) \tag{3.79}$$

Wenn die Wahrscheinlichkeit, daß die Zufallsvariable $x(\cdot)$ den Wert ξ_0 annimmt, von Null verschieden ist, muß auch der Grenzwert auf der rechten Seite von Gl. 3.78 von Null verschieden sein. Umgekehrt bedeutet eine Wahrscheinlichkeit:

$$P(\{\omega : x(\omega) = \xi_0\}) = 0 ,$$

daß der linksseitige Grenzwert von $F_x(\tilde{\xi})$ gegen $F_x(\xi_0)$ streben muß, wenn $\tilde{\xi} = \xi_0 - \epsilon$ von links gegen ξ_0 strebt. Dies ist nichts anderes, als eine Stetigkeitsaussage für $F_x(\cdot)$ an der Stelle ξ_0. Zusammfassend kann man festhalten:

Einer von Null verschiedenen Wahrscheinlichkeit dafür, daß eine Zufallsvariable $x(\cdot)$ einen diskreten Wert ξ annimmt, entspricht eine Unstetigkeitsstelle (Sprung) der Verteilungsfunktion $F_x(\cdot)$ an der Stelle ξ (Unstetigkeit nach links). Die Höhe des an dieser Stelle auftretenden Sprunges entspricht dabei direkt der Wahrscheinlichkeit, daß die Zufallsvariable den Wert ξ annimmt. Wenn eine Verteilungsfunktion an einer Stelle ξ_0 unstetig ist, dann ist die Wahrscheinlichkeit, daß die entsprechende Zufallsvariable den diskreten Wert ξ_0 annimmt, gleich der Höhe des an dieser Stelle auftretenden Sprunges.

Ist dagegen die Verteilungsfunktion einer Zufallsvariablen im gesamten Definitionsbereich stetig, dann ist die Wahrscheinlichkeit, daß diese Zufallsvariable irgendeinen bestimmten Wert annimmt, gleich Null.

Wahrscheinlichkeit von offenen und geschlossenen Intervallen

Mit der Wahrscheinlichkeit dafür, daß eine Zufallsvariable einen bestimmten Wert annimmt, kann man nun auch die Wahrscheinlichkeit dafür bestimmen, daß die Realisationen einer Zufallsvariablen in einem geschlossenen oder offenen Intervall liegen. Ein geschlossenes Intervall ergibt sich aus der Vereinigung eines halboffenen (links offen, rechts geschlossen) Intervalles mit einem Intervall, welches nur aus dem Punkt besteht, der der linken (nicht zum Intervall zugehörigen) Grenze entspricht. Es ergibt sich dann:

$$P(\{\omega : \xi_1 \leq x(\omega) \leq \xi_2\}) = P(\{\omega : x(\omega) \in [\xi_1,\xi_2]\})$$

$$= P(\{\omega : x(\omega) = \xi_1\}) + P(\{\omega : x(\omega) \in (\xi_1,\xi_2]\})$$

$$= F_x(\xi_1) - \lim_{\epsilon \to 0} F_x(\xi_1 - \epsilon) + F_x(\xi_2) - F_x(\xi_1)$$

$$= F_x(\xi_1) - F_x(\xi_1^-) + F_x(\xi_2) - F_x(\xi_1)$$

$$= F_x(\xi_2) - F_x(\xi_1^-) \tag{3.80}$$

wobei:

$$F_x(\overline{\xi_1}) = \lim_{\epsilon \to 0} F_x(\xi_1 - \epsilon) \tag{3.81}$$

Ein offenes Intervall erhält man durch die Mengendifferenz eines halbgeschlossenen, z.B. auf der linken Seite offenen, auf der rechten Seite geschlossenen Intervalles und eines Punktintervalles, wie z.B.:

$$(\xi_1,\xi_2) = (\xi_1,\xi_2\,] - \{\xi_2\} = (\xi_1,\xi_2] \cap \overline{\{\xi_2\}} \tag{3.82}$$

Da die Einpunktmenge Teilmenge des halboffenen Intervalles ist, ergibt sich für die Wahrscheinlichkeit der Mengendifferenz:

$$P(\{\omega : x(\omega) \in (\xi_1,\xi_2)) = P(\{\omega : x(\omega) \in (\xi_1,\xi_2]) - P(\{\omega : x(\omega) = \xi_2\})$$

$$= F_x(\xi_2) - F_x(\xi_2) + F_x(\overline{\xi_2}) - F_x(\xi_1)$$

$$= F_x(\overline{\xi_2}) - F_x(\xi_1) \tag{3.83}$$

<u>Wahrscheinlichkeit für links geschlossene und rechts offene Intervalle</u>

Ein auf der linken Seite geschlossenes und auf der rechten Seite offenes Intervall kann folgendermaßen dargestellt werden:

$$[\xi_1,\xi_2) = \{\xi_1\} \cup (\xi_1,\xi_2) = \{\xi_1\} \cup ((\xi_1,\xi_2] - \{\xi_2\})$$

Da die auf der rechten Seite stehenden Intervalle disjunkt sind, ergibt sich für die Wahrscheinlichkeit:

$$P(\{\omega : x(\omega) \in [\xi_1,\xi_2)\}) = P(\{\omega : x(\omega) = \xi_1\}) + P(\{\omega : x(\omega) \in (\xi_1,\xi_2)\})$$

$$= P(\{\omega : x(\omega) = \xi_1\}) + P(\{\omega : x(\omega) \in (\xi_1,\xi_2]\}) - P(\{\omega : x(\omega) = \xi_2\})$$

$$= F_x(\xi_1) - F_x(\overline{\xi_1}) + F_x(\overline{\xi_2}) - F_x(\xi_1)$$

$$= F_x(\overline{\xi_2}) - F_x(\overline{\xi_1}) \tag{3.84}$$

Abzählbarkeit der Unstetigkeitsstellen

Im vorangegangenen Unterpunkt wurde dargelegt, daß Unstetigkeitsstellen in Form von Sprungstellen in der Verteilungsfunktion bedeuten, daß eine von Null verschiedene Wahrscheinlichkeit dafür existiert, daß die Zufallsvariable einen bestimmten Wert annimmt. Das Ziel dieses Unterpunktes ist, zu zeigen, daß jede Verteilungsfunktion nur abzählbar viele Unstetigkeitsstellen besitzen kann. Diese Tatsache ergibt sich zwangsläufig daraus, daß nur abzählbar viele einelementige Ereignismengen eine von Null verschiedene Wahrscheinlichkeit besitzen können. (Vgl. hierzu auch die "Wahrscheinlichkeit als Maß auf reellen Intervallen", z.B. in /1/).

Sei die Zufallsvariable $x(\cdot)$ als Abbildung des Ereignisraums auf die reellen Zahlen $\mathbb{R}$ gegeben und sei $F_x(\cdot)$ die Verteilungsfunktion dieser Zufallsvariablen. Dann besitzt die Verteilungsfunktion F_x höchstens abzählbar viele Unstetigkeitsstellen auf der reellen Achse.

Beweis:

Wir betrachten dazu ein willkürliches beschränktes Intervall auf der reellen Achse, z.B. (a,b], welches N Unstetigkeitsstellen $x_1 \ldots x_n$ besitzen möge, das heißt:

$$a < x_1 < x_2 < x_3 < \ldots x_n \leq b \tag{3.85}$$

Die Wahrscheinlichkeit dafür, daß die Zufallsvariable die Werte x_i, i=1 ... N annimmt, sei gegeben durch:

$$P(\{\omega : x(\omega) = x_i\}) \geq \frac{1}{M} \; ; \; i = 1, 2, \ldots N \tag{3.86}$$

wobei M eine positive beliebige ganze Zahl ist.

Aus der Monotonie der Verteilungsfunktion (Gl. 3.63) folgt dann:

$$F_x(a) \leq F_x(x_1^-) < F_x(x_1) \leq F_x(x_2^-) < F_x(x_2) \leq \ldots \leq F_x(b) \tag{3.87}$$

Nun kann die Summe der Sprünge $(F_X(x_i) - F_X(x_i^-))$ an den Unstetigkeitsstellen x_i nicht größer werden, als der maximale Unterschied der Verteilungsfunktion über dem Intervall (a,b], d,h.:

$$\sum_{i=1}^{N}[F_X(x_i) - F_X(x_i^-)] = \sum_{i=1}^{N} P(\{\omega : x(\omega) = x_i\}) \leq F_X(b) - F_X(a) \leq 1 \tag{3.88}$$

Setzt man nun die Annahme von Gl. 3.86 ein, erhält man:

$$\sum_{i=1}^{N} P(\{\omega : x(\omega) = x_i\}) \geq N \cdot \frac{1}{M} \tag{3.89}$$

so daß zusammen mit Gl. 3.88 folgende Ungleichung gilt:

$$N \leq M \cdot (F_X(b) - F_X(a)) \leq M \tag{3.90}$$

Daraus erkennt man, da M nach Voraussetzung eine positive ganze Zahl $(0 < M < \infty)$ ist, daß auch N endlich sein muß, wenn M endlich ist. Damit kann die Verteilungsfunktion höchstens N Unstetigkeitsstellen mit einer Höhe größer gleich $1/M$ besitzen.
Da die Anzahl der positiven ganzen Zahlen aber abzählbar ist, kann das Intervall (a,b] nur abzählbar viele Unstetigkeitsstellen enthalten.
Weiterhin kann die gesamte reelle Achse (als Definitionsbereich für $F_X(\cdot)$) durch die disjunkte Vereinigung einer abzählbar unendlichen Anzahl von halboffenen Intervallen vom Typ (a,b] beschrieben werden (z.B (n, n+1] für $n = 0, \pm 1, \pm 2, \ldots$), und da eine abzählbare Vereinigung von abzählbaren Mengen selbst wieder abzählbar ist (Beweis in /2/), kann die Verteilungsfunktion im gesamten Definitionsbereich nur höchstens abzählbar viele Unstetigkeitsstellen besitzen. Damit ist die Aussage bewiesen.

3.6.2 Wahrscheinlichkeitsverteilungsdichte

In diesem Unterpunkt soll die Verteilungsdichtefunktion einer Zufallsvariablen definiert werden. Diese Verteilungsdichtefunktion wird als formale Ableitung der Verteilungsfunktion eingeführt. Wenn eine skalare reellwertige Funktion $f_{\underline{x}}(\cdot)$ existiert, für die gilt:

$$F_{\underline{x}}(\xi_1,\xi_2\xi_3,\ldots,\xi_n) = \int_{-\infty}^{\xi_1}\int_{-\infty}^{\xi_2}\int_{-\infty}^{\xi_3}\ldots\int_{-\infty}^{\xi_n} f_{\underline{x}}(\rho_1,\rho_2,\ldots\rho_n)\cdot d\rho_1 d\rho_2\ldots\cdot d\rho_n \tag{3.91a}$$

oder in einer vereinfachten Schreibweise:

$$F_{\underline{x}}(\underline{\xi}) = \int_{-\infty}^{\underline{\xi}} f_{\underline{x}}(\underline{\rho})\, d\underline{\rho} \tag{3.91b}$$

für beliebige Werte von $\underline{\xi} = [\xi_1,\xi_2,\ldots,\xi_n]^T$, dann wird $f_{\underline{x}}(\underline{\xi})$ Wahrscheinlichkeitsverteilungsdichte der Zufallsvariablen $\underline{x}$ genannt.

Im Gegensatz zur Verteilungsfunktion, deren Existenz durch die Definition der Zufallsvariablen immer gesichert ist, kann die Existenz der Verteilungsdichtefunktion als Ableitung der Verteilungsfunktion nicht als sicher angenommen werden. Enthält die Verteilungsfunktion $F_{\underline{x}}(\cdot)$ zum Beispiel Unstetigkeitsstellen in Form von Sprüngen, existiert an den Sprungstellen keine Ableitung im klassisch mathematischen Sinn, da der Grenzwert der Verteilungsfunktion von links an diesen Stellen nicht gegen den rechten Grenzwert konvergiert. Abhilfe schafft hier eine Zerlegung der Verteilungsfunktion in zwei Teile, von denen ein Teil stetig differenzierbar ist und der andere Teil die Unstetigkeitsstellen in Form von Sprüngen enthält. Die Ableitung dieses Anteils der Verteilungsfunktion ist fast überall identisch Null (mit Ausnahme der Sprungstellen). Die Existenz der Ableitung von unstetigen Funktion kann durch die Einführung verallgemeinerter Funktionen in Form von Distributionen (Diracstößen) und die Ausnutzung der Distributionentheorie /3/ gesichert werden. In diesem Fall muß die Verteilungsdichtefunktion als verallgemeinerte Ableitung der Verteilungsfunktion betrachtet werden. Dieses Vorgehen, wie auch die Zerlegung von Verteilungsfunktionen in einen stetig differenzierbaren Anteil und in einen unstetigen, nur unter Zuhilfenahme der Distributionentheorie zu differenzierenden

Anteil ist z.B. in /5/ dargestellt.
Für die weiteren Betrachtungen wird eine stetige Differenzierbarkeit der Verteilungsfunktion vorausgesetzt, Zufallsvariablen mit einer derartigen Verteilungsfunktion nennt man kontinuierliche (oder auch stetige) Zufallsvariablen.

Als Umkehrung von Gl. 3.91a folgt nach einem Elementarsatz der Differential– und Integralrechnung:

$$f_{\underline{x}}(\underline{\xi}) = \frac{\partial^n}{\partial\xi_1 \cdot \partial\xi_2 \cdot \partial\xi_3 \ \ldots \cdot \partial\xi_n} F_{\underline{x}}(\underline{\xi}) \tag{3.92}$$

Aus Gl. 3.92 folgt in Verbindung mit der Monotonie der Verteilungsfunktion:

$$f_{\underline{x}}(\underline{\xi}) \geq 0 \text{ für } \underline{\xi} \text{ beliebig} \tag{3.93}$$

Aus Gl. 3.64 folgt in Verbindung mit Gl. 3.91b:

$$\int_{-\infty}^{\infty} f_{\underline{x}}(\underline{\xi}) \cdot d\underline{\xi} = 1 \tag{3.94}$$

Randverteilungsdichte

Das Konzept der Randverteilungsfunktion läßt sich in Form der Randverteilungsdichtefunktion problemlos auf die Verteilungsdichtefunktion übertragen – man integriert dabei über die n–k Komponenten, deren Abhängigkeiten beseitigt werden sollen.

Es gilt:

$$F_{x_1,\ldots x_k}(\xi_1,\ldots \xi_k) = \int_{-\infty}^{\xi_1} \int_{-\infty}^{\xi_2} \int_{-\infty}^{\xi_3} \cdots \int_{-\infty}^{\xi_k} f_{\underline{x}}(\rho_1,\rho_2,\ldots \rho_k) \cdot d\rho_1 d\rho_2 \ldots \cdot d\rho_k \tag{3.95}$$

Mit Gl. 3.67 gilt jedoch auch:

$$F_{x_1,\ldots x_k}(\xi_1,\ldots \xi_k) = F_{x_1,\ldots,x_k,\ldots,x_n}(\xi_1,\ldots,\xi_k,\infty,\ldots\infty)$$

woraus sich durch Einsetzen von Gl. 3.91a für den Term rechts des Gleichheitszeichens und Einsetzen von Gl. 3.95 für den Term links des Gleichheitszeichens folgende Identität ergibt:

$$\int_{-\infty}^{\xi_1}\int_{-\infty}^{\xi_2}\int_{-\infty}^{\xi_3}\cdots\int_{-\infty}^{\xi_k} f_{\underline{x}}(\rho_1,\rho_2,\dots\rho_k)\, d\rho_1 d\rho_2\dots d\rho_k$$

$$= \int_{-\infty}^{\xi_1}\int_{-\infty}^{\xi_2}\int_{-\infty}^{\xi_3}\cdots\int_{-\infty}^{\xi_k}\int_{-\infty}^{\infty}\cdots\int_{-\infty}^{\infty} f_{\underline{x}}(\rho_1,\rho_2,\dots\rho_n) d\rho_1 d\rho_2\dots d\rho_n$$

Durch Vertauschen der Integrationsreihenfolge und durch Vergleich der Integranden erhält man:

$$f_{\underline{x}}(\xi_1,\xi_2,\dots\xi_k) = \int_{-\infty}^{\infty}\cdots\int_{-\infty}^{\infty} f_{\underline{x}}(\xi_1,\xi_2,\dots,\xi_k,\dots\xi_n)\cdot d\xi_{k+1} d\xi_{k+2}\dots\cdot d\xi_n \tag{3.96}$$

für die Randverteilungsdichte $f_{\underline{x}}(\xi_1,\xi_2,\dots\xi_k)$.

Wahrscheinlichkeit für halboffene und geschlossene Intervalle

Für stetig differenzierbare Verteilungsfunktionen $F_{\underline{x}}(\cdot)$ folgt aus den Gl. 3.69, 3.78 und 3.91b:

$$P(\{\omega : \underline{\xi}_1 < \underline{x}(\omega) \le \underline{\xi}_2\}) = P(\{\omega : \underline{\xi}_1 \le \underline{x}(\omega) \le \underline{\xi}_2\})$$

$$= F_{\underline{x}}(\underline{\xi}_2) - F_{\underline{x}}(\underline{\xi}_1)$$

$$= \int_{\underline{\xi}_1}^{\underline{\xi}_2} f_{\underline{x}}(\underline{\rho})\cdot d\underline{\rho} \tag{3.97}$$

Verallgemeinerung auf beliebige "Intervalle"

Während Gl. 3.97 erlaubt, die Wahrscheinlichkeit dafür zu berechnen, daß die Realisationen einer Zufallsvariablen innerhalb eines gewissen "Hyper"intervalles mit "rechteckiger" Form liegen, soll der Begriff des Intervalles nun verallgemeinert werden, so daß zum Beispiel die Wahrscheinlichkeit dafür berechnet werden kann, daß die Realisationen einer zweidimensionalen Zufallsvariablen innerhalb einer gewissen Fläche A liegen. Im dreidimensionalen Fall taucht diese Fragestellung im Zusammenhang damit auf, mit welcher Wahrscheinlichkeit die Realisationen eines dreidimensionalen Zufallsvektors innerhalb eines gewissen Volumens liegen.

Wahrscheinlichkeit von infinitesimal kleinen Intervallen

Im skalaren Fall gilt mit Gl. 3.92 und 3.97:

$$P(\{\omega : \xi < x(\omega) \leq \xi + d\xi\}) = P(\{\omega : \xi \leq x(\omega) \leq \xi + d\xi\})$$

$$= F_x(\xi+d\xi) - F_x(\xi) = f_x(\xi) \cdot d\xi \tag{3.98}$$

Dieser Zusammenhang verallgemeinert sich im n–dimensionalen Fall zu:

$$P(\{\omega : \underline{\xi} < \underline{x}(\omega) \leq \underline{\xi}+d\underline{\xi}\}) = P(\{\omega : \underline{\xi} \leq \underline{x}(\omega) \leq \underline{\xi}+d\underline{\xi}\})$$

$$= f_{\underline{x}}(\xi_1,\xi_2,\xi_3,\ldots,\xi_n) \cdot d\xi_1 \cdots d\xi_n \tag{3.99}$$

Die Wahrscheinlichkeit dafür, daß die Realisationen der Zufallsvariablen $\underline{x}(\cdot)$ in dem infinitesimalen "Hyper"intervall oder "Hyper"würfel liegen ist gleich der Wahrscheinlichkeits(massen)dichte an dem Ort des Würfels (diese wird als konstant über dem infinitesimalen Volumen angenommen) multipliziert mit dem Volumen des "Hyper"würfels $(d\xi_1 \cdot d\xi_2 \cdots d\xi_n)$. Damit kann aber jede beliebige Menge A in $\mathbb{R}^n$ durch derartige "Hyper"würfel erzeugt werden und die Wahrscheinlichkeit, daß die Realisationen $\underline{x}(\omega) = \underline{x}_r$ einer vektoriellen Zufallsvariablen in dieser Menge liegen, kann mit der Verteilungsdichte nach folgender Formel berechnet werden:

$$P(\{\omega : \underline{x}(\omega) \in A\}) = \int_A f_{\underline{x}}(\underline{\xi}) \cdot d\underline{\xi} \tag{3.100}$$

$$= \int_A \cdots \int f_{\underline{x}}(\xi_1, \xi_2, \xi_3, \ldots, \xi_n) \cdot d\xi_1 d\xi_2 \ldots \cdot d\xi_n \tag{3.101}$$

Auf diese Weise kann die Wahrscheinlichkeit jeder beliebigen Menge in $\mathbb{R}^n$ durch ein Riemann–Integral aus der Verteilungsdichtefunktion einer Zufallsvariablen berechnet werden. Die geometrische Bedeutung dieser Tatsache liegt zum Beispiel darin, daß für eine eindimensionale Zufallsvariable die Wahrscheinlichkeit dafür, daß die Realisationen innerhalb eines vorgegebenen Intervalls A liegen, als Fläche unter der Verteilungsdichtefunktion $f_x(\xi)$ berechnet werden kann, wobei die Intervallgrenzen die Integrationsgrenzen darstellen. Dies ist in Bild 3.10 beispielhaft dargestellt.

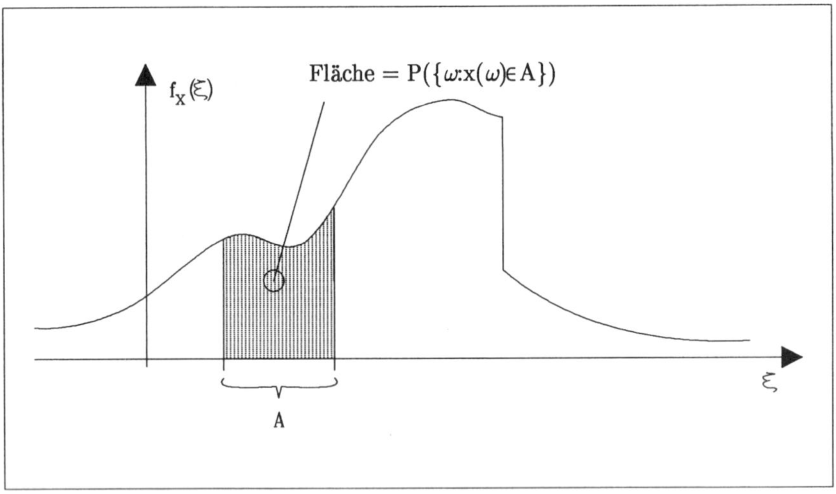

Bild 3.10: Wahrscheinlichkeit einer skalaren Zufallsvariablen als Fläche unter der Verteilungsdichtefunktion

Bei einer zweidimensionalen Zufallsvariablen $\underline{x}(\cdot)$ stellt die Verteilungsdichtefunktion eine Oberfäche über der ξ_1–ξ_2–Ebene dar, und die Mengen A stellen dabei Flächen in der ξ_1–ξ_2–Ebene dar. Die Wahrscheinlichkeit $P(\{\omega : \underline{x}(\omega) \in A\})$ dafür, daß die vektorielle Zufallsvariable einen Wert aus einem Intervall A annimmt, ist dann durch das Volumen unter der Verteilungsdichtenfläche mit A als Querschnittsfläche gegeben, wie in Bild 3.11 dargestellt ist.

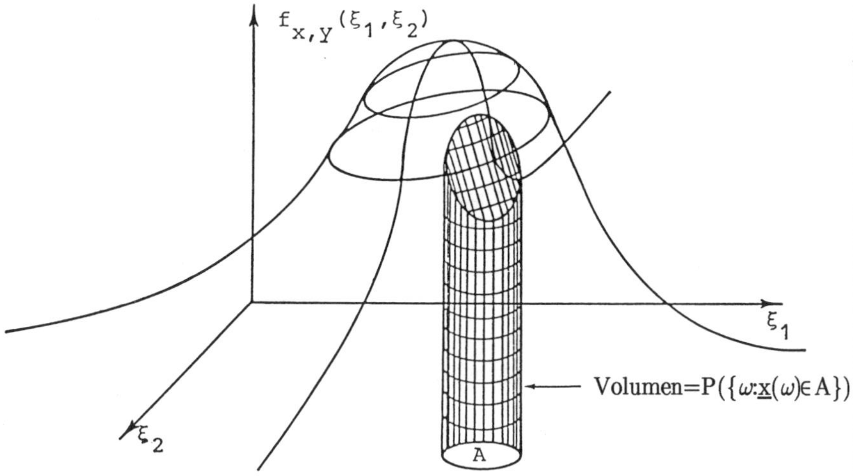

Bild 3.11: Wahrscheinlichkeit einer zweidimensionalen Zufallsvariablen als Volumen unter der Verteilungsdichte

Berechnung der Wahrscheinlichkeiten ohne Zuhilfenahme der Verteilungsdichte

In den Fällen, in denen die Verteilungsfunktion Unstetigkeitsstellen (Sprünge) besitzt, kann die Existenz der Verteilungsdichte nur durch Einführung verallgemeinerter Funktionen (Dirac'sche Deltafunktionen) gesichert werden. In diesen Fällen sind auch die Integrale über eine diracstoßhaltige Verteilungsdichtefunktion nur im Sinne der Distributionentheorie interpretierbar, d.h. als Grenzwerte einer Folge (vgl. hierzu /3/). Im klassisch mathematischen Sinn existiert eine Verteilungsdichtefunktion in diesen Fällen nicht. Trotzdem kann aber die Wahrscheinlichkeit von beliebigen "Intervallen" berechnet werden, auch ohne die Existenz der Verteilungsdichtefunktion vorauszusetzen. Dieser Ansatz stellt eine Verallgemeinerung der vorangegangenen Überlegungen dar.
Die Wahrscheinlichkeit dafür, daß eine Zufallsvariable Werte aus einer vorgegebenen Menge A annimmt, kann in diesem Sinne folgendermaßen berechnet werden:

$$P(\{\omega : \underline{x}(\omega) \in A\}) = \int_A dF_{\underline{x}}(\underline{\xi}) \qquad (3.102)$$

Das in Gl. 3.102 auftretende Integral ist ein sogenanntes 'Lebesgue–Stieltjes'–Integral der Verteilungsfunktion $F_{\underline{x}}$ über der Menge A, es kann nur durch Zuhilfenahme der Maßtheorie interpretiert und gelöst werden (/1/, /2/, /4/). In den Fällen, in denen die Ableitung der Verteilungsfunktion existiert, sind Gl. 3.101 und Gl. 3.102 äquivalent, wie aus:

$$f_{\underline{x}}(\underline{\xi}) \cdot d\underline{\xi} = dF_{\underline{x}}(\underline{\xi}) \qquad (3.103)$$

und Einsetzen von Gl. 3.103 in 3.102 sofort ersichtlich ist.

3.6.3 Spezielle skalare Verteilungsdichten und Verteilungsfunktionen

In diesem Unterpunkt sollen zwei spezielle Beispiele skalarer Verteilungsdichten und ihre zugehörigen Verteilungsfunktionen vorgestellt werden.

a) Gleichverteilung

Diese Verteilungsdichtefunktion hat ihre praktische Bedeutung bei allen Problemen, in denen die Grenzen des Intervalles, in dem die Realisationen einer Zufallsvariablen liegen, bekannt sind, etwa durch Kenntnis physikalischer Grenzen, aber sonst keinerlei Kenntnisse vorliegen. Die logische Konsequenz in Form der Annahme, alle Werte der Zufallsvariablen treten in dem gegebenen Intervall gleichwahrscheinlich auf, ist die in Bild 3.12 dargestellte Gleichverteilungsdichte. Die Höhe ergibt sich aufgrund der Flächennormierung auf 1 (Gl. 3.94) aus dem Reziproken der Intervallbreite. Bild 3.13 zeigt die zugehörige Verteilungsfunktion F_x.

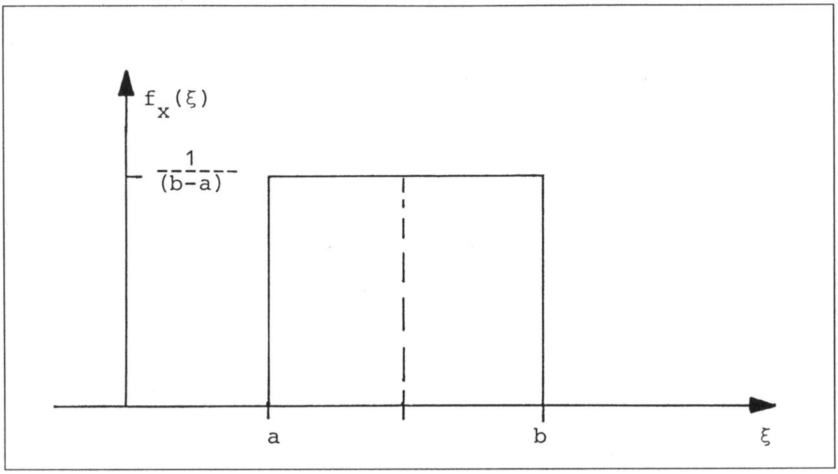

Bild 3.12: Gleichverteilungsdichte

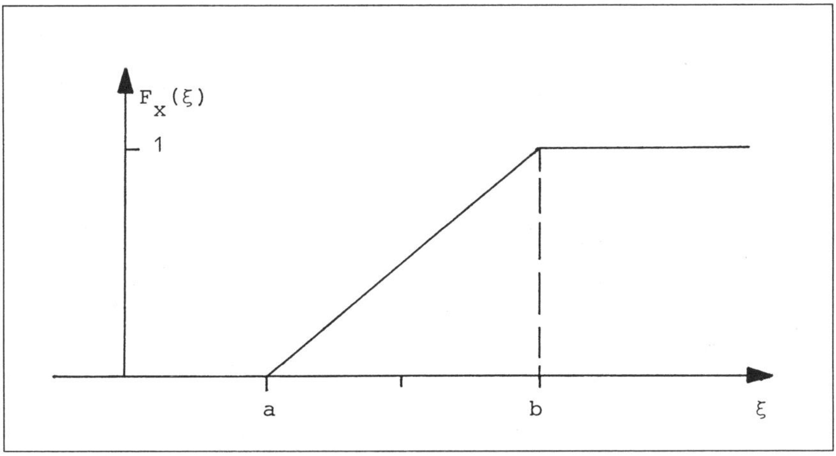

Bild 3.13: Gleichverteilungsfunktion

b) Gaußverteilung

Gaußverteilte Zufallsvariablen spielen bei physikalischen Prozessen eine extrem wichtige Rolle, wie schon in der Einführung, Kap. 1) dargelegt wurde. Sie werden an späterer Stelle noch ausführlich behandelt; daher mag an dieser Stelle die unkommentierte Darstellung von Verteilungsdichte und Verteilungsfunktion (Abb. 3.14, 3.15) genügen.

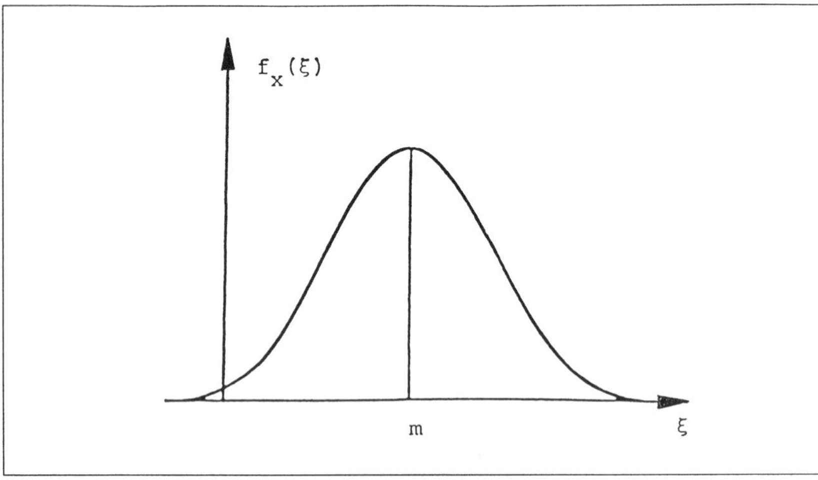

Bild 3.14: Gaußförmige Verteilungsdichtefunktion

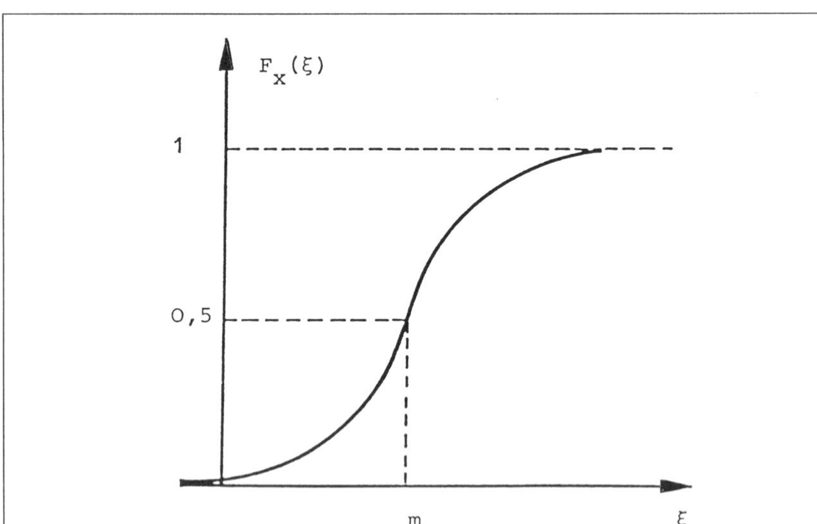

Bild 3.15: Verteilungsfunktion als Integral der gauß'schen Verteilungsdichtefunktion

3.6.4 Zusammenfassende Interpretation

Abschließend soll das Konzept der Zufallsvariablen, sowie der Verteilungsfunktion und Verteilungsdichtefunktion noch einmal zusammengefaßt werden.

Die Zufallsvariable $\underline{x}$ stellt eine Abbildung des gesamten Ereignisraums Ω in den n–dimensionalen euklidischen Raum $\mathbb{R}^n$ dar, so daß jedes Atom einer auf den Teilmengen A des Ereignisraums definierten Algebra in einen speziellen, sogenannten Realisationenvektor $\underline{x}(\omega) = \underline{x}_T \in \mathbb{R}^n$ abgebildet wird. Die im Realisationenraum interessierenden Mengen (Bilder der Ereignisse) sind Elemente des Borel–Feldes $\mathcal{F}_B$. Diesen Mengen $A \in \mathcal{F}_B$ wird durch die Verteilungsfunktion ein Wahrscheinlichkeitsmaß zugewiesen, das sogenannte Borelmaß:

$$P_{\underline{x}}(A) = \int_A dF_{\underline{x}}(\underline{\xi}) \tag{3.104}$$

Wenn die Ableitung der Verteilungsfunktion in Form der Verteilungsdichtefunktion $f_{\underline{x}}(\underline{\xi})$ existiert, gilt auch:

$$P'_{\underline{x}}(A) = \int_A f_{\underline{x}}(\underline{\xi}) \cdot d\underline{\xi} = P_{\underline{x}}(A) \tag{3.105}$$

Nach Gleichung 3.102 gilt nun:

$$P_x(A \subset \mathbb{R}^n) = P(\{\omega : \underline{x}(\omega) \in A \subset \Omega\}) \tag{3.106}$$

Dies bedeutet, daß durch die Einführung der Zufallsvariablen und ihrer Verteilungsfunktion ein neuer Wahrscheinlichkeitsraum $(\mathbb{R}^n, \mathcal{F}_B, P_{\underline{x}})$ aus dem gegebenen Wahrscheinlichkeitsraum $(\Omega, \mathcal{F}, P)$ geschaffen wurde.

$$(\Omega, \mathcal{F}, P) \xrightarrow{\underline{x}(\cdot)} (\mathbb{R}^n, \mathcal{F}_B, P_{\underline{x}}) \tag{3.107}$$

Sehr häufig wird ein in der Praxis gegebenes Problem im Wahrscheinlichkeitsraum ($\mathbb{R}^n$, $\mathscr{I}_B$, $P_{\underline{x}}$) formuliert und nicht im originalen Wahrscheinlichkeitsraum (Ω, $\mathscr{I}$, P). Für unsere Zwecke ist die Zufallsvariable $\underline{x}(\cdot)$ als Identitätsabbildung eingeführt worden, so daß beide Wahrscheinlichkeitsräume identisch sind. Dies ist jedoch nicht notwendigerweise so. In manchen Fällen ist die Betrachtung des orignalen Wahrscheinlichkeitsraums für theoretische Überlegungen und Untersuchungen von besonderem Interesse.

3.7 Bedingte Wahrscheinlichkeiten und Dichten

Das Konzept der Wahrscheinlichkeit und Verteilungsdichte als Mittel, die Wahrscheinlichkeit dafür zu berechnen, daß die Realisationen einer Zufallsvariablen innerhalb eines gewissen Intervalles liegen, soll nun erweitert werden. Es sei nun der Fall angenommen, daß zwei Zufallsvariablen $\underline{x}(\cdot)$ und $\underline{y}(\cdot)$ gegeben sind, die den Ereignisraum Ω in den Raum $\mathbb{R}^n$ bzw. $\mathbb{R}^m$ abbilden. Ferner sei zunächst angenommen, beide Zufallsvariablen können nur diskrete Werte $\underline{x}_{ri}$ und $\underline{y}_{rj}$ annehmen, wobei i, j abzählbar endliche oder unendliche Werte annehmen können. Dies ist in Abbildung 3.16 dargestellt.

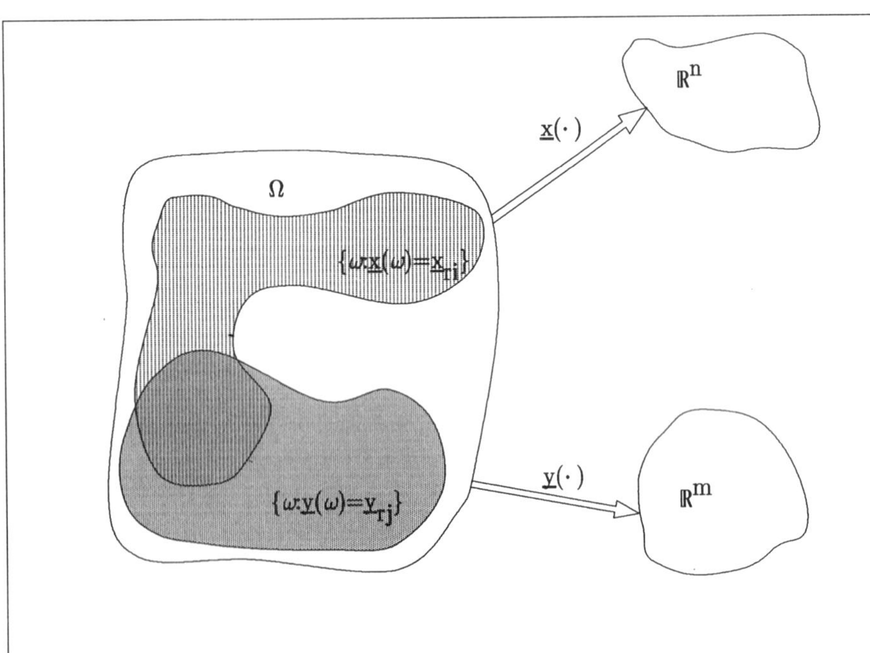

Bild 3.16: Bedingte Wahrscheinlichkeit in Mengendarstellung im Ereignisraum

Es wird nun vorausgesetzt, daß bekannt ist, daß die Zufallsvariable $\underline{y}(\cdot)$ die Realisation $\underline{y}(\omega) = y_{rj}$ angenommen hat, und wir fragen nun, welche Konsequenz die Kenntnis für die Wahrscheinlichkeit besitzt, daß die Zufallsvariable $x(\cdot)$ Werte innerhalb eines gewissen Intervalls annimmt.

Anders formuliert lautet die Frage: Welche zusätzliche Information bezüglich der Wahrscheinlichkeit der Zufallsvariablen $\underline{x}(\cdot)$ kann aus der Kenntnis gewonnen werden, daß die Zufallsvariable $\underline{y}(\cdot)$ eine spezielle Realisation angenommen hat?

Wäre diese Realisation nicht bekannt, würde man die Wahrscheinlichkeit $P(\{\omega : \underline{x}(\omega) = x_{ri}\})$ wie in den vorangegangenen Unterpunkten als Maß der Menge $A \subset \Omega$, $A \in \mathcal{F}$ bestimmen. Wenn nun aber die spezielle Realisation $\underline{y}(\omega) = y_{rj}$ bekannt ist, muß bei der Bestimmung der Wahrscheinlichkeit der Zufallsvariablen $\underline{x}(\cdot)$ nicht mehr der gesamte Ereignisraum Ω betrachtet werden, sondern nur noch die Teilmenge des Ereignisraums, deren Elemente durch die Zufallsvariable $\underline{y}(\cdot)$ auf den Wert y_{rj} abgebildet werden, das heißt: $\{\omega : \underline{y}(\omega) = y_{rj}\} \subset \Omega$. Innerhalb dieser Teilmenge kann dann die Wahrscheinlichkeit dafür ermittelt werden, daß die Zufallsvariable $\underline{x}(\cdot)$ einen bestimmten Wert annimmt, unter der Bedingung, daß die Realisation y_{rj} bekannt ist.

Diese Wahrscheinlichkeit ergibt sich konsequenterweise aus der Wahrscheinlichkeit der Menge, deren Abbildungen durch die Zufallsvariablen $\underline{x}(\cdot)$ und $\underline{y}(\cdot)$ die Realisationen x_{ri} bzw. y_{rj} annehmen, bezogen auf die Wahrscheinlichkeit der Menge, deren Abbildung durch die Zufallsvariable $\underline{y}(\cdot)$ den Wert y_{rj} annimmt. Damit gilt für die bedingte Wahrscheinlichkeit:

$$P(\{\omega : \underline{x}(\omega) = x_{ri} \mid \underline{y}(\omega) = y_{rj}\}) = \frac{P(\{\omega : \underline{x}(\omega) = x_{ri} \text{ und } \underline{y}(\omega) = y_{rj}\})}{P(\{\omega : \underline{y}(\omega) = y_{rj}\})} \tag{3.108}$$

Es ist anzumerken, daß diese bedingte Wahrscheinlichkeit nicht für alle möglichen Mengen $A \subset \Omega$ definiert werden muß, sondern nur für solche Mengen A einer Algebra $\mathcal{F}'$, für die gilt:

$$A \subset \{\omega : \underline{y}(\omega) = y_{rj}\} \subset \Omega, \; A \in \mathcal{F}', \; \mathcal{F}' \subset \mathcal{F}$$

Damit kann $\mathcal{F}'$ eine grobere Algebra als $\mathcal{F}$ sein, das heißt, eine Algebra mit weniger Elementen. Um die bedingte Wahrscheinlichkeit nach Gl. 3.108 zu ermitteln, wird zunächst der Zähler als das Verhältnis von Versuchsergebnissen, bei denen sowohl der Zahlenwert

$\underline{x}_{\mathrm{ri}}$ als auch $\underline{y}_{\mathrm{rj}}$ auftritt, zur Gesamtzahl der Versuche ermittelt. Danach wird der Nenner als das Verhältnis der Versuchsergebnisse, bei denen $\underline{y}_{\mathrm{rj}}$ auftritt, zur Gesamtzahl der Versuche bestimmt. Anschließend ergibt sich die bedingte Wahrscheinlichkeit dann als Verhältnis der Verbundwahrscheinlichkeit zur Einzelwahrscheinlichkeit des Ereignisses $\underline{y}_{\mathrm{rj}}$.

Diese Definition der bedingten Wahrscheinlichkeit setzt jedoch voraus, daß für die Einzelwahrscheinlichkeit gilt:

$$P(\{\omega : \underline{y}(\omega) = \underline{y}_{\mathrm{rj}}\}) \neq 0 \tag{3.109}$$

In den Fällen, in denen diese Voraussetzung nicht erfüllt ist, z.B. bei kontinuierlichen Zufallsvariablen, kann diese Definition nicht aufrecht erhalten werden. Setzt man allerdings voraus, daß die Dichtefunktionen der Zufallsvariablen existieren, kann auch eine bedingte Verteilungsdichtefunktion einer Zufallsvariablen abgeleitet werden, mit der es dann analog zu den vorherigen Überlegungen möglich ist, die bedingte Wahrscheinlichkeit beliebiger numerischer Ereignisse zu berechnen.

Wir verstehen dann unter der <u>bedingten Verteilungsdichte:</u> $f_{\underline{x}/\underline{y}}(\underline{\xi}/\underline{y}_0)$ der Zufallsvariablen eine Funktion von $\underline{\xi}$, bedingt auf die Kenntnis der Tatsache, daß die Zufallsvariable $\underline{y}(\cdot)$ die Realisation $\underline{y}_0$ angenommen hat. Die Bedeutung dieser Funktion läßt sich folgendermaßen interpretieren:
Wenn $\underline{x}(\cdot)$ und $\underline{y}(\cdot)$ zwei Zufallsvariablen sind, die den Ereignisraum Ω in die jeweiligen Räume $\mathbb{R}^n$ und $\mathbb{R}^m$ abbilden, und A und B zwei Mengen aus $\mathbb{R}^n$, bzw. $\mathbb{R}^m$ sind, dann ist die bedingte Wahrscheinlichkeit dafür, daß die Zufallsvariable $\underline{x}(\cdot)$ einen Wert aus der Menge A annimmt, wenn bekannt ist, daß $\underline{y}(\cdot)$ einen Wert aus B angenommen hat, gegeben durch:

$$P(\{\omega : \underline{x}(\omega) \in A \mid \underline{y}(\omega) \in B\}) = \frac{P(\{\omega : \underline{x}(\omega) \in A \text{ und } \underline{y}(\omega) \in B\})}{P(\{\omega : \underline{y}(\omega) \in B\})} \tag{3.110}$$

wobei: $P(\underline{y}(\omega) \in B) \neq 0$.

Hierbei können die Wahrscheinlichkeiten auf der rechten Seite von Gl. 3.110 sowohl im Wahrscheinlichkeitsraum $(\Omega, \mathscr{F}, P)$ als auch im Wahrscheinlichkeitsraum $(\mathbb{R}^{nm}, \mathscr{F}_B, P_{xy})$ und $(\mathbb{R}^m, \mathscr{F}_B, P_Y)$ bestimmt werden, wie in Gl. 3.105 – 3.107 angedeutet wurde. Wenn die Verbundverteilungsdichtefunktion $f_{\underline{x},\underline{y}}(\cdot\,,\cdot)$ existiert, dann kann man Gl. 3.110 durch Anwendung von Gl. 3.105 folgendermaßen umformen:

$$P(\{\omega : \underline{x}(\omega) \in A \mid \underline{y}(\omega) \in B\}) = \frac{\int\limits_A [\int\limits_B f_{\underline{x},\underline{y}}(\underline{\xi},\underline{\rho})\, d\underline{\rho}\,]\, d\underline{\xi}}{\int\limits_B f_{\underline{y}}(\underline{\rho})\, d\underline{\rho}} \tag{3.111}$$

$$= \int\limits_A \frac{\int\limits_B f_{\underline{x},\underline{y}}(\underline{\xi},\underline{\rho})\, d\underline{\rho}}{\int\limits_B f_{\underline{y}}(\underline{\rho})\, d\underline{\rho}}\, d\underline{\xi} \tag{3.112}$$

so daß aus Gl. 3.112 für die bedingte Verteilungsdichte der Zufallsvariablen $\underline{x}$, bedingt darauf, daß die Realisation $\underline{y}(\omega)$ in der Menge B liegt, unmittelbar folgt:

$$f_{\underline{x}}(\underline{\xi} \,/\, \underline{y}(\omega) \in B) = \frac{\int\limits_B f_{\underline{x},\underline{y}}(\underline{\xi},\underline{\rho})\, d\underline{\rho}}{\int\limits_B f_{\underline{y}}(\underline{\rho})\, d\underline{\rho}} \tag{3.113}$$

Betrachtet man nun die spezielle Menge $B \subset \mathbb{R}^m$, mit:

$$B = \{\underline{y} \in \mathbb{R}^m : |y_1 - y_{01}| \le l, |y_2 - y_{02}| \le l, \ldots |y_m - y_{0m}| \le l\} \tag{3.114}$$

die aus einem 'Hyper'würfel der Kantenlänge 2l am Ort $\underline{y}_0$ besteht, wie in Abbildung 3.17 dargestellt, kann man für die Funktionswerte der Verteilungsdichten auf der rechten Seite von Gl. 3.113 schreiben:

$$f_{\underline{x},\underline{y}}(\underline{\xi},\underline{\rho}) = f_{\underline{x},\underline{y}}(\underline{\xi},\underline{y}_0) + \delta f_{\underline{x},\underline{y}}(\underline{\xi},\underline{\rho}-\underline{y}_0) \tag{3.115}$$

$$f_{\underline{y}}(\underline{\rho}) = f_{\underline{y}}(\underline{y}_0) + \delta f_{\underline{y}}(\underline{\rho}-\underline{y}_0) \tag{3.116}$$

Durch Einsetzen von Gl. 3.115 und 3.116 in Gl. 3.113 erhält man dann:

$$f_{\underline{x}}(\xi \,/\, \underline{y}(\omega) \in B) = \frac{\int\limits_B f_{\underline{x},\underline{y}}(\xi, \underline{y}_0) + \delta f_{\underline{x},\underline{y}}(\xi\ \underline{\rho}-\underline{y}_0)\ d\underline{\rho}}{\int\limits_B f_{\underline{y}}(\underline{y}_0) + \delta f_{\underline{y}}(\underline{\rho}-\underline{y}_0)\ d\underline{\rho}} \tag{3.117}$$

Der jeweils 1. Integrand im Zähler– und Nennerintegral von Gl. 3.117 ist konstant im Integrationsintervall, so daß sich dessen Wert aus der Multiplikation des Funktionswertes an der betrachteten 'Hyper'würfelstelle mit dem 'Hyper'würfelvolumen $V_B = (2l)^m$ ergibt.

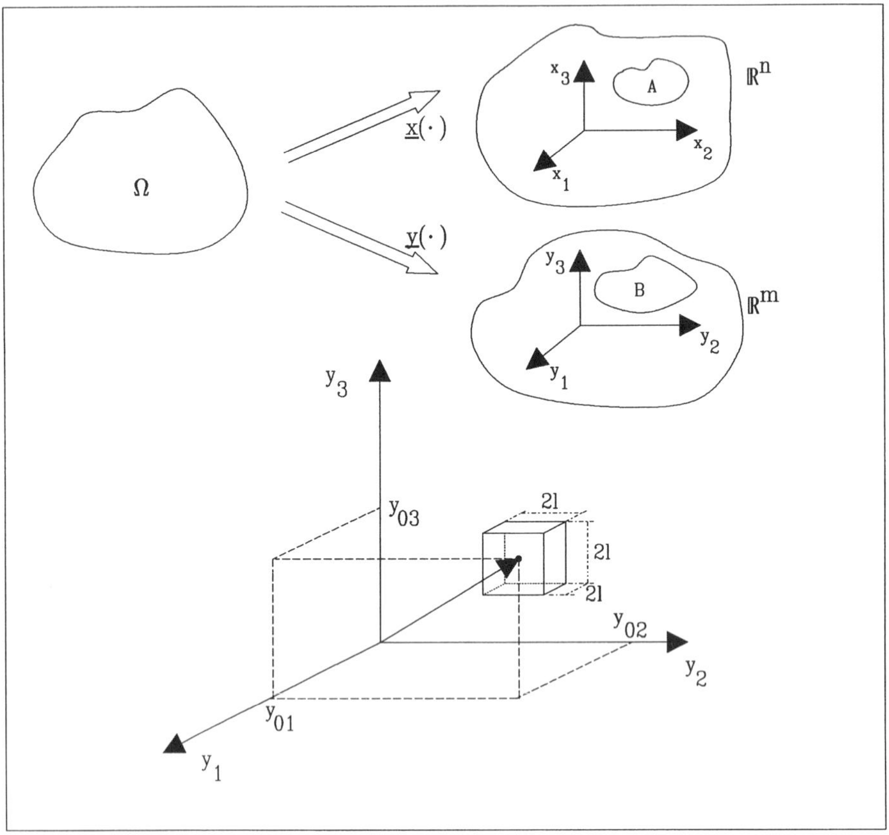

Bild 3.17: Verschiedene Abbildungen des Ereignisraums und spezielle Mengen B im Raum $\mathbb{R}^m$

Dann erhält man aus Gl. 3.117:

$$f_{\underline{x}}(\xi \,/\, \underline{y}(\omega) \in B) = \frac{V_B \, f_{\underline{x},\underline{y}}(\xi,\underline{y}_0) + \int_B \delta f_{\underline{x},\underline{y}}(\xi,\underline{\varrho}-\underline{y}_0) \, d\underline{\varrho}}{V_B \, f_{\underline{y}}(\underline{y}_0) + \int_B \delta f_{\underline{y}}(\underline{\varrho}-\underline{y}_0) \, d\underline{\varrho}}$$

$$= \frac{f_{\underline{x},\underline{y}}(\xi,\underline{y}_0) + \frac{1}{V_B} \int_B \delta f_{\underline{x},\underline{y}}(\xi,\underline{\varrho}-\underline{y}_0) \, d\underline{\varrho}}{f_{\underline{y}}(\underline{y}_0) + \frac{1}{V_B} \int_B \delta f_{\underline{y}}(\underline{\varrho}-\underline{y}_0) \, d\underline{\varrho}} \tag{3.118}$$

Nimmt man $f_{\underline{x},\underline{y}}(\xi,\underline{\varrho})$ und $f_{\underline{y}}(\underline{\varrho})$ als stetig an, kann man mit dem Mittelwertsatz der Integralrechnung schreiben:

$$\int_B \delta f_{\underline{x},\underline{y}}(\xi,\underline{\varrho}-\underline{y}_0) \cdot d\underline{\varrho} = V_B \cdot \delta f_{\underline{x},\underline{y}}(\xi,\underline{b}_1) \tag{3.119}$$

und:

$$\int_B \delta f_{\underline{y}}(\underline{\varrho}-\underline{y}_0) \cdot d\underline{\varrho} = V_B \cdot \delta f_{\underline{y}}(\underline{b}_2) \tag{3.120}$$

wobei $\underline{b}_1$, $\underline{b}_2$ Vektoren aus dem 'Hyper'würfel B sind. Einsetzen von Gl. 3.119 und 3.120 in Gl. 3.118 liefert dann:

$$f_{\underline{x}}(\xi/\underline{y}(\omega) \in B) = \frac{f_{\underline{x},\underline{y}}(\xi,\underline{y}_0) + \delta f_{\underline{x},\underline{y}}(\xi,\underline{b}_1)}{f_{\underline{y}}(\underline{y}_0) + \delta f_{\underline{y}}(\underline{b}_2)} \tag{3.121}$$

Läßt man nun das Volumen des Würfels gegen Null streben, dadurch, daß man seine Seitenlänge gegen Null streben läßt, dann gilt:

$$\underline{b}_1 \to \underline{y}_0, \; \underline{b}_2 \to \underline{y}_0, \; \delta f_{\underline{x},\underline{y}}(\xi,\underline{b}_1) \to 0, \; \delta f_{\underline{y}}(\underline{b}_2) \to 0$$

Damit erhält man:

$$\lim_{l \to 0} f_{\underline{x}}(\xi \,/\, \underline{y}(\omega) \in B) = f_{\underline{x}/\underline{y}}(\xi/\underline{y}_0) = \frac{f_{\underline{x},\underline{y}}(\xi,\underline{y}_0)}{f_{\underline{y}}(\underline{y}_0)} \tag{3.122}$$

Aus Gl. 3.122 folgt als Definition für die bedingte Verteilungsdichte einer Zufallsvariablen:

$$f_{\underline{x}/\underline{y}}(\xi/\varrho) = \frac{f_{\underline{x},\underline{y}}(\xi,\varrho)}{f_{\underline{y}}(\varrho)} \tag{3.123}$$

Anmerkung: Diese Ableitung der bedingten Verteilungsdichte setzt die Stetigkeit der Verbundverteilungsdichte $f_{\underline{x},\underline{y}}$ und der Randverteilungsdichte $f_{\underline{y}}$ voraus. Diese Voraussetzung ist für die später betrachteten Anwendungsfälle immer erfüllt, so daß diese Ableitung für unsere Zwecke vollständig ausreichend ist.

Der Nenner von Gl. 3.123 stellt einen Normierungsfaktor dar, der dafür sorgt, daß die 'Fläche' unter der bedingten Verteilungsdichtefunktion '1' ist. Es gilt nämlich:

$$\int_{-\infty}^{\infty} f_{\underline{x}/\underline{y}}(\xi/\varrho)\cdot d\xi = \int_{-\infty}^{\infty} \frac{f_{\underline{x},\underline{y}}(\xi,\varrho)}{f_{\underline{y}}(\varrho)}\cdot d\xi$$

$$= \int_{-\infty}^{\infty} f_{\underline{x},\underline{y}}(\xi,\varrho)\cdot d\xi\cdot \frac{1}{f_{\underline{y}}(\varrho)} = \frac{f_{\underline{y}}(\varrho)}{f_{\underline{y}}(\varrho)} = 1 \tag{3.124}$$

Die Entstehung der bedingten Verteilungsdichte durch Normierung der Verbundverteilungsdichte nach Gl. 3.123 ist in Bild 3.18 für den zweidimensionalen Fall dargestellt. Die Verbundverteilungsdichtefunktion der skalaren Zufallsvariablen $x(\cdot)$ und $y(\cdot)$ ist eine Funktion von zwei unabhängigen Veränderlichen ξ und ρ, deren Funktionswerte als Fläche über der ξ–ρ– Ebene dargestellt sind. Die bedingte Verteilungsdichte der Zufallsvariablen $x(\cdot)$, bedingt darauf, daß die Zufallsvariable $y(\cdot)$ den Wert y_0 angenommen hat, erhält man durch die Schnittlinie dieser Verteilungsdichtefunktionsfläche mit einer Schnittebene, die senkrecht auf der ξ–ρ–Ebene steht und deren Schnittlinie mit der ξ–ρ–Ebene eine Parallele zur ξ–Achse durch den Punkt $\underline{y}_0$ darstellt. Die Fläche unter der Schnittlinie in der Schnittebene ist in Bild 3.18 gestrichelt dargestellt. Wenn die Werte dieser Schnittlinie durch die Zahl $f_y(y_0)$ dividiert werden, erhält man eine normierte Schnittlinie, deren Fläche 1 ist. Diese normierte Schnittlinie ist die graphische Darstellung der bedingten Verteilungsdichtefunktion $f_{x/y}(\xi/y_0)$.

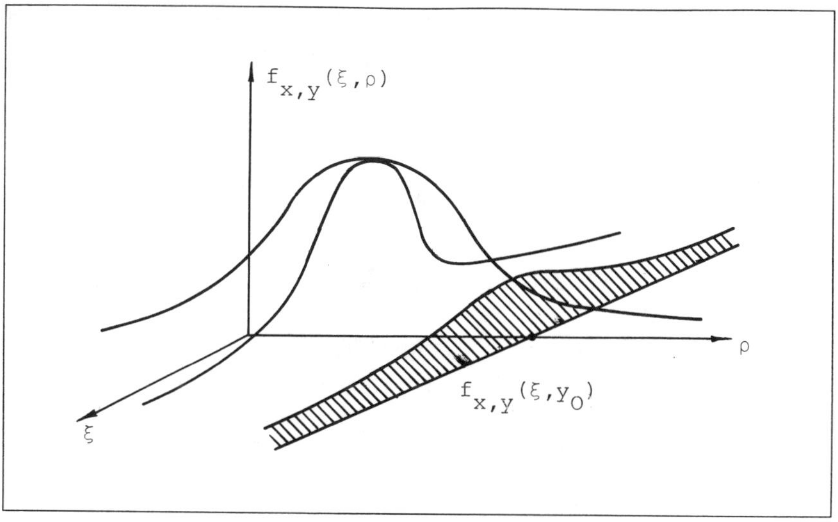

Bild 3.18: Erzeugung der bedingten Verteilungsdichtefunktion

Anwendung und Bedeutung bedingter Verteilungsdichten

Bedingte Verteilungsdichtefunktionen sind für die Estimationstheorie von besonderer Bedeutung – hierbei ist die Intention, den Wert eines Zufallsvektors $\underline{x}$ auf der Basis einer Anzahl von Messungen $\underline{y}_1=\underline{y}_{T1}$, $\underline{y}_2=\underline{y}_{T2}, \ldots \underline{y}_N=\underline{y}_{TN}$ zu schätzen. Die bedingte Verteilungsdichte der Zufallsvariablen $\underline{x}$, bedingt auf die Messungen $\underline{y}_1 \ldots \underline{y}_N$, enthält alle Informationen, die für eine derartige Schätzung benötigt werden, da sie die stochastischen Eigenschaften des Zufallsvektors $\underline{x}$ unter den gegebenen Bedingungen vollständig beschreibt. Dazu wird die bedingte Verteilungsdichte:

$$f_{\underline{x}/\underline{y}_1,\underline{y}_2,\ldots \underline{y}_N}(\underline{\xi}/\underline{y}_{T1},\underline{y}_{T2},\ldots \underline{y}_{TN}) \tag{3.125}$$

betrachtet werden.

Satz von Bayes

Gl. 3.123 stellt eine Formulierung des Satzes von Bayes dar, eine andere Darstellung lautet:

$$f_{\underline{x}/\underline{y}}(\underline{\xi}/\underline{\rho}) = \frac{f_{\underline{x},\underline{y}}(\underline{\xi},\underline{\rho})}{f_{\underline{y}}(\underline{\rho})} = \frac{f_{\underline{y}/\underline{x}}(\underline{\rho}/\underline{\xi}) \cdot f_{\underline{x}}(\underline{\xi})}{f_{\underline{y}}(\underline{\rho})} \tag{3.126}$$

Ersetzt man die Randverteilungsdichte $f_{\underline{y}}(\underline{\rho})$ im Nenner von Gl. 3.126 durch das Integral über die Verbundverteilungsdichte $f_{\underline{y},\underline{x}}(\underline{\rho},\underline{\xi}) = f_{\underline{y}/\underline{x}}(\underline{\rho}/\underline{\xi})\cdot f_{\underline{x}}(\underline{\xi})$, erhält man schließlich:

$$f_{\underline{x}/\underline{y}}(\underline{\xi}/\underline{\rho}) = \frac{f_{\underline{y}/\underline{x}}(\underline{\rho}/\underline{\xi})\cdot f_{\underline{x}}(\underline{\xi})}{\int_{-\infty}^{\infty} f_{\underline{y}/\underline{x}}(\underline{\rho}/\underline{\xi})\cdot f_{\underline{x}}(\underline{\xi})\; d\underline{\xi}} \tag{3.127}$$

Abhängigkeiten und Beziehungen zwischen Zufallsvariablen

Durch das Konzept von bedingter Wahrscheinlichkeit und bedingter Verteilungsdichte können Zusammenhänge und Beziehungen zwischen Zufallsvariablen beschrieben werden. Zwei Extremfälle solcher Abhängigkeiten, die (statistische) Unabhängigkeit und die funktionale Abhängigkeit, sollen nun genauer betrachtet werden:

1. Statistische Unabhängigkeit

Wir betrachten zwei Zufallsvariablen: $\underline{x}$ als Abbildung des Ereignisraums nach $\mathbb{R}^n$ und $\underline{y}$ als Abbildung von Ω nach $\mathbb{R}^m$. Weiter seien zwei Mengen $A \subset \mathbb{R}^n$ und $B \subset \mathbb{R}^m$ als Ereignisse gegeben. Dann heißen die Zufallsvariablen $\underline{x}$ und $\underline{y}$ (statistisch) unabhängig, wenn für beliebige Mengen A, B gilt:

$$P(\{\omega : \underline{x}(\omega) \in A \text{ und } \underline{y}(\omega) \in B\}) = P(\{\omega : \underline{x}(\omega) \in A\})\cdot P(\{\omega : \underline{y}(\omega) \in B\}) \tag{3.128}$$

Dies ist eine Definition der Unabhängigkeit im Wahrscheinlichkeitsraum $(\Omega, \mathcal{F}, P)$. Um zu einer Definition dieser Unabhängigkeit über Eigenschaften der zugehörigen Verteilungsfunktionen zu gelangen, geben wir für die Mengen A, B folgende Form vor:

$$A = \{\underline{x} : \underline{x} = \underline{x}(\omega) \leq \underline{\xi}\} = \{\underline{x} : x_1 \leq \xi_1, x_2 \leq \xi_2, \dots x_n \leq \xi_n\} \tag{3.129}$$

$$B = \{\underline{y} : \underline{y} = \underline{y}(\omega) \leq \underline{\rho}\} = \{\underline{y} : y_1 \leq \rho_1, y_2 \leq \rho_2, \dots y_m \leq \rho_m\} \tag{3.130}$$

Dann gilt für diese Wahl der Mengen mit der Definition der Verteilungsfunktionen:

$$P(\{\omega : \underline{x}(\omega) \in A \text{ und } \underline{y}(\omega) \in B\}) = F_{\underline{x},\underline{y}}(\underline{\xi},\underline{\rho}) \tag{3.131}$$

$$P(\{\omega : \underline{x}(\omega) \in A\}) = F_{\underline{x}}(\underline{\xi}) \tag{3.132}$$
$$P(\{\omega : \underline{y}(\omega) \in B\}) = F_{\underline{y}}(\underline{\rho}) \tag{3.133}$$

Damit folgt bei statistischer Unabhängigkeit für die Verteilungsfunktionen aus Gl. 3.128:

$$F_{\underline{x},\underline{y}}(\underline{\xi},\underline{\rho}) = F_{\underline{x}}(\underline{\xi}) \cdot F_{\underline{y}}(\underline{\rho}) \text{ für alle } \underline{\xi},\underline{\rho} \tag{3.134}$$

Unter der Bedingung, daß die Verteilungsfunktionen stetig differenzierbar sind, folgt aus Gl. 3.134 für die entsprechenden Verteilungsdichtefunktionen:

$$f_{\underline{x},\underline{y}}(\underline{\xi},\underline{\rho}) = \frac{\partial^{nm}}{\partial\xi_1 \ldots \partial\xi_n \, \partial\rho_1 \ldots \partial\rho_m} F_{\underline{x},\underline{y}}(\underline{\xi},\underline{\rho}) = f_{\underline{x}}(\underline{\xi}) \cdot f_{\underline{y}}(\underline{\rho}) \text{ für alle } \underline{\xi},\underline{\rho} \tag{3.135}$$

Gl. 3.135 ist auch eine mögliche Definition der Unabhängigkeit von zwei Zufallsvariablen, die allerdings voraussetzt, daß die Verteilungsdichten dieser Zufallsvariablen existieren. Es sollte aber nicht vergessen werden, daß die Unabhängigkeit von Zufallsvariablen auch ohne Existenz der Verteilungsdichten definiert werden kann, wie zuvor gezeigt wurde.

Bedeutung für die bedingte Verteilungsdichte

Wenn die Zufallsvariablen $\underline{x}$ und $\underline{y}$ unabhängig sind, kann mit dem Satz von Bayes gefolgert werden:

$$f_{\underline{x}/\underline{y}}(\underline{\xi}/\underline{\rho}) = f_{\underline{x},\underline{y}}(\underline{\xi},\underline{\rho})/f_{\underline{y}}(\underline{\xi}) = f_{\underline{x}}(\underline{\xi}) \cdot f_{\underline{y}}(\underline{\rho})/f_{\underline{y}}(\underline{\rho}) = f_{\underline{x}}(\underline{\xi}) \tag{3.136}$$

Die bedingte Verteilungsdichte von $\underline{x}$, bedingt auf die Kenntnis, daß $\underline{y}$ eine bestimmte Realisation $\underline{y}_T$ angenommen hat, ist gleich der unbedingten Verteilungsdichte von $\underline{x}$. Dies bedeutet, wenn zwei Zufallsvariablen unabhängig sind, dann verrät die Kenntnis der Realisationen einer Zufallsvariablen nichts über die Realisationen, die die andere Zufallsvariable annimmt.

In der Praxis wird oft eine Unabhängigkeit von zwei Variablen aufgrund physikalischer Überlegungen postuliert, z.B. wird häufig angenommen, daß die Meßstörungen bei einer Messung unabhängig von den Nutzdaten sind. Solche Überlegungen sind häufig gerechtfertigt, müssen aber streng genommen durch die Überprüfung der bedingten Verteilungsdichtefunktion verifiziert werden. In manchen Fällen kann z.B. sehr wohl ein statistischer Zusammenhang zwischen den Meßstörungen und den Nutzdaten existieren.

Anmerkung:

Häufig wird die Bedeutung der statistischen Unabhängigkeit mit der Bedeutung disjunkter Mengen im Ereignisraum verwechselt. Deshalb soll der Unterschied an dieser Stelle verdeutlicht werden. Wenn im Ereignisraum das Auftreten eines Ereignisses A impliziert, daß das Ereignis B nicht auftritt und umgekehrt, dann gilt:

$$A \cap B = \phi$$

Man nennt A und B disjunkte Mengen oder Ereignisse, die sich gegenseitig ausschließen. Für die Wahrscheinlichkeiten folgt daraus:

$$P(A \cup B) = P(A) + P(B)$$

Anders formuliert bedeutet dies, daß aus $P(A) = 1$ dann folgt: $P(B) = 0$ und umgekehrt.

Die statistische Unabhängigkeit sagt demgegenüber nur aus, daß:

$$P(A \cap B) = P(A) \cdot P(B)$$

Dies bedeutet, die Kenntnis der Wahrscheinlichkeit des Ereignisses A gibt keinerlei Aufschluß über die Wahrscheinlichkeit des Ereignisses B.

Aus der Tatsache, daß zwei Ereignisse sich gegenseitig ausschließen, folgt für die Wahrscheinlichkeit:

$$P(A \cap B) = P(\phi) = 0$$

Im Fall einer zusätzlich angenommenen statistischen Unabhängigkeit würde dann für disjunkte Ereignisse zusätzlich gelten:

$$P(A \cap B) = P(A) \cdot P(B) = 0$$

so daß entweder $P(A) = 0$ oder $P(B) = 0$ oder beides erfüllt sein müßte, damit disjunkte Ereignisse statistisch unabhängig sein können. Da aber bei disjunkten Ereignissen A, B aus $P(A)=0$ sofort $P(B) = 1$ folgt und umgekehrt, ergibt sich die Wahrscheinlichkeit des

Ereignisses B sofort aus der Wahrscheinlichkeit des Ereignisses A. Demzufolge treten die Ereignisse A und B nicht unabhängig auf, so daß wir einen Widerspruch zur Annahme erhalten. Daher sind disjunkte Ereignisse statistisch abhängig, und aus der Tatsache der statistischen Unabhängigkeit darf keinesfalls gefolgert werden, daß die zugehörigen Ereignisse disjunkt sind oder umgekehrt.

2. Funktionale Abhängigkeit

Ein anderes Extrem eines Zusammenhanges zwischen Zufallsvariablen ist die funktionale Abhängigkeit. Wenn $\underline{x}$ eine deterministische Funktion von $\underline{y}$ ist, d.h. $\underline{x} = \underline{f}(\underline{y})$, dann gilt für die bedingte Verteilungsdichtefunktion:

$$f_{\underline{x}/\underline{y}}(\underline{\xi}/\underline{\varrho}) = \delta[\underline{\xi} - \underline{f}(\underline{\varrho})] = \delta[\underline{f}(\underline{\varrho}) - \underline{\xi}] \tag{3.137}$$

Damit besteht die Verteilungsdichtefunktion nur aus einer Dirac'schen Deltafunktion, die an der Stelle, an der ihr Argument verschwindet, gegen Unendlich strebt, deren 'Fläche' aber endlich (=1) und gleich einem formalen Integral von $-\infty$ bis ∞ über alle 'Funktions'werte dieser verallgemeinerten Funktion (Distribution) ist.

Diese Behauptung kann auch anschaulich verstanden werden: Wenn zwei Zufallsvariablen miteinander in einem funktionalen Zusammenhang stehen, dann verrät die Kenntnis der Realisation, welche eine Zufallsvariable angenommen hat, z.B. $\underline{y}'_T = \underline{y}(\omega')$ genau, und ohne jegliche Unsicherheit, welche Realisation die andere Zufallsvariable annimmt. In diesem Beispiel gilt:
$\underline{y}(\omega') = \underline{y}'_T \rightarrow \underline{x}(\omega') = \underline{x}'_T = f(\underline{y}(\omega')) = \underline{f}(\underline{y}'_T)$. Demzufolge muß die bedingte Dichte der Zufallsvariablen $\underline{x}$, die angibt, mit welcher Wahrscheinlichkeit die Zufallsvariable $\underline{x}$ einen Wert aus einem infinitesimal kleinen Intervall annimmt, überall, außer an der Stelle $\underline{x}'_T = \underline{f}(\underline{y}'_T)$ den Wert 0 annehmen, da keine anderen Realisationen als $\underline{x}'_T$ auftreten können, wenn $\underline{y}'_T$ gegeben ist.

Alle Wahrscheinlichkeit ist an dieser Stelle 'konzentriert'. Die Wahrscheinlichkeit dafür, daß die Zufallsvariable einen bestimmten Wert $\underline{x}_T$ annimmt, läßt sich mit Gl. 3.79 und 3.97 folgendermaßen darstellen:

$$P(\{\omega : \underline{x}(\omega) = \underline{x}'_T = \underline{f}(\underline{y}'_T) \text{ wenn } \underline{y}(\omega) = \underline{y}'_T) = \int_{\underline{x}'^{-}_{r}}^{\underline{x}'_{r}} f_{\underline{x}/\underline{y}}(\underline{\xi}/\underline{y}_T) \cdot d\underline{\xi} \tag{3.138}$$

Da diese Wahrscheinlichkeit aber gleich 1 ist, muß dann gelten:

$$\int_{\underline{x}_r'^-}^{\underline{x}_r'} f_{\underline{x}/\underline{y}}(\underline{\xi}/\underline{y}_T)\, d\underline{\xi} = 1 \tag{3.139}$$

Da der Ereignisraum aus dem gesamten Raum $\mathbb{R}^n$ besteht, der sich als abzählbar disjunkte Vereinigung von 'Hyper'intervallen der Form: $(\underline{x}_l', \underline{x}_l]$ darstellen läßt, deren Wahrscheinlichkeiten additiv sind, folgt aus Gl. 3.139 sofort:

$$\int_{\underline{x}_l'^-}^{\underline{x}_l'} f_{\underline{x}/\underline{y}}(\underline{\xi}/\underline{y}_T)\, d\underline{\xi} = 0 \quad \text{für } l \neq r \tag{3.140}$$

Die Forderungen aus Gl. 3.139 und 3.140 können nur durch eine Dirac'sche Deltafunktion /3/ erfüllt werden, mit:

$$f_{\underline{x}/\underline{y}}(\underline{\xi}/\underline{y}_T) = \delta[\underline{\xi} - \underline{f}(\underline{y}_T)] = \delta[\underline{f}(\underline{y}_T) - \underline{\xi}] \tag{3.141}$$

Die Gleichungen 3.139 und 3.140 können dann als Definitionsgleichung für eine Dirac'sche Deltafunktion /6/ zusammengefaßt werden zu:

$$\int_{-\underline{\infty}}^{+\underline{\infty}} f_{\underline{x}/\underline{y}}(\underline{\xi}/\underline{y}_T) \cdot d\underline{\xi} = 1 \tag{3.142}$$

3.8 Funktionen von Zufallsvariablen

Im vorangegangenen Unterpunkt wurde die funktionale Abhängigkeit von zwei Zufallsvariablen und ihre Bedeutung für die bedingte Verteilungsdichtefunktion angerissen, diese Betrachtungen sollen nun vertieft werden.

Sei also $\underline{x}$ eine Zufallsvariable, die den Ereignisraum Ω in den Raum $\mathbb{R}^n$ abbildet. Weiterhin sei eine stetige Funktion $\underline{g}(\cdot)$ gegeben, die den Raum $\mathbb{R}^n$ in den Raum $\mathbb{R}^m$ abbildet und damit aus jedem Vektor $\underline{x} \in \mathbb{R}^n$ einen Vektor $\underline{y} \in \mathbb{R}^m$ erzeugt. Damit kann jeder Vektor $\underline{y} \in \mathbb{R}^m$ als zusammengesetzte Abbildung des Ereignisraums in den Raum $\mathbb{R}^m$

betrachtet werden.

Demzufolge kann der Vektor $\underline{y}$ selbst als Zufallsvektor interpretiert werden, und man erhält:

$$\underline{y}(\cdot) = \underline{g}(\underline{x}(\cdot)) \tag{3.143}$$

bzw.:

$$y_1 = g_1(x_1(\cdot), x_2(\cdot), x_3(\cdot), \ldots x_n(\cdot)) \tag{3.144a}$$

$$\cdot$$

$$\cdot$$

$$y_m = g_m(x_1(\cdot), x_2(\cdot), x_3(\cdot), \ldots x_n(\cdot)) \tag{3.144m}$$

Dieser Zusammenhang ist in Abbildung 3.19 dargestellt.

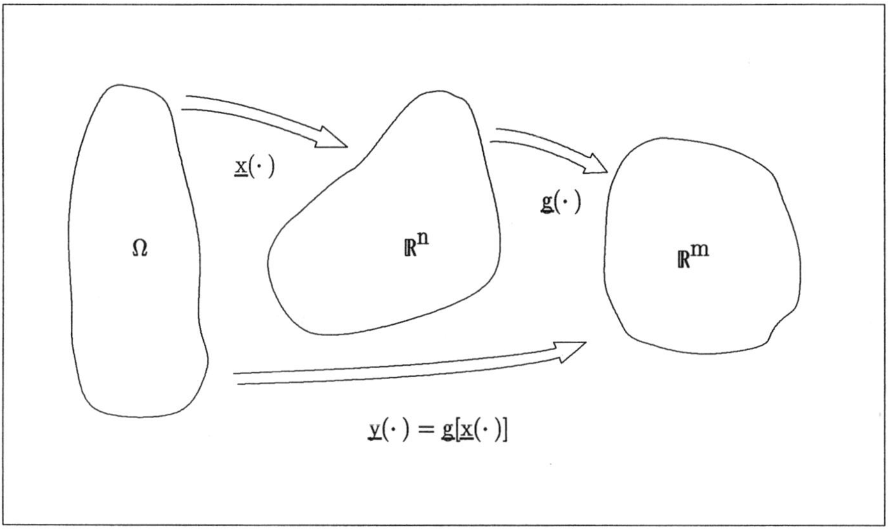

Bild 3.19: Funktion einer Zufallsvariablen

<u>Anmerkung:</u>

Es müssen gewisse Bedingungen erfüllt sein, damit die Abbildung einer Zufallsvariablen wieder eine Zufallsvariable ist. Die Stetigkeit einer Funktion ist z.B. in diesem Sinne eine hinreichende, jedoch nicht notwendige Bedingung.

Das Borelmaß $P_{\underline{x}}$ nach Gleichung 3.104 ergibt die Wahrscheinlichkeit einer Menge A und wird als Stieltjes–Integral der Verteilungsfunktion oder als Riemann–Integral der Verteilungsdichtefunktion berechnet. Dies bedeutet nichts anderes, als daß eine Zufallsvariable eine borelmeßbare Funktion ist, die es gestattet, das Maß einer Menge nicht im Ereignisraum sondern im Realisationenraum zu bestimmen. Zu jedem numerischen Ereignis im Realisationenraum gehört damit eine Menge im Ereignisraum (das Ereignis), welches eine definierte Wahrscheinlichkeit besitzt. Aus diesem Grund konnte durch Gl. 3.107 ein neuer Wahrscheinlichkeitsraum definiert werden, in dem der Ereignisraum aus dem Raum $\mathbb{R}^n$ bestand. Betrachtet man jetzt eine Abbildung dieses 'neuen' Ereignisraums $\mathbb{R}^n$ in einen weiteren Realisationenraum $\mathbb{R}^m$, kann die dieser Abbildung zugrundeliegende Abbildungsfunktion nach dem zuvor Gesagten dann als Zufallsvariable betrachtet werden, wenn sie borelmeßbar ist. Solche Funktionen bezeichnet man als Baire–Funktionen.

Wenn also eine Abbildung $\underline{g}(\cdot)$ eine Baire–Funktion mit dem Bildbereich $\mathbb{R}^m$ ist, dann ist die Umkehrabbildung jeder Menge $B' \subset \mathbb{R}^m$ eine Menge $B \subset \mathbb{R}^n$, die durch die Abbildung des Ereignisraums Ω nach $\mathbb{R}^n$ selbst ein Ereignis ist, und der durch $P_{\underline{x}}$ eine Wahrscheinlichkeit zugewiesen wird. Dieser Zusammenhang läßt sich wie folgt schematisch darstellen:

$$(\Omega, \mathcal{F}, P) \xrightarrow{\underline{x}(\cdot)} (\mathbb{R}^n, \mathcal{F}_B, P_{\underline{x}}) \xrightarrow{\underline{g}(\cdot)} (\mathbb{R}^m, \mathcal{F}_B, P_{\underline{y}}) \tag{3.145a}$$

$\underline{y}(\cdot)$ ist damit selbst eine Zufallsvariable, die den Ereignisraum in den Raum $\mathbb{R}^m$ abbildet und damit einen neuen Wahrscheinlichkeitsraum generiert:

$$(\Omega, \mathcal{F}, P) \xrightarrow{\underline{y}(\cdot) \;=\; \underline{g}(\underline{x}(\cdot))} (\mathbb{R}^m, \mathcal{F}_B, P_{\underline{y}}) \tag{3.145b}$$

Damit besitzt die Zufallsvariable $\underline{y}(\cdot)$ eine sogenannte 'von der Zufallsvariablen $\underline{x}(\cdot)$ induzierte' Verteilungsfunktion:

$$F_{\underline{y}}(\underline{\varrho}) = P(\{\omega : \underline{y}(\omega) \leq \underline{\varrho}\}) = P(\{\omega : \underline{g}(\underline{x}(\omega)) \leq \underline{\varrho}\}) = P_{\underline{x}}(\{\underline{x}_T : \underline{g}(\underline{x}_T) \leq \underline{\varrho}\}) \tag{3.146}$$

Für die von der Zufallsvariablen $\underline{x}(\cdot)$ induzierte Verteilungsdichtefunktion der Zufallsvariablen $\underline{y}(\cdot)$ ergibt sich dann:

$$f_{\underline{y}}(\underline{\rho}) = \frac{\partial^m}{\partial\rho_1 \partial\rho_2 \ldots \partial\rho_m} F_{\underline{y}}(\underline{\rho}) \tag{3.147}$$

Beispiel:

Es ist eine skalare Zufallsvariable $x(\cdot)$, definiert auf $\mathbb{R}^1$, gegeben, die die gauß'sche Verteilungsdichtefunktion:

$$f_x(\xi) = (2\pi\, P)^{-1/2} \cdot \exp\{-1/(2P) \cdot (\xi - m)^2\} \tag{3.148}$$

besitzt. Die Zufallsvariable $y(\cdot) = g(x(\cdot))$ wird beschrieben durch:

$$y = g(x) = x^3 \tag{3.149}$$

Gesucht ist die von x induzierte Verteilungsdichtefunktion der Zufallsvariablen $y(\cdot)$. Zunächst gilt für die induzierte Verteilungsfunktion:

$$\begin{aligned} F_y(\rho) &= P(\{\omega : y(\omega) = x(\omega)^3 \leq \rho\}) = P_x(\{x : x^3 \leq \rho\}) \\ &= P_x(\{x : x \leq \rho^{1/3}\}) \\ &= F_x(\rho^{1/3}) = \int_{-\infty}^{\rho^{1/3}} f_x(\xi)\, d\xi \end{aligned} \tag{3.150}$$

Die induzierte Verteilungsdichtefunktion $f_y(\rho)$ ist die Ableitung der induzierten Verteilungsfunktion, die sich mit der Leibnitz–Differentiationsregel ergibt:

$$\begin{aligned} f_y(\rho) &= d/d\rho\, F_y(\rho) = d/d\rho \int_{-\infty}^{\rho^{1/3}} f_x(\xi)\, d\xi \\ &= d/d\rho\, \{\rho^{1/3}\} \cdot f_x(\rho^{1/3}) \end{aligned}$$

$$= 1/3\cdot \rho^{-2/3}\cdot [2\pi P]^{-1/2}\cdot \exp\{-1/(2P)(\rho^{1/3}-m)^2\} \tag{3.151}$$

Berechnung der induzierten Verteilungsdichten

$\underline{x}$, $\underline{y}$ seien n–dimensionale Zufallsvektoren, wobei $\underline{y} = \underline{g}(\underline{x})$. Die Funktion $\underline{g}(\cdot)$ sei umkehrbar, d.h. $\underline{g}^{-1}$ existiert und sowohl $\underline{g}$ als auch $\underline{g}^{-1}$ seien stetig differenzierbar. Dann gilt:

$$f_{\underline{y}}(\underline{\rho}) = f_{\underline{x}}(\underline{g}^{-1}(\underline{\rho}))\cdot \| \partial \underline{g}^{-1}(\underline{\rho}) / \partial \underline{\rho} \| \tag{3.152}$$

wobei: $\| \partial \underline{g}^{-1}(\underline{\rho}) / \partial \underline{\rho} \| > 0$ der Absolutwert der Jacobideterminante ist; diese Determinante entsteht durch Substitution in Integralen.

Herleitung:

Es gilt mit dem Satz von Bayes:

$$f_{\underline{y}/\underline{x}}(\underline{\rho}/\underline{\xi}) = f_{\underline{x},\underline{y}}(\underline{\xi},\underline{\rho}) / f_{\underline{x}}(\underline{\xi}) \tag{3.153}$$

Weiterhin kann $f_{\underline{y}}(\underline{\rho})$ als Randverteilungsdichte von $f_{\underline{x},\underline{y}}(\underline{\xi},\underline{\rho})$ geschrieben werden mit:

$$f_{\underline{y}}(\underline{\rho}) = \int_{-\infty}^{+\infty} f_{\underline{x},\underline{y}}(\underline{\xi},\underline{\rho})\, d\underline{\xi} \tag{3.154a}$$

Auflösen von Gl. 3.153 nach $f_{\underline{x},\underline{y}}(\underline{\xi},\underline{\rho})$ und Einsetzen in Gl. 3.154a liefert:

$$f_{\underline{y}}(\underline{\rho}) = \int_{-\infty}^{+\infty} f_{\underline{y}/\underline{x}}(\underline{\rho}/\underline{\xi})\cdot f_{\underline{x}}(\underline{\xi})\, d\underline{\xi} \tag{3.154b}$$

Die bedingte Verteilungsdichtefunktion besteht wegen der funktionalen Abhängigkeit nach Gleichung 3.141 nur aus einem Diracstoß:

$$f_{\underline{y}/\underline{x}}(\underline{\rho}/\underline{\xi}) = \delta[\underline{\rho} - \underline{g}(\underline{\xi})] = \delta[\underline{g}(\underline{\xi}) - \underline{\rho}] \tag{3.155}$$

Setzt man Gl. 3.155 in 3.154b ein, erhält man:

$$f_{\underline{y}}(\underline{\rho}) = \int_{-\infty}^{+\infty} \delta[\underline{\rho} - \underline{g}(\underline{\xi})] \cdot f_{\underline{x}}(\underline{\xi}) \cdot d\underline{\xi} \tag{3.156}$$

Substituiert man nun:

$\underline{g}(\underline{\xi}) = \underline{u}$ und $\underline{\xi} = \underline{g}^{-1}(\underline{u})$, dann erhält man durch Anwenden der Substitutionsregel für vektorwertige Funktionen:

$$d\underline{\xi} = \| \partial \underline{g}^{-1}(\underline{u}) / \partial \underline{u} \| \cdot d\underline{u} \tag{3.157}$$

wobei: $\| \partial \underline{g}^{-1}(\underline{u}) / \partial \underline{u} \|$ den Absolutwert der sogenannten Jakobideterminante darstellt.

Damit erhält man aus Gl. 3.156 durch Ausnutzen der Siebeigenschaft von Diracstößen:

$$f_{\underline{y}}(\underline{\rho}) = \int_{-\infty}^{+\infty} \delta[\underline{\rho} - \underline{u}] \, f_{\underline{x}}(\underline{g}^{-1}(\underline{\rho})) \cdot \| \partial \underline{g}^{-1}(\underline{\rho}) / \partial \underline{\rho} \| \cdot d\underline{u} \tag{3.158}$$

Der Ausdruck $f_{\underline{x}}(\underline{g}^{-1}(\underline{\rho})) \cdot \| \partial \underline{g}^{-1}(\underline{\rho}) / \partial \underline{\rho} \|$ hängt nicht mehr von der Integrationsvariablen $\underline{u}$ ab, kann also aus dem Integral herausgezogen werden, so daß man erhält:

$$f_{\underline{y}}(\underline{\rho}) = f_{\underline{x}}(\underline{g}^{-1}(\underline{\rho})) \cdot \| \partial \underline{g}^{-1}(\underline{\rho}) / \partial \underline{\rho} \| \cdot \int_{-\infty}^{+\infty} \delta[\underline{\rho} - \underline{u}] d\underline{u}$$

$$= f_{\underline{x}}(\underline{g}^{-1}(\underline{\rho})) \cdot \| d\underline{g}^{-1}(\underline{\rho}) / d\underline{\rho} \| \tag{3.159}$$

<u>Beispiel:</u>

Betrachtet man wieder das skalare Beispiel: $y = x^3$, so gilt für die Umkehrfunktion:

$$x = g^{-1}(y) = y^{1/3} \tag{3.160}$$

Daraus folgt sofort:

$$g^{-1}(\rho) = \rho^{1/3} \tag{3.161}$$

und:

$$dg^{-1}(\rho)/d\rho = 1/3 \cdot \rho^{-2/3} \tag{3.162}$$

Einsetzen dieser Beziehungen in Gl. 3.159 liefert:

$$f_y(\rho) = f_x(\rho^{1/3}) \cdot 1/3 \cdot \rho^{-2/3} \tag{3.163a}$$

$$= 1/3 \cdot \rho^{-2/3} \cdot [2\pi P]^{-1/2} \cdot \exp\{-1/(2P) \cdot (\rho^{1/3} - m)^m\} \tag{3.163b}$$

wie schon zuvor berechnet.

Zusammenfassung und Ausblick:

Das Konzept induzierter Verteilungen läßt sich wie folgt zusammenfassen: Wenn eine Zufallsvariable $\underline{x}$ den Ereignisraum in den Raum $\mathbb{R}^n$ abbildet und $\underline{g}(\cdot)$ eine Abbildung von $\mathbb{R}^n$ nach $\mathbb{R}^m$ist, dann besitzt jede Menge $B \subset \mathbb{R}^m$ und $B \in F_B$ eine Wahrscheinlichkeit:

$$P_{\underline{y}}(B) = \int_B dF_{\underline{y}}(\underline{\rho}) = \int_B f_{\underline{y}}(\underline{\rho})d\underline{\rho} \quad \text{wenn } f_{\underline{y}}(\underline{\rho}) \text{ existiert.} \tag{3.164}$$

Ebenso gilt:

$$P_{\underline{y}}(B) = P_{\underline{x}}(\{\underline{x}_T : \underline{g}(\underline{x}_T) \in B\}) = P(\{\omega : \underline{g}(\underline{x}(\omega)) \in B\}) \tag{3.165}$$

Diese Zusammenhänge werden in der Estimationstheorie ausgenutzt: In der Praxis liegen Meßwerte einer Meßgröße vor. Aus diesen Meßwerten soll die Meßgröße, modellierbar als ein n–dimensionaler Zufallsvektor $\underline{x}$, geschätzt werden. Die Meßwerte können beispielsweise durch einen m–dimensionalen Zufallsvektor modelliert werden, so daß die einzelnen Meßwerte als Realisationen der Meßzufallsvariablen $\underline{y}$ aufgefaßt werden und $\underline{y}(\omega) = \underline{y}_T$ einen speziellen Meßwertvektor darstellt. Gesucht wird nun eine Abbildung $\hat{\underline{x}}(\cdot)$ des Meßwertraums $\mathbb{R}^m$ in den Zufallsvektorwerteraum $\mathbb{R}^n$, die aus jedem Meßwert $\underline{y}_T$ einen Schätzwert $\underline{x}_T$ berechnet. Eine derartige Abbildungsvorschrift wird Estimator genannt. Die Zahlenwerte, die dieser Estimator aus den Meßzahlenwerten berechnet, heißen Schätzwerte (Estimates). Die zusammengesetzte Abbildung $\hat{\underline{x}}(\underline{y}(\cdot))$ kann dann als

Zufallsvariable $\hat{\underline{x}}(\cdot)$ betrachtet werden (zufälliger Schätzwert oder Schätzer). Die Ergebniszahlen des Schätzers $\hat{\underline{x}}_T = \hat{\underline{x}}(\underline{y}_T) \in \mathbb{R}^n$ heißen Schätzwerte (estimates). Diese Unterscheidung ist von elementarer Bedeutung, denn Zufallsvariablen sind stochastische Größen, deren Eigenschaften durch Verteilungsdichtefunktionen, Verteilungsfunktionen, Wahrscheinlichkeiten sowie durch Momente, die im folgenden Unterpunkt eingeführt werden, beschrieben werden. Die Ergebnisse einer Schätzung sind reine Zahlenwerte und damit Realisationen einer Zufallsvariablen. Diese Zahlenwerte besitzen selbst keinerlei statistische Eigenschaften; statistische Eigenschaften sind Kennzeichen der Zufallsvariablen, die die Zahlenwerte erzeugen.

3.9 Erwartungswerte und Momente von Zufallsvariablen

Die Verteilungs– oder Verteilungsdichtefunktion einer Zufallsvariablen ist bei der bayesschen Estimation von elementarer Bedeutung, da sie alle Information über die Zahlenwerte, die diese Zufallsvariable annimmt, enthält. Wenn diese Verteilungsdichte einmal vorliegt, können auf dieser Basis verschiedenartigste optimale Schätzwerte im Sinne eines Fehlerkriteriums definiert werden. Ebenso kann die Verteilungsdichtefunktion zur Berechnung des Erwartungswertes einer Zufallsvariablen verwendet werden; der Erwartungswert ist einfach der Mittelwert über alle Realisationen der Zufallsvariablen. Die Erwartungswerte spezieller Funktionen von Zufallsvariablen werden Momente genannt. Diese Momente und Erwartungswerte sind ebenso Kennzeichen der Zufallsvariablen, wie die Verteilungsdichte– oder Verteilungsfunktion. Während bei allgemeinen Verteilungsdichtefunktionen jedoch unendlich viele Momente benötigt werden, um die gleichen Informationen wie die Verteilungsdichte– und Verteilungsfunktion zu liefern, reicht in einigen speziellen Fällen die Angabe weniger Momente zur Beschreibung des statistischen Verhaltens einer Zufallsvariablen vollkommen aus. Gaußverteilte Zufallsvariablen werden z.B. vollständig durch die Angabe der ersten beiden Momente Erwartungswert und Kovarianz beschrieben.

Sei $\underline{x}$ eine n–dimensionale Zufallsvariable, die durch die Verteilungsdichtefunktion $f_{\underline{x}}(\underline{\xi})$ beschrieben wird, und sei $\underline{y}$ eine m–dimensionale Funktion von $\underline{x}$, womit gilt:

$$\underline{y}(\cdot) = \underline{g}(\underline{x}(\cdot)) \tag{3.166}$$

Wenn $\underline{g}(\cdot)$ stetig ist, dann ist auch $\underline{y}(\cdot)$ eine Zufallsvariable mit einer induzierten Verteilungsdichtefunktion $f_{\underline{y}}(\underline{\varrho})$. Die Erwartung von $\underline{y}$ (Erwartungswert) ist:

$$E[\underline{y}] = \int_{-\infty}^{\infty} g(\xi) \cdot f_{\underline{x}}(\xi)\, d\xi = \int_{-\infty}^{\infty} \varrho \cdot f_{\underline{y}}(\varrho) \cdot d\varrho \tag{3.167}$$

Wenn die Verteilungsdichten nicht existieren, kann der Erwartungswert über die Verteilungsfunktion berechnet werden:

$$E[\underline{y}] = \int_{\Omega} g(\underline{x}(\omega)) \cdot dP(\omega) = \int_{R^n} g(\xi) \cdot dF_{\underline{x}}(\xi) = \int_{R^m} \varrho \cdot dF_{\underline{y}}(\varrho) \tag{3.168}$$

wobei die Integrale in Gl. 3.168 maßtheoretisch interpretiert werden.

3.9.1 Rechenregeln für Erwartungswerte

Da die Erwartungswertbildung über eine Integration definiert wird, ist sie linear, und es gilt für skalare Konstanten c_i:

$$E\{\sum_i c_i \cdot \underline{y}_i\} = \sum_i c_i \cdot E\{\underline{y}_i\} \tag{3.169}$$

oder:

$$E\{A \cdot \underline{y}\} = A \cdot E\{\underline{y}\} \tag{3.170}$$

wobei A eine Matrix entsprechender Dimension darstellt.

3.9.2 Erwartungswerte spezieller Funktionen

3.9.2.1 Ensemblemittelwert oder linearer Erwartungswert

Wählt man $g(\underline{x}) = \underline{x}$, erhält man das erste Moment der Zufallsvariablen $\underline{x}$, welches linearer Erwartungswert, Ensemblemittelwert oder auch kurz Mittelwert (nicht zu verwechseln mit dem Zeitmittelwert zeitlich veränderlicher Funktionen) genannt wird. Man definiert den n–dimensionalen Mittelwertvektor (Mean):

$$\underline{m} = \begin{bmatrix} m_1 \\ m_2 \\ \cdot \\ \cdot \\ \cdot \\ m_n \end{bmatrix} = \begin{bmatrix} E\{x_1\} \\ E\{x_2\} \\ \\ \\ \\ E\{x_n\} \end{bmatrix} = \int_{-\infty}^{\infty} \xi \cdot f_{\underline{x}}(\xi) \cdot d\xi \tag{3.171}$$

$$= \begin{bmatrix} \int_{-\infty}^{\infty} \cdots \int_{-\infty}^{\infty} \xi_1 \cdot f_{\underline{x}}(\xi_1, \xi_2 \cdots \xi_n)\, d\xi_1 \cdots d\xi_n \\ \vdots \\ \int_{-\infty}^{\infty} \int_{-\infty}^{\infty} \xi_n \cdot f_{\underline{x}}(\xi_1, \xi_2 \cdots \xi_n)\, d\xi_1 \cdots d\xi_n \end{bmatrix} \tag{3.172}$$

3.9.2.2 Korrelationsmatrix (2. nicht–zentrales Moment)

Wählt man $g(\underline{x}) = \underline{x} \cdot \underline{x}^T$, erhält man:

$$y = g(\underline{x}) = \underline{x} \cdot \underline{x}^T = \begin{bmatrix} x_1x_1 & x_1x_2 & x_1x_3 & \cdots & x_1x_n \\ x_2x_1 & x_2x_2 & x_2x_3 & & x_2x_n \\ \cdot & \cdot & \cdot & & \cdot \\ \cdot & \cdot & \cdot & & \cdot \\ \cdot & \cdot & \cdot & & \cdot \\ x_nx_1 & x_nx_2 & x_nx_3 & & x_nx_n \end{bmatrix} \tag{3.173}$$

Definiert man als Korrelationsmatrix Ψ die [n×n]–Matrix, deren i–j–te Komponente die Korrelation zwischen x_i und x_j beschreibt, mit:

$$\Psi_{i,j} = E\{x_i \cdot x_j\} = \int_{-\infty}^{\infty} \cdots \int_{-\infty}^{\infty} \xi_i \xi_j \cdot f_{\underline{x}}(\underline{\xi}) \cdot d\xi_1 d\xi_2 \cdots d\xi_n \tag{3.174}$$

dann gilt:

$$\Psi = E\{[\underline{x} \cdot \underline{x}^T]\} = \int_{-\infty}^{\infty} \underline{\xi} \cdot \underline{\xi}^T \cdot f_{\underline{x}}(\underline{\xi})\, d\underline{\xi} \tag{3.175}$$

Man nennt Ψ die Autokorrelationsmatrix (2. nicht–zentrales Moment) der Zufallsvariablen $\underline{x}$.

3.9.2.3 (Auto–)Kovarianzmatrix (2. zentrales Moment)

Betrachtet man die mit dem linearen Erwartungswert zentrierte Funktion:

$$g(\underline{x}) = [(\underline{x} - \underline{m}) \cdot (\underline{x} - \underline{m})^T] \tag{3.176}$$

erhält man durch Bildung des Erwartungswertes dieser Funktion das sogenannte 2. zentrale Moment, die (Auto–)Kovarianzfunktion P der Zufallsvariablen $\underline{x}$, deren i–j–ter Eintrag die Kovarianz zwischen den Komponenten x_i und x_j beschreibt und wie folgt definiert ist:

$$P_{ij} = E\{(x_i - m_i)\cdot(x_j - m_j)\}$$

$$= \int_{-\infty}^{\infty} \cdots \int_{-\infty}^{\infty} (\xi_i - m_i)\cdot(\xi_j - m_j)\cdot f_{\underline{x}}(\underline{\xi})\cdot d\xi_1 d\xi_2 \ldots d\xi_n \tag{3.177}$$

Es ist hierbei zu beachten, daß m_i, m_j selbst keine Zufallsvariablen sondern deterministische Kenngrößen der Zufallsvariablen x_i, x_j sind. Für die Kovarianzmatrix P gilt dann:

$$P = E\{(\underline{x} - \underline{m})\cdot(\underline{x} - \underline{m})^T\} = \int_{-\infty}^{\infty} (\underline{\xi} - \underline{m})\cdot(\underline{\xi} - \underline{m})^T\cdot f_{\underline{x}}(\underline{\xi})\cdot d\underline{\xi} \tag{3.178}$$

Wenn mehrere Zufallsvariablen definiert sind, werden zur Vermeidung von Mehrdeutigkeiten häufig Korrelations– und Kovarianzmatrix indiziert: $P_{\underline{xx}}$ und $\Psi_{\underline{xx}}$.

3.9.2.3.1 Eigenschaften der Kovarianzmatrix

Die Kovarianzmatrix einer Zufallsvariablen spielt in der Estimationstheorie eine wichtige Rolle, deshalb sollen einige ihrer Eigenschaften kurz diskutiert werden.

Die Kovarianzmatrix ist symmetrisch und nicht–negativ definit (ihre Eigenwerte sind nicht negativ). Die Einträge auf der Hauptdiagonalen beschreiben die (Eigen–)Kovarianzen der einzelnen Komponenten des Zufallsvektors $\underline{x}$ mit:

$$P_{ii} = E\{(x_i - m_i)^2\} \tag{3.179}$$

Die positive Wurzel der (Eigen–)kovarianz wird Standardabweichung σ_i genannt. Damit gilt:

$$P_{ii} = \sigma_i^2 \tag{3.180}$$

Weiterhin kann ein normierter (Kreuz–)Korrelationskoeffizient der Komponenten x_i und x_j definiert werden mit:

$$r_{ij} = \frac{E\{(x_i - m_i)\cdot(x_j - m_j)\}}{(E\{(x_i - m_i)^2\})^{1/2}\cdot(E\{(x_j - m_j)^2\})^{1/2}} = \frac{P_{ij}}{\sigma_i\sigma_j} \qquad (3.181)$$

Es ist anzumerken, daß die Bezeichnung 'Kreuzkorrelationskoeffizient' mißdeutig ist, eigentlich wäre die Bezeichnung Kreuzkovarianzkoeffizient genauer, da es sich um ein Verhältnis von Kovarianzen handelt. Trotzdem findet man diese Ausdrucksweise sehr häufig; man muß aber berücksichtigen, daß mit dem Kreuzkorrelationskoeffizienten ein Kreuzkovarianzkoeffizient gemeint ist.

Mit dieser Definition kann die Kovarianzmatrix P folgendermaßen dargestellt werden:

$$P = \begin{bmatrix} \sigma_1^2 & r_{12}\sigma_1\sigma_2 & \cdots & r_{1n}\sigma_1\sigma_n \\ r_{12}\sigma_2\sigma_1 & \sigma_2^2 & \cdots & r_{2n}\sigma_2\sigma_n \\ \vdots & \vdots & \ddots & \vdots \\ r_{1n}\sigma_n\sigma_1 & r_{2n}\sigma_2\sigma_n & \cdots & \sigma_n^2 \end{bmatrix} \qquad (3.182)$$

Wenn der Kreuzkorrelationskoeffizient (eigentlich der Kreuzkovarianzkoeffizient) r_{ij} gleich Null ist, werden die Komponenten x_i und x_j unkorreliert genannt, wenn alle Komponenten von $\underline{x}$ für $i \neq j$ unkorreliert sind, sagt man, der Vektor $\underline{x}$ besteht aus unkorrelierten Komponenten; in diesem Fall weist die Matrix P Diagonalgestalt auf.

Zusammenhang zwischen Korrelationsmatrix und Kovarianzmatrix

Aus der Tatsache, daß die Erwartungswertbildung eine lineare Operation ist und der Erwartungswertvektor $E\{\underline{x}\} = \underline{m}$ eine deterministische Kenngröße und keine Zufallsvariable ist, kann folgender Zusammenhang zwischen Korrelations– und Kovarianzmatrix hergeleitet werden:

$$P = E\{(\underline{x} - \underline{m})\cdot(\underline{x} - \underline{m})^T\} = E\{\underline{xx}^T - \underline{xm}^T - \underline{mx}^T + \underline{mm}^T\}$$

$$= E\{\underline{xx}^T\} - E\{\underline{xm}^T\} - E\{\underline{mx}^T\} + E\{\underline{mm}^T\}$$

$$= E\{\underline{xx}^T\} - E\{\underline{x}\}\underline{m}^T - \underline{m}E\{\underline{x}^T\} + \underline{mm}^T$$

$$= E\{\underline{x}\underline{x}^T\} - \underline{m}\underline{m}^T \tag{3.183}$$

$$= \Psi - \underline{m}\underline{m}^T \tag{3.184}$$

Dies ist eine direkte Beziehung zwischen dem zentralen und nicht–zentralen 2. Moment eines Zufallsvektors, welche sich im skalaren Fall zu:

$$P = E\{x^2\} - (E\{x\})^2 \tag{3.185}$$

vereinfacht. Der Ausdruck $\Psi = E\{x^2\}$ stellt die 'Leistung' der Zufallsvariablen dar, die sich aus den ensemblegemittelten quadrierten Realisationen der Zufallsvariablen ergibt, während P nur die ensemblegemittelte quadrierte (mittlere) Abweichung der Realisationen vom Ensemblemittelwert beschreibt und damit ein Maß für die 'Wechselleistung' der Zufallsvariablen ist. Diese Wechselleistung ergibt sich aus der Differenz von Gesamtleistung und Leistung des linearen Erwartungswertes, ein Zusammenhang, der auch für elektrische Größen sowohl im Zeitbereich als auch im stochastischen Bereich bekannt ist.

3.9.2.4 Bedeutung der Momente als deterministische Kenngrößen stochastischer Variablen

Es können auf der Basis von Gl. 3.166 durch die Wahl von $\underline{g}(\underline{x})$ beliebige höhere Momente zentraler oder nicht–zentraler Art generiert werden, und im Allgemeinfall werden unendlich viele Momente benötigt, um das Verhalten einer Zufallsvariablen vollständig zu beschreiben und damit die gleichen Informationen wie die Verteilungsdichtefunktion zu liefern.

Während der lineare Erwartungswert angibt, wo das Zentrum der Verteilungsdichtefunktion liegt, beschreibt die Kovarianz, wie die Wahrscheinlichkeitsmasse um dieses Zentrum verteilt ist. Höhere Momente geben dann Aufschluß über Symmetrieeigenschaften der Verteilungsdichtefunktion, z.B. verschwinden alle ungeradzahligen höheren zentralen Momente, wenn die Verteilungsdichtefunktion gerade bzgl. des linearen Erwartungswertes ist. Im Spezialfall gleichverteilter Zufallsvariablen reicht allerdings die Angabe des linearen Erwartungswertes und der Kovarianz vollständig zur Spezifikation der Verteilungsdichte aus, ebenso im Spezialfall gaußverteilter Zufallsvariablen. Kennt man in diesen beiden Fällen Erwartungswert und Kovarianz, hat man alle Information, die in den zugehörigen Verteilungsdichtefunktionen enthalten ist und damit alle wahrscheinlichkeitsstheoretische Information über die zugehörigen Zufallsvariablen. Von diesen beiden Verteilungsdichtefunktionen besitzt die Gaußverteilungsdichte die größere Bedeutung für die lineare Estimationstheorie und wird demzufolge in den späteren Betrachtungen eine wichtige Rolle spielen.

3.9.2.5 Kreuzkorrelations– und Kreuzkovarianzmatrix

In diesem Unterpunkt soll das Konzept der Autokorrelations– und Autokovarianzmatrix auf zwei Zufallsvektoren erweitert werden. Diese Verallgemeinerung ist schon implizit in den Gl. 3.175 und 3.177 enthalten, da die Nebendiagonalelemente der Korrelations– und Kovarianzmatrizen ein Maß für die Kreuzkorrelation bzw. die Kreuzkovarianz von zwei verschiedenen Zufallsvektorkomponenten darstellen.

3.9.2.5.1 Kreuzkorrelationsmatrix

Für zwei Zufallsvektoren $\underline{x}$ und $\underline{y}$ ist die Kreuzkorrelationsmatrix $\Psi_{\underline{xy}}$ definiert durch:

$$\Psi_{\underline{xy}} = E\{\underline{x}\underline{y}^T\} = \int_{-\infty}^{\infty} \underline{\xi} \cdot \underline{\rho}^T \cdot f_{\underline{x},\underline{y}}(\underline{\xi},\underline{\rho}) \cdot d\underline{\xi} d\underline{\rho} \tag{3.186}$$

Die i–j–te Komponente dieser Matrix ist gegeben durch:

$$E\{x_i y_j\} = \int_{-\infty}^{\infty} \cdots \int_{-\infty}^{\infty} \xi_i \cdot \rho_j \cdot f_{\underline{x},\underline{y}}(\underline{\xi},\underline{\rho}) \cdot d\xi_1 d\xi_2 \ldots d\xi_n d\rho_1 \ldots d\rho_m \tag{3.187}$$

<u>Herleitung aus der Korrelationsmatrix:</u>

Definiert man einen sogenannten vergrößerten Zufallsvektor $\underline{z}_a = [\underline{x}^T | \underline{y}^T]^T$, der aus den beiden übereinandergeschriebenen Spaltenvektoren $\underline{x}$ und $\underline{y}$ besteht, ist die Verteilungsdichtefunktion $f_{\underline{z}_a}(\underline{\xi}_a)$ identisch mit der Verbundverteilungsdichtefunktion $f_{\underline{x},\underline{y}}(\underline{\xi},\underline{\rho})$, wenn für die unabhängige Variable $\underline{\xi}_a$ gilt: $\underline{\xi}_a = [\underline{\xi}^T | \underline{\rho}^T]^T$. Für die Korrelationsmatrix $\Psi_{\underline{z}_a}$ des vergrößerten Zufallsvektors $\underline{z}_a$ gilt dann mit Gl. 3.175:

$$\Psi_{\underline{z}_a} = E\{[\underline{z}_a \cdot \underline{z}_a^T]\} = \int_{-\infty}^{\infty} \underline{\xi}_a \cdot \underline{\xi}_a^T \cdot f_{\underline{z}_a}(\underline{\xi}_a) \cdot d\underline{\xi}_a \tag{3.188}$$

$$= E\{[\underline{x}^T | \underline{y}^T]^T \cdot [\underline{x}^T | \underline{y}^T]\} = \left[\begin{array}{c|c} E\{\underline{x}\underline{x}^T\} & E\{\underline{x}\underline{y}^T\} \\ \hline E\{\underline{y}\underline{x}^T\} & E\{\underline{y}\underline{y}^T\} \end{array}\right] \tag{3.189}$$

$$= \left[\begin{array}{c|c} \Psi_{\underline{x}\underline{x}} & \Psi_{\underline{x}\underline{y}} \\ \hline \Psi_{\underline{y}\underline{x}} & \Psi_{\underline{y}\underline{y}} \end{array}\right]$$

$$= \int_{-\infty}^{\infty} \left[\begin{array}{c|c} \underline{\xi} \cdot \underline{\xi}^T & \underline{\xi} \cdot \underline{\varrho}^T \\ \hline \underline{\varrho} \cdot \underline{\xi}^T & \underline{\varrho} \cdot \underline{\varrho}^T \end{array}\right] \cdot f_{\underline{x},\underline{y}}(\underline{\xi},\underline{\varrho}) \cdot d\underline{\xi} \cdot d\underline{\varrho} \tag{3.190}$$

Damit treten die Kreuzkorrelationsmatrizen $\Psi_{\underline{x}\underline{y}}$ und $\Psi_{\underline{y}\underline{x}} = \Psi_{\underline{x}\underline{y}}^T$ als Nebendiagonalmatrizen in der partitionierten Korrelationsmatrix des vergrößerten Zufallsvektors $\underline{z}_a$ auf. Die Hauptdiagonalmatrizen stellen die Autokorrelationsmatrizen der Zufallsvektoren $\underline{x}$ und $\underline{y}$ dar.

Somit stellt die Kreuzkorrelationsmatrix zweier Zufallsvektoren nicht einmal eine Verallgemeinerung der Autokorrelationsmatrix, sondern eine spezielle Teilmatrix der Korrelationsmatrix eines vergrößerten Zufallsvektors dar.

3.9.2.5.2 Kreuzkovarianzmatrix

Die Kreuzkovarianzmatrix $P_{\underline{x}\underline{y}}$ der Zufallsvektoren $\underline{x}$ und $\underline{y}$ kann analog zur Herleitung der Kreuzkorrelationsmatrix aus der Autokovarianzmatrix eines vergrößerten Zufallsvektors abgeleitet werden, man erhält dann folgende Beziehung:

$$P_{\underline{x}\underline{y}} = E\{(\underline{x} - \underline{m}_{\underline{x}}) \cdot (\underline{y} - \underline{m}_{\underline{y}})^T\}$$

$$= \int_{-\infty}^{\infty} (\underline{\xi} - \underline{m}_{\underline{x}}) \cdot (\underline{\varrho} - \underline{m}_{\underline{y}})^T \cdot f_{\underline{x},\underline{y}}(\underline{\xi},\underline{\varrho}) \cdot d\underline{\xi} d\underline{\varrho} \tag{3.191}$$

Zwei Zufallsvektoren $\underline{x}$ und $\underline{y}$ nennt man unkorreliert, wenn ihre Kreuzkovarianzmatrix verschwindet.

Zusammenhang zwischen Kreuzkorrelations– und Kreuzkovarianzmatrix

Der Zusammenhang zwischen Kreuzkorrelations– und Kreuzkovarianzmatrix ergibt sich aus Gl. 3.184, indem man den zweiten Faktor durch $\underline{y} - \underline{m}_{\underline{y}}$ ersetzt:

$$P_{\underline{xy}} = \Psi_{\underline{xy}} - \underline{m}_{\underline{x}} \cdot \underline{m}_{\underline{y}}^T \tag{3.192}$$

Für unkorrelierte Zufallsvektoren $\underline{x}$ und $\underline{y}$ folgt daraus für die Kreuzkorrelationsmatrix:

$$\Psi_{\underline{xy}} = \underline{m}_{\underline{x}} \cdot \underline{m}_{\underline{y}}^T = E\{\underline{x}\} \cdot E\{\underline{y}\}^T \tag{3.193}$$

oder:

$$E\{x_i y_j\} = E\{x_i\} \cdot E\{y_j\} \quad \text{für alle i,j} \tag{3.194}$$

bzw.:

$$E\{(x_i - m_{x_i}) \cdot (y_j - m_{y_j})\} = 0 \text{ für alle i,j} \tag{3.195}$$

3.10 Unabhängigkeit, Unkorreliertheit, Orthogonalität

Während unter der Bedingung der Unkorreliertheit das zweite (Verbund–)Moment von zwei Zufallsvariablen als Produkt der ersten Momente (Erwartungswerte) der beiden Zufallsvariablen berechnet werden kann, kann unter der Bedingung der Unabhängigkeit der beiden Zufallsvariablen sogar die Verbundverteilungsdichte der beiden Zufallsvariablen als Produkt der Randverteilungen berechnet werden. Damit ist die statistische Unabhängigkeit von zwei Zufallsvariablen eine strengere Bedingung als die Unkorreliertheit, und man kann folgern, daß aus der statistischen Unabhängigkeit die Unkorreliertheit folgt, aber nicht umgekehrt, also:

$$\underline{x} \text{ und } \underline{y} \text{ statistisch unabhängig} \rightarrow \underline{x} \text{ und } \underline{y} \text{ unkorreliert} \tag{3.196}$$

Herleitung:

Betrachtet man die Korrelationsmatrix:

$$E\{\underline{x}\underline{y}^T\} = \int_{-\infty}^{\infty} \int_{-\infty}^{\infty} \underline{\xi} \cdot \underline{\varrho}^T \cdot f_{\underline{x},\underline{y}}(\underline{\xi},\underline{\varrho}) \cdot d\underline{\xi} \cdot d\underline{\varrho} \tag{3.197}$$

dann ergibt sich unter der Bedingung der Unabhängigkeit von $\underline{x}$, $\underline{y}$:

$$E\{\underline{x}\underline{y}^T\} = \int_{-\infty}^{\infty} \int_{-\infty}^{\infty} \underline{\xi} \cdot \underline{\rho}^T \cdot f_{\underline{x}}(\underline{\xi}) \cdot f_{\underline{y}}(\underline{\rho}) \cdot d\underline{\xi} \cdot d\underline{\rho} \tag{3.198}$$

$$= \int_{-\infty}^{\infty} \underline{\xi} \cdot f_{\underline{x}}(\underline{\xi}) \cdot d\underline{\xi} \cdot \int_{-\infty}^{\infty} \underline{\rho}^T \cdot f_{\underline{y}}(\underline{\rho}) \cdot d\underline{\rho} \tag{3.199}$$

$$= E\{\underline{x}\} \cdot E\{\underline{y}^T\} \tag{3.200}$$

Die Umkehrung gilt nicht notwendigerweise, wie aus folgendem Beispiel /1/ ersichtlich ist:

Sei z eine skalare Zufallsvariable mit $f_z(\zeta) = \text{rect}\,(\zeta - 0.5)$

x und y seien nun Zufallsvariablen, die aus z durch verschiedene Abbildungen entstehen:

$$x = \sin(2\pi z) \text{ und } y = \cos(2\pi z)$$

Für die Erwartungswerte erhalten wir:

$$E\{x\} = E\{y\} = 0$$

Ebenso:

$$E\{xy\} = E\{\sin(2\pi z) \cdot \cos(2\pi z)\} = E\{(0.5 \cdot \sin(4\pi z)\} = 0 = E\{x\} \cdot E\{y\}$$

Demzufolge sind x und y unkorreliert.

Im Falle der Unabhängigkeit muß auch gelten:

$$f_{x,y}(\xi,\rho) = f_x(\xi) \cdot f_y(\rho)$$

Damit ergäbe sich z.B. für das 4. Moment im Falle der Unabhängigkeit (analog zum Gedankengang in Gl. 3.199):

$$E\{x^2y^2\} = \int_{-\infty}^{\infty} \xi^2 \cdot f_x(\xi) \cdot d\xi \cdot \int_{-\infty}^{\infty} \rho^2 \cdot f_y(\rho) \cdot d\rho = E\{x^2\} \cdot E\{y^2\}$$

Überprüft man diese Forderung, so erhält man in diesem Beispiel:

$$E\{x^2\} = E\{\sin^2(2\pi z)\} = 0.5 - 0.5\ E\{\cos(4\pi z)\} = 0.5$$

$$E\{y^2\} = E\{\cos^2(2\pi z)\} = 0.5 + 0.5\ E\{\cos(4\pi z)\} = 0.5$$

und:

$$E\{x^2y^2\} = E\{(\sin(2\pi z) \cdot \cos(2\pi z))^2\} = E\{(0.5 \cdot (\sin(4\pi z)))^2\}$$

$$= 0.125 \neq E\{x^2\} \cdot E\{y^2\}$$

Damit sind x und y sicherlich nicht unabhängig, da sonst gelten würde:

$$E\{x^2y^2\} = E\{x^2\} \cdot E\{y^2\}$$

Eine Ausnahme bilden gaußverteilte Zufallsvariablen:

Gaußverteilte Zufallsvariablen, die unkorreliert sind, sind auch statistisch unabhängig, wie an späterer Stelle gezeigt wird.

Die Orthogonalität zweier Zufallsvariablen hängt eng mit der Unkorreliertheit zusammen, man nennt zwei Zufallsvariablen orthogonal, wenn ihre Kreuzkorrelationsmatrix verschwindet, d.h.:

$$E\{\underline{x} \cdot \underline{y}^T\} = 0 \quad \text{bei Orthogonalität} \tag{3.201}$$

Die Zusammenhänge zwischen Orthogonalität und Unkorreliertheit ergeben sich aus den Zusammenhängen zwischen zentralem und nicht zentralem 2. (Verbund–)Moment der Zufallsvariablen $\underline{x}$ und $\underline{y}$. Aus Gl. 3.192 folgt:

$$\Psi_{\underline{xy}} = E\{\underline{x} \cdot \underline{y}^T\} = P_{\underline{xy}} + \underline{m}_x \cdot \underline{m}_y^T$$

Wenn einer der Erwartungswerte, $\underline{m}_{\underline{x}}$ oder $\underline{m}_{\underline{y}}$, oder beide verschwinden, d.h. $\underline{m}_{\underline{x}} = \underline{0}$, oder $\underline{m}_{\underline{y}} = \underline{0}$, oder $\underline{m}_{\underline{x}} = \underline{m}_{\underline{y}} = \underline{0}$, dann gilt:

$$E\{\underline{x}\underline{y}^T\} = P_{\underline{x}\underline{y}}$$

und damit ergibt sich die Folgerung:

$E\{\underline{x}\underline{y}^T\} = 0 \rightarrow P = 0$ und umgekehrt, das heißt Unkorreliertheit und Orthogonalität implizieren einander und sind damit in diesem Fall äquivalent.

Verschwinden dagegen beide Erwartungswerte nicht, d.h. $\underline{m}_{\underline{x}} \neq \underline{0}$ und $\underline{m}_{\underline{y}} \neq \underline{0}$, dann sind die beiden Zufallsvariablen entweder unkorreliert oder orthogonal, oder weder unkorreliert noch orthogonal, jedoch niemals gleichzeitig unkorreliert und orthogonal.

Anmerkung: Die Orthogonalität in Form orthogonaler Projektionen von Zufallsvariablen kann ausgenutzt werden, optimale Estimationsalgorithmen abzuleiten. Wenn ein Estimator, der Schätzwerte $\hat{\underline{x}}_r$ einer Zufallsvariablen $\underline{x}$, basierend auf den Meßwerten $\underline{y}$, berechnet, so dimensioniert wird, daß der Schätzfehler $\underline{x} - \hat{\underline{x}}$ orthogonal zu den Meßdaten ist, dann liefert der Estimator optimale Schätzwerte. Dieses Verfahren wurde von Kalman zur Herleitung des Kalman–Filters ursprünglich benutzt.

3.11 Bedingte Erwartungswerte

Der Erwartungswert der Funktion einer Zufallsvariablen beschreibt den (Ensemble)Mittelwert über alle Funktionswerte, der sich bei einer endlosen Zahl an Versuchen ergibt. Bedingte Erwartungswerte erfüllen die gleiche Aufgabe, nur unter der zusätzlichen Bedingung, daß die Realisationen einer anderen Zufallsvariablen, die mit der interessierenden Zufallsvariablen in irgendeiner Weise zusammenhängt, schon bekannt sind. Der bedingte Erwartungswert einer Zufallsvariablen spielt demzufolge in der Estimationstheorie eine wichtige Rolle und soll in diesem Kapitel definiert werden, zunächst unter der Voraussetzung, daß die entsprechende bedingte Verteilungsdichtefunktion existiert.

$\underline{x}$ und $\underline{y}$ seien zwei Zufallsvariablen, die den Ereignisraum Ω in die Räume $\mathbb{R}^n$ und $\mathbb{R}^m$ abbilden, $\underline{z}$ sei eine borelmeßbare Funktion (Baire–Funktion) der Zufallsvariablen $\underline{x}$, d.h.

$$\underline{z}(\cdot) = \underline{g}(\underline{x}(\cdot)) \tag{3.202}$$

so daß $\underline{z}(\cdot)$ selbst eine Zufallsvariable ist, die den Ereignisraum Ω in den Raum $\mathbb{R}^r$ abbildet. Dann definiert man den <u>bedingten Erwartungswert (conditional mean)</u> der Zufallsvariablen $\underline{z}$, bedingt darauf, daß die Zufallsvariable $\underline{y}$ die Realisation $\underline{y}(\omega) = \underline{y}_T$ angenommen hat, durch:

$$E_{\underline{x}}\{\underline{z} \mid \underline{y} = \underline{y}_T\} = \int_{-\infty}^{\infty} \cdots \int_{-\infty}^{\infty} g(\underline{\xi}) \cdot f_{\underline{x}/\underline{y}}(\underline{\xi}/\underline{y}_T) \cdot d\xi_1 \cdot d\xi_2 \ldots d\xi_n \tag{3.203}$$

Der Index $\underline{x}$ des Erwartungswertoperators deutet an, daß die Erwartungswertbildung über alle Realisationen der Zufallsvariablen $\underline{x}$ durchgeführt wird. Derartige Indizes werden manchmal, wenn keinerlei Mehrdeutigkeiten existieren, fortgelassen.

Für einen gegebenen Realisationswert $\underline{y}_T \in \mathbb{R}^m$ ist $E_{\underline{x}}\{\underline{z} \mid \underline{y} = \underline{y}_T\}$ ebenfalls ein Zahlenvektor in $\mathbb{R}^r$. Bedingt auf die Zufallsvariable $\underline{y}(\cdot)$ ist dagegen $E_{\underline{x}}\{\underline{z} \mid \underline{y} = \cdot\}$ eine Abbildung von $\mathbb{R}^m$ nach $\mathbb{R}^r$ und damit eine Funktion, die allen Zahlenwerten $\underline{y}_T \in \mathbb{R}^m$ Zahlenwerte $\underline{z}_T \in \mathbb{R}^r$ zuordnet. Wenn also die Zahlenwerte $\underline{y}_T$ Realisationen der Zufallsvariablen $\underline{y}(\cdot)$ sind, dann ist der bedingte Erwartungswert $E_{\underline{x}}\{\underline{z} \mid \underline{y} = \underline{y}(\cdot)\}$ eine zusammengesetzte Abbildung, die den Ereignisraum Ω in den Raum $\mathbb{R}^r$ abbildet. Diese Zusammenhänge sind in Bild 3.20 dargestellt. Bildet man demzufolge noch den Erwartungswert über alle Realisationen der bedingenden Zufallsvariablen $\underline{y}(\cdot)$, erhält man die unbedingte Erwartung der Zufallsvariablen $\underline{z}$:

$$E_{\underline{y}}\{E_{\underline{x}}[\underline{z} \mid \underline{y}=\underline{y}(\cdot)]\} = \int_{-\infty}^{\infty} [\int_{-\infty}^{\infty} g(\underline{\xi}) \cdot f_{\underline{x}/\underline{y}}(\underline{\xi}/\underline{\varrho}) \cdot d\underline{\xi}] \cdot f_{\underline{y}}(\underline{\varrho}) \cdot d\underline{\varrho} \tag{3.204}$$

$$= \int_{-\infty}^{\infty} [\int_{-\infty}^{\infty} g(\underline{\xi}) \cdot f_{\underline{x}/\underline{y}}(\underline{\xi}/\underline{\varrho}) \cdot f_{\underline{y}}(\underline{\varrho}) d\underline{\xi}] \cdot d\underline{\varrho} \tag{3.205}$$

Nimmt man nun an, daß die Integrale unabhängig von der Integrationsreihenfolge konvergieren (Anwendung des Fubini–Theorems), kann man die Integrationsreihenfolge in Gl. 3.205 vertauschen und erhält:

$$E_{\underline{y}}\{E_{\underline{x}}[\underline{z} \mid \underline{y} = \underline{y}(\cdot)]\} = \int_{-\infty}^{\infty} g(\underline{\xi}) \cdot [\int_{-\infty}^{\infty} f_{\underline{x},\underline{y}}(\underline{\xi},\underline{\varrho}) \cdot d\underline{\varrho}] \cdot d\underline{\xi} \tag{3.206}$$

Das zweite Integral in Gl. 3.206 ergibt die Randverteilung $f_{\underline{x}}$, so daß man erhält:

$$E_{\underline{y}}\{E_{\underline{x}}[\underline{z} \mid \underline{y} = \underline{y}(\cdot)]\} = \int_{-\infty}^{\infty} \underline{g}(\underline{\xi})\cdot f_{\underline{x}}(\underline{\xi})\cdot d\underline{\xi} = E_{\underline{x}}\{\underline{z}\} \tag{3.207}$$

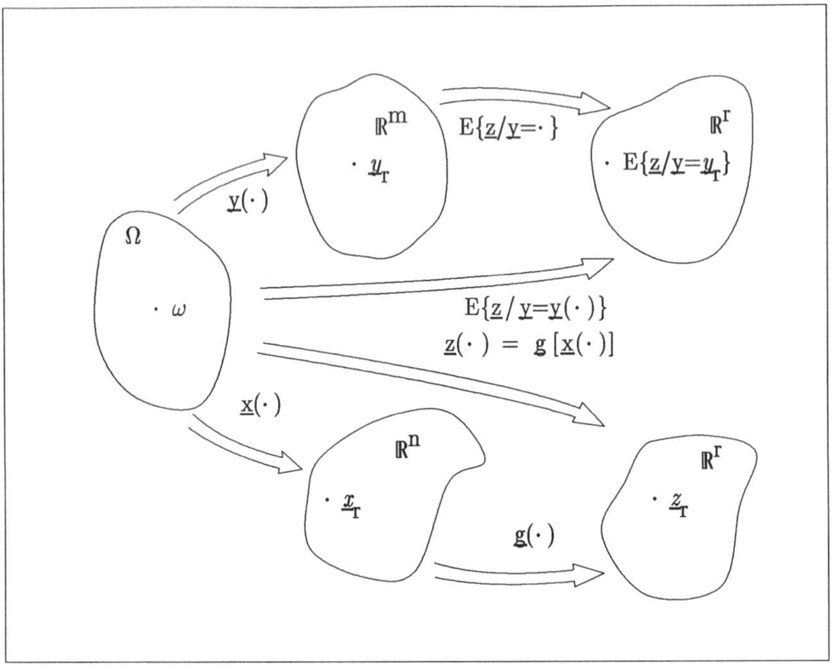

Bild 3.20: Funktionale Zusammenhänge des bedingten Erwartungswertes

Der bedingte Erwartungswert kann ebenso als eine Funktion $E_{\underline{x}}\{\cdot \mid \underline{y} = \underline{y}\}$ betrachtet werden, die die Zufallsvariable $\underline{z}$ in den Vektor $E_{\underline{x}}\{\underline{z} \mid \underline{y}=y_T\} \in \mathbb{R}^r$ abbildet.

Ebenso, wie die unbedingte Erwartungswertbildung, ist auch die bedingte Erwartungswertbildung eine lineare Operation, d.h., es gilt für konstante (und bekannte) Matrizen A, B:

$$E_{\underline{xy}}\{A\cdot \underline{x} + B\cdot \underline{y} \mid \underline{z} = z_T\} = A\cdot E_{\underline{x}}\{\underline{x} \mid \underline{z} = z_T\} + B\cdot E_{\underline{y}}\{\underline{y} \mid \underline{z} = z_T\} \tag{3.208}$$

Herleitung:

Zunächst führt man den vergrößerten Zufallsvektor $\underline{x}_a$ ein mit:

$$\underline{x}_a = [\underline{x}^T | \underline{y}^T]^T \tag{3.209}$$

und als Dummyvariable $\underline{\xi}_a$:

$$\underline{\xi}_a = [\underline{\xi}^T | \underline{\varrho}^T]^T \tag{3.210}$$

Ebenso definiert man eine vergrößerte Matrix A_a mit:

$$A_a = \left[A \mid B \right] \tag{3.211}$$

Damit kann man eine neue Zufallsvariable $\underline{i}_a$ einführen:

$$\underline{i}_a = A \cdot \underline{x} + B \cdot \underline{y} = A_a \cdot \underline{x}_a \tag{3.212}$$

Für den bedingten Erwartungswert dieser Zufallsvariablen schreibt man nun:

$$E_{\underline{x}_a}\{\underline{i}_a | \underline{z}=\underline{z}_T\} = E_{\underline{x}_a}\{A_a \cdot \underline{x}_a | \underline{z}=\underline{z}_T\} = \int_{-\infty}^{\infty} A_a \cdot \underline{\xi}_a \cdot f_{\underline{x}_a/\underline{z}}(\underline{\xi}_a/\underline{z}_T) \cdot d\underline{\xi}_a \tag{3.213}$$

Durch Einsetzen von Gl. 3.210 und 3.211 erhält man dann:

$$E_{\underline{x}_a}\{\underline{i}_a | \underline{z}=\underline{z}_T\} = \int_{-\infty}^{\infty} \int_{-\infty}^{\infty} [A \cdot \underline{\xi} + B \cdot \underline{\varrho}] \cdot f_{\underline{x},\underline{y}/\underline{z}}(\underline{\xi},\underline{\varrho}/\underline{z}_T) \cdot d\underline{\xi} \cdot d\underline{\varrho}$$

$$= E_{\underline{xy}}\{A \cdot \underline{x} + B \cdot \underline{y} \mid \underline{z}=\underline{z}_T\} \tag{3.214}$$

Separates Integrieren der beiden Summanden unter den Integralen und Herausziehen der bezüglich der jeweiligen Integration konstanten Terme, bei gleichzeitiger Anwendung des Satzes von Bayes, liefert dann:

$$E_{\underline{xy}}\{A\cdot \underline{x} + B\cdot \underline{y} \mid \underline{z}=z_T\} = A\cdot \int_{-\infty}^{\infty} \xi\cdot \Big[\int_{-\infty}^{\infty} f_{\underline{x},\underline{y},\underline{z}}(\xi,\varrho,z_T)\cdot d\varrho \cdot \frac{1}{f_{\underline{z}}(z_T)} \Big]\cdot d\xi$$

$$+ B\cdot \int_{-\infty}^{\infty} \varrho\cdot \Big[\int_{-\infty}^{\infty} f_{\underline{x},\underline{y},\underline{z}}(\xi,\varrho,z_T)\cdot d\xi \cdot \frac{1}{f_{\underline{z}}(z_T)} \Big]\cdot d\varrho \tag{3.215}$$

Die jeweils 2. Integration in beiden Summanden in Gl. 3.215 ergibt die Randverteilungsdichten $f_{\underline{x},\underline{z}}$ bzw. $f_{\underline{y},\underline{z}}$, so daß man durch erneute Anwendung der Bayesregel erhält:

$$E_{\underline{xy}}\{A\cdot \underline{x} + B\cdot \underline{y} \mid \underline{z}=z_T\} = A\cdot \int_{-\infty}^{\infty} \xi\cdot f_{\underline{x}/\underline{z}}(\xi/z_T)\cdot d\xi + B\cdot \int_{-\infty}^{\infty} \varrho\cdot f_{\underline{y}/\underline{z}}(\varrho/z_T)\cdot d\varrho \tag{3.216}$$

$$= A\cdot E_{\underline{x}}\{\underline{x} \mid \underline{z}=z_T\} + B\cdot E_{\underline{y}}\{\underline{y} \mid \underline{z}=z_T\} \tag{3.217}$$

was zu zeigen war.

Für zwei spezielle Festlegungen der Funktion $\underline{z}(\cdot)$ liefert der bedingte Erwartungswert für die Estimationstheorie besonders bedeutsame Größen, nämlich:

$$\underline{z}(\cdot) = \underline{g}(\underline{x}(\cdot)) = \underline{x}(\cdot) \tag{3.218}$$

$$E_{\underline{x}}\{\underline{x} \mid \underline{y}=y_T\} = \int_{-\infty}^{\infty} \xi\, f_{\underline{x}/\underline{y}}(\xi/y_T)\, d\xi \tag{3.219}$$

Gl. 3.219 beschreibt den <u>bedingten Erwartungswert</u> (<u>conditional mean</u>) der Zufallsvariablen $\underline{x}$, bedingt darauf, daß die Zufallsvariable $\underline{y}$ den Wert y_T angenommen hat.

Die <u>bedingte Kovarianz</u> der Zufallsvariablen $\underline{x}$, bedingt auf die Realisation y_T, ergibt sich, indem man für $g(\underline{x})$ wählt:

$$g(\underline{x}) = [\underline{x} - E_{\underline{x}}\{\underline{x} \mid \underline{y}=y_T\}]\cdot [\underline{x} - E_{\underline{x}}\{\underline{x} \mid \underline{y}=y_T\}]^T \tag{3.220}$$

Damit erhält man:

$$P_{\underline{x}|\underline{y}} = E_{\underline{x}}\{g(\underline{x})|\,\underline{y}=\mathcal{Y}_T\} = E_{\underline{x}}\{[\underline{x}-E_{\underline{x}}\{\underline{x}|\,\underline{y}=\mathcal{Y}_T\}]\cdot[\underline{x}-E_{\underline{x}}\{\underline{x}|\,\underline{y}=\mathcal{Y}_T\}]^T \mid \underline{y}=\mathcal{Y}_T\}$$

$$= \int_{-\infty}^{\infty} [\underline{\xi}-E_{\underline{x}}\{\underline{x}|\,\underline{y}=\mathcal{Y}_T\}]\cdot[\underline{\xi}-E_{\underline{x}}\{\underline{x}|\,\underline{y}=\mathcal{Y}_T\}]^T\cdot f_{\underline{x}/\underline{y}}(\underline{\xi}/\mathcal{Y}_T)\cdot d\underline{\xi} \tag{3.221}$$

Ein gegebenes estimationstheoretisches Problem könnte z.B. darin bestehen, einen Schätzwert des Zufallsvektors $\underline{x}(\cdot)$ (unbekannter Zustand eines Systems) aus dem Beobachtungsvektor $\underline{y}(\cdot)$ (gestörter Meßwert des Systemzustandes) zu berechnen. Ein in vielerlei Hinsicht optimaler Estimator ist die Zufallsvariable $E_{\underline{x}}\{\underline{x}|\,\underline{y}=\underline{y}(\cdot)\}$. Dann kann der Ausdruck $[\underline{x} - E_{\underline{x}}\{\underline{x}|\,\underline{y}=\underline{y}(\cdot)\}]$ als eine Zufallsvariable interpretiert werden, die den Estimationsfehler als Differenz zwischen dem tatsächlichen Zustand und dem geschätzten Zustand beschreibt. Demzufolge wäre $P_{\underline{x}|\underline{y}}$ nicht nur die bedingte Kovarianz des Zustandes $\underline{x}$, sondern auch die bedingte Kovarianz des Estimationsfehlers. Diese Betrachtungen werden an späterer Stelle vertieft werden.

3.12 Charakteristische Funktionen

Die charakteristische Funktion ϕ einer vektoriellen Zufallsvariablen $\underline{x}$ ist eine skalare Funktion der vektoriellen 'Dummy'variablen $\underline{s}$ und ist definiert durch:

$$\phi_{\underline{x}}(\underline{s}) = E_{\underline{x}}[e^{j\underline{s}^T\underline{x}}] \tag{3.222a}$$

$$= \int_{-\infty}^{\infty}\cdots\int_{-\infty}^{\infty} e^{j\underline{s}^T\underline{\xi}}\cdot f_{\underline{x}}(\underline{\xi})\cdot d\xi_1\ldots d\xi_n \tag{3.222b}$$

$$= \int_{-\infty}^{\infty}\cdots\int_{-\infty}^{\infty} f_{\underline{x}}(\underline{\xi})\cdot e^{j\underline{s}^T\underline{\xi}}\cdot d\xi_1\ldots d\xi_n \tag{3.222c}$$

wobei $j = \sqrt{-1}$

Gl. 3.222c offenbart unmittelbar, daß die charakteristische Funktion als mehrdimensionale Fouriertransformierte der Verteilungsdichtefunktion interpretiert werden kann. Diese Betrachtungsweise erschließt das ganze Instrumentarium der Fouriertransformation zur Behandlung von Problemen, die durch die Betrachtung der Verteilungsdichtefunktion nicht mehr gelöst werden können, jedoch sollen diese Aspekte hier nicht weiter vertieft werden. Für eine detaillierte Darstellung der Theorie der Fouriertransformation wird auf die spezielle Grundlagenliteratur z.B. /5,6/ verwiesen.

Ein wichtiger Anwendungsfall für die Betrachtung charakteristischer Funktionen ist die Tatsache, daß die Momente einer Zufallsvariablen sehr einfach aus ihnen berechnet werden können. Betrachtet man nämlich die partielle Ableitung nach s_k der charakteristischen Funktion, erhält man:

$$\frac{\partial \phi_{\underline{x}}(\underline{s})}{\partial s_k} = \frac{\partial}{\partial s_k} \int_{-\infty}^{\infty} f_{\underline{x}}(\underline{\xi}) \cdot e^{j\underline{s}^T \underline{\xi}} \cdot d\underline{\xi} \tag{3.223}$$

$$= \int_{-\infty}^{\infty} f_{\underline{x}}(\underline{\xi}) \cdot \frac{\partial}{\partial s_k} \cdot e^{j[\sum_{i=1}^{n} s_i \xi_i]} \cdot d\underline{\xi} \tag{3.224}$$

$$= j \int_{-\infty}^{\infty} \xi_k \cdot f_{\underline{x}}(\underline{\xi}) \cdot e^{j\underline{s}^T \underline{\xi}} \cdot d\underline{\xi} \tag{3.225}$$

Betrachtet man Gl. 3.225 an der Stelle $\underline{s}=\underline{0}$, erhält man:

$$\frac{1}{j} \frac{\partial \phi_{\underline{x}}(\underline{s})}{\partial s_k} \Big|_{\underline{s}=\underline{0}} = \int_{-\infty}^{\infty} \xi_k \cdot f_{\underline{x}}(\underline{\xi}) \cdot d\underline{\xi} = E\{x_k\} \tag{3.226}$$

Man erhält also den linearen Erwartungswert der Zustandsvektorkomponente x_k aus der nach s_k partiell differenzierten charakteristischen Funktion durch Einsetzen der Stelle $\underline{s}=\underline{0}$.

Für die zweiten Momente gilt analog:

$$E\{x_k \cdot x_l\} = (-j)^2 \cdot \frac{\partial^2 \phi_{\underline{x}}(\underline{s})}{\partial s_k \cdot \partial s_l}\Big|_{\underline{s}=\underline{0}} = \int_{-\infty}^{\infty} \xi_k \cdot \xi_l \cdot f_{\underline{x}}(\underline{\xi}) \cdot d\underline{\xi} \tag{3.227}$$

Diese Beziehung läßt sich auf Verbundmomente mehrerer Zufallsvektorkomponenten erweitern, zu:

$$E\{x_k x_l \dots x_{k+N-1}\} = (-j)^N \cdot \frac{\partial^N \phi_{\underline{x}}(\underline{s})}{\partial s_k \partial s_l \dots \partial s_{k+N-1}}\Big|_{\underline{s}=\underline{0}}$$

$$= \int_{-\infty}^{\infty} \xi_k \xi_l \cdots \xi_{k+N-1} \cdot f_{\underline{x}}(\underline{\xi}) \cdot d\underline{\xi} \tag{3.228}$$

Ebenso erhält man analog für höhere Verbundmomente:

$$E\{x_k^m \cdot x_l^o\} = (-j)^{m+o} \cdot \frac{\partial^{(m+o)} \phi_{\underline{x}}(\underline{s})}{\partial s_k^m \, \partial s_l^o}\Big|_{\underline{s}=\underline{0}} = \int_{-\infty}^{\infty} \xi_k^m \cdot \xi_l^o \cdot f_{\underline{x}}(\underline{\xi}) \, d\underline{\xi} \tag{3.229}$$

Ähnliche Ergebnisse ergeben sich für höhere Verbundmomente mehrerer Zufallsvariablen.

Die Verteilungsdichtefunktion erhält man aus der charakteristischen Funktion über die inverse Fouriertransformation:

$$f_{\underline{x}}(\underline{\xi}) = \frac{1}{(2\pi)^n} \int_{-\infty}^{\infty} \dots \int_{-\infty}^{\infty} \phi_{\underline{x}}(\underline{s}) \, e^{-j\underline{\xi}^T \underline{s}} \cdot ds_1 \dots ds_n \tag{3.230}$$

3.13 Verteilungsdichtefunktion der Summe von unabhängigen Zufallsvariablen

Wenn $\underline{x}$ und $\underline{y}$ zwei unabhängige n–dimensionale Zufallsvektoren sind, und $\underline{z}$ die Zufallsvariable darstellt, die die Summe beider Zufallsvariablen beschreibt, wie kann dann die Verteilungsdichtefunktion von $\underline{z}$ berechnet werden, wenn die Einzelverteilungsdichtefunktionen $f_{\underline{x}}$, $f_{\underline{y}}$ bekannt sind? Solche Problemstellung liegen in der Praxis z.B. dann vor, wenn die gestörten Meßwerte aus der Überlagerung einer unbekannten, ungestörten Sollgröße und der von dieser Größe unabhängigen, ebenfalls unbekannten Meßfehler entstehen. Zur Berechnung dieser Verteilungsdichte geht man aus von:

$$f_{\underline{z}}(\underline{\zeta}) = \int_{-\infty}^{\infty} f_{\underline{z},\underline{x}}(\underline{\zeta},\underline{\xi})\, d\xi \tag{3.231}$$

$$= \int_{-\infty}^{\infty} f_{\underline{z}/\underline{x}}(\underline{\zeta}/\underline{\xi}) \cdot f_{\underline{x}}(\underline{\xi}) \cdot d\underline{\xi} \tag{3.232}$$

Nach Gl. 3.232 kann die gesuchte Verteilungsdichtefunktion $f_{\underline{z}}(\underline{\zeta})$ aus der gegebenen Verteilungsdichtefunktion $f_{\underline{x}}(\underline{\xi})$ berechnet werden, wenn die bedingte Verteilungsdichtefunktion der Meßgröße $f_{\underline{z}/\underline{x}}(\underline{\zeta}/\underline{\xi})$ berechnet worden ist. Zur Berechnung dieser bedingten Verteilungsdichte kann man mit Gl. 3.99 schreiben:

$$\begin{aligned} f_{\underline{z}/\underline{x}}(\underline{\zeta}/\underline{\xi}) \cdot d\underline{\zeta} &= P(\{\omega : \underline{\zeta} < \underline{z}(\omega) \le \underline{\zeta}+d\underline{\zeta}\} \text{ \underline{vorausgesetzt} daß } \underline{x}(\omega) = \underline{\xi}) \\ &= P(\{\omega : \underline{\zeta} < \underline{x}(\omega)+\underline{y}(\omega) \le \underline{\zeta}+d\underline{\zeta}\} \mid \underline{x}(\omega) = \underline{\xi}) \\ &= P(\{\omega : \underline{\zeta}-\underline{\xi} < \underline{x}(\omega)-\underline{\xi}+\underline{y}(\omega) \le \underline{\zeta}-\underline{\xi}+d\underline{\zeta}\} \mid \underline{x}(\omega) = \underline{\xi}) \end{aligned} \tag{3.233}$$

Da aber $\underline{x}(\omega)$ voraussetzungsgemäß den Wert $\underline{\xi}$ annimmt, verschwindet die Differenz $\underline{x}(\omega)-\underline{\xi}$, und man erhält:

$$f_{\underline{z}/\underline{x}}(\underline{\zeta}/\underline{\xi})\, d\underline{\zeta} = P(\{\omega : \underline{\zeta} - \underline{\xi} < \underline{y}(\omega) \le \underline{\zeta}-\underline{\xi}+d\underline{\zeta}\} \mid \underline{x}(\omega) = \underline{\xi}) \tag{3.234}$$

$\underline{y}$ und $\underline{x}$ sind aber unabhängig, so daß man die Bedingung $\underline{x}(\omega) = \underline{\xi}$ in Gl. 3.234 fortlassen kann, und es ergibt sich:

$$f_{\underline{z}/\underline{x}}(\zeta/\xi)\cdot d\zeta = P(\{\omega : \zeta-\xi < \underline{y}(\omega) \leq \zeta-\xi+d\zeta\}) = f_{\underline{y}}(\zeta-\xi)\cdot d\zeta \tag{3.235}$$

Bei der letzten Umformung wurde wiederum Gl. 3.99 ausgenutzt. Damit erhält man folgende Identität:

$$f_{\underline{z}/\underline{x}}(\zeta/\xi) = f_{\underline{y}}(\zeta-\xi) \tag{3.236}$$

Damit haben wir die gesuchte bedingte Verteilungsdichtefunktion berechnet und können das Ergebnis in Gl. 3.232 einsetzen, so daß wir für die gesuchte unbedingte Verteilungsdichtefunktion der Zufallsvariablen $\underline{z}$ erhalten:

$$f_{\underline{z}}(\zeta) = \int_{-\infty}^{\infty} f_{\underline{y}}(\zeta-\xi)\cdot f_{\underline{x}}(\xi)\, d\xi \tag{3.237}$$

Gleichung 3.237 enthält ein sogenanntes Faltungsintegral, welches in der Nachrichtentechnik hinreichend bekannt ist, im Einzelfall (vor allem im mehrdimensionalen Einzelfall) aber beliebig schwer berechenbar sein kann.

Das gleiche Ergebnis läßt sich natürlich auch über den Umweg über die Fouriertransformation und Rücktransformation durch eine Multiplikation der entsprechenden charakteristischen Funktionen erzielen. Anstelle der Herleitung dieser Tatsache über die Fouriertransformation soll an dieser Stelle ein einfacherer Weg beschritten werden, bei dem lediglich die Erwartungswertrechenregeln benötigt werden. Es gilt nämlich mit Gl. 3.222a:

$$\phi_{\underline{z}}(\underline{s}) = E\{e^{j\underline{s}^T\underline{z}}\} = E\{e^{j\underline{s}^T\cdot(\underline{x}+\underline{y})}\} = E\{e^{j\underline{s}^T\underline{x}}\cdot e^{j\underline{s}^T\underline{y}}\} \tag{3.238}$$

Wegen der Unabhängigkeit von $\underline{x}$ und $\underline{y}$ kann der Erwartungswert des Produktes der beiden Exponentialfunktionen als Produkt der Erwartungswerte der einzelnen Exponentialfunktionen geschrieben werden, wie sich leicht mit Gl. 3.197 zeigen läßt, so daß man folgende Identität erhält:

$$\phi_{\underline{z}}(\underline{s}) = E\{e^{j\underline{s}^T\underline{z}}\} = E\{e^{j\underline{s}^T\underline{x}}\}\cdot E\{e^{j\underline{s}^T\underline{y}}\} \tag{3.239}$$

Mit der Anwendung der Definitionsgleichung 3.222a erhält man dann jedoch aus Gl. 3.239 sofort das gewünschte Endergebnis:

$$\phi_{\underline{z}}(\underline{s}) = \phi_{\underline{x}}(\underline{s})\cdot \phi_{\underline{y}}(\underline{s}) \tag{3.240}$$

Die charakteristische Funktion der Summe zweier unabhängiger Zufallsvariablen ergibt sich, wie vorausgesagt, als Produkt der charakteristischen Funktionen der beiden Zufallsvariablen.

3.14 Gaußverteilte Zufallsvektoren

Gaußverteilte Zufallsvektoren sind für die lineare Estimationstheorie (namentlich die lineare Kalman–Filtertheorie) von eminenter Bedeutung. So gelten alle Optimalitätskriterien, die bei Estimationsproblemen mit beliebig verteilten Zufallsvektoren nur unter der zusätzlichen Bedingung linearer Estimationsalgorithmen gelten, im Spezialfall der gaußverteilten Zufallsvektoren ohne jegliche Zusatzbedingung. Lineare Zustandsraummodelle mit gaußverteilten Zufallssignalen führen deshalb automatisch auf optimale Estimationsalgorithmen, die linear sind. Gaußverteilte Zufallsvektoren bleiben in linearen Systemen gaußverteilt, dies erleichtert zudem die Berechnung von Verteilungsdichtefunktionen, da nur Erwartungswert und Kovarianz berechnet werden müssen und damit die gesamte Verteilungsdichtefunktion vollständig bestimmt ist.

Die Verteilungsdichtefunktion eines n–dimensionalen, gaußverteilten Zufallsvektors ist gegeben durch:

$$f_{\underline{x}}(\underline{\xi}) = \frac{1}{(2\pi)^{n/2}\ |P|^{1/2}} \cdot \exp\{-\frac{1}{2} \cdot [\underline{\xi} - \underline{m}_{\underline{x}}]^T \cdot P^{-1} \cdot [\underline{\xi} - \underline{m}_{\underline{x}}]\} \tag{3.241}$$

P ist eine positiv definite (invertierbare) n×n–Matrix, die gleichzeitig die Kovarianzmatrix der Zufallsvariablen $\underline{x}$ darstellt, wie später noch gezeigt wird. exp $\{\cdot\}$ beschreibt die Exponentialfunktion, $|\cdot|$ steht für die Determinante einer Matrix.

Über die charakteristische Funktion ist auch eine Definition einer Gaußverteilung mit positiv semi–definiter Matrix P (P=0 eingeschlossen) möglich, der Fall P=0 beschreibt dann eine Zufallsvariable, deren Realisationen ohne jegliche Unsicherheit den Wert $\underline{m}_{\underline{x}}$ annehmen. Eine solche Zufallsvariable ist aber eigentlich keine Zufallsvariable mehr, sondern eine deterministische Größe, deren Verteilungsdichte einem n–dimensionalen Diracstoß entspricht. (Anmerkung: n–dimensionale Diracstöße werden in der Tat als Grenzwerte von n–dimensionalen Gaußfunktionen mit gegen Null strebender Kovarianzmatrix dargestellt.) Im eindimensionalen Fall vereinfacht sich Gl. 3.241 zu:

$$f_x(\xi) = \frac{1}{\sqrt{(2\pi)\ P}} \cdot \exp\{-\frac{1}{2P} \cdot [\xi - m_x]^2\} \tag{3.242}$$

Diese Dichtefunktion ist in Abbildung 3.21 dargestellt. Die Gaußverteilungsdichte ist symmetrisch und besitzt nur ein Maximum, welches an der Stelle ξ=m angenommen wird. Dieser Wert ist gleichzeitig der Erwartungswert (mean) der Zufallsvariablen x, wie später noch gezeigt wird, deshalb kann man festhalten:

Die Gaußverteilung ist symmetrisch, unimodal (besitzt nur ein Maximum) und nimmt das Maximum in ihrem Symmetriepunkt an, der gleichzeitig der Erwartungswert der Zufallsvariablen (mean) ist.

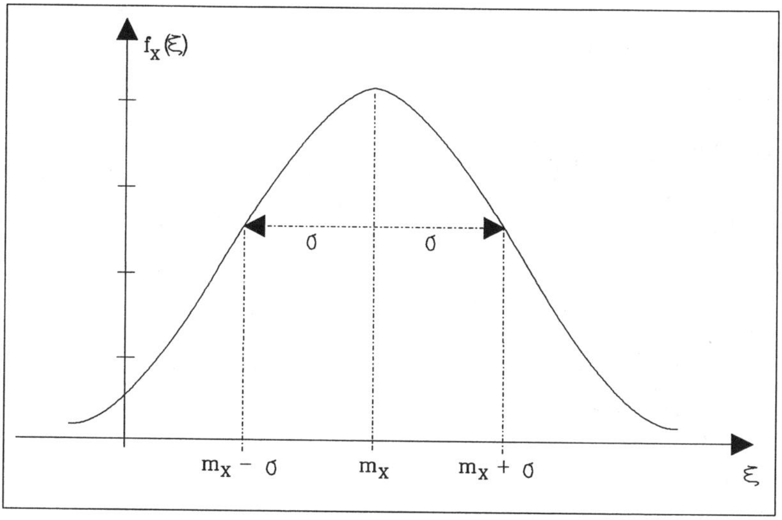

Bild 3.21: Dichtefunktion einer skalaren, gaußverteilten Zufallsvariablen

Wegen der Symmetrie der Funktion zu diesem Punkt liegen auch links und rechts dieses Wertes gleiche Wahrscheinlichkeits'flächen', so daß der Medianwert (median) ebenfalls in den Punkt m fällt. Demzufolge gilt auch:

Bei der Gaußverteilungsfunktion fallen Mean, Median und Mode (Maximum der Verteilungsdichtefunktion) in einen Punkt zusammen.

Der Wert P beschreibt die Varianz der Zufallsvariablen und gibt an, wie stark die Gaußfunktion um den Wert m 'gespreizt' ist. Die Wurzel aus der Varianz ist die Standardabweichung.
Die beiden Werte $m-\sigma$ und $m+\sigma$ stellen bei der Gaußverteilungsdichte zwei Kennwerte dar, zwischen denen 68.3 % der Gesamtfläche unter der Verteilungsdichtefunktion liegt, d.h., die Wahrscheinlichkeit dafür, daß die Realisationen der Zufallsvariablen x innerhalb des Intervalls $(m-\sigma, m+\sigma]$ liegen, beträgt 68.3 %. Wählt man die Intervallgrenzen zu $m-2\sigma$ und $m+2\sigma$, erhält man immerhin schon eine Wahrscheinlichkeit von 95.4 %, und für die Intervallgrenzen von $m-3\sigma$ und $m+3\sigma$ erhält man gar eine Wahrscheinlichkeit von 99.7 %. Die Gaußverteilungsdichte ist damit eine sogenannte 'schnellabfallende' Funktion, und bei gaußverteilten Zufallsvariablen ergeben die sogenannten 3σ–Grenzen für die Realisationen immerhin ein Intervall, in das 99.7 % aller Zahlenwerte dieser Variablen fallen. Somit stellen die 3–Sigma–Grenzen eine sehr zuverlässige Abschätzung der möglichen Zahlenwerte einer derartigen Zufallsvariablen dar.

Für einen zweidimensionalen Zufallsvektor $\underline{x}$ erhält man nach Gl. 3.242 die folgende Verteilungsdichtefunktion:

$$f_{\underline{x}}(\underline{\xi}) = (2\pi)^{-1} \cdot \left| \begin{bmatrix} \sigma_1^2 & r_{12}\sigma_1\sigma_2 \\ r_{12}\sigma_1\sigma_2 & \sigma_2^2 \end{bmatrix} \right|^{-1/2}$$

$$\cdot \exp\left\{ -1/2 \cdot \begin{bmatrix} (\xi_1-m_1) \\ (\xi_2-m_2) \end{bmatrix}^T \cdot \begin{bmatrix} \sigma_1^2 & r_{12}\sigma_1\sigma_2 \\ r_{12}\sigma_1\sigma_2 & \sigma_2^2 \end{bmatrix}^{-1} \cdot \begin{bmatrix} (\xi_1-m_1) \\ (\xi_2-m_2) \end{bmatrix} \right\} \quad (3.243)$$

$$= \frac{1}{(2\pi)\sigma_1\sigma_2(1-r_{12}^2)^{1/2}} \cdot \exp\left\{- \frac{1}{2(1-r_{12}^2)} \cdot \left[\frac{(\xi_1-m_1)^2}{\sigma_1^2} + \frac{(\xi_2-m_2)^2}{\sigma_2^2} - \frac{2r_{12}(\xi_1-m_1)\ (\xi_2-m_2)}{\sigma_1\ \sigma_2} \right] \right\} \quad (3.244)$$

Die zweidimensionale Gaußverteilungsdichte ist in Abbildung 3.22 dargestellt. Die Orte konstanter Wahrscheinlichkeit einer Zufallsvariablen erhält man durch die Forderung:

$$f_{\underline{x}}(\underline{\xi}) = \text{const.} = p_x \quad (3.245)$$

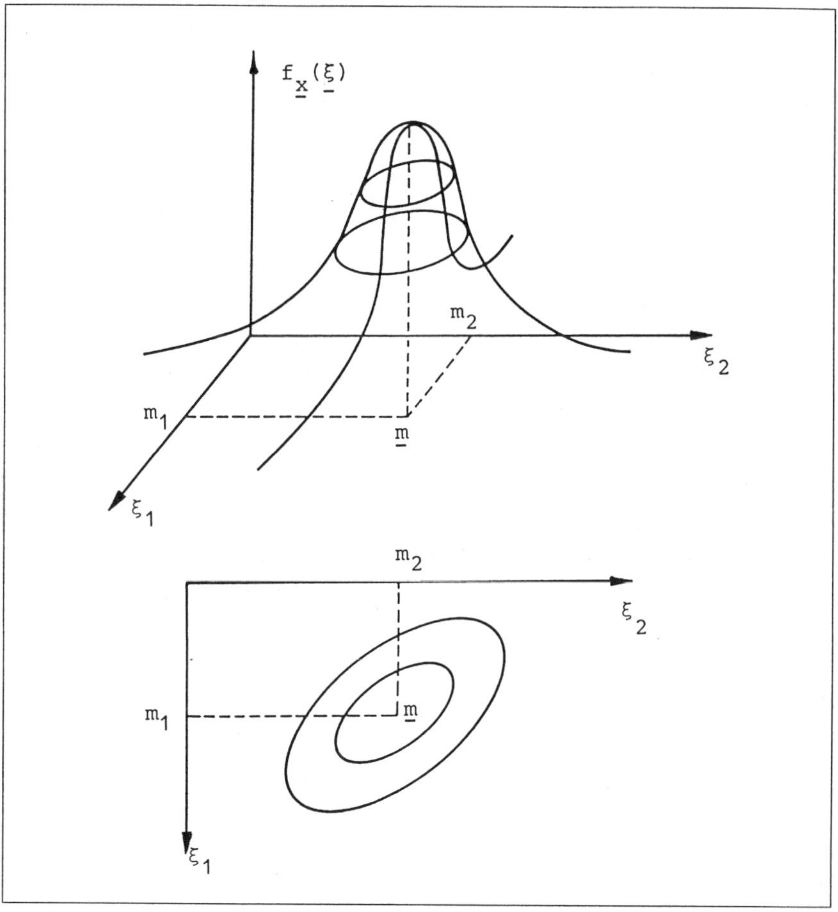

Bild 3.22: Dichtefunktion eines 2–dimensionalen, gaußverteilten Zufallsvektors und Ellipsen konstanter Wahrscheinlichkeit

Setzt man nun die Gaußverteilungsdichte nach Gl. 3.241 ein, erhält man durch Umformen und Logarithmusbildung:

$$[\underline{\xi} - \underline{m}_{\underline{x}}]^T \cdot P^{-1} \cdot [\underline{\xi} - \underline{m}_{\underline{x}}] = -2 \ln \{(2\pi)^{n/2} \cdot |P|^{1/2} \cdot p_x\} = k_x \qquad (3.246)$$

Gl. 3.246 ist eine sogenannte quadratische Form, die im n–dimensionalen Fall ein n–dimensionales Ellipsoid beschreibt. Die Wahrscheinlichkeit dafür, daß die Zahlenwerte einer Zufallsvariablen innerhalb dieses Ellipsoides liegen, ergibt sich als Integral über die Verteilungsdichtefunktion, wobei die Grenzen des Integrationsbereiches durch das Ellipsoid beschrieben werden. Im zweidimensionalen Fall nach Gl. 3.244 ergibt sich dann:

$$\left[\frac{(\xi_1-m_1)^2}{\sigma_1^2}+\frac{(\xi_2-m_2)^2}{\sigma_2^2}-\frac{2r_{12}(\xi_1-m_1)\,(\xi_2-m_2)}{\sigma_1\cdot\sigma_2}\right]=k_{\underline{x}} \tag{3.247}$$

als allgemeine Ellipsengleichung in der ξ_1–ξ_2–Ebene. Die Kovarianzmatrix bestimmt dabei die Orientierung und Form der Ellipse, der Erwartungswertvektor $\underline{m}_{\underline{x}}$ bestimmt die Lage. Der Korrelationskoeffizient r_{12} beschreibt die Drehung der Halbachsen der Ellipse gegen die Koordinatenachsen ξ_1,ξ_2. Verschwindet der Korrelationskoeffizient, d.h. $r_{12}=0$, dann liegen die beiden Halbachsen parallel zu den Koordinatenachsen und die Werte σ_1 und σ_2 stellen die beiden Halbachsen der 1–Sigma–Ellipse dar. (Durch eine Koordinatentransformation in Form einer Ursprungsverschiebung mit anschließender Drehung (Hauptachsentransformation) kann zu jeder Ellipse in beliebiger Lage ein transformiertes Koordinatensystem eingeführt werden, in dem die Ellipse in 'Normallage' liegt.)

3.14.1 Charakteristische Funktion

Die Berechnung der charakteristischen Funktion einer allgemeinen Gaußverteilungsdichte gliedert sich in drei Teilschritte. Zunächst soll die charakteristische Funktion einer gaußverteilten Zufallsvariablen mit einer Einheitskovarianzmatrix und verschwindendem Erwartungswert berechnet werden. Dann werden durch Anwendung der Erwartungswertrechenregeln einige allgemein gültige Transformationsgesetze für charakteristische Funktionen, vergleichbar mit dem Verschiebungs– und Ähnlichkeitssatz der Fouriertransformation, hergeleitet. Diese werden im letzten Schritt zur Formulierung der charakteristischen Funktion der allgemeinen Gaußdichte herangezogen.

a) Berechnung der char. Funktion einer erwartungswertfreien Gaußverteilungsdichte mit Einheitskovarianzmatrix:

Die charakteristische Funktion lautet nach Gl. 3.222c:

$$\phi(\underline{s}) = \int_{-\infty}^{\infty} \ldots \int_{-\infty}^{\infty} \exp\{j\underline{s}^T \underline{\xi}\} \cdot f_{\underline{x}}(\underline{\xi}) \cdot d\xi_1 \ldots d\xi_n$$

$$= \frac{1}{(2\pi)^{n/2}} \cdot \int_{-\infty}^{\infty} \ldots \int_{-\infty}^{\infty} \exp\{j\underline{s}^T \underline{\xi} - 1/2 \cdot \underline{\xi}^T \cdot I \cdot \underline{\xi}\} \cdot d\xi_1 \ldots d\xi_n \tag{3.248}$$

'Erweitern' mit der 'quadratischen Ergänzung' liefert:

$$\phi(\underline{s}) = \frac{1}{(2\pi)^{n/2}} \cdot \exp\{-1/2 \cdot \underline{s}^T \underline{s}\}$$

$$\cdot \int_{-\infty}^{\infty} \ldots \int_{-\infty}^{\infty} \exp\{-1/2 \cdot (\underline{\xi} - j\underline{s})^T \cdot (\underline{\xi} - j\underline{s})\} \cdot d\xi_1 \ldots d\xi_n \tag{3.249}$$

$$= \frac{1}{(2\pi)^{n/2}} \cdot \exp\{-1/2 \underline{s}^T \underline{s}\}$$

$$\cdot \int_{-\infty}^{\infty} \ldots \int_{-\infty}^{\infty} \exp\{-1/2 \cdot \sum_{i=1}^{n} (\xi_i - js_i)^2\} \cdot d\xi_1 \ldots d\xi_n \tag{3.250}$$

Die Summe in der Exponentialfunktion läßt sich in ein Produkt von Exponentialfunktion umschreiben, so daß sich das n–fach Integral in Gl. 3.250 in ein Produkt von n Teilintegralen separieren läßt, da jeder Faktor nur von einem Integranden abhängt. Damit erhält man:

$$\phi(\underline{s}) = \exp\{-1/2\underline{s}^T\underline{s}\}$$

$$\cdot \frac{1}{(2\pi)^{n/2}} \cdot \prod_{i=1}^{n} \int_{-\infty}^{\infty} \exp\{-1/2\cdot(\xi_i - js_i)^2\}\cdot d\xi_i \tag{3.251}$$

Das komplexe Teilintegral:

$$\frac{1}{(2\pi)^{1/2}} \cdot \int_{-\infty}^{\infty} \exp\{-1/2\cdot(\xi_i - js_i)^2\}\cdot d\xi_i$$

kann durch Konturintegration entlang der reellen Achse gelöst werden und ergibt:

$$\frac{1}{(2\pi)^{1/2}} \cdot \int_{-\infty}^{\infty} \exp\{-1/2\cdot(\xi_i - js_i)^2\}\cdot d\xi_i = 1 \tag{3.252}$$

Damit wird aus Gl. 3.251:

$$\phi(\underline{s}) = \exp\{-1/2\cdot \underline{s}^T\underline{s}\} \tag{3.253}$$

Dieses Ergebnis ist in der Tat nicht verwunderlich, da die charakteristische Funktion die Fouriertransformierte der Verteilungsdichtefunktion ist und aus der Theorie der Fouriertransformation bekannt ist, daß die Fouriertransformierte einer Gaußfunktion wieder eine Gaußfunktion ist. Die Gaußfunktion ist eine transformationsinvariante Funktion, es findet lediglich eine Amplitudenskalierung statt.

b) Transformationssatz für charakteristische Funktionen

An späterer Stelle wird noch gezeigt, daß die Matrix P die Kovarianzmatrix der Zufallsvariablen $\underline{x}$ darstellt und $\underline{m}_{\underline{x}}$ der Erwartungswert von $\underline{x}$ ist. Zusammen mit den Erwartungswertrechenregeln und der Definition der charakteristischen Funktion soll nun ein Transformationssatz, vergleichbar einer Kombination von Ähnlichkeits– und Verschiebungssatz der Fouriertransformation, abgeleitet werden.

$\underline{y}$ sei eine Zufallsvariable mit gegebener Verteilungsdichtefunktion $f_{\underline{y}}(\underline{\xi})$. Ferner sei eine Transformation $\underline{x} = \underline{g}(\underline{y})$ gegeben mit:

$$\underline{x} = A \cdot \underline{y} + \underline{a} \tag{3.254}$$

Dann besitzt $\underline{x}$ nach Gl. 3.159 die von $\underline{y}$ induzierte Verteilungsdichtefunktion:

$$f_{\underline{x}}(\underline{\xi}) = f_{\underline{y}}(A^{-1} \cdot (\underline{\xi} - \underline{a})) \cdot |A^{-1}| \tag{3.255}$$

Eine analoge Beziehung läßt sich auch für die charakteristische Funktion $\phi_{\underline{x}}$ ableiten. Dazu gehen wir aus von Gl. 3.222a:

$$\begin{aligned} \phi_{\underline{x}}(\underline{s}) &= E\{\exp\{j\underline{s}^T\underline{x}\}\} = E\{\exp\{j\underline{s}^T(A \cdot \underline{y} + \underline{a})\}\} \\ &= E\{\exp\{j\underline{s}^T \cdot A \cdot \underline{y}\} \cdot \exp\{j\underline{s}^T\underline{a}\}\} \end{aligned} \tag{3.256}$$

Der letzte Faktor ist eine deterministische Konstante, kann also nach Gl. 3.170 von der Erwartungswertbildung ausgenommen werden, so daß man durch Einsetzen der zusätzlichen Beziehung:

$$\underline{s}^T A = (A^T \underline{s})^T$$

erhält:

$$\begin{aligned} \phi_{\underline{x}}(\underline{s}) &= E\{\exp\{j(A^T \cdot \underline{s})^T \cdot \underline{y}\}\} \cdot \exp\{j\underline{s}^T \cdot \underline{a}\} \\ &= \phi_{\underline{y}}(A^T \cdot \underline{s}) \cdot \exp\{j\underline{s}^T \cdot \underline{a}\} \end{aligned} \tag{3.257}$$

Dies ist der gesuchte Transformationssatz für die charakteristische Funktion einer Zufallsvariablen, die durch eine affine Transformation aus einer anderen Zufallsvariablen entsteht.

c) Berechnung der charakteristischen Funktion einer allgemeinen Gaußdichte

Der zuvor abgeleitete Transformationssatz kann nun folgendermaßen zur Berechnung der charakteristischen Funktion der allgemeinen Gaußdichte benutzt werden. Die charakteristische Funktion ist nach Gl. 3.222a definiert durch:

$$\phi_{\underline{x}}(\underline{s}) = \frac{1}{(2\pi)^{n/2} |P_{\underline{xx}}|^{1/2}}$$

$$\cdot \int_{-\infty}^{\infty} \dots \int_{-\infty}^{\infty} \exp\{j\underline{s}^T \underline{\xi} - 1/2 \cdot (\underline{\xi} - \underline{m}_{\underline{x}})^T \cdot P_{\underline{xx}}^{-1} \cdot (\underline{\xi} - \underline{m}_{\underline{x}})\} \cdot d\xi_1 \dots d\xi_n \quad (3.258)$$

Die Matrix $P_{\underline{xx}}$ ist symmetrisch und nach Voraussetzung positiv definit, so daß eine sogenannte Cholesky–Dekomposition $\sqrt[c]{}$ dieser Matrix existiert mit:

$$A = \sqrt[c]{P_{\underline{xx}}} \quad (3.259)$$

und:

$$P_{\underline{xx}} = A \cdot A^T \quad (3.260)$$

Es wird nun zunächst eine gaußverteilte, erwartungswertfreie Zufallsvariable $\underline{y}(\cdot)$ mit Einheitskovarianzmatrix $P_{\underline{yy}} = I$ eingeführt. Damit besitzt $\underline{y}$ nach Gl. 3.253 die charakteristische Funktion:

$$\phi_{\underline{y}}(\underline{s}) = \exp\{-1/2 \cdot \underline{s}^T \underline{s}\} \quad (3.261)$$

Führt man nun zusätzlich eine affine Transformation ein, die eine neue Zufallsvariable $\underline{x}'$ aus $\underline{y}$ erzeugt, mit:

$$\underline{x}' = A \cdot \underline{y} + \underline{m}_{\underline{x}} \quad (3.262)$$

erhält man für Erwartungswert und Kovarianz dieser Zufallsvariablen $\underline{x}$:

$$E\{\underline{x}'\} = A \cdot E\{\underline{y}\} + \underline{m}_{\underline{x}} = \underline{m}_{\underline{x}} \quad (3.263)$$

und:

$$E\{(\underline{x}' - \underline{m}_{\underline{x}}) \cdot (\underline{x}' - \underline{m}_{\underline{x}})^T\} = E\{A \cdot \underline{y} \cdot \underline{y}^T \cdot A^T\} = A \cdot E\{\underline{y} \cdot \underline{y}^T\} \cdot A^T = A \cdot A^T = P_{\underline{xx}} \quad (3.264)$$

Hierbei wurde neben Gl. 3.260 ausgenutzt, daß $\underline{y}$ erwartungswertfrei ist und eine Einheitskovarianzmatrix besitzt.

Die Gl. 3.263 und 3.264 besagen, daß die durch die Transformation entstandene neue Zufallsvariable $\underline{x}'$ den gleichen Erwartungswert und die gleiche Kovarianzmatrix wie die gegebene Zufallsvariable $\underline{x}$ besitzt, deren charakteristische Funktion gesucht ist.

Die charakteristische Funktion von $\underline{x}'$ kann nun sofort mit Gl. 3.257 aus der bekannten charakteristischen Funktion von $\underline{y}$ berechnet werden. Damit erhält man für die charakteristische Funktion der Zufallsvariablen $\underline{x}'$:

$$\begin{aligned}\phi_{\underline{x}'}(\underline{s}) &= \phi_{\underline{y}}(A^T\cdot \underline{s})\cdot \exp\{j\underline{s}^T\underline{a}\}\\ &= \exp\{-1/2\cdot (A^T\cdot \underline{s})^T\cdot A^T\cdot \underline{s}\}\cdot \exp\{j\underline{s}^T\underline{a}\}\\ &= \exp\{-1/2\cdot \underline{s}^T\cdot A\cdot A^T\cdot \underline{s}\}\ \exp\{j\underline{s}^T\underline{a}\}\end{aligned} \tag{3.265}$$

Durch Einsetzen von Gl. 3.260 und 3.262 ergibt sich dann:

$$\phi_{\underline{x}'}(\underline{s}) = \exp\{-1/2\cdot \underline{s}^T\cdot P_{\underline{xx}}\cdot \underline{s}\}\cdot \exp\{j\underline{s}^T\underline{m}_{\underline{x}}\} \tag{3.266}$$

Dies ist die gesuchte char. Funktion der Zufallsvariablen $\underline{x}'$ mit gegebener Kovarianz $P_{\underline{xx}}$ und gegebenem Erwartungswert $\underline{m}_{\underline{x}}$. Die charakteristische Funktion ist wieder eine Gaußfunktion, demzufolge (über die Eindeutigkeit der Fouriertransformation für stetige Funktionen) muß auch die Zufallsvariable $\underline{x}'$ gaußverteilt sein. Damit wurde durch diese Ableitung gleichzeitig gezeigt, daß affine Transformationen, wie sie durch Gl. 3.262 beschrieben werden, angewendet auf gaußverteilte Zufallsvariablen, wieder gaußverteilte Zufallsvariablen erzeugen. Nun sind sowohl die Zufallsvariable $\underline{x}$ laut Voraussetzung als auch die durch die Transformation entstandene Zufallsvariable $\underline{x}'$ gaußverteilt, und beide Zufallsvariablen besitzen identische Momente $\underline{m}_{\underline{x}}$ und $P_{\underline{xx}}$. Dann müssen auch beide Zufallsvariablen identische Verteilungsdichten besitzen, da eine Gaußverteilungsdichte durch die Angabe der ersten beiden Momente vollständig und eindeutig bestimmt ist. Damit gilt:

$$f_{\underline{x}}(\underline{\xi}) = f_{\underline{x}'}(\underline{\xi}) \tag{3.267}$$

und:

$$\phi_{\underline{x}}(\underline{s}) = \phi_{\underline{x}'}(\underline{s}) = \exp\{-1/2\cdot \underline{s}^T\cdot P_{\underline{xx}}\cdot \underline{s}\}\cdot \exp\{j\underline{s}^T\underline{m}_{\underline{x}}\} \tag{3.268}$$

Damit wurde die charakteristische Funktion einer gaußverteilten Zufallsvariablen $\underline{x}$ mit Erwartungswert $\underline{m}_{\underline{x}}$ und Kovarianzmatrix $P_{\underline{xx}}$ berechnet.

3.14.2 Momente einer gaußverteilten Zufallsvariablen

In diesem Unterpunkt sollen die Momente einer gaußverteilten Zufallsvariablen berechnet werden. Dazu wird die momenterzeugende Eigenschaft der charakteristischen Funktion ausgenutzt. Die charakteristische Funktion der gaußverteilten Zufallsvariablen $\underline{x}$ lautet:

$$\phi_{\underline{x}}(\underline{s}) = \exp\{j\underline{s}^T\underline{m}_{\underline{x}} - 1/2\cdot \underline{s}^T\cdot P_{\underline{xx}}\cdot \underline{s}\}$$

$$= \exp\{j\sum_{i=1}^{n} s_i m_{x_i} - 1/2 \sum_{i=1}^{n}\sum_{j=1}^{n} s_i\cdot s_j\cdot P_{\underline{xx}_{ij}}\} \tag{3.269}$$

Der Erwartungswert der k–ten Komponente x_k des Zufallsvektors $\underline{x}$ kann nun mit Gl. 3.226 berechnet werden, indem die charakteristische Funktion partiell nach s_k abgeleitet wird, und das Ergebnis an der Stelle $\underline{s}=\underline{0}$ ausgewertet wird. Man erhält dann:

$$E[x_k] = (j)^{-1} \frac{\partial}{\partial s_k} \phi_{\underline{x}}(\underline{s}) \,\Big|_{\underline{s}=\underline{0}}$$

$$= (j)^{-1}\cdot \{j\cdot m_{x_k} - \sum_{j=1}^{n} s_j P_{\underline{xx}_{kj}}\}\cdot \phi_{\underline{x}}(\underline{s}) \,\Big|_{\underline{s}=\underline{0}} = m_{x_k} \tag{3.270}$$

Dies gilt für alle Werte von k, k=1, 2, ...n, deshalb gilt:

$$E\{\underline{x}\} = \underline{m}_{\underline{x}} \tag{3.271}$$

Ausgehend von der ersten partiellen Ableitung nach s_k in Gl. 3.270 lautet die nächste partielle Ableitung:

$$\frac{\partial^2}{\partial s_k \partial s_l} \phi_{\underline{x}}(\underline{s}) = \frac{\partial}{\partial s_l} (jm_{x_k} - \sum_{j=1}^{n} P_{\underline{xx}_{kj}} s_j)\cdot \phi_{\underline{x}}(\underline{s})$$

$$+ (jm_{x_k} - \sum_{j=1}^{n} P_{\underline{xx}_{kj}} s_j)\cdot \frac{\partial}{\partial s_l}\cdot \phi_{\underline{x}}(\underline{s})$$

$$= -P_{\underline{\underline{xx}}_{kl}} \cdot \phi_{\underline{x}}(\underline{s}) + (jm_{x_k} - \sum_{j=1}^{n} P_{\underline{\underline{xx}}_{kj}} s_j)$$

$$\cdot\ (jm_{x_l} - \sum_{j=1}^{n} P_{\underline{\underline{xx}}_{lj}} s_j) \cdot \phi_{\underline{x}}(\underline{s}) \qquad (3.272)$$

Daraus ergibt sich das allgemeine zweite Moment:

$$E\{x_k x_l\} = (j)^{-2} \cdot \frac{\partial^2}{\partial s_k \cdot \partial s_l} \cdot \phi_{\underline{x}}(\underline{s}) \,\Big|_{\underline{s}=\underline{0}} = P_{\underline{\underline{xx}}_{kl}} + m_{x_k} \cdot m_{x_l} \qquad (3.273)$$

Auch diese Beziehung gilt wieder für beliebige k=1, ...n, l=1, ...n, deshalb folgt aus Gl. 3.273:

$$E\{\underline{xx}^T\} = P_{\underline{\underline{xx}}} + \underline{m}_{\underline{x}} \cdot \underline{m}_{\underline{x}}^T \qquad (3.274)$$

Damit ist gezeigt, daß $\underline{m}_{\underline{x}}$ und $P_{\underline{\underline{xx}}}$ in der Tat die ersten beiden Momente einer gaußverteilten Zufallsvariablen darstellen.

Anmerkung: Durch partielles Ableiten der charakteristischen Funktion können beliebige höhere Momente erzeugt werden, ohne Herleitung sollen an dieser Stelle nur einige Ergebnisse angegeben werden, die aus /7/ übernommen wurden.

Für eine erwartungswertfreie, gaußverteilte Zufallsvariable $\underline{x}$ mit der Kovarianzmatrix $P_{\underline{\underline{xx}}}$ gilt:

$$f_{\underline{x}}(\underline{\xi}) = [(2\pi)^{n/2} |P_{\underline{\underline{xx}}}|^{1/2}]^{-1} \cdot \exp\{-1/2\, \underline{\xi}^T \cdot P_{\underline{\underline{xx}}}^{-1} \cdot \underline{\xi}\} \qquad (3.275)$$

$$\phi_{\underline{x}}(\underline{s}) = \exp\{-1/2 \cdot \underline{s}^T \cdot P_{\underline{\underline{xx}}} \cdot \underline{s}\} \qquad (3.276)$$

$$E\{\underline{x}\} = \underline{0} \qquad (3.277a)$$

$$E\{x_k\} = 0 \qquad (3.277b)$$

$$E\{x_k x_l x_m\} = 0 \qquad (3.278)$$

$$E\{x_k x_m\} = P_{km} \qquad (3.279)$$

$$E\{x_k x_l x_m x_n\} = P_{kl}P_{mn} + P_{km}P_{ln} + P_{kn}P_{lm} \tag{3.280}$$

für alle k, l, m, n $\in$ {1,2,3,...n}

Allgemein kann festgehalten werden, daß alle ungeraden zentralen Momente einer beliebig gaußverteilten Zufallsvariablen aufgrund der Symmetrie verschwinden, und alle geraden zentralen Momente sich durch die Kovarianzterme ausdrücken lassen. Die letztere Tatsache ist eine logische Folgerung daraus, daß eine gaußverteilte Zufallsvariable vollständig durch die Angabe von Erwartungswert und Kovarianz beschrieben wird.

3.14.3 Unkorreliertheit und Unabhängigkeit bei gaußverteilten Zufallsvariablen

Es wurde schon zuvor gezeigt, daß aus der Unabhängigkeit von zwei Zufallsvariablen auch ihre Unkorreliertheit folgt, aber unkorrelierte Zufallsvariablen nicht notwendigerweise auch unabhängig sind. Eine Ausnahme bilden hier Zufallsvariablen, deren Verbundverteilungsdichte gaußförmig ist; aus der Unkorreliertheit solcher Zufallsvariablen folgt dann auch die Unabhängigkeit, wie in diesem Kapitel gezeigt werden soll.

Es seien $\underline{x}$ und $\underline{y}$ zwei Zufallsvektoren der Dimension [n×1] bzw. [m×1], deren Verbundverteilungsdichte gaußförmig ist. Wir führen nun einen vergrößerten Zufallsvektor $\underline{z}$ ein mit:

$$\underline{z} = [\underline{x}^T \,|\, \underline{y}^T]^T \tag{3.281}$$

Die Aussage, die Verbundverteilungsdichte $f_{\underline{x},\underline{y}}(\underline{\xi},\underline{\varrho})$ sei gaußförmig, ist gleichbedeutend mit der Aussage, die Verteilungsdichte des vergrößerten Zufallsvektors $\underline{z}$ sei gaußförmig, d.h.:

$$f_{\underline{z}}(\underline{\zeta}) = f_{\underline{x},\underline{y}}(\underline{\xi},\underline{\varrho}) \text{ ist gaußförmig} \tag{3.282}$$

Die ersten beiden Momente des vergrößerten Zufallsvektors $\underline{z}$ lauten dann:

$$\underline{m}_{\underline{z}} = E\{\underline{z}\} = \left[\begin{array}{c} E\{\underline{x}\} \\ \hline E\{\underline{y}\} \end{array}\right] = \left[\begin{array}{c} \underline{m}_{\underline{x}} \\ \hline \underline{m}_{\underline{y}} \end{array}\right] \tag{3.283}$$

$$E\{\underline{z}\underline{z}^T\} = \left[\begin{array}{c|c} E\{\underline{x}\underline{x}^T\} & E\{\underline{x}\underline{y}^T\} \\ \hline E\{\underline{y}\underline{x}^T\} & E\{\underline{y}\underline{y}^T\} \end{array}\right] \tag{3.284a}$$

$$P_{\underline{zz}} = E\{\underline{z}\underline{z}^T\} - \underline{m}_{\underline{z}} \cdot \underline{m}_{\underline{z}}^T \tag{3.284b}$$

Wenn die Zufallsvektoren $\underline{x}$ und $\underline{y}$ unkorreliert sind, gilt:

$$E\{\underline{x} \cdot \underline{y}^T\} = \underline{m}_{\underline{x}} \cdot \underline{m}_{\underline{y}}^T \, , \; E\{\underline{y} \cdot \underline{x}^T\} = \underline{m}_{\underline{y}} \cdot \underline{m}_{\underline{x}}^T \tag{3.285}$$

Damit ergibt sich für die Autokorrelationsmatrix $\psi_{\underline{zz}}$:

$$\psi_{\underline{zz}} = E\{\underline{z} \cdot \underline{z}^T\} = \left[\begin{array}{c|c} E\{\underline{x}\underline{x}^T\} & \underline{m}_{\underline{x}}\underline{m}_{\underline{y}}^T \\ \hline \underline{m}_{\underline{y}}\underline{m}_{\underline{x}}^T & E\{\underline{y}\underline{y}^T\} \end{array}\right] \tag{3.286}$$

Die Kovarianzmatrix des Zufallsvektors $\underline{z}$ nimmt dann nach Gl. 3.284 Blockdiagonalform an:

$$P_{\underline{zz}} = \left[\begin{array}{c|c} E\{\underline{x}\underline{x}^T\} & \underline{m}_{\underline{x}}\underline{m}_{\underline{y}}^T \\ \hline \underline{m}_{\underline{y}}\underline{m}_{\underline{x}}^T & E\{\underline{y}\underline{y}^T\} \end{array}\right] - \left[\begin{array}{c|c} \underline{m}_{\underline{x}}\underline{m}_{\underline{x}}^T & \underline{m}_{\underline{x}}\underline{m}_{\underline{y}}^T \\ \hline \underline{m}_{\underline{y}}\underline{m}_{\underline{x}}^T & \underline{m}_{\underline{y}}\underline{m}_{\underline{y}}^T \end{array}\right] = \left[\begin{array}{c|c} P_{\underline{xx}} & 0 \\ \hline 0 & P_{\underline{yy}} \end{array}\right] \tag{3.287}$$

Zur Darstellung der Verteilungsdichte von $\underline{z}$ führen wir den vergrößerten Dummyvektor $\underline{\zeta}$ ein mit:

$$\underline{\zeta} = [\underline{\xi}^T \,|\, \underline{\varrho}^T]^T \tag{3.288}$$

Dann kann die gaußförmige Verteilungsdichtefunktion $f_{\underline{z}}(\underline{\zeta})$ folgendermaßen dargestellt werden:

$$f_{\underline{z}}(\underline{\zeta}) = [(2\pi)^{(n+m)/2} |P_{\underline{zz}}|^{1/2}]^{-1} \cdot \exp\{-1/2 \cdot (\underline{\zeta} - \underline{m}_{\underline{z}})^T \cdot P_{\underline{zz}}^{-1} \cdot (\underline{\zeta} - \underline{m}_{\underline{z}})\} \tag{3.289a}$$

Einsetzen der Gln. 3.287, 3.288, 3.283 in Gl. 3.289a liefert dann:

$$f_{\underline{z}}(\underline{\zeta}) = [(2\pi)^{(n+m)/2} \cdot \left| \left[\begin{array}{c|c} P_{\underline{xx}} & 0 \\ \hline 0 & P_{\underline{yy}} \end{array}\right] \right|^{1/2}]^{-1}$$

$$\cdot \exp\{-1/2 \cdot \left[\begin{array}{c} (\underline{\xi} - \underline{m}_{\underline{x}}) \\ \hline (\underline{\varrho} - \underline{m}_{\underline{y}}) \end{array}\right]^T \cdot \left[\begin{array}{c|c} P_{\underline{xx}} & 0 \\ \hline 0 & P_{\underline{yy}} \end{array}\right]^{-1} \cdot \left[\begin{array}{c} (\underline{\xi} - \underline{m}_{\underline{x}}) \\ \hline (\underline{\varrho} - \underline{m}_{\underline{y}}) \end{array}\right] \} \tag{3.289b}$$

Die Determinante einer blockdiagonalen Matrix von quadratischen Untermatrizen ist gleich dem Produkt der Determinanten der einzelnen Untermatrizen. Ebenso kann eine blockdiagonale Matrix aus quadratischen Untermatrizen invertiert werden, indem man die Untermatrizen einzeln invertiert, deshalb kann man Gl. 3.289b umschreiben in:

$$f_{\underline{z}}(\underline{\zeta}) = [(2\pi)^{n/2} \cdot (2\pi)^{m/2} \cdot |P_{\underline{xx}}|^{1/2} \cdot |P_{\underline{yy}}|^{1/2}]^{-1}$$

$$\cdot \exp\{-1/2 \cdot \left[\frac{(\underline{\xi} - \underline{m}_{\underline{x}})}{(\underline{\varrho} - \underline{m}_{\underline{y}})}\right]^{T} \cdot \left[\begin{array}{c|c} P_{\underline{xx}}^{-1} & 0 \\ \hline 0 & P_{\underline{yy}}^{-1} \end{array}\right] \cdot \left[\frac{(\underline{\xi} - \underline{m}_{\underline{x}})}{(\underline{\varrho} - \underline{m}_{\underline{y}})}\right]\} \qquad (3.290)$$

Das Argument der Exponentialfunktion in Gl. 3.290 kann mit den Rechenregeln für die Matrix–Vektormultiplikation, die sinngemäß auch für partitionierte Matrizen und Vektoren gelten, ausgerechnet werden. Dann erhält man:

$$f_{\underline{z}}(\underline{\zeta}) = [(2\pi)^{n/2} \cdot (2\pi)^{m/2} \cdot |P_{\underline{xx}}|^{1/2} \cdot |P_{\underline{yy}}|^{1/2}]^{-1}$$

$$\cdot \exp\{-1/2 \cdot [\underline{\xi} - \underline{m}_{\underline{x}}]^{T} \cdot P_{\underline{xx}}^{-1} \cdot [\underline{\xi} - \underline{m}_{\underline{x}}] - 1/2 \cdot [\underline{\varrho} - \underline{m}_{\underline{y}}]^{T} \cdot P_{\underline{yy}}^{-1} \cdot [\underline{\varrho} - \underline{m}_{\underline{y}}]\} \qquad (3.291)$$

Nun kann die Exponentialfunktion noch faktorisiert werden, und ein anschließendes Umsortieren der einzelnen Faktoren liefert das gewünschte Endergebnis:

$$f_{\underline{z}}(\underline{\zeta}) = [(2\pi)^{n/2} |P_{\underline{xx}}|^{1/2}]^{-1} \cdot \exp\{-1/2 \cdot [\underline{\xi} - \underline{m}_{\underline{x}}]^{T} \cdot P_{\underline{xx}}^{-1} \cdot [\underline{\xi} - \underline{m}_{\underline{x}}]\}$$

$$\cdot [(2\pi)^{m/2} \cdot |P_{\underline{yy}}|^{1/2}]^{-1} \cdot \exp\{-1/2 \cdot [\underline{\varrho} - \underline{m}_{\underline{y}}]^{T} \cdot P_{\underline{yy}}^{-1} \cdot [\underline{\varrho} - \underline{m}_{\underline{y}}]\}$$

$$= f_{\underline{x}}(\underline{\xi}) \cdot f_{\underline{y}}(\underline{\varrho}) \qquad (3.292)$$

Die Verbundverteilungsdichtefunktion $f_{\underline{x},\underline{y}} = f_{\underline{z}}$ läßt sich somit als Produkt der Einzelverteilungsdichten darstellen, demzufolge sind die verbundgaußverteilten Zufallsvariablen $\underline{x}$ und $\underline{y}$ unabhängig, wenn sie unkorreliert sind.

3.14.4 Zentraler Grenzwertsatz

Der zentrale Grenzwertsatz ist für die stochastische Modellierung eines realen Problems von eminenter Bedeutung, da er die theoretische Basis dafür liefert, ein gegebenes reales Zufallsphänomen durch eine gaußverteilte Zufallsvariable zu modellieren, deren Parameter Erwartungswert und Kovarianz durch praktische Messungen bestimmt werden können. Voraussetzung für diese Modellvereinfachung ist, daß das Zufallsphänomen als Überlagerung unendlich vieler einzelner, voneinander unabhängiger Zufallsergebnisse aufgefaßt werden kann. Elektronisches Rauschen kann z.B. als Paradebeispiel eines gaußverteilten Zufallsphänomens aufgefaßt werden, da es sich hier um eine Überlagerung unendlich vieler, voneinander unabhängiger einzelner Rauschbeiträge handelt, die zudem noch alle die gleichen statistischen Eigenschaften aufweisen. Genaugenommen handelt es sich bei dem zentralen Grenzwertsatz um eine Mannigfaltigkeit einander ähnlicher Sätze, die von unterschiedlichen Voraussetzungen ausgehend, alle Aussagen darüber machen, unter welchen Bedingungen die Überlagerung unendlich vieler Zufallsvariablen gegen eine Gaußverteilung strebt. Wir wollen hier den Spezialfall des zentralen Grenzwertsatzes für die Überlagerung unendlich vieler, voneinander unabhängiger, identisch verteilter Zufallsvariablen herleiten. Die Herleitung, die sich stark an /5/ anlehnt, macht intensiven Gebrauch von der charakteristischen Funktion. Ein vorläufiges Ergebnis der Herleitung wird die Aussage sein, daß die charakteristische Funktion der Überlagerung unendlich vieler, identisch verteilter, voneinander stochastisch unabhängiger Zufallsvariablen gaußförmig ist. Die Folgerung, dann müsse die zugehörige Verteilungsdichtefunktion als inverse Fouriertransformierte ebenfalls gaußverteilt sein, ist zwar naheliegend und in vielen Fällen richtig, jedoch mathematisch streng nur unter Zuhilfenahme von Zusatzannahmen beweisbar. Um eine derartige Folgerung mathematisch streng zu beweisen, müßte man zunächst untersuchen, unter welchen Bedingungen die Fouriertransformation, bestehend aus Hin– und Rücktransformation, umkehrbar eindeutig ist. Bekanntlich gilt dies nur für Funktionen, die keinerlei Unstetigkeitsstellen enthalten, da die inverse Fouriertransformierte gerade an diesen Unstetigkeitsstellen den Mittelwert zwischen links– und rechtsseitigem Grenzwert annimmt und an diesen Stellen somit nicht mehr mit der Originalfunktion übereinstimmt. Der Unterschied zwischen Original und inverser Fouriertransformierter besteht aus einer sogenannten 'Null'funktion verschwindenden Energieinhaltes, die zwar für praktische Anwendungen immer vernachlässigt werden kann, nicht jedoch in mathematisch strengen Betrachtungen. Ein weiteres Problem stellt die Tatsache dar, daß die charakteristische Funktion einer Zufallsvariablen auch dann existiert, wenn die Verteilungsdichtefunktion dieser Zufallsvariablen im mathematischen Sinne nicht existiert. Dies ist zum Beispiel dann der Fall, wenn die Verteilungsfunktion einer Zufallsvariablen unstetig ist. Diese Fälle wurden in den vorangegangenen Unterpunkten ausführlich betrachtet. In solchen Fällen kann die charakteristische Funktion als Fourier–Stieltjes–Transformierte der Verteilungsfunktion definiert werden (vgl. Definition der Momente durch Stieltjes–Integrale der Verteilungsfunktion /8/). Aus eben diesen Gründen kann aus der Tatsache, daß die charakteristische Funktion gaußförmig ist, strenggenommen nur gefolgert werden, daß die Verteilungsfunktion der Zufallsvariablen existiert und so beschaffen ist, daß ihre Fourier–Stieltjes–Transformierte gaußförmig ist. Die Verteilungsdichtefunktion als Ableitung der Verteilungsfunktion ist dann und nur dann gaußförmig, wenn sie im mathematischen Sinne existiert, wenn die Zufallsvariable also wertkontinuierlich ist. Eine Überlagerung beliebig vieler wertdiskreter Zufallsvariablen bleibt immer wertdiskret und wird niemals einen kontinuierlichen Wertebereich aufweisen. Führt man also in solchen Fällen hilfsweise diracstoßhaltige Verteilungsdichtefunktionen ein, muß man sich darüber im klaren sein, daß die Gaußform der Verteilungsdichtefunktion nur noch im Sinne der Gewichtsfunktion der Diracstöße existiert, aber nicht als Gauß<u>funktion</u>. Eine weitergehende Behandlung dieser Problematik, die hier nicht weiter vertieft werden kann, findet sich in /8/.

Zur Herleitung des zentr. Grenzwertsatzes für identisch verteilte, voneinander unabhängige Zufallsvariablen x_i, i=1 ...n führt man zunächst eine Summenzufallsvariable s_n ein mit:

$$s_n = \sum_{i=1}^{n} x_i \tag{3.293}$$

Die ersten beiden Momente der identisch verteilten Zufallsvariablen x_i seien gegeben durch:

$$E\{x_i\} = m \quad \text{und} \quad E\{(x_i-m)^2\} = \sigma_x^2 \tag{3.294}$$

Die Zufallsvariablen x_i seien weiterhin voneinander statistisch unabhängig und identisch verteilt. Weiter werden keinerlei Voraussetzungen benötigt.

Dann ergeben sich die ersten beiden Momente der Summenzufallsvariablen s_n zu:

$$E\{s_n\} = n \cdot m \tag{3.295}$$

und:

$$E\{(s_n-n\cdot m)^2\} = E\{(\sum_{i=1}^{n}(x_i - m))^2\} \tag{3.296}$$

woraus sich wegen der aus der Unabhängigkeit der Zufallsvariablen folgenden Unkorreliertheit sofort

$$E\{(s_n - n\cdot m)^2\} = \sum_{i=1}^{n} E\{(x_i - m)^2\} = n\cdot \sigma_x^2 = \mathrm{var}\{s_n\} \tag{3.297}$$

ergibt.

Um die Ableitung von der jeweiligen Wahl der ersten beiden Momente der Zufallsvariablen x_i unabhängig zu machen, führen wir nun eine normierte Zufallsvariable z_n ein mit:

$$z_n = (s_n - E\{s_n\})/(\mathrm{var}\{s_n\})^{0.5} = \sum_{i=1}^{n} (x_i - m)/(\sqrt{n}\,\sigma_x) \tag{3.298}$$

Die ersten beiden Momente dieser normierten Zufallsvariablen ergeben sich, wie man leicht nachrechnet, zu:

$$E\{z_n\} = 0 \tag{3.299a}$$

$$E\{(z_n - E\{z_n\})^2\} = E\{z_n^2\} = 1 \tag{3.299b}$$

Für die charakteristische Funktion der normierten Summenzufallsvariablen erhalten wir mit Gl. 3.222a:

$$\begin{aligned} \phi_{z_n}(s) &= E\{e^{jsz_n}\} = E\{\exp[js(\sum_{i=1}^{n}(x_i - m)/(\sqrt{n}\cdot \sigma_x))]\} \\ &= E\{\prod_{i=1}^{n} \exp[js\cdot (x_i - m)/(\sqrt{n}\cdot \sigma_x)]\} \end{aligned} \tag{3.300}$$

Aus der Unabhängigkeit der Zufallsvariablen folgt auch die Unkorreliertheit der Ausdrücke $(x_i - m)$, deshalb ist das Verbundmoment dieser Ausdrücke in Gl. 3.300 gleich dem Produkt der Einzelmomente:

$$\phi_{z_n}(s) = \prod_{i=1}^{n} E\{\exp[js\cdot (x_i - m)/(\sqrt{n}\cdot \sigma_x)]\} \tag{3.301}$$

Laut Voraussetzung sind alle Zufallsvariablen x_i identisch verteilt, deshalb sind auch die Erwartungswertfaktoren in Gl. 3.301 alle identisch und stellen damit die gleiche Funktion in Abhängigkeit von der Variablen s dar. Für diese Funktion wird nun eine abkürzende Schreibweise eingeführt:

$$E\{\exp[js\cdot(x_i - m)/(\sqrt{n}\cdot\sigma_x)]\} = E\{\exp[jsX]\} = \phi_{X'}(s) \tag{3.302}$$

Einsetzen dieser Abkürzung in Gl. 3.301 liefert dann:

$$\phi_{Z_n}(s) = \prod_{i=1}^{n} \phi_{X'}(s) = \phi_{X'}(s)^n = E\{\exp[jsX]\}^n \tag{3.303}$$

Durch Logarithmieren erhält man aus Gl. 3.303:

$$\ln \phi_{Z_n}(s) = n\cdot \ln(\phi_{X'}(s)) = n\cdot \ln(E\{\exp[jsX]\}) \tag{3.304}$$

Entwickelt man nun die Exponentialfunktion in einer Taylorreihe um den Punkt s=0 (Mac Laurinsche Reihe), erhält man mit der zweiten Identität von Gl. 3.303:

$$\exp[jsX] = 1 + s\cdot\frac{d}{ds}\exp[jsX]_{|\,s=0} + s^2\cdot\frac{1}{2!}\cdot\frac{d^2}{ds^2}\cdot\exp[jsX]_{|\,s=0} + R_2$$

$$= 1 + sjX - s^2/2\cdot X^2 + R_2 \tag{3.305}$$

wobei das Reihenrestglied R_2 gegeben ist durch:

$$R_2 = \frac{s^3}{3!}\cdot\frac{d^3}{ds^3}\exp[jsX]_{|\,s=a} \qquad 0<a<s \tag{3.306}$$

Vollzieht man nun die Erwartungswertbildung, die in Gl. 3.304 verlangt ist, erhält man:

$$E\{\exp[jsX]\} = E\{\,1 + sjX - \tfrac{1}{2}s^2X^2 + R_2\} = 1 - \tfrac{1}{2}\cdot s^2\cdot\tfrac{1}{n} + E\{R_2\} \tag{3.307}$$

Der Erwartungswert des Reihenrestgliedes ist gegeben durch:

$$E\{R_2\} = -j\cdot E\{\frac{s^3\,X^3}{3!}\cdot\exp[jaX]\} = -j\cdot\frac{s^3}{3!}\cdot E\{(x_i - m)^3/(n^{3/2}\cdot\sigma_x^3)\cdot\exp[jaX]\}$$

$$= -j/n\cdot\frac{s^3}{3!}\cdot E\{(x_i - m)^3/(n^{1/2}\cdot\sigma_x^3)\cdot\exp[jaX]\} = 1/n\cdot R_2' \tag{3.308}$$

Wichtig in Gl. 3.308 ist, daß der Grenzwert von R_2' wegen des Wurzel–n Dividenden für $n \to \infty$ gegen Null strebt, d.h.:

$$\lim_{n \to \infty} R_2' = 0 \tag{3.309}$$

Damit erhält man durch Einsetzen von Gl. 3.308 in Gl. 3.307:

$$E\{\exp[jsX]\} = 1 - \frac{1}{n} \cdot \left(\frac{1}{2} \cdot s^2 - R_2'\right) \tag{3.310}$$

Einsetzen dieses wichtigen Zwischenergebnisses in Gl. 3.304 liefert dann:

$$\ln \phi_{z_n}(s) = n \cdot \ln\left(\phi_{X'}(s)\right) = n \cdot \ln\left(1 - \frac{1}{n} \cdot \left(\frac{1}{2} \cdot s^2 - R_2'\right)\right) \tag{3.311}$$

Wichtig ist in diesem Zusammenhang, daa der Betrag des zweiten Summanden im Argument des natürlichen Logarithmus durch die Wahl von n immer kleiner als 1 gemacht werden kann. Damit kann auch der Logarithmus in einer Reihe entwickelt werden, und man erhält:

$$\begin{aligned} \ln\left(1 - \frac{1}{n}\left(\frac{1}{2} s^2 - R_2'\right)\right) &= -\frac{1}{n} \cdot \left(\frac{1}{2} \cdot s^2 - R_2'\right) - \frac{1}{2} \cdot \left(\frac{1}{n} \cdot \left(\frac{1}{2} \cdot s^2 - R_2'\right)\right)^2 \\ &\quad - \frac{1}{3} \cdot \left(\frac{1}{n} \cdot \left(\frac{1}{2} \cdot s^2 - R_2'\right)\right)^3 \\ &\quad - \frac{1}{4} \cdots \\ &\quad \vdots \end{aligned} \tag{3.312}$$

Setzt man nun Gleichung 3.312 abschlieaend in Gl. 3.304 ein und bildet den Grenzwert für $n \to \infty$, erhält man unter gleichzeitiger Verwendung von Gl. 3.309:

$$\begin{aligned} \lim_{n \to \infty} \ln \phi_{z_n}(s) &= \lim_{n \to \infty} n \cdot \ln(E\{\exp[jsX]\}) \\ &= \lim_{n \to \infty} n \cdot \ln\left(1 - \frac{1}{n} \cdot \left(\frac{1}{2} \cdot s^2 - R_2'\right)\right) = -\frac{1}{2} \cdot s^2 \end{aligned} \tag{3.313}$$

Daraus ergibt sich durch Entlogarithmieren das Endergebnis:

$$\lim_{n \to \infty} \phi_{z_n}(s) = \exp\{-\tfrac{1}{2} \cdot s^2\} \tag{3.314}$$

Dies heißt, die Überlagerung von unendlich vielen, identisch verteilten, voneinander statistisch unabhängigen Zufallsvariablen besitzt eine gaußförmige charakteristische Funktion.

Dies ist eine unzweideutige Aussage, die die volle Tragweite des zentralen Grenzwertsatzes beschreibt. Die Folgerung, dann sei die korrespondierende Verteilungsdichtefunktion ebenfalls gaußförmig, ist nur unter der Zusatzvoraussetzung richtig, daß die Verteilungsdichtefunktion im mathematischen Sinne existiert, d.h. die zugehörige Verteilungsfunktion muß stetig differenzierbar sein. Setzt man dies nicht voraus, ist die einzig mögliche und erlaubte Schlußfolgerung aus der gaußförmigen charakteristischen Funktion die, daß die Verteilungsfunktion F_{z_n} im Grenzfall $n \to \infty$ eine Gaußverteilung ist und beschrieben werden kann durch:

$$\lim_{n \to \infty} F_{z_n}(\zeta) = \frac{1}{\sqrt{2\pi}} \int_{-\infty}^{\zeta} e^{-u^2/2} \, du \tag{3.315}$$

Wenn die Verteilungsdichtefunktion existiert und stetig ist, folgt daraus dann, wie oben angedeutet, sofort:

$$\lim_{n \to \infty} f_{z_n}(\zeta) = \frac{1}{\sqrt{2\pi}} \cdot e^{-\zeta^2/2} \tag{3.316}$$

Die Herleitung dieser Folgerung macht Gebrauch von den sogenannten Eindeutigkeitstheoremen für charakteristische Funktionen nach Levy /8,9/, in denen ausgesagt wird, daß ein umkehrbar eindeutiger Zusammenhang nur zwischen einer charakteristischen Funktion und der entsprechenden Verteilungsfunktion existiert. Dabei wird die Fourierhin– und –rücktransformation als Fourier–Stieltjes–Transformation ausgeführt. Mit Hilfe der Eindeutigkeitstheoreme kann dann bewiesen werden, daß die Verteilungsfunktion normal ist, wenn die charakteristische Funktion gaußförmig ist. In einem letzten Schritt wird dann gezeigt, daß in dem Fall, wo die Verteilungsdichtefunktion als Ableitung der Verteilungsfunktion existiert, auch die Verteilungsdichtefunktion gaußförmig ist. Eine sehr gründliche Darstellung dieser Überlegungen findet sich in /8/.

3.14.5 Berechnung der bedingten Verteilungsdichtefunktion von gaußverteilten Zufallsvariablen

Bedingte Verteilungsdichtefunktionen spielen in der Estimationstheorie eine wesentliche Rolle. Von besonderem Interesse sind bedingte Verteilungsdichtefunktionen, die gaußförmig sind, da bei diesen die Angabe von bedingtem Erwartungswert und bedingter Kovarianz vollständig zur Charakterisierung der Verteilungsdichtefunktion und damit zur Beschreibung des statistischen Verhaltens einer Zufallsvariablen ausreichen. Es soll in diesem Unterpunkt deshalb zunächst gezeigt werden, daß die bedingte Verteilungsdichtefunktion einer Zufallsvariablen $\underline{x}(\cdot)$, bedingt auf eine andere Zufallsvariable $\underline{y}(\cdot)$, gaußförmig ist, wenn die Verbundverteilungsdichte beider Zufallsvariablen gaußförmig ist. Danach werden bedingter Erwartungswert und bedingte Kovarianz der Zufallsvariablen $\underline{x}(\cdot)$, bedingt auf $\underline{y}(\cdot)$, berechnet. Seien also $\underline{x}$ und $\underline{y}$ zwei Zufallsvektoren der Dimension $[n\times 1]$, bzw. $[m\times 1]$, deren Verbundverteilungsdichte gaußförmig ist und gegeben ist durch:

$$f_{\underline{x},\underline{y}}(\underline{\xi},\underline{\rho}) = \left[(2\pi)^{(n+m)/2} \left| \begin{bmatrix} \underline{\underline{P}}_{xx} & \underline{\underline{P}}_{xy} \\ \hline \underline{\underline{P}}_{yx} & \underline{\underline{P}}_{yy} \end{bmatrix} \right|^{1/2} \right]^{-1}$$

$$\cdot \exp\left[-1/2 \cdot \begin{bmatrix} (\underline{\xi}-\underline{m}_x) \\ \hline (\underline{\rho}-\underline{m}_y) \end{bmatrix}^T \cdot \begin{bmatrix} \underline{\underline{P}}_{xx} & \underline{\underline{P}}_{xy} \\ \hline \underline{\underline{P}}_{yx} & \underline{\underline{P}}_{yy} \end{bmatrix}^{-1} \cdot \begin{bmatrix} (\underline{\xi}-\underline{m}_x) \\ \hline (\underline{\rho}-\underline{m}_y) \end{bmatrix}\right] \tag{3.317}$$

Es wird hierbei angenommen, daß die in Gl. 3.317 enthaltene Kovarianzmatrix positiv definit, also invertierbar ist. In Kapitel 3.14.1 wurde gezeigt, daß lineare Operationen, angewendet auf gaußverteilte Zufallsvariablen, wieder gaußverteilte Zufallsvariablen erzeugen. Diese Tatsache soll nun zunächst ausgenutzt werden, um zu zeigen, daß jeder Teilvektor eines gaußverteilten Zufallsvektors ebenfalls wieder ein gaußverteilter Zufallsvektor ist, daß also die beiden Zufallsvariablen $\underline{x}$ und $\underline{y}$ für sich alleine betrachtet auch wieder gaußverteilte Zufallsvektoren sind, wenn sie, wie hier vorausgesetzt, zusammengenommen gaußverteilt sind. Dazu führen wir zunächst den vergrößerten Zufallsvektor $\underline{z}$ ein, der gegeben ist durch:

$$\underline{z} = \begin{bmatrix} \underline{x} \\ \hline \underline{y} \end{bmatrix} \tag{3.318}$$

wobei $\underline{x}$ und $\underline{y}$ die n– bzw. m–dimensionalen Vektorpartitionen darstellen. Erwartungswert und Kovarianzmatrix des vergrößerten Vektors sind gegeben durch:

$$\underline{m}_z = \begin{bmatrix} \underline{m}_x \\ \hline \underline{m}_y \end{bmatrix} \tag{3.319a}$$

und:

$$P_{\underline{zz}} = \left[\begin{array}{c|c} P_{\underline{xx}} & P_{\underline{xy}} \\ \hline P_{\underline{yx}} & P_{\underline{yy}} \end{array} \right] \tag{3.319b}$$

Die Aussage, die Verbundverteilungsdichtefunktion der Zufallsvariablen $\underline{x}$, $\underline{y}$ sei gaußförmig, ist gleichbedeutend mit der Aussage, die Verteilungsdichtefunktion $f_{\underline{z}}$ der Zufallsvariablen $\underline{z}$ sei gaußförmig. Nach Kapitel 3.14.1 ergeben lineare Transformationen, angewendet auf gaußverteilte Zufallsvariablen, wieder gaußverteilte Zufallsvariablen. Deshalb betrachten wir hier zwei spezielle lineare Abbildungen mit:

$$\underline{x} = C_x \cdot \underline{z} = [I \mid 0] \cdot \left[\begin{array}{c} \underline{x} \\ \hline \underline{y} \end{array} \right] \tag{3.320a}$$

und:

$$\underline{y} = C_y \cdot \underline{z} = [0 \mid I] \cdot \left[\begin{array}{c} \underline{x} \\ \hline \underline{y} \end{array} \right] \tag{3.320b}$$

Die durch die Gl. 3.320a und 3.320b beschriebenen Transformationen sind linear, deshalb sind die Zufallsvektoren $\underline{x}$ und $\underline{y}$ dann gaußverteilt, wenn $\underline{z}$ gaußverteilt ist. Dies ist aber genau dann der Fall, wenn $\underline{x}$ und $\underline{y}$ zusammen gaußverteilt (jointly normal) sind. Die Erwartungswerte und Kovarianzen sind gegeben durch:

$$E\{\underline{x}\} = C_x \cdot E\{\underline{z}\} = [I \mid 0] \cdot \left[\begin{array}{c} \underline{m}_{\underline{x}} \\ \hline \underline{m}_{\underline{y}} \end{array} \right] = \underline{m}_{\underline{x}} \tag{3.321a}$$

$$E\{\underline{y}\} = C_y \cdot E\{\underline{z}\} = [0 \mid I] \cdot \left[\begin{array}{c} \underline{m}_{\underline{x}} \\ \hline \underline{m}_{\underline{y}} \end{array} \right] = \underline{m}_{\underline{y}} \tag{3.321b}$$

$$E\{(\underline{x}-\underline{m}_{\underline{x}}) \cdot (\underline{x}-\underline{m}_{\underline{x}})^T\} = C_x \cdot E\{(\underline{z}-\underline{m}_{\underline{z}}) \cdot (\underline{z}-\underline{m}_{\underline{z}})^T\} \cdot C_x^T = C_x \cdot P_{\underline{zz}} \cdot C_x^T$$

$$= [I \mid 0] \cdot \left[\begin{array}{c|c} P_{\underline{xx}} & P_{\underline{xy}} \\ \hline P_{\underline{yx}} & P_{\underline{yy}} \end{array} \right] \cdot \left[\begin{array}{c} I \\ \hline 0 \end{array} \right] = P_{\underline{xx}} \tag{3.222a}$$

Durch Ersetzen von C_x duch C_y erhält man analog:

$$E\{(\underline{y}-\underline{m}_{\underline{y}}) \cdot (\underline{y}-\underline{m}_{\underline{y}})^T\} = P_{\underline{yy}} \tag{3.222b}$$

Für die Kreuzkovarianzmatrix $P_{\underline{xy}}$ der Zufallsvariablen ergibt sich schließlich:

$$P_{\underline{xy}} = E\{(\underline{x}-\underline{m}_{\underline{x}})\cdot(\underline{y}-\underline{m}_{\underline{y}})^T\} = C_x \cdot P_{\underline{zz}} \cdot C_y^T = [I|\,0]\cdot\left[\begin{array}{c|c} P_{\underline{xx}} & P_{\underline{xy}} \\ \hline P_{\underline{yx}} & P_{\underline{yy}} \end{array}\right]\cdot\left[\begin{array}{c} 0 \\ \hline I \end{array}\right] = P_{\underline{xy}} \quad (3.323)$$

Damit ist gezeigt worden, daß beliebige Teilvektoren von gaußverteilten Zufallsvektoren auch gaußverteilte Zufallsvektoren sind, die mit anderen beliebigen Teilvektoren des gleichen Zufallsvektors gaußverbundverteilt (jointly normal) sind. Diese wichtige Tatsache soll nun zur Berechnung der bedingten Verteilungsdichte der beiden in Gl. 3.317 gegebenen, gaußverbundverteilten Zufallsvariablen $\underline{x}$ und $\underline{y}$ ausgenutzt werden. Mit der Regel von Bayes kann man für die bedingte Verteilungsdichtefunktion von $\underline{x}$, bedingt darauf, daß die Zufallsvariable $\underline{y}$ die Realisation y_T angenommen hat, schreiben:

$$f_{\underline{x}/\underline{y}}(\xi/y_T) = \frac{f_{\underline{x},\underline{y}}(\xi,y_T)}{f_{\underline{y}}(y_T)}$$

$f_{\underline{x},\underline{y}}$ ist nach Gl. 3.317 gaußförmig, und $f_{\underline{y}}$ ist als Verteilungsdichtefunktion eines Teilvektors ebenfalls gaußförmig. Der Quotient von zwei Gaußfunktionen ist, wie leicht durch Anwenden der Exponentialregeln zu zeigen ist, ebenfalls gaußförmig, deshalb muß auch die bedingte Verteilungsdichtefunktion $f_{\underline{x}/\underline{y}}$ gaußförmig sein. Zur Berechnung dieser Verteilungsdichtefunktion setzen wir die entsprechenden Verteilungsdichtefunktionen ein und erhalten:

$$f_{\underline{x}/\underline{y}}(\xi/y_T) = \left[(2\pi)^{(n+m)}\cdot\left|\left[\begin{array}{c|c} P_{\underline{xx}} & P_{\underline{xy}} \\ \hline P_{\underline{yx}} & P_{\underline{yy}} \end{array}\right]\right|\right]^{-1/2}\cdot(2\pi)^{m/2}\cdot\left|P_{\underline{yy}}\right|^{1/2}$$

$$\cdot\exp\left\{-1/2\cdot\left[\begin{array}{c} \xi-m_{\underline{x}} \\ \hline y_T-m_{\underline{y}} \end{array}\right]^T\cdot\left[\begin{array}{c|c} P_{\underline{xx}} & P_{\underline{xy}} \\ \hline P_{\underline{yx}} & P_{\underline{yy}} \end{array}\right]^{-1}\cdot\left[\begin{array}{c} \xi-m_{\underline{x}} \\ \hline y_T-m_{\underline{y}} \end{array}\right]\right\}$$

$$\cdot\exp\{1/2\cdot(y_T-m_{\underline{y}})^T\cdot P_{\underline{yy}}^{-1}\cdot(y_T-m_{\underline{y}})\}$$

$$= [(2\pi)^{n/2}]^{-1}\cdot\left|\left[\begin{array}{c|c} P_{\underline{xx}} & P_{\underline{xy}} \\ \hline P_{\underline{yx}} & P_{\underline{yy}} \end{array}\right]\right|^{-1/2}\cdot\left|P_{\underline{yy}}\right|^{1/2}$$

$$\cdot\exp[-1/2\cdot\left\{\left[\begin{array}{c} \xi-m_{\underline{x}} \\ \hline y_T-m_{\underline{y}} \end{array}\right]^T\cdot\left[\begin{array}{c|c} P_{\underline{xx}} & P_{\underline{xy}} \\ \hline P_{\underline{yx}} & P_{\underline{yy}} \end{array}\right]^{-1}\cdot\left[\begin{array}{c} \xi-m_{\underline{x}} \\ \hline y_T-m_{\underline{y}} \end{array}\right]\right\}]$$

$$-(y_T-m_{\underline{y}})^T\cdot P_{\underline{yy}}^{-1}\cdot(y_T-m_{\underline{y}})]\} \quad (3.324)$$

a) Berechnung der Determinanten

Zunächst sollen die verschiedenen Determinanten in Gl. 3.324 zu einer Determinante zusammengefaßt werden. Dazu wird zunächst die Determinante der partitionierten Matrix betrachtet. Die partitionierte Matrix in Gl. 3.324 kann als Produkt zweier Dreiecksmatrizen geschrieben werden. Dann erhält man:

$$\left[\begin{array}{c|c} \underline{\underline{P}}_{xx} & \underline{\underline{P}}_{xy} \\ \hline \underline{\underline{P}}_{yx} & \underline{\underline{P}}_{yy} \end{array}\right] = \left[\begin{array}{c|c} A & B \\ \hline 0 & C \end{array}\right] \cdot \left[\begin{array}{c|c} I & 0 \\ \hline X & I \end{array}\right] \tag{3.325}$$

Dies ist ein formaler Ansatz, dessen Gültigkeit nun überprüft wird. Wir erhalten durch Ausmultiplizieren:

$$A + BX = P_{\underline{\underline{xx}}} \tag{3.326a}$$
$$B = P_{\underline{\underline{xy}}} \tag{3.326b}$$
$$C \cdot X = P_{\underline{\underline{yx}}} \tag{3.326c}$$
$$C = P_{\underline{\underline{yy}}} \tag{3.326d}$$

Mit Gl. 3.326d erhält man aus Gl. 3.326c:

$$X = P_{\underline{\underline{yy}}}^{-1} \cdot P_{\underline{\underline{yx}}} \tag{3.326e}$$

Einsetzen von Gln. 3.326e und 3.326b in Gl. 3.326a ergibt nach Auflösen:

$$A = P_{\underline{\underline{xx}}} - P_{\underline{\underline{xy}}} \cdot P_{\underline{\underline{yy}}}^{-1} \cdot P_{\underline{\underline{yx}}} \tag{3.326f}$$

Damit ist der Ansatz verifiziert und die unbekannten Teilmatrizen sind bestimmt.

Für zwei quadratische Teilmatrizen gleicher Dimension gilt nun:

$$\det\left\{\left[\begin{array}{c|c} A & B \\ \hline 0 & C \end{array}\right] \cdot \left[\begin{array}{c|c} I & 0 \\ \hline X & I \end{array}\right]\right\} = \det\left\{\left[\begin{array}{c|c} A & B \\ \hline 0 & C \end{array}\right]\right\} \cdot \det\left\{\left[\begin{array}{c|c} I & 0 \\ \hline X & I \end{array}\right]\right\} \tag{3.327}$$

wobei die Produktdeterminanten einfach zu berechnen sind. Es gilt nämlich:

$$\det\left\{\left[\begin{array}{c|c} A & B \\ \hline 0 & C \end{array}\right]\right\} = \det\{A\} \cdot \det\{C\} \tag{3.328}$$

und:

$$\det\left\{\left[\begin{array}{c|c} I & 0 \\ \hline X & I \end{array}\right]\right\} = \det\{I\}\cdot\det\{I\} = 1 \tag{3.329}$$

Damit erhält man für die Determinante der partitionierten Matrix:

$$\det\left\{\left[\begin{array}{c|c} P_{\underline{xx}} & P_{\underline{xy}} \\ \hline P_{\underline{yx}} & P_{\underline{yy}} \end{array}\right]\right\} = \det\left\{\left[\begin{array}{c|c} A & B \\ \hline 0 & C \end{array}\right]\right\}\cdot\det\left\{\left[\begin{array}{c|c} I & 0 \\ \hline X & I \end{array}\right]\right\} = \det\{A\}\cdot\det\cdot\{C\} \tag{3.330}$$

Einsetzen der Bestimmungsgleichungen 3.326d, f liefert dann das gewünschte Endergebnis:

$$\det\left\{\left[\begin{array}{c|c} P_{\underline{xx}} & P_{\underline{xy}} \\ \hline P_{\underline{yx}} & P_{\underline{yy}} \end{array}\right]\right\} = \det\{P_{\underline{xx}} - P_{\underline{xy}}\cdot P_{\underline{yy}}^{-1}\cdot P_{\underline{yx}}\}\cdot\det\{P_{\underline{yy}}\} \tag{3.331}$$

Für die Determinante der bedingten Verteilungsdichtefunktion erhalten wir dann aus Gl. 3.324 durch Einsetzen von Gl. 3.331:

$$\det\{P_{\underline{x}/\underline{y}}\} = \det\left\{\left[\begin{array}{c|c} P_{\underline{xx}} & P_{\underline{xy}} \\ \hline P_{\underline{yx}} & P_{\underline{yy}} \end{array}\right]\right\}\cdot\det\{P_{\underline{yy}}\}^{-1} = \det\{P_{\underline{xx}} - P_{\underline{xy}}\cdot P_{\underline{yy}}^{-1}\cdot P_{\underline{yx}}\} \tag{3.332}$$

Damit ist die Determinante der bedingten Verteilungsdichtefunktion $f_{\underline{x}/\underline{y}}$ berechnet.

b) Berechnung des Exponentialterms

Zur Berechnung des Exponentialterms ist die Invertierung einer partionierten Matrix notwendig. Die partionierte Matrix ist symmetrisch, so daß ihre Inverse auch symmetrisch sein wird. Deshalb kann man zur Berechnung der Inversen folgenden Ansatz machen:

$$\left[\begin{array}{c|c} P_{\underline{xx}} & P_{\underline{xy}} \\ \hline P_{\underline{yx}} & P_{\underline{yy}} \end{array}\right]\cdot\left[\begin{array}{c|c} X_1 & X_2 \\ \hline X_2^T & X_3 \end{array}\right] = \left[\begin{array}{c|c} I & 0 \\ \hline 0 & I \end{array}\right] \tag{3.333}$$

Die Matrizen $X_1 - X_3$ stellen hierbei die Teilmatrizen der inversen Matrix dar, das heißt:

$$X_a = \left[\begin{array}{c|c} P_{\underline{xx}} & P_{\underline{xy}} \\ \hline P_{\underline{yx}} & P_{\underline{yy}} \end{array}\right]^{-1} = \left[\begin{array}{c|c} X_1 & X_2 \\ \hline X_2^T & X_3 \end{array}\right] \tag{3.334}$$

Zur Berechnung dieser Teilmatrizen multiplizieren wir aus:

$$\underline{\underline{P_{xx}}} \cdot X_1 + \underline{\underline{P_{xy}}} \cdot X_2^T = I \tag{3.335a}$$
$$\underline{\underline{P_{xx}}} \cdot X_2 + \underline{\underline{P_{xy}}} \cdot X_3 = 0 \tag{3.335b}$$
$$\underline{\underline{P_{yx}}} \cdot X_1 + \underline{\underline{P_{yy}}} \cdot X_2^T = 0 \tag{3.335c}$$
$$\underline{\underline{P_{yx}}} \cdot X_2 + \underline{\underline{P_{yy}}} \cdot X_3 = I \tag{3.335d}$$

Aus Gl. 3.335a erhalten wir durch Umstellen und Einsetzen der nach X_2^T aufgelösten Gl. 3.335c:

$$X_1 = \underline{\underline{P_{xx}}}^{-1} + \underline{\underline{P_{xx}}}^{-1} \cdot \underline{\underline{P_{xy}}} \cdot \underline{\underline{P_{yy}}}^{-1} \cdot \underline{\underline{P_{yx}}} \cdot X_1 \tag{3.336a}$$

Daraus wird durch Auflösen nach X_1:

$$X_1 = (I - \underline{\underline{P_{xx}}}^{-1} \cdot \underline{\underline{P_{xy}}} \cdot \underline{\underline{P_{yy}}}^{-1} \cdot \underline{\underline{P_{yx}}})^{-1} \cdot \underline{\underline{P_{xx}}}^{-1}$$

$$= (\underline{\underline{P_{xx}}} - \underline{\underline{P_{xy}}} \cdot \underline{\underline{P_{yy}}}^{-1} \cdot \underline{\underline{P_{yx}}})^{-1} \tag{3.336b}$$

Durch Einsetzen dieses Ergebnisses in die nach X_2^T aufgelöste Gl. 3.335c erhalten wir:

$$X_2^T = -\underline{\underline{P_{yy}}}^{-1} \cdot \underline{\underline{P_{yx}}} \cdot X_1 = -\underline{\underline{P_{yy}}}^{-1} \cdot \underline{\underline{P_{yx}}} \cdot (\underline{\underline{P_{xx}}} - \underline{\underline{P_{xy}}} \cdot \underline{\underline{P_{yy}}}^{-1} \cdot \underline{\underline{P_{yx}}})^{-1} \tag{3.336c}$$

Hieraus ergibt sich X_2 durch Transponieren:

$$X_2 = -(\underline{\underline{P_{xx}}} - \underline{\underline{P_{xy}}} \cdot \underline{\underline{P_{yy}}}^{-1} \cdot \underline{\underline{P_{yx}}})^{-1} \cdot \underline{\underline{P_{xy}}} \cdot \underline{\underline{P_{yy}}}^{-1} \tag{3.336d}$$

Hierbei wurde berücksichtigt, daß für symmetrische Matrizen gilt: $X_s = X_s^T$.

Durch Einsetzen der bisherigen Zwischenergebnisse in Gl. 3.335d und anschließendes Auflösen nach X_3 erhält man schließlich:

$$X_3 = \underline{\underline{P_{yy}}}^{-1} - \underline{\underline{P_{yy}}}^{-1} \cdot \underline{\underline{P_{yx}}} \cdot X_2$$

$$= \underline{\underline{P_{yy}}}^{-1} + \underline{\underline{P_{yy}}}^{-1} \cdot \underline{\underline{P_{yx}}} \cdot (\underline{\underline{P_{xx}}} - \underline{\underline{P_{xy}}} \cdot \underline{\underline{P_{yy}}}^{-1} \cdot \underline{\underline{P_{yx}}})^{-1} \cdot \underline{\underline{P_{xy}}} \cdot \underline{\underline{P_{yy}}}^{-1} \tag{3.336e}$$

Zu einem alternativen, mathematisch äquivalenten Gleichungssystem gelangt man, indem man aus Gl. 3.335b folgert:

$$X_2 = -P_{\underline{\underline{xx}}}^{-1} \cdot P_{\underline{\underline{xy}}} \cdot X_3 \tag{3.336f}$$

Aus Gl. 3.335d erhalten wir für X_3:

$$X_3 = P_{\underline{\underline{yy}}}^{-1} - P_{\underline{\underline{yy}}}^{-1} \cdot P_{\underline{\underline{yx}}} \cdot X_2 \tag{3.336g}$$

Setzt man nun X_2 nach Gl. 3.336f in Gl. 3.336g ein, ergibt sich:

$$X_3 = P_{\underline{\underline{yy}}}^{-1} + P_{\underline{\underline{yy}}}^{-1} \cdot P_{\underline{\underline{yx}}} \cdot P_{\underline{\underline{xx}}}^{-1} \cdot P_{\underline{\underline{xy}}} \cdot X_3 \tag{3.336h}$$

Durch Auflösen nach X_3 erhält man schließlich:

$$X_3 = (I - P_{\underline{\underline{yy}}}^{-1} \cdot P_{\underline{\underline{yx}}} \cdot P_{\underline{\underline{xx}}}^{-1} \cdot P_{\underline{\underline{xy}}})^{-1} \cdot P_{\underline{\underline{yy}}}^{-1} = (P_{\underline{\underline{yy}}} - P_{\underline{\underline{yx}}} \cdot P_{\underline{\underline{xx}}}^{-1} \cdot P_{\underline{\underline{xy}}})^{-1} \tag{3.336i}$$

Mit Gl. 3.336i berechnet man durch Einsetzen in Gl. 3.336f das Endergebnis für X_2:

$$X_2 = -P_{\underline{\underline{xx}}}^{-1} \cdot P_{\underline{\underline{xy}}} \cdot (P_{\underline{\underline{yy}}} - P_{\underline{\underline{yx}}} \cdot P_{\underline{\underline{xx}}}^{-1} \cdot P_{\underline{\underline{xy}}})^{-1} \tag{3.336j}$$

Abschließend kann man X_2 nun in Gl. 3.335a einsetzen und erhält durch Auflösen nach X_1:

$$X_1 = P_{\underline{\underline{xx}}}^{-1} + P_{\underline{\underline{xx}}}^{-1} \cdot P_{\underline{\underline{xy}}} \cdot (P_{\underline{\underline{yy}}} - P_{\underline{\underline{yx}}} \cdot P_{\underline{\underline{xx}}}^{-1} \cdot P_{\underline{\underline{xy}}})^{-1} \cdot P_{\underline{\underline{yx}}} \cdot P_{\underline{\underline{xx}}}^{-1} \tag{3.336k}$$

Die Gl. 3.336f – 3.336k sind völlig äquivalent zu den Gl. 3.336a – e, weisen aber einen ganz anderen Aufbau auf. In der Tat können diese Äquivalenzen dazu herangezogen werden, Matrixinversionslemmata verschiedenartigster Gestalt abzuleiten, eine nützliche Tatsache, von der an späterer Stelle noch ausgiebig Gebrauch gemacht wird. Betrachtet man nun den gesamten Exponentialterm in Gl. 3.324, so erhält man durch Einführen der inversen Matrix X_a:

$$u_a = \left[\frac{(\underline{\xi} - \underline{m}_x)}{(\underline{y}_T - \underline{m}_y)}\right]^T \cdot \left[\begin{array}{c|c} P_{\underline{\underline{xx}}} & P_{\underline{\underline{xy}}} \\ \hline P_{\underline{\underline{yx}}} & P_{\underline{\underline{yy}}} \end{array}\right]^{-1} \cdot \left[\frac{(\underline{\xi} - \underline{m}_x)}{(\underline{y}_T - \underline{m}_y)}\right] - (\underline{y}_T - \underline{m}_y)^T \cdot P_{\underline{\underline{yy}}}^{-1} \cdot (\underline{y}_T - \underline{m}_y)$$

$$= \left[\frac{(\underline{\xi} - \underline{m}_x)}{(\underline{y}_T - \underline{m}_y)}\right]^T \cdot X_a \cdot \left[\frac{(\underline{\xi} - \underline{m}_x)}{(\underline{y}_T - \underline{m}_y)}\right] - (\underline{y}_T - \underline{m}_y)^T \cdot P_{\underline{\underline{yy}}}^{-1} \cdot (\underline{y}_T - \underline{m}_y) \tag{3.337a}$$

Einsetzen der Teilmatrizen nach den Gl. 3.336a – e und Ausmultiplizieren liefert dann:

$$u_a = (\underline{\xi}-\underline{m}_x)^T \cdot X_1 \cdot (\underline{\xi}-\underline{m}_x) + (\underline{y}_T-\underline{m}_y)^T \cdot X_2^T \cdot (\underline{\xi}-\underline{m}_x)$$

$$+ (\underline{\xi}-\underline{m}_x)^T \cdot X_2 \cdot (\underline{y}_T-\underline{m}_y) + (\underline{y}_T-\underline{m}_y)^T \cdot X_3 \cdot (\underline{y}_T-\underline{m}_y)$$

$$- (\underline{y}_T-\underline{m}_y)^T \cdot P_{\underline{yy}}^{-1} \cdot (\underline{y}_T-\underline{m}_y) \qquad (3.337b)$$

Durch Einsetzen der sich aus den Gl. 3.336b – 3.336d ergebenden Zusammenhänge zwischen X_2, X_2^T, X_3 und X_1 erhält man aus Gl. 3.337b:

$$u_a = (\underline{\xi}-\underline{m}_x)^T \cdot X_1 \cdot (\underline{\xi}-\underline{m}_x) - (\underline{y}_T-\underline{m}_y)^T \cdot P_{\underline{yy}}^{-1} \cdot P_{\underline{yx}} \cdot X_1 (\underline{\xi}-\underline{m}_x)$$

$$- (\underline{\xi}-\underline{m}_x)^T X_1 \cdot P_{\underline{xy}} \cdot P_{\underline{yy}}^{-1} \cdot (\underline{y}_T-\underline{m}_y) - (\underline{y}_T-\underline{m}_y)^T \cdot P_{\underline{yy}}^{-1} \cdot (\underline{y}_T-\underline{m}_y)$$

$$+ (\underline{y}_T-\underline{m}_y)^T \cdot (P_{\underline{yy}}^{-1} + P_{\underline{yy}}^{-1} \cdot P_{\underline{yx}} \cdot X_1 \cdot P_{\underline{xy}} \cdot P_{\underline{yy}}^{-1}) \cdot (\underline{y}_T-\underline{m}_y) \qquad (3.337c)$$

Sammeln der Terme durch Ausklammern von $(\underline{\xi}-\underline{m}_x)^T$ und $(\underline{y}_T-\underline{m}_y)^T$ ergibt aus Gl. 3.337c:

$$u_a = (\underline{\xi}-\underline{m}_x)^T \cdot X_1 \cdot (\underline{\xi}-\underline{m}_x - P_{\underline{xy}} \cdot P_{\underline{yy}}^{-1} \cdot (\underline{y}_T-\underline{m}_y))$$

$$+ (\underline{y}_T-\underline{m}_y)^T \cdot \Big[(P_{\underline{yy}}^{-1} + P_{\underline{yy}}^{-1} \cdot P_{\underline{yx}} \cdot X_1 \cdot P_{\underline{xy}} \cdot P_{\underline{yy}}^{-1}) \cdot (\underline{y}_T-\underline{m}_y)$$

$$- P_{\underline{yy}}^{-1} \cdot P_{\underline{yx}} \cdot X_1 \cdot (\underline{\xi}-\underline{m}_x)\Big] - (\underline{y}_T-\underline{m}_y)^T \cdot P_{\underline{yy}}^{-1} \cdot (\underline{y}_T-\underline{m}_y) \qquad (3.337d)$$

Weiteres Zusammenfassen der Terme in Gl. 3.337d liefert nun:

$$u_a = (\underline{\xi}-\underline{m}_x)^T \cdot X_1 \cdot (\underline{\xi}-\underline{m}_x - P_{\underline{xy}} \cdot P_{\underline{yy}}^{-1} \cdot (\underline{y}_T-\underline{m}_y))$$

$$- (\underline{y}_T-\underline{m}_y)^T \cdot (P_{\underline{yy}}^{-1} \cdot P_{\underline{yx}} \cdot X_1 \cdot \{\underline{\xi}-\underline{m}_x - P_{\underline{xy}} \cdot P_{\underline{yy}}^{-1} \cdot (\underline{y}_T-\underline{m}_y)\})$$

$$= (\underline{\xi}-\underline{m}_{\underline{x}})^T \cdot X_1 \cdot [\underline{\xi}-\underline{m}_{\underline{x}} - P_{\underline{xy}} \cdot P_{\underline{yy}}^{-1} \cdot (\underline{y}_T-\underline{m}_{\underline{y}})]$$

$$- (P_{\underline{xy}} \cdot P_{\underline{yy}}^{-1} \cdot (\underline{y}_T-\underline{m}_{\underline{y}}))^T \cdot X_1 \cdot [\underline{\xi}-\underline{m}_{\underline{x}} - P_{\underline{xy}} P_{\underline{yy}}^{-1} (\underline{y}_T-\underline{m}_{\underline{y}})]$$

$$= (\underline{\xi}-\underline{m}_{\underline{x}} - P_{\underline{xy}} \cdot P_{\underline{yy}}^{-1} \cdot (\underline{y}_T-\underline{m}_{\underline{y}}))^T \cdot X_1$$

$$\cdot (\underline{\xi}-\underline{m}_{\underline{x}} - P_{\underline{xy}} \cdot P_{\underline{yy}}^{-1} \cdot (\underline{y}_T-\underline{m}_{\underline{y}})) \tag{3.337e}$$

Wir führen nun zur Vereinfachung der Schreibweise und zur besseren Verständlichkeit zwei Abkürzungen ein:

$$\underline{m}_{\underline{x}/\underline{y}} = \underline{m}_{\underline{x}} + P_{\underline{xy}} \cdot P_{\underline{yy}}^{-1} \cdot (\underline{y}_T-\underline{m}_{\underline{y}}) \tag{3.338}$$

$$P_{\underline{x}/\underline{y}}^{-1} = X_1 = (P_{\underline{xx}} - P_{\underline{xy}} \cdot P_{\underline{yy}}^{-1} \cdot P_{\underline{yx}})^{-1} \tag{3.339}$$

wobei Gl. 3.336b zur Beschreibung von X_1 verwendet wurde.

Mit diesen Abkürzungen erhalten wir für den Exponenten aus Gl. 3.337e:

$$u_a = (\underline{\xi}-\underline{m}_{\underline{x}/\underline{y}})^T \cdot P_{\underline{x}/\underline{y}}^{-1} \cdot (\underline{\xi}-\underline{m}_{\underline{x}/\underline{y}}) \tag{3.340}$$

Dies ist das gewünschte Endergebnis und wird, zusammen mit der Determinanten nach Gl. 3.332, in die Gl. 3.324 eingesetzt, so daß die gesuchte bedingte Verteilungsdichtefunktion der Zufallsvariablen $\underline{x}$ formuliert werden kann. Wir erhalten dann:

$$f_{\underline{x}/\underline{y}}(\underline{\xi}/\underline{y}_T) = ((2\pi)^{n/2} \cdot \det\{P_{\underline{xx}} - P_{\underline{xy}} \cdot P_{\underline{yy}}^{-1} \cdot P_{\underline{yx}}\}^{1/2})^{-1}$$

$$\cdot \exp\{-1/2 \cdot (\underline{\xi}-\underline{m}_{\underline{x}/\underline{y}})^T \cdot P_{\underline{x}/\underline{y}}^{-1} \cdot (\underline{\xi}-\underline{m}_{\underline{x}/\underline{y}})\} \tag{3.341}$$

Die bedingte Verteilungsdichtefunktion der Zufallsvariablen $\underline{x}$, bedingt darauf, daß die Zufallsvariable $\underline{y}$ den Wert $\underline{y}_T$ angenommen hat, ist, wie vorausgesagt, gaußförmig und besitzt die Parameter $\underline{m}_{\underline{x}/\underline{y}}$ und $P_{\underline{x}/\underline{y}}$ nach Gl. 3.338 und 3.339. Damit liegen auch die Momente der bedingten Verteilungsdichtefunktion fest. Wir erhalten zunächst für den bedingten Erwartungswert der Zufallsvariablen $\underline{x}$, bedingt auf die Realisation $\underline{y}_T$ der Zufallsvariablen $\underline{y}$:

$$\underline{m}_{\underline{x}/\underline{y}} = E\{\underline{x}/\underline{y}=\underline{y}_T\} = \underline{m}_{\underline{x}} + P_{\underline{x}\underline{y}} \cdot P_{\underline{y}\underline{y}}^{-1} \cdot (\underline{y}_T - \underline{m}_{\underline{y}}) \tag{3.342}$$

Bedingt auf die Realisation $\underline{y}_T$ der Zufallsvariablen $\underline{y}(\cdot)$ ist der bedingte Erwartungswert eine explizite Funktion dieser Realisation. Er stellt für jede Realisation $\underline{y}_{Tj}$ somit einen festen Zahlenwert dar. Der bedingte Erwartungswert, bedingt auf die Realisation $\underline{y}_T$, ist damit auch ein guter Schätzwert (estimate) der Realisation $\underline{x}_T$ der Zufallsvariablen $\underline{x}$, er ist derjenige Wert, den man aufgrund der Beobachtung $\underline{y}_T$ (Messung) als Zahlenwert für $\underline{x}$ 'erwarten' würde. Gleichzeitig nimmt die bedingte Verteilungsdichtefunktion auch in diesem Wert ihr Maximum ein, so daß dieser Wert auch die 'höchste Wahrscheinlichkeit' aufgrund der Messung $\underline{y}_T$ besitzt. Deshalb heißt dieser Wert auch 'bedingter Maximum Likelihood'–Schätzwert, oder genauer gesagt, 'Maximum A Posteriori'–Schätzwert.

Die bedingte Kovarianz der Zufallsvariablen $\underline{x}$, bedingt auf die Realisation der Zufallsvariablen $\underline{y}$, ergibt sich zu:

$$P_{\underline{x}/\underline{y}} = E\{(\underline{x} - E\{\underline{x}/\underline{y}=\underline{y}_T\}) \cdot (\underline{x} - E\{\underline{x}/\underline{y}=\underline{y}_T\})^T \,/\, \underline{y}=\underline{y}_T\}$$

$$= P_{\underline{x}\underline{x}} - P_{\underline{x}\underline{y}} \cdot P_{\underline{y}\underline{y}}^{-1} \cdot P_{\underline{y}\underline{x}} \tag{3.343}$$

Diese Kovarianz hängt nicht von der Realisation der Zufallsvariablen $\underline{y}$ ab, sondern nur von den statistischen Parametern der Zufallsvariablen $\underline{x}$ und $\underline{y}$. Sie ist, wie später noch gezeigt wird, kleiner als die Kovarianz der Zufallsvariablen $\underline{x}$ alleine. Wird der bedingte Erwartungswert als Schätzwert der Zufallsvariablen $\underline{x}$ verwendet, kann man folgende Schätzfehlerzufallsvariable einführen:

$$\underline{e} = \underline{x} - \hat{\underline{x}} = \underline{x} - \underline{m}_{\underline{x}/\underline{y}} \tag{3.344}$$

Für den bedingten Erwartungswert dieses Fehlers unter der Bedingung $\underline{y}(\omega)=\underline{y}_T$ erhält man:

$$E\{\underline{e}/\underline{y}=\underline{y}_T\} = E\{(\underline{x} - \underline{m}_{\underline{x}/\underline{y}}) \,/\, \underline{y}=\underline{y}_T\} = E\{\underline{x}/\underline{y}=\underline{y}_T\} - E\{\underline{m}_{\underline{x}/\underline{y}} \,/\underline{y}=\underline{y}_T\} \tag{3.345}$$

Der letzte Summand in Gl. 3.345 ist bezüglich der bedingten Erwartungswertbildung konstant, deshalb kann man mit Gl. 3.342 folgern:

$$E\{\underline{e}/\underline{y}=\underline{y}_T\} = \underline{m}_{\underline{x}/\underline{y}} - \underline{m}_{\underline{x}/\underline{y}} = \underline{0} \tag{3.346}$$

Der bedingte Erwartungswert des Schätzfehlers verschwindet; man macht im 'Mittel' keinen Fehler, wenn man den bedingten Erwartungswert als Schätzwert verwendet.

Verwendet man den bedingten Erwartungswert als Schätzwert, stellt die bedingte Kovarianz nach Gl. 3.343 zusätzlich die bedingte Kovarianz der Schätzfehlerzufallsvariablen $\underline{e}$ unter der Bedingung dar, daß die Zufallsvariable $\underline{y}$ die Realisation y_T angenommen hat. Das bedeutet:

$$P_{\underline{x}/\underline{y}} = E\{(\underline{x} - E\{\underline{x}/\underline{y}=y_T\})\cdot(\underline{x} - E\{\underline{x}/\underline{y}=y_T\})^T \,/\, \underline{y}=y_T\}$$

$$= P_{\underline{xx}} - P_{\underline{xy}}\cdot P_{\underline{yy}}^{-1}\cdot P_{\underline{yx}} = P_{\underline{e}/\underline{y}} \tag{3.347}$$

Die bedingte Fehlerkovarianz der Schätzung hängt auch überhaupt nicht von der jeweiligen Realisation y_T ab, sondern nur von den statistischen Parametern der Zufallsvariablen $\underline{x}$ und $\underline{y}$. Deshalb kann sie unabhängig von dem eigentlichen Schätzvorgang schon im voraus berechnet werden und ermöglicht so eine Vorableistungsanalyse des Estimationsalgorithmus. Wird der bedingte Erwartungswert dagegen nicht auf eine Realisation, sondern auf alle möglichen Realisationen der Zufallsvariablen $\underline{y}(\omega) = \cdot$ und damit auf die Zufallsvariable selbst bedingt, ergibt sich folgende Darstellung:

$$E\{\underline{x} \,/\, \underline{y}=\underline{y}(\cdot)\} = \underline{m}_x + P_{\underline{xy}}\cdot P_{\underline{yy}}^{-1}\cdot(\underline{y}(\cdot) - \underline{m}_y) \tag{3.348}$$

In diesem Fall ist der bedingte Erwartungswert eine Abbildung des gesamten Raumes $\mathbb{R}^m$ in den Raum $\mathbb{R}^n$ und stellt als Abbildung einer Zufallsvariablen selbst eine Zufallsvariable dar. Eine derartige Abbildung wird Schätzalgorithmus, Schätzer oder auch Estimator genannt. Für jede Realisation der Zufallsvariablen $\underline{y}$ erzeugt der Estimator einen Schätzwert.

Für den unbedingten Schätzfehler des Estimationsalgorithmus, der nicht mehr auf eine spezielle Realisation der Zufallsvariablen $\underline{y}$ bedingt ist, erhält man nach Gl. 3.207:

$$E_x\{\underline{e}\} = E_y\{E_x\{\underline{e} \,/\underline{y}=\underline{y}(\cdot)\}\} = E_y\{\underline{0}\} = \underline{0} \tag{3.349}$$

Dies bedeutet, der Estimator liefert, unabhängig von den speziellen Realisationen von $\underline{y}$, immer Schätzwerte, deren Schätzfehler erwartungswertfrei ist. Solche Estimatoren nennt man 'unbiased' oder erwartungstreu.

Die unbedingte Schätzfehlerkovarianz ergibt sich unter Berücksichtigung von Gl. 3.344 zu:

$$P_{\underline{e}} = E\{(\underline{x} - E\{\underline{x}/\underline{y}=\underline{y}(\cdot)\})\cdot(\underline{x} - E\{\underline{x}/\underline{y}=\underline{y}(\cdot)\})^T\}$$

$$= E_y\{E_x\{(\underline{e} - E\{\underline{e}/\underline{y}=\underline{y}(\cdot)\})\cdot(\underline{e} - E\{\underline{e}/\underline{y}=\underline{y}(\cdot)\})^T \;/\; \underline{y}=\underline{y}(\cdot)\}\}$$

$$= E_y\{P_{\underline{e}/\underline{y}}\} = E_y\{P_{\underline{xx}} - P_{\underline{xy}}\cdot P_{\underline{yy}}^{-1}\cdot P_{\underline{yx}}\}$$

$$= \int_{-\infty}^{\infty} P_{\underline{e}/\underline{y}}\cdot f_{\underline{y}}(\underline{\rho})\cdot d\underline{\rho} \qquad (3.350)$$

Die bedingte Schätzfehlerkovarianz $P_{\underline{e}/\underline{y}}$ hängt aber nach Gl. 3.347 nicht von den jeweiligen Realisationen der Zufallsvariablen $\underline{y}$ ab, deshalb kann der Ausdruck $P_{\underline{e}/\underline{y}}$ aus dem Integral in Gl. 3.350 herausgezogen werden, und man erhält:

$$P_{\underline{e}} = P_{\underline{e}/\underline{y}}\cdot \int_{-\infty}^{\infty} f_{\underline{y}}(\underline{\rho})\cdot d\underline{\rho} = P_{\underline{e}/\underline{y}} \qquad (3.351)$$

Die bedingte Fehlerkovarianz des Schätzwertes ist damit gleich der unbedingten Fehlerkovarianz des Estimators. Damit arbeitet der Estimator unabhängig von den jeweiligen Realisationen der Zufallsvariablen $\underline{y}$ immer gleich gut. Verwendet man also einen Estimator, der den bedingten Erwartungswert einer gaußverteilten Zufallsvariablen, bedingt auf die Realisation einer weiteren gaußverteilten Zufallsvariablen, berechnet, erhält man einen linearen Schätzalgorithmus. Dieser Schätzalgorithmus ist erwartungstreu, seine Schätzfehlerkovarianz ist gleich der bedingten Schätzfehlerkovarianz der Schätzwerte. An späterer Stelle wird gezeigt, daß die unbedingte Schätzfehlerkovarianz gleichzeitig die mimimal mögliche Schätzfehlerkovarianz ist (Linear Minimum Variance Estimation).

3.15 Estimation mit linearen, gauß'schen Systemmodellen

Die in den vorangegangenen Kapiteln gesammelten Grundlagen und Kenntnisse sollen nun erstmalig zur Formulierung und Lösung eines statischen Estimationsproblems benutzt werden. Statische Estimationsprobleme bestehen z.B. daraus, die unbekannten Werte von Parametervektoren aus im allgemeinen gestörten Meßdaten zu schätzen. Allen diesen Problemen gemeinsam ist, daß sich die gesuchten Werte über der Zeit nicht ändern, man spricht von einem statischen Estimationsproblem. Ziel der Estimation ist damit die Berechnung eines 'optimalen' Schätzwertes einer über der Zeit unveränderlichen (i.A. vektoriellen) Zufallsvariablen aus einer Menge von gegebenen Realisationen einer (i.A. ebenso vektoriellen) Meßwertzufallsvariablen. Optimalität bedeutet nichts anderes, als die Erfüllung eines Optimalitätskriteriums, welches vom Anwender entsprechend der betrachteten Problematik definiert wird. Ein gegebenes Estimationsproblem umfaßt immer mehrere Aspekte:

1) Welche Variablen müssen geschätzt werden?
2) Welche Meßwerte liegen vor?
3) Wie können die Variablen modelliert werden, und wie hängen die verfügbaren Meßwerte mit den modellierten Variablen zusammen?
4) Wie werden Unsicherheiten bei der Modellbildung beschrieben?
5) Wie ist die Leistung und Verarbeitungsgüte des gewählten Verarbeitungsalgorithmus, und wie optimal ist der Algorithmus?

Die vorangegangenen Kapitel legen nun folgende Modellüberlegungen zur Formulierung eines Estimationsproblems nahe:

Die zu schätzenden Variablen werden die Komponenten eines n– dimensionalen Zufallsvektors $\underline{x}(\cdot)$ sein. Die Zahlenwerte dieses Zufallsvektors (Realisationen) sind konstant, aber unbekannt. Die zur Verfügung stehenden Meßwerte werden als Realisationen einer m–dimensionalen Meßwertzufallsvariablen $\underline{y}$ interpretiert. Dabei wird angenommen, daß die Meßwerte lineare Beobachtungen des Zufallsvektors $\underline{x}$ sind, die durch additive Meßstörungen 'verunreinigt' sind. Für die vektoriellen Realisationen der Meßzufallsvariablen kann man dann schreiben:

$$\underline{y}_T = C \cdot \underline{x}_T + \underline{v}_T \tag{3.352}$$

wobei C eine bekannte [m×n]–Matrix (Beobachtungsmatrix) darstellt.

$\underline{v}_T$ beschreibt die in den Meßwerten enthaltenen, ebenfalls unbekannten Meßfehler. Dieser Störvektor ist, ebenso wie $\underline{y}_T$, ein [m× 1]–Spaltenvektor.

Die Modellierung der Unsicherheiten und Meßstörungen geht nun von folgender Überlegung aus: Die Realisation des Parametervektors $\underline{x}$ und des Störvektors $\underline{v}$ sind unbekannt, nicht aber die statistischen Kennwerte dieser Variablen, Erwartungswert und Kovarianz. Diese Kenntnisse liegen als sogenannte a–priori–Kenntnisse vor und beschreiben die betrachteten Variablen im statistischen Sinne. Zusätzlich nehmen wir an, die betrachteten Variablen seien gaußverteilt. Dies ist in der Tat eine sehr nützliche Idealisierung, die sowohl mathematische Vorteile bietet, als auch, wie schon erwähnt, aufgrund des zentralen Grenzwertsatzes in vielen praktischen Fällen wirklich zutrifft. In den Fällen, in denen die Verteilungsdichtefunktionen selbst unbekannt sind, stellt die Gaußverteiltheit eine sinnvolle Annahme dar, da sie durch die ersten beiden Momente vollkommen bestimmt ist.
Es sollte jedoch nicht verschwiegen werden, daß diese Art der Modellbildung unbekannter Größen auch ihre Grenzen hat, denn in manchen praktischen Fällen liegen überhaupt keinerlei Kenntnisse über die gesuchten oder unbekannten Größen vor. In solchen Fällen können diese Größen nicht einmal durch Zufallsvariablen beschrieben werden und erfordern dann Estimationsansätze, auf die wir an dieser Stelle nicht eingehen können.

Zusammenfassend interpretieren wir die gesuchte Größe des Parametervektors als Realisation der vektoriellen, gaußverteilten Zufallsvariablen $\underline{x}$, deren Erwartungswert $\hat{\underline{x}}_T^-$ und Kovarianz P^- bekannt sind. Das hochgestellte Minuszeichen kennzeichnet einen Wert unmittelbar vor der Verarbeitung eines Meßwertes, ein hochgestelltes Pluszeichen beschreibt einen Wert unmittelbar nach der Verarbeitung eines Meßwertes.

Die in den Meßwerten enthaltenen Störungen werden ebenfalls als Realisationen einer gaußverteilten, erwartungswertfreien Zufallsvariablen interpretiert, deren Kovarianzmatrix R bekannt ist. Parametervektor $\underline{x}$ und Störvektorzufallsvariable $\underline{v}$ werden als statistisch unabhängig angenommen.

Damit kann Gleichung 3.352 in eine Gleichung umgeschrieben werden, die einen Zusammenhang zwischen den entsprechenden Zufallsvariablen herstellt:

$$\underline{y} = C\cdot \underline{x} + \underline{v} \tag{3.353}$$

Gl. 3.352 stellt eine Realisationengleichung, 3.353 eine Zufallsvariablengleichung dar. Für jedes Elementarereignis liefert Gl. 3.352 eine spezielle Realisation des in Gl. 3.353 allgemein beschriebenen Zufallsvariablenzusammenhangs.

Bei der Wahl eines Optimalitätskriteriums verwenden wir einen Bayes'schen Ansatz, d.h., wir werden zunächst weniger ein spezielles Kriterium postulieren, welches sich möglicherweise imVerlauf der Rechnung als nicht geeignet erweist. Vielmehr wollen wir versuchen, die gesamte bedingte Verteilungsdichtefunktion der Zufallsvariablen $\underline{x}$, bedingt auf die vorliegenden Meßwertrealisationen, zu berechnen, d. h., wir suchen die Funktion $f_{\underline{x}/\underline{y}}(\underline{\xi}/\underline{\eta}_T)$. Diese Funktion beinhaltet alle statistische Information über die gesuchte Variable $\underline{x}$, die in den zur Verfügung stehenden Meßwertrealisationen enthalten ist. Haben wir diese Funktion einmal berechnet, können wir auf dieser Basis beliebige 'optimale' Schätzwerte definieren und sind somit unabhängig von einem zu Anfang einmal gewählten und dann stur beibehaltenem Optimalitätskriterium. Betrachtet man beispielsweise eine allgemeine, asymmetrische, bedingte Verteilungsdichte mit mehreren lokalen Maxima (multimodale Verteilungsdichte), so leuchtet unmittelbar ein, daß unterschiedliche Optimalitätskriterien unterschiedlich sinnvolle Schätzwerte produzieren. Entscheidet man sich zum Beispiel für einen Schätzwert, der maximale Wahrscheinlichkeit besitzt (Max. Likelihood, conditional mode), ergeben sich unmittelbar Eindeutigkeitsprobleme bei multimodalen Verteilungsdichten, ein Schätzalgorithmus kann unter Umständen ein lokales Maximum nicht von dem eigentlichen gesuchten Maximum unterscheiden. Die Berechnung des bedingten Medianwertes (mit gleichen Wahrscheinlichkeitsflächen auf beiden Seiten) führt auf nichtlineare Berechnungsverfahren. Der bedingte Erwartungswert (conditional mean) ist dagegen in den meisten Fällen einfach zu berechnen und minimiert jedes symmetrische, quadratische Estimationsfehlerkriterium, wie später noch gezeigt wird.

Um die im vorangegangenen Unterpunkt abgeleiteten Ergebnisse zur Lösung des geschilderten Estimationsproblems verwenden zu können, wollen wir zunächst zeigen, daß die bedingte Verteilungsdichtefunktion $f_{\underline{x}/\underline{y}}(\underline{\xi}/\underline{\eta}_T)$ unter den beschriebenen Voraussetzungen gaußförmig ist, und daß ihre Momente bei Verwendung geeigneter Substitutionen mit den im vorangegangenen Unterpunkt abgeleiteten Formeln berechnet werden können. Es wurde in diesem Unterpunkt gezeigt, daß $f_{\underline{x}/\underline{y}}$ dann gaußförmig ist, wenn $\underline{x}$ und $\underline{y}$ zusammen gaußverteilt sind, d.h., wenn $f_{\underline{x},\underline{y}}$ gaußförmig ist. Dieser Nachweis wird folgendermaßen erbracht: Es wird ein vergrößerter Zufallsvektor $\underline{y}_a$, bestehend aus den beiden Vektoren $\underline{x}$, $\underline{y}$, eingeführt. Auch die Vektoren $\underline{x}$ und $\underline{v}$ werden zu einem vergrößerten Zufallsvektor $\underline{x}_a$, bestehend aus den Komponentenvektoren $\underline{x}$ und $\underline{v}$, zusammengefaßt. Es wird dann gezeigt, daß der vergrößerte Vektor $\underline{y}_a$ aus dem vergrößerten Vektor $\underline{x}_a$ durch eine lineare Transformation entsteht und damit dann gaußverteilt ist, wenn der vergrößerte Zufallsvektor $\underline{x}_a$ gaußverteilt ist. Dann muß nur noch gezeigt werden, daß $\underline{x}_a$ tatsächlich gaußverteilt ist.

1.) Wir beginnen damit, zu zeigen, daß $\underline{x}_a$ gaußverteilt ist.

Der vergrößerte Zufallsvektor $\underline{x}_a$ ist gegeben durch:

$$\underline{x}_a = [\underline{x}^T | \underline{v}^T]^T \tag{3.354}$$

Ebenso benötigen wir eine vergrößerte vektorielle Schrankenvariable:

$$\underline{\xi}_a = [\underline{\xi}^T | \underline{\eta}^T]^T \tag{3.355}$$

Die Verbundverteilungsdichtefunktion $f_{\underline{x},\underline{v}}(\underline{\xi},\underline{\eta})$ kann nun mit diesen Definitionen folgendermaßen formuliert werden:

$$f_{\underline{x},\underline{v}}(\underline{\xi},\underline{\eta}) = f_{\underline{x}_a}(\underline{\xi}_a) \tag{3.356}$$

Laut Voraussetzung sind $\underline{x}$ und $\underline{v}$ statistisch unabhängig, d.h., ihre Verbundverteilungsdichte ergibt sich aus dem Produkt der gaußförmigen Randverteilungen. Damit erhält man aus Gl. 3.356:

$$f_{\underline{x}_a}(\underline{\xi}_a) = f_{\underline{x},\underline{v}}(\underline{\xi},\underline{\eta}) = f_{\underline{x}}(\underline{\xi}) \cdot f_{\underline{v}}(\underline{\eta}) \tag{3.357}$$

Das Produkt zweier Gaußfunktionen ist wieder eine Gaußfunktion, damit ist gezeigt, daß die vergrößerte Zufallsvariable $\underline{x}_a$ tatsächlich gaußverteilt ist.

2.) Wir beschreiben nun die lineare Transformation, mit der der vergrößerte Ausgangsvektor $\underline{y}_a$ aus $\underline{x}_a$ erzeugt werden kann. Zunächst ist $\underline{y}_a$ gegeben durch:

$$\underline{y}_a = [\underline{x}^T | \underline{y}^T]^T \tag{3.358}$$

Die zu diesem Vektor korrespondierende Schrankenvariable sei:

$$\underline{\varrho}_a = [\underline{\xi}^T | \underline{\varrho}^T]^T \tag{3.359}$$

Für die Verteilungsdichte des vergrößerten Zufallsvektors $\underline{y}_a$ erhalten wir analog zu den vorherigen Überlegungen:

$$f_{\underline{y}_a}(\underline{\varrho}_a) = f_{\underline{x},\underline{y}}(\underline{\xi},\underline{\varrho}) \tag{3.360}$$

Die Abbildungsvorschrift, die den vergrößerten Zufallsvektor $\underline{x}_a$ in den Vektor $\underline{y}_a$ abbildet, sei nun formal gegeben durch:

$$\underline{y}_a = \left[\frac{\underline{x}}{\underline{y}}\right] = C_a \cdot \underline{x}_a = \left[\begin{array}{c|c} C_{11} & C_{12} \\ \hline C_{21} & C_{22} \end{array}\right] \cdot \left[\frac{\underline{x}}{\underline{v}}\right] \tag{3.361}$$

Man identifiziert die Untermatrizen $C_{11} - C_{22}$ nun leicht zu:

$$C_{11} = I \tag{3.362a}$$
$$C_{12} = 0 \tag{3.362b}$$
$$C_{21} = C \tag{3.362c}$$
$$C_{22} = I \tag{3.362d}$$

wobei Gl. 3.353 zur Identifikation von C_{21} und C_{22} verwendet wurde.

Die Abbildungsvorschrift nach Gl. 3.361 ist ohne Zweifel linear, deshalb ist die vergrößerte Zufallsvariable $\underline{y}_a$ gaußverteilt, womit auch gezeigt ist, daß die Verbundverteilungsdichtefunktion $f_{\underline{x},\underline{y}}(\underline{\xi},\underline{\varrho})$ gaußförmig ist.

3.) Die Verbundverteilungsdichtefunktion $f_{\underline{x},\underline{y}}$ ist gaußförmig, deshalb reicht die Berechnung der Verbundmomente der Zufallsvariablen $\underline{x}$ und $\underline{y}$ zu ihrer vollständigen Beschreibung aus. Der Erwartungswert des vergrößerten Vektors $\underline{y}_a$ ergibt sich aus Gl. 3.361 zu:

$$\underline{m}_{\underline{y}_a} = E\{\underline{y}_a\} = C_a \cdot E\{\underline{x}_a\} = \left[\frac{\underline{m}_{\underline{x}}}{\underline{m}_{\underline{y}}}\right] = \left[\begin{array}{c|c} C_{11} & C_{12} \\ \hline C_{21} & C_{22} \end{array}\right] \cdot \left[\frac{\underline{m}_{\underline{x}}}{\underline{m}_{\underline{v}}}\right] \tag{3.363}$$

Zieht man ferner in Betracht, daß $\underline{m}_{\underline{v}} = \underline{0}$ gilt, erhält man:

$$\underline{m}_{\underline{x}} = I \cdot \underline{m}_{\underline{x}} = \hat{\underline{x}}_r^- \tag{3.364}$$

$$\underline{m}_{\underline{y}} = C_{21} \cdot \underline{m}_{\underline{x}} = C \cdot \hat{\underline{x}}_r^- \tag{3.365}$$

Für die Kovarianzmatrix $P_{\underline{y}_a\underline{y}_a}$ kann man schreiben:

$$P_{\underline{y}_a\underline{y}_a} = E\{(\underline{y}_a - \underline{m}_{\underline{y}_a}) \cdot (\underline{y}_a - \underline{m}_{\underline{y}_a})^T\}$$

$$= C_a \cdot E\{(\underline{x}_a - \underline{m}_{\underline{x}_a}) \cdot (\underline{x}_a - \underline{m}_{\underline{x}_a})^T\} \cdot C_a^T = C_a \cdot P_{\underline{x}_a\underline{x}_a} \cdot C_a^T \tag{3.366}$$

Die Kovarianzmatrix des vergrößerten Vektors $\underline{x}_a$ wird beschrieben durch:

$$P_{\underline{x}_a\underline{x}_a} = \left[\begin{array}{c|c} P_{\underline{xx}} & P_{\underline{xv}} \\ \hline P_{\underline{vx}} & P_{\underline{vv}} \end{array}\right] = \left[\begin{array}{c|c} P^- & 0 \\ \hline 0 & R \end{array}\right] \tag{3.367}$$

wobei die letzte Identität wegen der aus der Unabhängigkeit folgenden Unkorreliertheit und aus den einleitenden Vereinbarungen folgt.

Setzt man nun Gl. 3.367 zusammen mit den Gl. 3.362a–d in Gl. 3.366 ein, erhält man:

$$P_{\underline{y}_a\underline{y}_a} = \left[\begin{array}{c|c} P_{\underline{xx}} & P_{\underline{xy}} \\ \hline P_{\underline{yx}} & P_{\underline{yy}} \end{array}\right] = \left[\begin{array}{c|c} I & 0 \\ \hline C & I \end{array}\right] \cdot \left[\begin{array}{c|c} P^- & 0 \\ \hline 0 & R \end{array}\right] \cdot \left[\begin{array}{c|c} I & C^T \\ \hline 0 & I \end{array}\right] \tag{3.368}$$

Durch Ausrechnen von Gl. 3.368 erhält man schließlich:

$$P_{\underline{xx}} = P^- \tag{3.369a}$$
$$P_{\underline{xy}} = P^- \cdot C^T \tag{3.369b}$$
$$P_{\underline{yx}} = P_{\underline{xy}}^T = C \cdot P^- \tag{3.369c}$$
$$P_{\underline{yy}} = C \cdot P^- \cdot C^T + R \tag{3.369d}$$

Damit sind die Verbundmomente der Zufallsvariablen $\underline{x}$ und $\underline{y}$ berechnet.

Wir können nun die Ergebnisse aus dem vorangegangenen Kapitel verwenden, wenn wir folgende Substitutionen einführen:

$$\underline{m}_{\underline{x}} \to \hat{\underline{x}}_r^- \tag{3.370a}$$

$$\underline{m}_{\underline{y}} \to C \cdot \hat{\underline{x}}_r^- \tag{3.370b}$$

$$P_{\underline{xx}} \to P^- \tag{3.370c}$$

$$P_{\underline{xy}} \to P^- \cdot C^T \tag{3.370d}$$

$$P_{\underline{yy}} \to C \cdot P^- \cdot C^T + R \tag{3.370e}$$

Der bedingte Erwartungswert der Zufallsvariablen $\underline{x}$, bedingt auf die Realisation $\underline{y}_r$, ergibt sich dann mit Gl. 3.342 und den eingeführten Substitutionen zu:

$$\underline{m}_{\underline{x}/\underline{y}} = E\{\underline{x}/\underline{y}=\underline{y}_r\} = \hat{\underline{x}}_r^+ = \hat{\underline{x}}_r^- + P^- \cdot C^T \cdot (C \cdot P^- \cdot C^T + R)^{-1} \cdot (\underline{y}_r - C \cdot \hat{\underline{x}}_r^-) \tag{3.371}$$

Führt man nun zur Abkürzung der Schreibweise eine Gewichtsmatrix K ein mit:

$$K = P^- \cdot C^T \cdot (C \cdot P^- \cdot C^T + R)^{-1} \tag{3.372}$$

erhält man aus Gl. 3.371:

$$\hat{\underline{x}}_r^+ = \hat{\underline{x}}_r^- + K \cdot (\underline{y}_r - C \cdot \hat{\underline{x}}_r^-) \tag{3.373}$$

Für die bedingte Kovarianz der Zufallsvariablen $\underline{x}$, bedingt auf die Realisation $\underline{y}_r$, berechnen wir aus Gl. 3.347:

$$\begin{aligned} P^+ = P_{\underline{x}/\underline{y}} &= E\{(\underline{x} - E\{\underline{x}/\underline{y}=\underline{y}_r\}) \cdot (\underline{x} - E\{\underline{x}/\underline{y}=\underline{y}_r\})^T \,/\, \underline{y}=\underline{y}_r\} \\ &= P^- - P^- \cdot C^T \cdot (C \cdot P^- \cdot C^T + R)^{-1} \cdot C \cdot P^- = P_{\underline{e}/\underline{y}} \end{aligned} \tag{3.374}$$

Verwendet man die in Gl. 3.372 eingeführte Gewichtsmatrix K, ergibt sich aus Gl. 3.374:

$$P^+ = P^- - K \cdot C \cdot P^- \tag{3.375}$$

Wie zuvor gezeigt wurde, ist die bedingte Kovarianz der Zufallsvariablen $\underline{x}$ identisch mit der bedingten Fehlerkovarianz, wenn der bedingte Erwartungswert $\hat{\underline{x}}_r^+$ als Schätzwert verwendet wird. Für jede Realisation $\underline{y}(\omega) = \underline{y}_r$ liefert Gl. 3.373 einen festen Zahlenwert

$\hat{\underline{x}}_r^+$ als Linearkombination der Vorkenntnisse $\hat{\underline{x}}_r^-$ und der in Form der Meßwertrealisation $\underline{y}_r$ hinzugewonnenen Information. Die Differenz $(\underline{y}_r - C\ \hat{\underline{x}}_r^-)$ zwischen dem aktuellen Meßwert $\underline{y}_r$ und der auf den Vorkenntnissen beruhenden Erwartung wird durch die Gewichtsmatrix K bewertet und zur Korrektur der Vorkenntnisse herangezogen. Dabei ergibt sich die Gewichtsmatrix als Matrixverhältnis der Unsicherheit der Vorkenntnisse $P^- \cdot C^T$ zur Summe von Unsicherheit der Vorkenntnisse und Meßstörvarianz R.

Wegen der Gaußform von $f_{\underline{x}/\underline{y}}$ ist der Wert $\hat{\underline{x}}_r^+$ gleichzeitig bedingter Erwartungswert, bedingter Medianwert und bedingter Maximum–Likelihood–Wert, also ein Schätzwert, der in vielerlei Hinsicht optimal ist.

Gl. 3.371 und Gl. 3.373 stellen Realisationsgleichungen dar. Jeder Realisationsvektor $\underline{y}_r \in \mathbb{R}^m$ wird in einen Realisationsvektor $\hat{\underline{x}}_r^+ \in \mathbb{R}^n$ abgebildet, und jeder dieser vektoriellen Zahlenwerte kann als Realisation der zugehörigen Zufallsvariablen aufgefaßt werden. Die den Gleichungen 3.371 und 3.373 entsprechenden Gleichungen für die Zufallsvariablen lauten:

$$\hat{\underline{x}}^+ = \hat{\underline{x}}^- + P^- \cdot C^T \cdot (C \cdot P^- \cdot C^T + R)^{-1} \cdot (\underline{y} - C \cdot \hat{\underline{x}}^-) \qquad (3.376)$$

$$\hat{\underline{x}}^+ = \hat{\underline{x}}^- + K \cdot (\underline{y} - C \cdot \hat{\underline{x}}^-) \qquad (3.377)$$

Die in Gl. 3.372 berechnete Gewichtsmatrix K hängt interessanterweise überhaupt nicht von den Realisationen der Meßwertzufallsvariablen ab, kann daher nur aus der Kenntnis der Kovarianzen und der Beobachtungsmatrix schon vor der eigentlichen Meßwertverarbeitung (off–line) berechnet werden. Auch die bedingte Fehlerkovarianz $P_{\underline{e}/\underline{y}} = P_{\underline{x}/\underline{y}} = P^+$ hängt, wie schon in 3.14.5 gezeigt, nicht von den Meßwertrealisationen ab, kann also ebenfalls schon im voraus berechnet werden.

Die Gleichungen 3.371 – 3.375 beschreiben den Estimationsalgorithmus vollständig, doch sind weitere, mathematisch vollkommen äquivalente Formulierungen möglich, von denen eine Formulierung hier beispielhaft abgeleitet werden soll.
Bei der Berechnung der Matrixinversen in Kapitel 3.14.5 (Gl. 3.336a – 3.336k) wurden zwei mathematisch äquivalente Gleichungssysteme abgeleitet, von denen das erste zur Berechnung von $P_{\underline{x}/\underline{y}}$ herangezogen wurde. Durch einen Vergleich der einzelnen Bestimmungsgleichungen ist es, wie schon vorher angedeutet wurde, möglich, verschiedenartige

Matrixinversionslemmata abzuleiten. Durch Gleichsetzen der Gleichungen 3.336b und Gl. 3.336k ergibt sich beispielsweise folgende Identität:

$$P^{+} = P_{\underline{x}/\underline{y}} = X_1^{-1} = P_{\underline{xx}} - P_{\underline{xy}} \cdot P_{\underline{yy}}^{-1} \cdot P_{\underline{yx}}$$

$$= (P_{\underline{xx}}^{-1} + P_{\underline{xx}}^{-1} \cdot P_{\underline{xy}} \cdot (P_{\underline{yy}} - P_{\underline{yx}} \cdot P_{\underline{xx}}^{-1} \cdot P_{\underline{xy}})^{-1} \cdot P_{\underline{yx}} P_{\underline{xx}}^{-1})^{-1} \quad (3.378a)$$

Substituiert man nun die Gl. 3.370d und Gl. 3.370e, erhält man folgende Äquivalenz:

$$P^{+} = P^{-} - P^{-} \cdot C^{T} \cdot (C \cdot P^{-} \cdot C^{T} + R)^{-1} \cdot C \cdot P^{-}$$

$$= [(P^{-})^{-1} + (P^{-})^{-1} \cdot P^{-} \cdot C^{T} \cdot \{(C \cdot P^{-} \cdot C^{T} + R)$$

$$- C \cdot P^{-} \cdot (P^{-})^{-1} \cdot P^{-} \cdot C^{T}\}^{-1} \cdot C \cdot P^{-} \cdot (P^{-})^{-1}]^{-1}$$

$$= ((P^{-})^{-1} + C^{T} \cdot R^{-1} \cdot C)^{-1} \quad (3.378b)$$

Daraus ergibt sich zusammenfassend:

$$P^{-} - P^{-} \cdot C^{T} \cdot (C \cdot P^{-} \cdot C^{T} + R)^{-1} \cdot C \cdot P^{-} = ((P^{-})^{-1} + C^{T} R^{-1} C)^{-1} \quad (3.379)$$

Gl. 3.379 ist als eine Formulierung des Matrixinversionslemmas bekannt. Ebenso galt mit Gl. 3.375:

$$P^{+} = (I - K \cdot C) \cdot P^{-} \quad (3.380)$$

Von–rechts–Multiplizieren mit $(P^{-})^{-1}$ ergibt:

$$P^{+} \cdot (P^{-})^{-1} = I - K \cdot C \quad (3.381)$$

Aus Gl. 3.372 erhalten wir durch Von–rechts–Multiplizieren mit $(C \cdot P^{-} \cdot C^{T} + R)$:

$$K \cdot C \cdot P^{-} \cdot C^{T} + K \cdot R = P^{-} \cdot C^{T} \quad (3.382)$$

Löst man Gl. 3.381 nach K· C auf, erhält man:

$$K \cdot C = I - P^{+} \cdot (P^{-})^{-1} \tag{3.383}$$

Einsetzen dieses Ausdrucks in Gl. 3.382 liefert dann:

$$(I - P^{+} \cdot (P^{-})^{-1}) \cdot P^{-} C^{T} + K \cdot R = P^{-} \cdot C^{T} \tag{3.384}$$

Daraus folgt durch Ausrechnen des Klammerterms und Subtraktion von $P^{-} \cdot C^{T}$ auf beiden Seiten des Gleichheitszeichens:

$$K \cdot R = P^{+} \cdot C^{T} \tag{3.385}$$

Durch Auflösen nach K berechnen wir für invertierbare Störkovarianzmatrizen R:

$$K = P^{+} \cdot C^{T} \cdot R^{-1} \tag{3.386}$$

Aus Gl. 3.373 erhält man schließlich:

$$\hat{\underline{x}}_r^{+} = K \cdot \underline{y}_r + (I - K \cdot C) \cdot \hat{\underline{x}}_r^{-} \tag{3.387}$$

Setzt man nun die Gl. 3.381 und 3.386 in Gl. 3.387 ein, erhält man:

$$\hat{\underline{x}}_r^{+} = P^{+} \cdot (P^{-})^{-1} \cdot \hat{\underline{x}}_r^{-} + P^{+} \cdot C^{T} \cdot R^{-1} \cdot \underline{y}_r \tag{3.388}$$

Die Gleichungen 3.378b und 3.388 stellen die gesuchte mathematisch äquivalente Formulierung des Estimationsalgorithmus dar.

3.15.1 Beispiel zur Anwendung des Estimationsalgorithmus

Der im vorangegangenen Kapitel abgeleitete Estimationsalgorithmus soll nun auf das in Kapitel 1 gebrachte Beispiel angewendet werden. Es ging in diesem Beispiel um die Entfernungsbestimmung zwischen einem bewegten Fahrzeug und einem ruhenden Hindernis, wobei hierzu zunächst unterschiedlich genaue Meßwerte y_1 und y_2 mit den Varianzen σ_{y1}^2 und σ_{y2}^2 vorlagen. Die Gleichungen für die optimale Kombination dieser Meßwerte lauteten in der Prädiktor–Korrektor–Schreibweise:

$$\hat{x}(t_2) = \hat{x}(t_1) + K(t_2) \cdot [y_2 - \hat{x}(t_1)] \tag{3.389}$$

$$\sigma_{\hat{x}}(t_2)^2 = \sigma_{\hat{x}}(t_1)^2 - K(t_2) \cdot \sigma_{\hat{x}}(t_1)^2 \tag{3.390}$$

Dabei war der erste Schätzwert gegeben durch:

$$\hat{x}(t_1) = y_1 \tag{3.391}$$

Die Varianz des ersten Schätzwertes lautete:

$$\sigma_{\hat{x}}(t_1)^2 = \sigma_{y1}^2 \tag{3.392}$$

Wir wollen diese Gleichungen nun aus dem Zuvorgesagten ableiten. Dabei sind verschiedene Ansätze möglich, von denen zwei beispielhaft vorgestellt werden sollen.

1. Lösungsansatz:

a) Verarbeitung der ersten Messung:

Vor der ersten Messung liegen keinerlei Kenntnisse über die Entfernung des Fahrzeugs vor. Die beste Modellierung dieser Unkenntnis ist die Annahme $\underline{\hat{x}}_r^- = \underline{0}$. Dies bedeutet, der Erwartungswert der Entfernung ist Null. Die absolute Unkenntnis der aktuellen Position drückt sich durch die Wahl der Varianz P^- aus, diese nimmt man als unendlich an und beschreibt damit zusammenfassend eine gauß'sche Verteilungsdichte mit einem Erwartungswert von Null und unendlicher Kovarianz. Aufgrund der unendlichen Kovarianz ist diese Dichtefunktion identisch mit der ξ–Achse. Bei Matrizen bedeutet die Forderung der Unendlichkeit letztlich nur, daß einige oder alle Eigenwerte gegen Unendlich streben, bzw. daß die Inverse der Matrix die Nullmatrix ist. Zusammengefaßt beschreiben wir die fehlenden a–priori Kenntnisse der Entfernung durch:

$$\underline{\hat{x}}_r^- = \underline{0} \text{, bzw. skalar } \hat{x}_r^- = 0 \tag{3.393}$$

und:

$$(P^-)^{-1} = 0 \text{, bzw. skalar } (P_{\hat{x}}^-)^{-1} = 0 \tag{3.394}$$

Zur Berechnung des ersten Schätzwertes und der ersten Schätzwertvarianz aus dem ersten Meßwert y_1 verwenden wir wegen der besseren Eignung die Algorithmusformulierungen nach Gl. 3.378b und 3.388:

$$P^+ = ((P^-)^{-1} + C^T R^{-1} C)^{-1} = (C^T R^{-1} C)^{-1} \qquad (3.395)$$

In dem betracheten Beispiel konnte die Entfernung direkt gemessen werden, damit galt:

$$C = I \qquad (3.396)$$

Eingesetzt in Gl. 3.395 erhält man dann:

$$P^+ = R \qquad (3.397a)$$

oder skalar formuliert:

$$\sigma_{\hat{x}}(t_1)^2 = \sigma_{y1}^2 \qquad (3.397b)$$

Damit liegt die Varianz der Entfernungsschätzung nach der ersten Messung schon fest, ohne daß man die Messung verarbeitet hat. Die Verarbeitung der Messung erfolgt mit Gl. 3.388:

$$\hat{\underline{x}}^+(t_1) = P^+ \cdot (P^-)^{-1} \cdot \hat{\underline{x}}^-(t_1) + P^+ \cdot R^{-1} \cdot y_1 \qquad (3.398)$$

Hieraus ergibt sich durch Einsetzen von Gl. 3.397a und durch die Tatsache $(P^-)^{-1} = 0$:

$$\hat{\underline{x}}^+(t_1) = P^+ \cdot R^{-1} \cdot \underline{y}_1 = \underline{y}_1 \qquad (3.399a)$$

bzw. skalar formuliert:

$$\hat{x}^+(t_1) = \hat{x}(t_1) = y_1 \qquad (3.399b)$$

Dies deckt sich genau mit der Aussage in der Einführung, der beste Entfernungsschätzwert nach der ersten Messung sei der gemessene Wert selbst, und die Schätzfehlervarianz sei gleich der Meßvarianz.

Die Vorkenntnisse spielen aufgrund der Tatsache, daß sie nicht existieren und demzufolge durch eine unendlich große Varianz modelliert werden, keine Rolle bei der Berechnung des ersten Schätzwertes – man nimmt einfach den ersten Meßwert als besten Schätzwert.

b) Verarbeitung der zweiten Messung

Der Schätzwert aufgrund der ersten Messung liefert die Vorkenntnisse der Entfernung, die zur Verarbeitung der zweiten Messung benötigt werden. Damit gilt:

$$\hat{\underline{x}}^{-}(2) = \hat{\underline{x}}^{+}(1) \text{ oder skalar formuliert: } \hat{x}^{-}(2) = \hat{x}^{+}(1) \tag{3.400}$$

und :

$$P^{-}(2) = P^{+}(1) \text{ oder skalar: } \sigma_{\hat{x}}^{2-}(2) = \sigma_{\hat{x}}^{2}(1) \tag{3.401}$$

Zur Verarbeitung des zweiten Meßwertes benutzen wir die Algorithmusformulierung aus den Gl. 3.372 – 3.375 und erhalten durch Ausnutzen von C=I und der vorherigen Beziehungen:

$$K = P^{-} \cdot (P^{-} + R)^{-1} \tag{3.402a}$$

bzw. in skalarer Schreibweise bei gleichzeitiger Kennzeichung des Zeitpunktes:

$$K(t_2) = \sigma_{\hat{x}}^{2-}(2) \cdot (\sigma_{\hat{x}}^{2-}(2) + \sigma_{y}^{2}(2))^{-1} = \frac{\sigma_{\hat{x}}(1)^{2}}{\sigma_{\hat{x}}(1)^{2} + \sigma_{y}^{2}(2)} \tag{3.402b}$$

Dies entspricht genau der Formulierung in Kapitel 1:

$$K(t_2) = \frac{\sigma_{\hat{x}}(t_1)^{2}}{\sigma_{\hat{x}}(t_1)^{2} + \sigma_{y2}^{2}} \tag{3.402c}$$

Für den zweiten Schätzwert erhalten wir:

$$\hat{\underline{x}}^{+}(t_2) = \hat{\underline{x}}^{-}(t_2) + K(t_2) . (y_2 - C \cdot \hat{\underline{x}}^{-}(t_2)) \tag{3.403a}$$

Daraus folgt für das skalare Problem:

$$\hat{x}(t_2) = \hat{x}(t_1) + K(t_2) \cdot (y_2 - \hat{x}(t_1)) \tag{3.403b}$$

Für die Schätzfehlervarianz nach Verarbeitung der zweiten Messung erhalten wir aus Gl. 3.375:

$$\sigma_{\hat{x}}(t_2)^2 = P^+(t_2) = P^-(t_2) - K(t_2) \cdot C \cdot P^-(t_2) = \sigma_{\hat{x}}(t_1)^2 \cdot (1 - K(t_2)) \tag{3.404}$$

Dies sind die Kalman–Filter Gleichungen für stationäre Probleme, die in Kapitel 1 ohne Ableitung vorgestellt wurden.

2. Lösungsansatz

Nach den Ausführungen von Kapitel 1 geschahen die ersten beiden Messungen etwa gleichzeitig, aber unabhängig voneinander, so daß es sinnvoll erscheint, diese beiden Messungen zu einem Meßwertvektor zusammenzufassen. Allgemein läßt sich dieses Prinzip immer anwenden, wenn es darum geht, eine große Anzahl von Daten off–line zu verarbeiten (Batch–Verarbeitung). Die gesamte Datenmenge kann dann als ein großer Meßwertvektor aufgefaßt werden, der auf einen Schlag zur Verfügung steht und verarbeitet werden kann. Dies ist ein Unterschied zum vorherigen Ansatz, bei dem die einzelnen Meßwerte nacheinander (rekursiv) verarbeitet wurden, und der sich aufgrund der rekursiven Struktur besser für die On–line Datenverarbeitung eignet.

Faßt man in diesem Sinne die beiden ersten Messungen zu einem Beobachtungsvektor $\underline{y}_1$ zusammen, dessen Kovarianzmatrix R wegen der Unabhängigkeit der Messungen reine Diagonalform besitzt, kann man schreiben:

$$\underline{y}_1 = \left[\frac{y_1}{y_2}\right] \tag{3.405a}$$

$$R = \left[\begin{array}{c|c} \sigma_{y1}^2 & 0 \\ \hline 0 & \sigma_{y2}^2 \end{array}\right] \tag{3.405b}$$

Dieser Beobachtungsvektor ist über die folgende Beobachtungsgleichung mit der gesuchten Entfernung verknüpft:

$$\underline{y}(1) = [1,1]^T \cdot x + \underline{v} \tag{3.406}$$

wobei $\underline{v}$ als erwartungswertfreie, gaußverteilte Zufallsvariable die in der Messung enthaltenen Störungen beschreibt. Die Kovarianzmatrix der Meßstörungen ist gegeben durch:

$$E\{(\underline{v}-E\{\underline{v}\}) \cdot (\underline{v}-E\{\underline{v}\})^T\} = R = \left[\begin{array}{c|c} \sigma_{y1}^2 & 0 \\ \hline 0 & \sigma_{y2}^2 \end{array}\right] \tag{3.407}$$

Die Beobachtungsmatrix C ist nun wegen der Vektorform der Beobachtung ein Spaltenvektor:

$$C = [1,1]^T \tag{3.408}$$

Vor der Verarbeitung der ersten beiden Messungen liegen wiederum keinerlei Vorkenntnisse über die aktuelle Position vor, so daß wir analog zu den Ausführungen bei der Diskussion des ersten Lösungsansatzes wieder schreiben können:

$$P^+ = ((P^-)^{-1} + C^T R^{-1} C)^{-1} = (C^T R^{-1} C)^{-1} \tag{3.409}$$

Wegen der Diagonalform von R entsteht die Inverse einfach durch Invertieren der Hauptdiagonalelemente, so daß wir für P^+ folgende Darstellung erhalten:

$$P^+ = (C^T R^{-1} C)^{-1} = \{[1,1] \cdot \left[\begin{array}{c|c} \sigma_{y1}^{-2} & 0 \\ \hline 0 & \sigma_{y2}^{-2} \end{array}\right] \cdot \begin{bmatrix} 1 \\ 1 \end{bmatrix}\}^{-1} \tag{3.410a}$$

$$= \frac{1}{\sigma_{y1}^{-2} + \sigma_{y2}^{-2}} \tag{3.410b}$$

Für den auf der Verarbeitung des Beobachtungsvektors $\underline{y}_1$ beruhenden Schätzwert erhalten wir dann aus Gl. 3.388:

$$\hat{x}^+ = \hat{x}(t_2) = P^+ \cdot C^T \cdot R^{-1} \cdot \underline{y}_1$$

$$= \frac{1}{\sigma_{y1}^{-2} + \sigma_{y2}^{-2}} \cdot [1,1] \cdot \left[\begin{array}{c|c} \sigma_{y1}^{-2} & 0 \\ \hline 0 & \sigma_{y2}^{-2} \end{array}\right] \cdot \begin{bmatrix} y_1 \\ y_2 \end{bmatrix}$$

$$= \frac{1}{\sigma_{y1}^{-2} + \sigma_{y2}^{-2}} \cdot (\sigma_{y1}^{-2} \cdot y_1 + \sigma_{y2}^{-2} \cdot y_2) \tag{3.411}$$

Dieser Ausdruck kann durch Äquivalenzumformungen leicht auf folgende Form gebracht werden:

$$\hat{x}(t_2) = y_1 + \frac{1}{\sigma_{y1}^{2} + \sigma_{y2}^{2}} \cdot \sigma_{y1}^{2} \cdot (y_2 - y_1) \tag{3.412}$$

Diese Darstellung entspricht der ersten Formulierung des Estimationsalgorithmus in Kapitel 1, läßt sich aber auch leicht in die Prädiktor–Korrektor Struktur umwandeln, die sich aufgrund der vorangegangenen Ableitung nach Ansatz 1 ergibt. Berücksichtigt man nämlich, daß y_1 der beste Schätzwert der Entfernung nach Verarbeitung der ersten Messung und σ_{y1}^2 die Varianz der ersten Entfernungsschätzung war, erhält man nach einigen Umformungen:

$$\hat{x}(t_2) = \hat{x}(t_1) + \frac{\sigma_{\hat{x}}(t_1)^2}{\sigma_{\hat{x}}(t_1)^2 + \sigma_{y2}^2} \cdot [y_2 - \hat{x}(t_1)] \tag{3.413}$$

Dies ist die gewünschte rekursive Form. Ebenso läßt sich die rekursive Form für die Varianz des zweiten Schätzwertes nach Gl. 3.403 ableiten.

Zusammenfassend kann man festhalten, daß beide Ansätze auf die gleichen Optimalfilterlösungen führen. Die rekursive Verarbeitungsstruktur besitzt damit die gleichen Optimalitätseigenschaften wie der Verarbeitungsalgorithmus, der davon ausgeht, daß die Gesamtheit der Meßdaten schon vor Beginn der Verarbeitung vorliegt. Der Vorteil der rekursiven Verarbeitungsstruktur ist der, daß die anfallenden Meßwerte einzeln und nacheinander on–line verarbeitet werden können, während die 'Batch'– Lösung dem Off–line–Betrieb vorbehalten bleibt. Andererseits ermöglicht die vektorielle Formulierung skalarer Messungen eine elegante Beschreibung von Verarbeitungsproblemen, wie im folgenden Kapitel noch gezeigt wird. Die Äquivalenz von rekursivem und 'Batch'–Algorithmus gilt, wie sich zeigen läßt, allgemein, wenn die Kovarianzmatrix des Störprozesses $\underline{v}$ eine Diagonalform besitzt.

3.15.2 Gewichtete 'Least Squares' Estimation

Die Berechnung des bedingten Erwartungswertes einer Zufallsvariablen als optimalen Schätzwert ist eng mit der sogenannten 'Weighted Least Squares' Estimation verknüpft, bei der ein Schätzwert berechnet wird, der ein gewichtetes quadratisches Abweichungskriterium minimiert. Hierbei handelt es sich um einen 'klassisch' zu nennenden Ansatz, der z.B. auch bei 'Curve Fitting' Problemen Verwendung findet. Bei diesen Problemen geht es darum, ein Polynom gegebener Ordnung bestmöglich in eine experimentell gewonnene Datenmenge 'einzupassen'. Bestmöglich bedeutet in diesem Zusammenhang die Minimierung der Summe der quadratischen Abweichungen zwischen Originaldaten und der einzupassenden, durch das Polynom gegebener Ordnung beschriebenen Kurve. Durch die Verwendung der Gewichtsfaktoren ist es hierbei ferner möglich, die Abweichungen an speziellen Kurvenpunkten stärker zu gewichten als an anderen Punkten. In diesen Fällen spricht man von gewichteter Least Squares Estimation. (Der synonyme deutsche Ausdruck lautet: "Methode der minimalen gewichteten Fehlerquadrate"). Zur Formulierung dieses Verfahrens gehen wir von der folgenden Problemstellung aus. In einem gegebenen praktischen Anwendungsfall liegt eine Anzahl von voneinander unabhängigen, gestörten Messungen y_i einer gesuchten Größe $\underline{x}$ vor. Die vorliegenden Meßwerte y_i werden zu einem Meßvektor $\underline{y}_T$ zusammengefaßt, so daß wir folgenden Zusammenhang zwischen dem gesuchten Zahlenwert $\underline{x}_T$ der Größe $\underline{x}$ und den zur Verfügung stehenden Meßwerten angeben können:

$$\underline{y}_T = C\cdot \underline{x}_T + \underline{v}_T \tag{3.414}$$

Im Gegensatz zu den vorangegangenen Estimationsansätzen sind keinerlei statistische Parameterkenntnisse der in den Messungen enthaltenen Fehler vorhanden, so daß weder die Messungen noch die in den Messungen enthaltenen Störungen durch Zufallsvariablen beschrieben werden können. Demzufolge ist die Berechnung eines bedingten Erwartungswertes als Schätzwert nicht möglich. Trotzdem soll ein Schätzwert $\hat{\underline{x}}_T$ der gesuchten Größe $\underline{x}_T$ auf der Basis der zur Verfügung stehenden Zahlenwerte $\underline{y}_T$ berechnet werden.

Ein optimaler Schätzwert könnte z.B. so aussehen, daß die Summe der gewichteten, quadratischen Abweichungen zwischen den vorliegenden Messungen und den 'Beobachtungen' des optimalen Schätzwertes minimiert wird. Diese Forderung läßt sich durch quadratische Formen folgendermaßen darstellen:

$$J = 1/2\cdot [\underline{y}_T - C\cdot \hat{\underline{x}}_T]^T\cdot W\cdot [\underline{y}_T - C\, \hat{\underline{x}}_T] \tag{3.415}$$

W ist dabei eine symmetrische, quadratische [m×m]–Wichtungsmatrix. Wählt man für W eine Diagonalmatrix $W = \text{diag}\,(w_{ii})$, i=1,...m, ergibt sich durch Ausrechnen die folgende gewichtete quadratische Abweichungssumme:

$$J = 1/2\cdot \sum_{i=1}^{m} w_{ii}\cdot (\underline{y}_T - C\cdot \hat{\underline{x}}_T)_i^2 \tag{3.416}$$

Hierbei kennzeichnet der Index 'i' die i–te Vektorkomponente.

Die Einheitsmatrix I ist eine spezielle Diagonalmatrix, bei der alle $w_{ii} = 1$ sind. Wählt man also die Einheitsmatrix als Wichtungsmatrix, erhält man die Standardformulierung für die Fehlerquadratsumme:

$$J = 1/2 \cdot \sum_{i=1}^{m} (\underline{y}_r - C \cdot \hat{\underline{x}}_r)_i^2 \tag{3.417}$$

Eine notwendige Bedingung zur Minimierung von J ist:

$$\frac{\partial J}{\partial \underline{\tilde{x}}}\Bigg|_{\underline{\tilde{x}}=\hat{\underline{x}}_{rWLS}} = \left[\frac{\partial J}{\partial \tilde{x}_1} \; \frac{\partial J}{\partial \tilde{x}_2} \; \ldots \; \frac{\partial J}{\partial \tilde{x}_n} \right]\Bigg|_{\underline{\tilde{x}}=\hat{\underline{x}}_{rWLS}} = \underline{0}^T \tag{3.418}$$

Die für die Existenz eines lokalen Minimums an der Stelle $\underline{\tilde{x}}=\hat{\underline{x}}_{rWLS}$ hinreichende Bedingung lautet:

$$\frac{\partial^2 J}{\partial \underline{\tilde{x}}^2}\Bigg|_{\underline{\tilde{x}}=\hat{\underline{x}}_{rWLS}} > 0 \tag{3.419}$$

Dies heißt, die Matrix der zweiten Ableitung ist positiv definit.

Die erste Ableitung von Gl. 3.415 liefert mit den Ableitungsregeln nach Gl. 3.418:

$$-[\underline{y}_r - C \cdot \hat{\underline{x}}_{rWLS}]^T \cdot W \cdot C = \underline{0}^T \tag{3.420}$$

Durch Ausrechnen von Gl. 3.420 und anschließendes Transponieren der gesamten Gl. erhalten wir dann:

$$C^T \cdot W \cdot C \cdot \hat{\underline{x}}_{rWLS} = C^T \cdot W \cdot \underline{y}_r \tag{3.421a}$$

Dabei wurde berücksichtigt, daß $W = W^T$.

Wenn W positiv definit ist, kann der Ausdruck $C^T W C$ invertiert werden, und man erhält:

$$\hat{\underline{x}}_{rWLS} = (C^T W\, C)^{-1} \cdot C^T \cdot W \cdot \underline{y}_r \tag{3.421b}$$

als optimalen Schätzwert (im Sinne der gewichteten Abweichungsquadrate) für die gesuchte Größe $\underline{x}_r$.

Zusammenhang mit der bedingten Erwartungswertschätzung

Die Weighted Least Squares Lösung soll nun mit den Gleichungen 3.388 und Gl. 3.378b für die Berechnung des bedingten Erwartungswertes verglichen werden. Läßt man in diesen beiden Gleichungen wegen fehlender Vorkenntnisse wieder $(P^-)^{-1} = 0$ gelten, erhält man:

$$P^+ = (C^T R^{-1} C)^{-1} \tag{3.422}$$

Damit folgt aus Gl. 3.388 mit $(P^-)^{-1} = 0$ und Gl. 3.422:

$$\hat{\underline{x}}_r^+ = (C^T R^{-1} C)^{-1} \cdot C^T \cdot R^{-1} \cdot \underline{y}_r \tag{3.423}$$

Vergleicht man nun die Schätzwerte nach Gl. 3.421b und Gl. 3.423 miteinander, so stellt man fest, daß beide Schätzwerte unter folgenden Bedingungen identisch sind:

$$(P^-)^{-1} = 0 \tag{3.424a}$$

$$W = R^{-1} \tag{3.424b}$$

Zur Erfüllung der letzten Gleichung muß die Kovarianzmatrix der Störungen R positiv definit sein. Bedingte Erwartungswertschätzung und Weighted Least Squares Estimation liefern unter diesen Bedingungen identische Schätzwerte. Das Auftreten der inversen Störkovarianzmatrix als spezielle Gewichtsmatrix der Abweichungen ist besonders augenfällig. Nimmt man die Messungen als voneinander unabhängig und damit die Störkovarianzmatrix als diagonal an, bedeutet dies letztlich nur, daß die Abweichungen zwischen Schätzwert und besonders stark gestörten Meßwerten schwächer gewichtet werden muß als die Abweichungen zwischen Schätzwert und besonders genauen Meßwerten. Daraus ergibt sich eine sehr sinnvolle, stärkere Gewichtung der genauen Meßwerte bei der Berechnung des Schätzwertes. Die Weighted Least Squares Estimation liefert allerdings keinerlei Aufschluß über die Wahl dieser Wichtungsmatrix, da die betrachteten Größen ja überhaupt nicht als Zufallsvariablen interpretiert werden, und somit eine stochastische Interpretation der Wichtungsmatrix und des Estimationsalgorithmus ausgeschlossen ist. Demzufolge ist auch die Wahl von $(P^-)^{-1} = 0$ zur Charakterisierung fehlender stochastischer Vorkenntnisse in den Gln. 3.378b und 3.388 eine logische Konsequenz des Weighted Least Squares Ansatzes.

3.15.2.1 Rekursive Weighted Least Squares Estimation

Unter der Bedingung, daß die Wichtungsmatrix eine Blockdiagonalform aufweist, kann der Weighted Least Squares Algorithmus nach Gl. 3.423 in eine rekursive Form gebracht werden, bei der nicht der gesamte Meßvektor $\underline{y}_r$ auf einmal verarbeitet werden muß. Zur Herleitung dieser Formulierung gehen wir aus von der vektoriellen Darstellung des folgenden Beobachtungsproblems:

$$\underline{y}_r = C \cdot \underline{x}_r + \underline{v}_r \tag{3.425}$$

Diese Gleichung stellt einen Zusammenhang her zwischen den Zahlenwerten einer Messung, den Zahlenwerten der gesuchten vektoriellen Größe $\underline{x}_r$ und den Zahlenwerten der in der Messung enthaltenen Störungen. Es besteht nun die Möglichkeit, die durch Gl. 3.425 beschriebene Messung beliebig oft zu wiederholen, wobei die i–te Messung durch einen tiefgestellten Index i gekennzeichnet wird. Wir nehmen zusätzlich noch an, daß die Beobachtungsmatrix C von Messung zu Messung variiert. Damit kann man die i–te Messung beschreiben durch:

$$\underline{y}_{ri} = C_i \cdot \underline{x}_{ri} + \underline{v}_{ri} \tag{3.426}$$

Gesucht ist nun ein rekursiver Algorithmus, der es gestattet, die vektoriellen Messungen $\underline{y}_{ri}$ nacheinander zu verarbeiten, und einen optimalen Schätzwert auf der Basis aller zurückliegenden verarbeiteten Meßvektoren zu berechnen.

Wir nehmen dazu an, wir haben schon k Meßvektoren verarbeitet und damit einen optimalen Schätzwert, basierend auf den k zurückliegenden Messungen berechnet, und es kommt nun die k+1te Messung hinzu, die verarbeitet werden soll. Wir führen nun zwei vergrößerte Beobachtungsvektoren $\underline{y}_{ak}$ und $\underline{y}_{ak+1}$ ein, deren Teilvektoren aus den vektoriellen Meßwerten $\underline{y}_{ri}$ bis einschließlich zur kten, bzw. k+1ten Messung bestehen. Es handelt sich damit um vergrößerte Realisationsvektoren, die Kennzeichnung durch das tiefgestellte 'r' wird der Einfachheit halber weggelassen. Damit schreiben wir:

$$\underline{y}_{ak} = \begin{bmatrix} \underline{y}_{r1} \\ \underline{y}_{r2} \\ \vdots \\ \underline{y}_{rk} \end{bmatrix} = \begin{bmatrix} C_1 \\ C_2 \\ \vdots \\ C_k \end{bmatrix} \cdot \underline{x} + \begin{bmatrix} \underline{v}_{r1} \\ \underline{v}_{r2} \\ \vdots \\ \underline{v}_{rk} \end{bmatrix} = C_{ak} \cdot \underline{x} + \underline{v}_{ak} \tag{3.427a}$$

$$\underline{y}_{ak+1} = \begin{bmatrix} \underline{y}_{r1} \\ \underline{y}_{r2} \\ \vdots \\ \underline{y}_{rk+1} \end{bmatrix} = \begin{bmatrix} C_1 \\ C_2 \\ \vdots \\ C_{k+1} \end{bmatrix} \cdot \underline{x} + \begin{bmatrix} \underline{v}_{r1} \\ \underline{v}_{r2} \\ \vdots \\ \underline{v}_{rk+1} \end{bmatrix} = C_{ak+1} \cdot \underline{x} + \underline{v}_{ak+1} \tag{3.427b}$$

Die Ausdrücke C_{ak+1} und C_{ak} stellen vergrößerte Beobachtungsmatrizen dar, und zwischen C_{ak+1} und C_{ak} existiert folgende, leicht einsehbare Beziehung:

$$C_{ak+1} = \left[\frac{C_{ak}}{C_{k+1}}\right] \tag{3.428a}$$

Ebenso erhält man eine Beziehung zwischen $\underline{y}_{ak+1}$ und $\underline{y}_{ak}$:

$$\underline{y}_{ak+1} = \left[\frac{\underline{y}_{ak}}{\underline{y}_{rk+1}}\right] \tag{3.428b}$$

Die Weighted Least Squares Schätzwerte, basierend zum einen auf den k Meßvektoren, zum anderen auf den k+1 Meßvektoren, ergeben sich mit Gl. 3.421 zu:

$$\hat{\underline{x}}_{rk} = (C_{ak}^T \cdot W_{ak} \cdot C_{ak})^{-1} \cdot C_{ak}^T \cdot W_{ak} \cdot \underline{y}_{ak} \tag{3.429a}$$

$$\hat{\underline{x}}_{rk+1} = (C_{ak+1}^T \cdot W_{ak+1} \cdot C_{ak+1})^{-1} \cdot C_{ak+1}^T \cdot W_{ak+1} \cdot \underline{y}_{ak+1} \tag{3.429b}$$

Die Matrizen W_{ak} und W_{ak+1} sind die Wichtungsmatrizen der quadratischen Abweichung zwischen dem vergrößerten Beobachtungsvektor $\underline{y}_{ak}$, bzw. $\underline{y}_{ak+1}$ und $C_{ak} \cdot \hat{\underline{x}}_{rk}$, bzw. $C_{ak+1} \cdot \hat{\underline{x}}_{rk+1}$. Die Wichtungsmatrizen sollen voraussetzungsgemäß Blockdiagonalform besitzen, dies bedeutet nichts anderes als daß:

$$W_{ak+1} = \left[\begin{array}{c|c} W_{ak} & 0 \\ \hline 0 & W_{k+1} \end{array}\right] \tag{3.430}$$

W_{k+1} ist dabei die k+1te Wichtungsmatrix.

Durch Einsetzen von Gl. 3.428a, b und Gl. 3.430 in Gl. 3.429b erhalten wir für den Schätzwert $\hat{\underline{x}}_{rk+1}$:

$$\hat{\underline{x}}_{rk+1} = \left([C_{ak}^T \mid C_{k+1}^T] \cdot \left[\begin{array}{c|c} W_{ak} & 0 \\ \hline 0 & W_{k+1} \end{array}\right] \cdot \left[\frac{C_{ak}}{C_{k+1}}\right]\right)^{-1}$$

$$\cdot\ [C_{ak}^T \mid C_{k+1}^T] \cdot \left[\begin{array}{c|c} W_{ak} & 0 \\ \hline 0 & W_{k+1} \end{array}\right] \cdot \left[\frac{\underline{y}_{ak}}{\underline{y}_{rk+1}}\right] \tag{3.431}$$

Durch Ausrechnen von Gl. 3.431 erhalten wir nach einigen Umformungen:

$$\hat{\underline{x}}_{rk+1} = (C_{ak}^T \cdot W_{ak} \cdot C_{ak} + C_{k+1}^T \cdot W_{k+1} \cdot C_{k+1})^{-1}$$

$$\cdot \; [C_{ak}^T \cdot W_{ak} \cdot \underline{y}_{ak} + C_{k+1}^T \cdot W_{k+1} \cdot \underline{y}_{rk+1}]$$

$$= (C_{ak}^T \cdot W_{ak} \cdot C_{ak} + C_{k+1}^T \cdot W_{k+1} \cdot C_{k+1})^{-1} \cdot C_{ak}^T \cdot W_{ak} \cdot \underline{y}_{ak}$$

$$+ (C_{ak}^T \cdot W_{ak} \cdot C_{ak} + C_{k+1}^T \cdot W_{k+1} \cdot C_{k+1})^{-1} \cdot C_{k+1}^T \cdot W_{k+1} \cdot \underline{y}_{rk+1} \tag{3.432}$$

Als nächstes wenden wir das in Gl. 3.379 beschriebene Matrixinversionslemma an, wobei wir wegen der angenommenen Invertierbarkeit der Wichtungsmatrizen W_i und der Beobachtbarkeit des Gesamtsystems auch die Invertierbarkeit von $C_{ak}^T \cdot W_{ak} \cdot C_{ak}$ und $C_{k+1}^T \cdot W_{k+1} \cdot C_{k+1}$ voraussetzen können. Nach Anwendung dieses Lemmas (M1 Anhang A V) erhalten wir:

$$(C_{ak}^T \, W_{ak} \, C_{ak} + C_{k+1} \, W_{k+1} \, C_{k+1})^{-1}$$

$$= (C_{ak}^T \, W_{ak} \, C_{ak})^{-1} - (C_{ak}^T \cdot W_{ak} \cdot C_{ak})^{-1} \cdot C_{k+1}^T$$

$$\cdot \; (W_{k+1}^{-1} + C_{k+1} \cdot (C_{ak}^T \cdot W_{ak} \cdot C_{ak})^{-1} \cdot C_{k+1}^T)^{-1}$$

$$\cdot \; C_{k+1} \cdot (C_{ak}^T \cdot W_{ak} \cdot C_{ak})^{-1} \tag{3.433}$$

Einsetzen dieser Identität in Gl. 3.432 liefert unter gleichzeitiger Berücksichtigung von Gl. 3.429a und unter Berücksichtigung des Matrixinversionslemmas M3 (Anhang AV):

$$\hat{\underline{x}}_{rk+1} = \hat{\underline{x}}_{rk} + (C_{ak}^T \cdot W_{ak} \cdot C_{ak})^{-1} \cdot C_{k+1}^T$$

$$\cdot \; (W_{k+1}^{-1} + C_{k+1} \cdot (C_{ak}^T \cdot W_{ak} \cdot C_{ak})^{-1} \cdot C_{k+1}^T)^{-1} \cdot \underline{y}_{rk+1}$$

$$- (C_{ak}^T \cdot W_{ak} \cdot C_{ak})^{-1} \cdot C_{k+1}^T$$

$$\cdot (W_{k+1}^{-1} + C_{k+1} \cdot (C_{ak}^T \cdot W_{ak} \cdot C_{ak})^{-1} \cdot C_{k+1}^T)^{-1} \cdot C_{k+1} \cdot \hat{\underline{x}}_{rk}$$

$$= \hat{\underline{x}}_{rk} + (C_{ak}^T \cdot W_{ak} \cdot C_{ak})^{-1} \cdot C_{k+1}^T$$

$$\cdot (W_{k+1}^{-1} + C_{k+1} \cdot (C_{ak}^T \cdot W_{ak} \cdot C_{ak})^{-1} \cdot C_{k+1}^T)^{-1}$$

$$\cdot (\underline{y}_{rk+1} - C_{k+1} \cdot \hat{\underline{x}}_{rk}) \tag{3.434}$$

Der Ausdruck $(C_{ak}^T \cdot W_{ak} \cdot C_{ak})^{-1}$ stellt eine quadratische $[n \times n]$– Matrix dar. Führen wir deshalb zur Vereinfachung der Schreibweise folgende Abkürzung ein:

$$P_{k+1}^- = (C_{ak}^T \cdot W_{ak} \cdot C_{ak})^{-1} \tag{3.435}$$

so erhalten wir:

$$\hat{\underline{x}}_{rk+1} = \hat{\underline{x}}_{rk} + P_{k+1}^- \cdot C_{k+1}^T \cdot (W_{k+1}^{-1} + C_{k+1} \cdot P_{k+1}^- \cdot C_{k+1}^T)^{-1} \cdot (\underline{y}_{rk+1} - C_{k+1} \cdot \hat{\underline{x}}_{rk}) \tag{3.436}$$

Wir führen nun zur weiteren Vereinfachung eine Gewichtsmatrix K_{k+1}^{WLS} ein mit:

$$K_{k+1}^{WLS} = P_{k+1}^- \cdot C_{k+1}^T \cdot (W_{k+1}^{-1} + C_{k+1} \cdot P_{k+1}^- \cdot C_{k+1}^T)^{-1} \tag{3.437}$$

Damit schreibt sich der rekursive WLS–Algorithmus folgendermaßen:

$$\hat{\underline{x}}_{rk+1} = \hat{\underline{x}}_{rk} + K_{k+1}^{WLS} \cdot (\underline{y}_{rk+1} - C_{k+1} \cdot \hat{\underline{x}}_{rk}) \tag{3.438}$$

Die zur Gewichtung der nächsten Messung benötigte Gainmatrix K_{k+2}^{WLS} ergibt sich dann analog zu den vorherigen Betrachtungen zu:

$$K_{k+2}^{WLS} = P_{k+2}^- \cdot C_{k+2}^T \cdot (W_{k+2}^{-1} + C_{k+2} \cdot P_{k+2}^- \cdot C_{k+2}^T)^{-1} \tag{3.439}$$

Dabei berechnet man P^-_{k+2} durch:

$$P^-_{k+2} = (C^T_{ak+1} \cdot W_{ak+1} \cdot C_{ak+1})^{-1}$$

$$= \left([C^T_{ak} \mid C^T_{k+1}] \cdot \left[\frac{W_{ak}}{0} \middle| \frac{0}{W_{k+1}} \right] \cdot \left[\frac{C_{ak}}{C_{k+1}} \right] \right)^{-1}$$

$$= (C^T_{ak} \cdot W_{ak} \cdot C_{ak} + C^T_{k+1} \cdot W_{k+1} \cdot C_{k+1})^{-1}$$

$$= (C^T_{ak} \cdot W_{ak} \cdot C_{ak})^{-1} - (C^T_{ak} \cdot W_{ak} \cdot C_{ak})^{-1} \cdot C^T_{k+1}$$

$$\cdot \; (W^{-1}_{k+1} + C_{k+1} \cdot (C^T_{ak} \cdot W_{ak} \cdot C_{ak})^{-1} \cdot C^T_{k+1})^{-1}$$

$$\cdot \; C_{k+1} \cdot (C^T_{ak} \cdot W_{ak} \cdot C_{ak})^{-1} \tag{3.440}$$

Durch Einsetzen der Identitäten von Gl. 3.435 und Gl. 3.437 erhalten wir dann:

$$P^-_{k+2} = P^-_{k+1} - K^{WLS}_{k+1} \cdot C_{k+1} \cdot P^-_{k+1} \tag{3.441}$$

Damit kann die Gewichtsmatrix K^{WLS}_{k+2} für den nächsten Verarbeitungszyklus nach Gl. 3.439 berechnet werden. Dies ist die gewünschte rekursive Formulierung des Weighted Least Squares Algorithmus.

Start und Arbeitsweise des Algorithmus

Gestartet wird der Algorithmus mit der nicht rekursiven Darstellung nach Gl. 3.429a:

$$\hat{\underline{x}}_{r1} = (C^T_{a1} \cdot W_{a1} \cdot C_{a1})^{-1} \cdot C^T_{a1} \cdot W_{a1} \cdot \underline{y}_{a1} = (C^T_1 \cdot W_1 \cdot C_1)^{-1} \cdot C_1 \cdot W_1 \cdot \underline{y}_{r1} \tag{3.442a}$$

$$P^-_1 = (C^T_{a1} \cdot W_{a1} \cdot C_{a1})^{-1} = (C^T_1 \cdot W_1 \cdot C_1)^{-1} \tag{3.442b}$$

$$K^{WLS}_1 = P^-_1 \cdot C^T_1 \cdot (C_1 \cdot P^-_1 \cdot C^T_1 + W^{-1}_1)^{-1} \tag{3.442c}$$

Daraus kann P_2^- nach Gl. 3.441 und K_2^{WLS} nach Gl. 3.439 berechnet werden. Der nächste Meßwert wird mit der zuvor berechneten Gainmatrix gewichtet und zur Korrektur des letzten Schätzwertes herangezogen. Mit K_2^{WLS} wird dann P_3^- berechnet, daraus folgt K_3^{WLS}, Verarbeitung der dritten Messung usw.....

Zusammenfassung des WLS–Algorithmus:

Die Kennzeichnung 'WLS' für 'Weighted Least Squares' wird in dieser Zusammenfassung der Einfachheit halber fortgelassen.

Startwerte des Algorithmus: $\hat{\underline{x}}_{r1}$, K_1, P_1^-

Neue P^-–Matrix:

$$P_{k+1}^- = P_k^- - K_k \cdot C_k \cdot P_k^- \tag{3.443a}$$

Neue Gewichtsmatrix:

$$K_{k+1} = P_{k+1}^- \cdot C_{k+1}^T \cdot (C_{k+1} \cdot P_{k+1}^- \cdot C_{k+1}^T + W_{k+1}^{-1})^{-1} \tag{3.443b}$$

Neuer Schätzwert:

$$\hat{\underline{x}}_{rk+1} = \hat{\underline{x}}_{rk} + K_{k+1} \cdot (\underline{y}_{rk+1} - C_{k+1} \cdot \hat{\underline{x}}_{rk}) \tag{3.443c}$$

Damit ist der WLS–Algorithmus vollständig beschrieben.

3.15.2.2 Rekursive bedingte Erwartungswertschätzung

Die im Unterpunkt 3.15.2.1 gewonnenen Erkenntnisse lassen sich ohne Schwierigkeiten zur rekursiven Formulierung der bedingten Erwartungswertschätzung ausnutzen, indem man die Zusammenhänge zwischen Wichtungsmatrix W_{k+1} und der inversen (i.A. zeitvarianten) Störkovarianzmatrix $R(k+1)^{-1}$ ausnutzt. Der bedingte Erwartungswertschätzer konnte als Weighted Least Squares Estimator interpretiert werden, bei dem die Wichtungsmatrix gleich der inversen Störkovarianzmatrix war. Es galt mit Gl. 3.424b:

$$W_{k+1} = R(k+1)^{-1} \tag{3.444}$$

Setzt man diesen Zusammenhang in den Weighted Least Squares Algorithmus des vorangegangenen Unterpunktes ein, erhält man den Algorithmus zur rekursiven Erwartungswertschätzung:

Startwerte

$$\hat{\underline{x}}_{r1} = (C_1^T \cdot R(1)^{-1} \cdot C_1)^{-1} \cdot C_1 \cdot R(1)^{-1} \cdot \underline{y}_{r1} \tag{3.445a}$$

$$P_1^- = (C_1^T \cdot R(1)^{-1} \cdot C_1)^{-1} \tag{3.445b}$$

$$K_1 = P_1^- \cdot C_1^T \cdot (C_1 \cdot P_1^- \cdot C_1^T + R(1))^{-1} \tag{3.445c}$$

Rekursiver Algorithmus

$$P_{k+1}^- = P_k^- - K_k \cdot C_k \cdot P_k^- \tag{3.446a}$$

$$K_{k+1} = P_{k+1}^- \cdot C_{k+1}^T \cdot (C_{k+1} \cdot P_{k+1}^- \cdot C_{k+1}^T + R(k+1))^{-1} \tag{3.446b}$$

$$\hat{\underline{x}}_{rk+1} = \hat{\underline{x}}_{rk} + K_{k+1} \cdot (\underline{y}_{rk+1} - C_{k+1} \cdot \hat{\underline{x}}_{rk}) \tag{3.446c}$$

3.16 Bayes'sche Estimationstheorie

In diesem Kapitel soll ein vereinheitlichter Rahmen für die Formulierung verschiedener Optimalitätsbegriffe in der Estimationstheorie geschaffen werden. Dieses Kapitel ist zum Verständnis der folgenden Kapitel nicht unbedingt notwendig und kann deshalb ohne Folgen beim ersten Lesen überschlagen werden.

Das Estimationsproblem sei wie folgt gegeben:

Die Zufallsvariable $\underline{x}$ bilde den Ereignisraum Ω in den Raum $\mathbb{R}^n$ ab, d.h., jede Realisation $\underline{x}_T$ dieser Zufallsvariablen sei ein Element dieses Raumes. Es sei eine weitere Zufallsvariable $\underline{y}$ gegeben, deren Zahlenwerte $\underline{y}_T$ Elemente aus $\mathbb{R}^m$ darstellen. Das Ziel der Estimation ist die Formulierung eines Estimators, der zu jeder Realisation $\underline{y}_T$ einen Schätzwert der Zufallsvariablen $\underline{x}$ berechnet und das in einer optimalen Weise tut. $\hat{\underline{x}}$ sei die Zufallsvariable, deren Realisationen $\hat{\underline{x}}_T$ die Schätzwerte sind, die der Estimator berechnet. Dann kann eine Zufallsvariable $\underline{e}$ eingeführt werden, die den Estimationsfehler beschreibt, mit:

$$\underline{e} = \underline{x} - \hat{\underline{x}} \tag{3.447}$$

Die Realisationen dieser Zufallsvariablen sind die Fehler der jeweiligen Schätzwerte (estimates). Der Schätzfehlerzufallsvariablen kann nun eine skalare, sogenannte Verlustfunktion als Abbildung der Zufallsvariablen auf die reelle Achse zugeordnet werden, mit:

$$C(\underline{e}) = f(\underline{e}) \tag{3.448}$$

wobei jedem Realisationswert der Zufallsvariablen $\underline{e}$ ein Zahlenwert der Verlustfunktion zugeordnet ist. Damit ist die Verlustfunktion selbst eine Zufallsvariable, die durch ihre Momente beschrieben werden kann. Übliche Verlustfunktionen (loss functions) sind zum Beispiel gewichtete quadratische Formen:

$$C(\underline{e}) = \underline{e}^T \cdot S \cdot \underline{e} \tag{3.449}$$

wobei S eine quadratische, positiv definite Wichtungsmatrix darstellt. Von besonderer Bedeutung ist beispielsweise auch eine sogenannte Einheitsverlustfunktion, die beschrieben wird durch:

$$C(\underline{e}) = \begin{cases} 0 & \text{für } \underline{e} < \underline{\epsilon}/2 \\ 1/(\epsilon)^n & \text{für } \underline{e} \geq \underline{\epsilon}/2 \end{cases} \tag{3.450}$$

Hierbei sind alle Vektorkomponenten des Vektors $\underline{\epsilon}$ gleich dem skalaren Wert ϵ. Die Kleiner–als– und Größer–gleichzeichen sind komponentenweise auf die einzelnen Vektorkomponenten anzuwenden.

Der Erwartungswert dieser Verlustfunktion heißt Estimationsrisiko oder 'Bayes risk' und ist definiert durch:

$$B(\underline{e})=E\{C(\underline{e})\} \tag{3.451}$$

Dieser Erwartungswert wird über alle Realisationen der betrachteten Zufallsvariablen bestimmt und ist demzufolge ein unbedingter Erwartungswert.

Für den unbedingten Erwartungswert der Zufallsvariablen C(·) können wir nach Gl. 3.207 schreiben:

$$B(\underline{e}) = E\{C(\underline{e})\} = E_{\underline{Y}}\{E_{\underline{X}}\{C(\underline{e})/\underline{y}=\underline{y}(\cdot)\}\}$$

$$= \int_{-\infty}^{\infty} [\int_{-\infty}^{\infty} C(\underline{e})\cdot f_{\underline{X}/\underline{Y}}(\underline{\xi}/\underline{\varrho})\cdot d\underline{\xi}]\cdot f_{\underline{Y}}(\underline{\varrho})\cdot d\underline{\varrho} \tag{3.452}$$

Das innere Integral in Gl. 3.452 stellt ein bedingtes Estimationsrisiko dar und heißt 'conditional Bayes risk'. Es ist gegeben durch:

$$B(\underline{e}/\underline{y}) = E\{C(\underline{e})/\underline{y}=\underline{y}(\cdot)\} = \int_{-\infty}^{\infty} C(\underline{e})\cdot f_{\underline{X}/\underline{Y}}(\underline{\xi}/\underline{\varrho})\cdot d\underline{\xi} \tag{3.453}$$

Durch Einsetzen von Gl. 3.453 in Gl. 3.452 erhält man schließlich:

$$B(\underline{e}) = \int_{-\infty}^{\infty} B(\underline{e}/\underline{y})\cdot f_{\underline{Y}}(\underline{\varrho})\cdot d\underline{\varrho} = \int_{-\infty}^{\infty} E\{C(\underline{e})/\underline{y}_T=\underline{\varrho}\}\cdot f_{\underline{Y}}(\underline{\varrho})\cdot d\underline{\varrho} \tag{3.454}$$

Das Estimationsrisiko ist eine Funktion des Estimationsfehlers und damit eine Funktion des vom Estimator berechneten Schätzwertes. Die Erfüllung eines irgendwie gearteten Optimalitätskriteriums kann nun auf der Basis der eingeführten Definitionen abstrakt als die Minimierung des Estimationsrisikos interpretiert werden. Es wird derjenige Schätzalgorithmus gesucht, der das Estimationsrisiko minimiert. Damit kann man schreiben:

$$\frac{d\,B(\underline{e})}{d\underline{\tilde{x}}}\bigg|_{\underline{\tilde{x}}=\underline{\hat{x}}_{opt}} = \underline{0}^T \tag{3.455a}$$

$$\frac{d^2B(\underline{e})}{d\underline{\tilde{x}}\;d\underline{\tilde{x}}}\bigg|_{\underline{\tilde{x}}=\underline{\hat{x}}_{opt}} > 0 \tag{3.455b}$$

Die Gleichungen 3.455a und 3.455b definieren den im Sinne des Estimationsrisikos optimalen Schätzwert.

Da der gesuchte Estimator für jede Realisation der Zufallsvariablen $\underline{y}$ einen festen Schätzwert berechnet, hängt die zweite Erwartungswertbildung über alle Realisationen der Zufallsvariablen $\underline{y}$ in den Gl. 3.452 und 3.454 nicht mehr von $\underline{\tilde{x}}$ ab. Damit genügt es, das bedingte Estimationsrisiko nach Gl. 3.453 zu minimieren, um das Gesamtrisiko zu minimieren. Damit kann man schreiben:

$$\frac{d\,B(\underline{e})}{d\underline{\tilde{x}}}\bigg|_{\underline{\tilde{x}}=\underline{\hat{x}}_{opt}} = \frac{d}{d\underline{\tilde{x}}}\int_{-\infty}^{\infty} B(\underline{e}/\underline{y})\cdot f_{\underline{y}}(\underline{\rho})\cdot d\rho\,\bigg|_{\underline{\tilde{x}}=\underline{\hat{x}}_{opt}}$$

$$= \int_{-\infty}^{\infty} \frac{d}{d\underline{\tilde{x}}}\,B(\underline{e}/\underline{y})\Big|_{\underline{\tilde{x}}=\underline{\hat{x}}_{opt}}\cdot f_{\underline{y}}(\underline{\rho})\cdot d\underline{\rho} \stackrel{!}{=} \underline{0}^T \tag{3.456}$$

Daraus folgt dann:

$$\frac{d}{d\underline{\tilde{x}}}\,B(\underline{e}/\underline{y})\Big|_{\underline{\tilde{x}}=\underline{\hat{x}}_{opt}} \stackrel{!}{=} \underline{0}^T \tag{3.457}$$

Setzt man nun Gl. 3.453 zur Bestimmung des bedingten Estimationsrisikos ein, erhält man:

$$\frac{d}{d\underline{\tilde{x}}}\int_{-\infty}^{\infty} C(\underline{e})\cdot f_{\underline{x}/\underline{y}}(\underline{\xi}/\underline{\rho})\cdot d\underline{\xi} \stackrel{!}{=} \underline{0}^T \tag{3.458}$$

Es genügt also, den bedingten Erwartungswert der Verlustfunktion zu minimieren, um das Gesamtrisiko zu minimieren. Völlig analog überträgt sich Gl. 3.455b auf das bedingte Estimationsrisiko.

Durch die Wahl der Verlustfunktion lassen sich nun beliebige Optimalitätskriterien einführen. Im folgenden sollen 2 Beispiele besonders bekannter Optimalitätskriterien abgeleitet werden.

3.16.1 Minimum Varianz Estimation

Wählt man als Verlustfunktion:

$$C(\underline{e}) = \underline{e}^T \cdot S \cdot \underline{e} \tag{3.459}$$

wobei S eine beliebige symmetrische, positiv definite Wichtungsmatrix ist, erhält man durch Einsetzen von Gl. 3.447:

$$C(\underline{e}) = (\underline{x}-\hat{\underline{x}})^T \cdot S \cdot (\underline{x}-\hat{\underline{x}}) \tag{3.460}$$

und für das unbedingte zu minimierende Estimationsrisiko:

$$B = E\{(\underline{x}-\hat{\underline{x}})^T \cdot S \cdot (\underline{x}-\hat{\underline{x}})\} \tag{3.461}$$

Ein Estimator, der dieses Optimalitätskriterium erfüllt, heißt Minimum–Varianz–Estimator (minimum variance estimator) und stellt damit einen Spezialfall der 'Weighted Least Squares' Estimation dar.

Zur Minimierung des unbedingten Estimationsrisikos genügt es nach Gl. 3.456, den bedingten Erwartungswert der Verlustfunktion, bedingt auf die Realisationen der Zufallsvariablen $\underline{y}$, zu minimieren. Wir fordern also:

$$\frac{d}{d\tilde{\underline{x}}} \int_{-\infty}^{\infty} C(\underline{e}) \cdot f_{\underline{x}/\underline{y}}(\underline{\xi}/\underline{\rho}) \cdot d\underline{\xi} = \frac{d}{d\tilde{\underline{x}}} \int_{-\infty}^{\infty} (\underline{\xi}-\tilde{\underline{x}})^T \cdot S \cdot (\underline{\xi}-\tilde{\underline{x}}) \cdot f_{\underline{x}/\underline{y}}(\underline{\xi}/\underline{\rho}) \cdot d\underline{\xi} \overset{!}{=} \underline{0}^T \tag{3.462}$$

Die Differentiation nach $\tilde{\underline{x}}$ kann unter das Integral gezogen werden, so daß man schreiben kann:

$$\int_{-\infty}^{\infty} \frac{d}{d\underline{\tilde{x}}} (\underline{\xi}-\underline{\tilde{x}})^T \cdot S \cdot (\underline{\xi}-\underline{\tilde{x}}) \cdot f_{\underline{x}/\underline{y}}(\underline{\xi}/\underline{\rho}) \cdot d\underline{\xi} \overset{!}{=} \underline{0}^T \tag{3.463}$$

Die Differentiation der quadratischen Form in Gl. 3.463 erfolgt nach den Regeln der Differentiation nach Vektoren und liefert:

$$\frac{d}{d\underline{\tilde{x}}} (\underline{\xi}-\underline{\tilde{x}})^T \cdot S \cdot (\underline{\xi}-\underline{\tilde{x}}) = -2 \cdot [S \cdot (\underline{\xi}-\underline{\tilde{x}})]^T = \underline{0}^T \tag{3.464}$$

Eingesetzt in Gl. 3.463 erhalten wir dann durch Nullsetzen an der Stelle $\underline{\tilde{x}} = \underline{\hat{x}}$ nach einigen Umformungen:

$$S \cdot \int_{-\infty}^{\infty} \underline{\xi} \cdot f_{\underline{x}/\underline{y}}(\underline{\xi}/\underline{\rho}) \cdot d\underline{\xi} = S \cdot \underline{\hat{x}} \int_{-\infty}^{\infty} f_{\underline{x}/\underline{y}}(\underline{\xi}/\underline{\rho}) \cdot d\underline{\xi} \tag{3.465}$$

Das Integral rechts des Gleichheitszeichens liefert den Wert 1, während das linke Integral den bedingten Erwartungswert der Zufallsvariablen $\underline{x}$, bedingt auf die Zufallsvariable $\underline{y}$, liefert. Durch Von–links–Multiplizieren mit S^{-1} erhalten wir dann:

$$\underline{\hat{x}} = \int_{-\infty}^{\infty} \underline{\xi} \cdot f_{\underline{x}/\underline{y}}(\underline{\xi}/\underline{\rho}) \cdot d\underline{\xi} = E\{\underline{x}/\underline{y}=\underline{y}(\cdot)\} \tag{3.466}$$

Das heißt, der Estimator, der den bedingten Erwartungswert der Zufallsvariablen $\underline{x}$, bedingt auf die Realisationen der Zufallsvariablen $\underline{y}$, berechnet, ist ein Minimum–Varianz–Estimator. Die Schätzwerte (Realisationen) dieses Estimators heißen bedingte Erwartungswerte und minimieren die bedingte Fehlervarianz. Dies ist eine Bestätigung der Ergebnisse von Kapitel 3.15. Damit kann man folgende Aussage machen: Der Estimator, dessen Schätzwerte bedingte Minimum–Varianz–Schätzwerte sind, ist selbst ein unbedingter Minimum–Varianz–Estimator. Ein Schätzalgorithmus besitzt in diesem Sinne unbedingte Eigenschaften, während die Schätzwerte bedingte Eigenschaften aufweisen. Eine weitere wichtige Eigenschaft dieses Estimators ist die, daß er jedes andere quadratische Fehlerkriterium ebenfalls minimiert.

3.16.2 Maximum a–posteriori–Estimation

Eine weitere, sehr häufige Verlustfunktion ist die sogenannte Einheitsverlustfunktion, die beschrieben wird durch:

$$C(\underline{e}) = \begin{cases} 0 & \text{für } \underline{e} < \underline{\epsilon}/2 \\ 1/(\epsilon)^n & \text{für } \underline{e} \geq \underline{\epsilon}/2 \end{cases} \tag{3.467}$$

Dabei sind die Relationszeichen $<, \geq$ komponentenweise zu verstehen.

Für das bedingte Estimationsrisiko erhält man mit Gl. 3.353:

$$B(\underline{e}/\underline{y}) = 1/(\epsilon)^n \cdot \int_{-\infty}^{\infty} [(1 - \text{rect}(\frac{\underline{e}}{\underline{\epsilon}}))] \cdot f_{\underline{X}/\underline{Y}}(\underline{\xi}/\underline{\rho}) \cdot d\underline{\xi} \tag{3.468}$$

$$= 1/(\epsilon)^n \cdot [1 - \int_{-\infty}^{\infty} \text{rect}\,(\frac{\underline{\xi} - \tilde{\underline{x}}}{\underline{\epsilon}}) \cdot f_{\underline{X}/\underline{Y}}(\underline{\xi}/\underline{\rho}) \cdot d\underline{\xi}\,] \tag{3.469}$$

Schränkt man nun den Integrationsbereich auf den Definitionsbereich der rect–Funktion $(\tilde{\underline{x}}-\underline{\epsilon}/2, \tilde{\underline{x}}+\underline{\epsilon}/2)$ ein, erhält man:

$$B(\underline{e}/\underline{y}) = 1/(\epsilon)^n \cdot [1 - \int_{\tilde{\underline{x}}-\underline{\epsilon}/2}^{\tilde{\underline{x}}+\underline{\epsilon}/2} f_{\underline{X}/\underline{Y}}(\underline{\xi}/\underline{\rho}) \cdot d\underline{\xi}\,] \tag{3.470}$$

Für stetig differenzierbare bedingte Verteilungsdichten kann man Gl. 3.470 mit dem Mittelwertsatz der Integralrechnung umformen und erhält:

$$B(\underline{e}/\underline{y}) = 1/(\epsilon)^n \cdot [1 - f_{\underline{X}/\underline{Y}}(\tilde{\underline{x}}+\underline{\delta}/\underline{\rho}) \cdot (\epsilon)^n]; \quad \underline{\delta} \in (\tilde{\underline{x}}-\underline{\epsilon}/2, \tilde{\underline{x}}+\underline{\epsilon}/2] \tag{3.471a}$$

Das minimale bedingte Estimationsrisiko findet man durch Nullsetzen der Ableitung nach $\tilde{\underline{x}}$. Damit ergibt sich:

$$\frac{d}{d\underline{\tilde{x}}} B(\underline{e}/\underline{y}) \Big|_{\underline{\tilde{x}}=\underline{\hat{x}}_{opt}} = -(\epsilon)^{-n} \cdot (\epsilon)^{n} \cdot \frac{d}{d\underline{\tilde{x}}} f_{\underline{x}/\underline{y}}(\underline{\tilde{x}}+\underline{\delta}/\underline{\varrho}) \Big|_{\underline{\tilde{x}}=\underline{\hat{x}}_{opt}}$$

$$= -\frac{d}{d\underline{\tilde{x}}} f_{\underline{x}/\underline{y}}(\underline{\tilde{x}}+\underline{\delta}/\underline{\varrho}) \Big|_{\underline{\tilde{x}}=\underline{\hat{x}}_{opt}} = \underline{0}^T \tag{3.471b}$$

Läßt man nun den Wert ϵ gegen Null gehen, strebt damit auch $\underline{\delta}$ gegen den Nullvektor, und man erhält:

$$\lim_{\epsilon \to 0} \frac{d}{d\underline{\tilde{x}}} f_{\underline{x}/\underline{y}}(\underline{\tilde{x}}+\underline{\delta}/\underline{\varrho}) \Big|_{\underline{\tilde{x}}=\underline{\hat{x}}_{opt}} = \frac{d}{d\underline{\tilde{x}}} f_{\underline{x}/\underline{y}}(\underline{\tilde{x}}/\underline{\varrho}) \Big|_{\underline{\tilde{x}}=\underline{\hat{x}}_{opt}} = \underline{0}^T \tag{3.472a}$$

Damit gilt für den gesuchten optimalen Schätzwert unter der Voraussetzung stetig differenzierbarer Verteilungsdichten:

$$\frac{d}{d\underline{\tilde{x}}} f_{\underline{x}/\underline{y}}(\underline{\tilde{x}}/\underline{\varrho}) \Big|_{\underline{\tilde{x}}=\underline{\hat{x}}_{MAP}} = \underline{0}^T \tag{3.472b}$$

Der hierdurch spezifizierte Schätzwert maximiert die bedingte Verteilungsdichtefunktion und wird Maximum a–posteriori Schätzwert oder 'conditional mode' genannt. Er bezeichnet denjenigen Schätzwert (die Realisation der Zufallsvariablen $\underline{x}$), der aufgrund der Meßwerte die höchste Wahrscheinlichkeit besitzt.

3.16.3 Maximum Likelihood–Estimation

Zur Berechnung des bedingten Erwartungswertes und des MAP–Schätzwertes nach Gl. 3.466 und Gl. 3.472 wird die bedingte Verteilungsdichtefunktion $f_{\underline{x}/\underline{y}}$ benötigt. Diese Verteilungsdichtefunktion kann jedoch nur nach der Bayes'schen Regel berechnet werden, wenn die unbedingte Dichte der Zufallsvariablen vorliegt. In vielen Fällen ist dies nicht der Fall, z.B. dann, wenn $\underline{x}$ entweder keine Zufallsvariable ist oder eine Zufallsvariable mit unbekannten Parametern darstellt. Diesen Fall modellieren wir dadurch, daß wir annehmen, $\underline{x}$ sei eine gaußverteilte Zufallsvariable mit einer Kovarianzmatrix $P_{\underline{xx}}$, deren Eigenwerte gegen Unendlich streben, bzw. $P_{\underline{xx}}^{-1} = 0$.

Zur Berechnung eines optimalen Schätzwertes von $\underline{x}$ unter diesen Voraussetzungen gehen wir von Gl. 3.472 aus. Aus dieser Gleichung können wir wegen der Monotonie der Logarithmusfunktion folgern:

$$\frac{d}{d\tilde{\underline{x}}} f_{\underline{x}/\underline{y}}(\tilde{\underline{x}}/\underline{\varrho}) \Big|_{\tilde{\underline{x}}=\hat{\underline{x}}_{MAP}} = \frac{d}{d\tilde{\underline{x}}} \ln(f_{\underline{x}/\underline{y}}(\tilde{\underline{x}}/\underline{\varrho})) \Big|_{\tilde{\underline{x}}=\hat{\underline{x}}_{MAP}} = \underline{0}^T \qquad (3.473)$$

Für die bedingte Verteilungsdichtefunktion in Gl. 3.473 können wir mit der Regel von Bayes schreiben:

$$f_{\underline{x}/\underline{y}}(\tilde{\underline{x}}/\underline{\varrho}) = \frac{f_{\underline{y}/\underline{x}}(\underline{\varrho}/\tilde{\underline{x}}) \cdot f_{\underline{x}}(\tilde{\underline{x}})}{f_{\underline{y}}(\underline{\varrho})} \qquad (3.474)$$

Einsetzen dieser Gleichung in Gl. 3.473 liefert dann:

$$\frac{d}{d\tilde{\underline{x}}} \ln(f_{\underline{x}/\underline{y}}(\tilde{\underline{x}}/\underline{\varrho})) \Big|_{\tilde{\underline{x}}=\hat{\underline{x}}_{MAP}} = \frac{d}{d\tilde{\underline{x}}} (\ln(f_{\underline{y}/\underline{x}}(\underline{\varrho}/\tilde{\underline{x}})) + \ln(f_{\underline{x}}(\tilde{\underline{x}})) - \ln(f_{\underline{y}}(\underline{\varrho}))) \Big|_{\tilde{\underline{x}}=\hat{\underline{x}}_{MAP}}$$

$$= \underline{0}^T \qquad (3.475)$$

Berücksichtigt man nun ferner, daß $f_{\underline{y}}(\underline{\varrho})$ nicht von $\tilde{\underline{x}}$ abhängt, und die Ableitung nach $\tilde{\underline{x}}$ demzufolge verschwindet, erhält man:

$$\frac{d}{d\tilde{\underline{x}}} \ln(f_{\underline{x}/\underline{y}}(\tilde{\underline{x}}/\underline{\varrho})) \Big|_{\tilde{\underline{x}}=\hat{\underline{x}}_{MAP}} = [\frac{d}{d\tilde{\underline{x}}} \ln(f_{\underline{y}/\underline{x}}(\underline{\varrho}/\tilde{\underline{x}})) + \frac{d}{d\tilde{\underline{x}}} \ln(f_{\underline{x}}(\tilde{\underline{x}}))] \Big|_{\tilde{\underline{x}}=\hat{\underline{x}}_{MAP}} = \underline{0}^T \qquad (3.476)$$

Wir nehmen nun, wie eingangs angedeutet, an, daß :

$$f_{\underline{x}}(\tilde{\underline{x}}) = [(2\pi)^{n/2} \cdot \det(P_{\underline{xx}})^{1/2}]^{-1} \cdot \exp\{-1/2 \cdot [\tilde{\underline{x}}-\underline{m}_{\underline{x}}]^T \cdot P_{\underline{xx}}^{-1} \cdot [\tilde{\underline{x}}-\underline{m}_{\underline{x}}]\} \qquad (3.477)$$

wobei wir nach Einsetzen dieser Verteilungsdichtefunktion in Gl. 3.476 den Grenzwert für $P_{\underline{xx}}^{-1} \to 0$ betrachten wollen. Zunächst erhalten wir durch Einsetzen:

$$(\frac{d}{d\tilde{\underline{x}}} \ln(f_{\underline{y}/\underline{x}}(\underline{\varrho}/\tilde{\underline{x}})) - 1/2 \cdot \frac{d}{d\tilde{\underline{x}}} ([\tilde{\underline{x}}-\underline{m}_{\underline{x}}]^T \cdot P_{\underline{xx}}^{-1} \cdot [\tilde{\underline{x}}-\underline{m}_{\underline{x}}])) \Big|_{\tilde{\underline{x}}=\hat{\underline{x}}_{MAP}} = \underline{0}^T \qquad (3.478)$$

wobei berücksichtigt wurde, daß die Ableitung von konstanten Termen verschwindet. Die Ableitung der quadratischen Form in Gl. 3.478 muß wieder nach den Regeln für die

Differentiation nach Vektoren erfolgen, so daß man erhält:

$$\frac{d}{d\tilde{\underline{x}}}\left([\tilde{\underline{x}}-\underline{m}_{\underline{x}}]^T \cdot P_{\underline{xx}}^{-1} \cdot [\tilde{\underline{x}}-\underline{m}_{\underline{x}}]\right) = 2 \cdot [\tilde{\underline{x}}-\underline{m}_{\underline{x}}]^T \cdot P_{\underline{xx}}^{-1} \tag{3.479}$$

Setzt man dieses Zwischenergebnis in Gl. 3.478 ein, erhält man sofort:

$$\frac{d}{d\tilde{\underline{x}}} \ln(f_{\underline{y}/\underline{x}}(\underline{\varrho}/\tilde{\underline{x}}))\Big|_{\tilde{\underline{x}}=\hat{\underline{x}}_{MAP}} = [\tilde{\underline{x}}-\underline{m}_{\underline{x}}]^T \cdot P_{\underline{xx}}^{-1}\Big|_{\tilde{\underline{x}}=\hat{\underline{x}}_{MAP}} \tag{3.480}$$

Die fehlenden Kenntnisse der Parameter der Zufallsvariablen $\underline{x}$ sollen nun dadurch modelliert werden, daß wir den Grenzwert für $P_{\underline{xx}}^{-1} \to 0$ von Gl. 3.480 betrachten. Bilden wir den Grenzübergang für die linke Seite von Gl. 3.480, erhalten wir:

$$\lim_{P_{\underline{xx}}^{-1} \to 0} \frac{d}{d\tilde{\underline{x}}} \ln(f_{\underline{y}/\underline{x}}(\underline{\varrho}/\tilde{\underline{x}}))\Big|_{\tilde{\underline{x}}=\hat{\underline{x}}_{MAP}} = \frac{d}{d\tilde{\underline{x}}} \ln(f_{\underline{y}/\underline{x}}(\underline{\varrho}/\tilde{\underline{x}}))\Big|_{\tilde{\underline{x}}=\hat{\underline{x}}_{MLE}} \tag{3.481}$$

Analog liefert der Grenzübergang auf der rechten Seite von Gl. 3.480:

$$\lim_{P_{\underline{xx}}^{-1} \to 0} [\tilde{\underline{x}}-\underline{m}_{\underline{x}}]^T \cdot P_{\underline{xx}}^{-1}\Big|_{\tilde{\underline{x}}=\hat{\underline{x}}_{MLE}} = \underline{0}^T \tag{3.482}$$

Die Zusammenfassung der Grenzübergänge von Gl. 3.481 und Gl. 3.482 ergibt die Definitionsgleichung für den sogenannten Maximum Likelihood Schätzwert $\hat{\underline{x}}_{MLE}$:

$$\frac{d}{d\tilde{\underline{x}}} \ln(f_{\underline{y}/\underline{x}}(\underline{\varrho}/\tilde{\underline{x}}))\Big|_{\tilde{\underline{x}}=\hat{\underline{x}}_{MLE}} = \underline{0}^T \tag{3.483}$$

Der Maximum Likelihood Schätzwert maximiert die sogenannte Likelihood Funktion $\ln(f_{\underline{y}/\underline{x}}(\underline{\varrho}/\tilde{\underline{x}}))$. (Genaugenommen muß jetzt noch nachgewiesen werden, daß die Likelihood Funktion tatsächlich maximiert wird. Dies ist durch die Betrachtung der zweiten Ableitung möglich. Diese Untersuchung soll an dieser Stelle jedoch nicht nachvollzogen werden, der interessierte Leser wird auf die Speziallliteratur zur Maximum Likelihood Estimation verwiesen.)

3.17 Orthogonale Projektionen von Zufallsvariablen – Orthogonalitätstheoreme Optimale Estimation nach dem Orthogonalitätsprinzip

Mit Hilfe der Bayes'schen Estimationstheorie in Kapitel 3.16 konnte ein vereinheitlichter Rahmen für die unterschiedlichsten Optimalitätsbegriffe geschaffen werden, indem der Erwartungswert einer der speziellen Problemstellung angepaßten Fehlerkostenfunktion minimiert wurde. In diesem Kapitel soll nun diese Problematik von einer anderen Seite betrachtet werden: Aus der Betrachtung der statistischen Zusammenhänge des Estimationsfehlers mit dem berechneten Schätzwert soll eine Aussage gewonnen werden, ob der Schätzwert optimal ist. Dazu wird der Begriff der Orthogonalität von Zufallsvariablen und der Begriff der orthogonalen Projektion benötigt. Diese Betrachtungsweise erlaubt dann unmittelbar eine geometrische und damit anschauliche Betrachtungsweise des Estimationsvorganges. R.E. Kalman benutzte diese Methode darüberhinaus zur ursprünglichen Ableitung des Kalman–Filters, auf die auch in dieser Darstellung aufgrund ihrer Eleganz nicht verzichtet werden soll. Die Einführung der orthogonalen Projektionen gehört begrifflich aber in das Kapitel Wahrscheinlichkeit und Zufallsvariablen, deshalb wird sie an dieser Stelle schon gebracht, um dann später angewendet werden zu können.

3.17.1 Orthogonale Projektionen

Es seien zwei Zufallsvektoren $\underline{x}(\cdot)$ und $\underline{y}(\cdot)$ gleicher Dimension gegeben, die den Ereignisraum Ω in den Realisationenraum $\mathbb{R}^n$ abbilden. Aus der Definition der Orthogonalität in Gl. 3.201 folgt für orthogonale Vektoren gleicher Dimension:

$$E\{\underline{x}^T \cdot \underline{y}\} = E\{\underline{y}^T \cdot \underline{x}\} = \operatorname{tr} E\{\underline{x} \cdot \underline{y}^T\} = \operatorname{tr} E\{\underline{y} \cdot \underline{x}^T\} = 0 \tag{3.484}$$

wobei tr(A) den Traceoperator kennzeichnet, der die Spur einer Matrix A berechnet. Wir setzen nun des weiteren voraus, daß die Korrelationsmatrizen der betrachteten Vektoren $\underline{x}$ und $\underline{y}$ endlich sind, d.h., es soll gelten:

$$E\{\underline{x}^T \cdot \underline{x}\} = \operatorname{tr} E\{\underline{x} \cdot \underline{x}^T\} < \infty \tag{3.485a}$$

und:

$$E\{\underline{y}^T \cdot \underline{y}\} = \operatorname{tr} E\{\underline{y} \cdot \underline{y}^T\} < \infty \tag{3.485b}$$

Aus den vorangegangenen Überlegungen folgt sofort, daß für zwei unkorrelierte Vektoren

$\underline{x}$ und $\underline{y}$ und zwei Vektoren $\underline{\xi}$ und $\underline{\eta}$ gilt:

$$\underline{\xi} = \underline{x} - E\{\underline{x}\} \tag{3.486a}$$
$$\underline{\eta} = \underline{y} - E\{\underline{y}\} \tag{3.486b}$$

$$E\{\underline{\xi}\cdot\underline{\eta}^T\} = E\{\underline{x}\cdot\underline{y}^T\} - E\{\underline{x}\}\cdot E\{\underline{y}\}^T = E\{\underline{x}\}\cdot E\{\underline{y}^T\} - E\{\underline{x}\}\cdot E\{\underline{y}\}^T = 0 \tag{3.487}$$

Sind also zwei Vektoren $\underline{x}$ und $\underline{y}$ unkorreliert, dann sind die von ihren Erwartungswerten befreiten Vektoren orthogonal. Man kann nun eine lineare Mannigfaltigkeit oder einen linearen Raum $\mathcal{M}$ aus einer endlichen Anzahl von verschiedenen Vektoren $\underline{x}_i$ erzeugen, indem man fordert, daß jede Linearkombination einer endlichen Anzahl von Vektoren $\underline{x}_i$ wieder ein Vektor dieses Raumes ist. Dies bedeutet, es gilt für eine Menge von konstanten Matrizen A_i:

$$\underline{y} = \sum_{i=1}^{n} A_i\cdot\underline{x}_i \in \mathcal{M} \tag{3.488}$$

Das Skalarprodukt von zwei Zufallsvektoren in diesem Raum kann man durch die Spur ihrer Korrelationsmatrix definieren:

$$(\underline{x},\underline{y}) \overset{\Delta}{=} E\{\underline{x}^T\cdot\underline{y}\} = tr[E\{\underline{x}\cdot\underline{y}^T\}] \tag{3.489}$$

In der gleichen Weise kann man die Norm eines Zufallsvektors $\underline{x}(\cdot)$ einführen. Man definiert:

$$\|\underline{x}\| \overset{\Delta}{=} [E\{\underline{x}^T\cdot\underline{x}\}]^{1/2} = [tr[E\{\underline{x}\cdot\underline{x}^T\}]]^{1/2} \tag{3.490}$$

Durch die Gleichungen 3.488 und 3.489 besteht ein enger Zusammenhang zwischen der Norm und dem Skalarprodukt eines Zufallsvektors mit sich selbst. Es gilt:

$$\|\underline{x}\| = (\underline{x},\underline{x})^{1/2} \tag{3.491}$$

Eine derartige Beziehung zwischen der Norm und dem Skalarprodukt von Vektoren eines Raumes kennzeichnet den sogenannten unitären Raum. Der Abstand zweier Vektoren kann dann durch die Norm des Differenzvektors bestimmt werden, indem man schreibt:

$$\rho_{\underline{xy}} = \|\underline{x}-\underline{y}\| = ([\underline{x}-\underline{y}],[\underline{x}-\underline{y}])^{1/2} = E\left\{[\underline{x}-\underline{y}]^T\cdot[\underline{x}-\underline{y}]\right\}^{1/2} \tag{3.492}$$

Durch die Definition der linearen Mannigfaltigkeit $\mathcal{M}$ sind auch alle Differenzvektoren Elemente dieser Mannigfaltigkeit. Vervollständigt wird der Raum $\mathcal{M}$ nun noch durch die Grenzwerte aller Sequenzen von Zufallsvariablen $\underline{x}_n$ mit:

$$\underline{x} = \underset{n \to \infty}{\text{l.i.m.}}\ \underline{x}_n \tag{3.493}$$

wobei die Schreibweise l.i.m. limit in the mean bedeutet und besagt, daß:

$$\lim_{n \to \infty} E\{(\underline{x}_n - \underline{x})^T \cdot (\underline{x}_n - \underline{x})\} = \lim_{n \to \infty} ((\underline{x}_n - \underline{x}),(\underline{x}_n - \underline{x})) = 0 \tag{3.494}$$

Ein vollständiger unitärer Raum ist ein Hilbert–Raum, wir betrachten also im folgenden den Hilbert–Raum von Zufallsvektoren. Betrachtet man in diesem Sinne eine Menge von n Vektoren, so ist die entstehende Sammlung dieser Vektoren und aller endlichen Linearkombinationen und Grenzwerte die kleinste vollständige lineare Mannigfaltigkeit von Vektoren, die die gegebene Menge von Vektoren enthält. Man nennt diese Menge die lineare Mannigfaltigkeit, die von den Vektoren $\underline{x}_1 ... \underline{x}_n$ generiert wird. Wenn nun ein Vektor $\underline{z}$ orthogonal zu jedem Vektor einer Mannigfaltigkeit $\mathcal{M}$ ist, dann sagt man, $\underline{z}$ ist orthogonal zur Mannigfaltigkeit $\mathcal{M}$. Zwei lineare Mannigfaltigkeiten $\mathcal{M}$ und $\mathcal{N}$ heißen orthogonal, wenn jeder Vektor $\underline{x} \in \mathcal{M}$ orthogonal zu jedem Vektor $\underline{z} \in \mathcal{N}$ ist. Eine Sequenz von Zufallsvariablen $\underline{x}_n$ wird orthonormal genannt, wenn jeder Vektor dieser Sequenz zu jedem anderen Vektor dieser Sequenz orthogonal ist und wenn:

$$E\{\underline{x}_i \cdot \underline{x}_j^T\} = I \cdot \delta_k(i,j) \tag{3.495a}$$

mit:

$$\delta_k(i,j) = \begin{cases} 1 \text{ für } i=j \\ 0 \text{ sonst} \end{cases} \tag{3.495b}$$

Orthogonale Zufallsvektoren sind für die Darstellung anderer Zufallsvariablen als lineare Überlagerung von orthogonalen Zufallsvariablen sehr nützlich. Es soll daher gezeigt werden, daß zu jeder gegebenen Menge von Zufallsvektoren $\underline{x}_1 ... \underline{x}_n$ eine Menge von orthogonalen Zufallsvektoren so konstruiert werden kann, daß beide Mengen die gleiche, von den Vektoren $\underline{x}_1 ... \underline{x}_n$ generierte, lineare Mannigfaltigkeit beschreiben. Wir verwenden dazu ein Orthogonalisierungsverfahren, welches aus verschiedenen Schritten besteht:

Aus der Sequenz der gegebenen n Vektoren $\underline{x}_1 ... \underline{x}_n$ wählt man eine Menge von N linear unabhängigen Vektoren $\underline{x}^{(1)}, \underline{x}^{(2)}, ... \underline{x}^{(N)}$ aus, die dadurch gekennzeichnet sind, daß es keinen Satz von Matrizen $C_1 ... C_N$, die nicht alle gleichzeitig 0 sind, gibt, für den gilt:

$$C_1 \cdot \underline{x}^{(1)} + C_2 \cdot \underline{x}^{(2)} + ... C_N \cdot \underline{x}^{(N)} = \underline{0} \quad N \leq n \tag{3.496}$$

Der erste Vektor $\underline{\eta}_1$ der gesuchten orthogonalen Sequenz von Vektoren kann nun aus einem beliebigen Vektor $\underline{\nu}_1 = \underline{x}^{(i)}$ durch "Normieren" gebildet werden:

$$\underline{\eta}_1 = T_1^{-1} \cdot \underline{\nu}_1 = T_1^{-1} \cdot \underline{x}^{(i)} \tag{3.497a}$$

Aus Gl. 3.497a folgt mit $\underline{\nu}_1 = T_1 \cdot \underline{\eta}_1$ sofort für die Korrelationsmatrix von $\underline{\nu}_1$:

$$E\{\underline{\nu}_1 \cdot \underline{\nu}_1^T\} = T_1 \cdot E\{\underline{\eta}_1 \cdot \underline{\eta}_1^T\} \cdot T_1^T = T_1 \cdot T_1^T \tag{3.497b}$$

wobei letztlich nur die Orthonormalitätsbeziehung 3.495a für die letzte Umformung verwendet wurde. Gl. 3.497b wird von jeder symmetrischen Wurzelzerlegung der Korrelationsmatrix $E\{\underline{\nu}_1 \cdot \underline{\nu}_1^T\}$ erfüllt, beispielsweise auch von der Cholesky–Dekomposition:

$$T_1 = \sqrt[c]{\{\underline{\nu}_1 \cdot \underline{\nu}_1^T\}} \tag{3.497c}$$

Man betrachtet nun einen beliebigen zweiten Vektor $\underline{\nu}_2 = \underline{x}^{(k)}$ aus der Menge der N linear unabhängigen Vektoren und berechnet den zu $\underline{\eta}_1$ orthogonalen Anteil der Differenz zwischen dem Vektor $\underline{x}^{(k)}$ und $B_{21} \cdot \underline{\eta}_1$. Man schreibt:

$$\underline{z}_2 = \underline{\nu}_2 - B_{21} \cdot \underline{\eta}_1 \tag{3.497d}$$

und fordert:

$$E\{\underline{\eta}_1 \cdot \underline{z}_2^T\} = E\{\underline{\eta}_1 \cdot (\underline{\nu}_2 - B_{21} \cdot \underline{\eta}_1)^T\} \stackrel{!}{=} 0 \tag{3.497e}$$

Durch Ausrechnen von Gl. 3.497e erhält man weiter:

$$E\{\underline{\eta}_1 \cdot (\underline{\nu}_2 - B_{21} \cdot \underline{\eta}_1)^T\} = E\{\underline{\eta}_1 \cdot \underline{\nu}_2^T) - B_{21} \cdot E\{\underline{\eta}_1 \cdot \underline{\eta}_1^T)\} = E\{\underline{\eta}_1 \cdot \underline{\nu}_2^T\} - B_{21} \cdot I \stackrel{!}{=} 0 \tag{3.497f}$$

Aufgelöst nach B_{21} erhält man dann aus Gleichung 3.497f:

$$B_{21} = E\{\underline{\eta}_1 \cdot \underline{\nu}_2^T\} \tag{3.497g}$$

Damit erhalten wir für den Vektor $\underline{z}_2$ aus Gleichung 3.497d unter Verwendung von Gl. 3.497g:

$$\underline{z}_2 = \underline{\nu}_2 - E\{\underline{\eta}_1 \cdot \underline{\nu}_2^T\} \cdot \underline{\eta}_1 \tag{3.497h}$$

Laut Voraussetzung sind alle Vektoren $\underline{x}^{(i)}$ linear unabhängig. Daraus folgt, daß $\underline{\nu}_2$ keine lineare Abbildung von $\underline{\nu}_1$ ist und damit keine Abbildung von $\underline{\eta}_1$ sein kann. Demzufolge verschwindet auch die Differenz $\underline{\nu}_2 - B_{21} \cdot \underline{\eta}_1$ unter keinen Umständen, und man kann den zweiten orthonormalen Vektor $\underline{\eta}_2$ durch "Normieren" aus $\underline{z}_2$ bilden:

$$\underline{\eta}_2 = T_2^{-1} \cdot \underline{z}_2 \tag{3.497i}$$

wobei:

$$T_2 = \sqrt[c]{\{\underline{z}_2 \cdot \underline{z}_2^T\}} \tag{3.497j}$$

Diese Prozedur wird nun wiederholt, bis ein Satz von N orthonormalen Vektoren gefunden worden ist. Für den k–ten orthonormalen Vektor bildet man zunächst:

$$\underline{z}_k = \underline{\nu}_k - \sum_{i=1}^{k-1} B_{ki} \cdot \underline{\eta}_i \tag{3.497k}$$

und fordert die Orthogonalität zu allen anderen, vorher konstruierten Vektoren $\underline{\eta}_j$, j=1...k–1. Man schreibt also:

$$E\{\underline{\eta}_j \cdot \underline{z}_k^T\} = E\left\{\underline{\eta}_j \cdot \left[\underline{\nu}_k - \sum_{i=1}^{k-1} B_{ki} \cdot \underline{\eta}_i\right]^T\right\} \overset{!}{=} 0 \text{ für alle } j=1,2,...k-1 \tag{3.497l}$$

Ausmultiplizieren der Differenz und getrennte Erwartungswertbildung liefert dann zusammen mit der Tatsache, daß:

$$E\left\{\underline{\eta}_j \cdot \sum_{i=1}^{k-1} (B_{ki} \cdot \underline{\eta}_i)^T\right\} = \sum_{i=1}^{k-1} E\{\underline{\eta}_j \cdot \underline{\eta}_i^T\} \cdot B_{ki}^T = \sum_{i=1}^{k-1} \delta_k(i,j) \cdot B_{ki}^T = B_{kj}^T \tag{3.497m}$$

das bedeutsame Endergebnis:

$$B_{kj} = E\{\underline{\eta}_j \cdot \underline{\nu}_k^T\} \quad \text{für } 1 \leq j \leq k-1 \tag{3.497n}$$

mit:

$$\underline{\eta}_k = T_k^{-1} \cdot \underline{z}_k \tag{3.497o}$$

und:

$$T_k = \sqrt[c]{\{\underline{z}_k \cdot \underline{z}_k^T\}} \tag{3.497p}$$

wobei $\underline{z}_k$ nach Gleichung 3.497k berechnet wird.

Nach Abschluß dieser Prozedur erhält man einen Satz von N orthonormalen Vektoren. Dieser Satz von Vektoren ist nicht eindeutig, er hängt im Gegenteil davon ab, in welcher Reihenfolge aus den Ausgangsvektoren $\underline{x}^{(i)}$ der Satz von orthonormalen Vektoren konstruiert wurde. Für jede Reihenfolge ergibt sich ein anderer Satz von orthonormalen Vektoren $\underline{\eta}_i$. Die Bedeutung eines derartigen Satzes von orthonormalen Vektoren liegt darin, daß diese Vektoren die ursprünglich von den Vektoren $\underline{x}^{(i)}$, i=1...N generierte lineare Mannigfaltigkeit $\mathscr{M}$ aufspannen, oder mit anderen Worten eine Basis dieser Mannigfaltigkeit darstellen. Damit kann jeder Vektor $\underline{x} \in \mathscr{M}$ als Linearkombination dieser Basisvektoren dargestellt werden:

$$\underline{x} = \sum_{i=1}^{N} A_i \cdot \underline{\eta}_i \tag{3.498}$$

N ist die Dimension oder die Ordnung der linearen Mannigfaltigkeit $\mathscr{M}$. Die Koeffizientenmatrizen A_i werden Fourierkoeffizienten des Vektors $\underline{x}$ genannt und können wegen der Orthonormalität der Basisvektoren leicht berechnet werden:

Berechnung der Fourierkoeffizienten

Es gilt:

$$E\{\underline{x} \cdot \underline{\eta}_j^T\} = E\left\{\sum_{i=1}^{N} A_i \cdot \underline{\eta}_i \cdot \underline{\eta}_j^T\right\} = \sum_{i=1}^{N} A_i \cdot E\{\underline{\eta}_i \cdot \underline{\eta}_j^T\} = \sum_{i=1}^{N} A_i \cdot I \cdot \delta_k(i,j) = A_j$$

Damit erhält man den j–ten Fourierkoeffizienten A_j durch:

$$A_j = E\{\underline{x} \cdot \underline{\eta}_j^T\} \tag{3.499}$$

Distanz oder Abstand zweier Vektoren

Mit Hilfe der Darstellung beliebiger Vektoren der Mannigfaltigkeit $\mathcal{M}$ als Linearkombination der orthonormalen Basisvektoren erhält man eine einleuchtende und einfache Darstellung für die Distanz oder den Abstand dieser Vektoren. Sei $\underline{x}' \in \mathcal{M}$ ein zweiter Vektor der gleichen Mannigfaltigkeit mit:

$$\underline{x}' = \sum_{i=1}^{N} B_i \cdot \underline{\eta}_i \tag{3.500}$$

Dann gilt für das Normquadrat des Differenzvektors $\underline{x}-\underline{x}'$:

$$\begin{aligned}
\rho_{\underline{xx}'}^2 &= \|(\underline{x}-\underline{x}')\|^2 = E\{(\underline{x}-\underline{x}')^T \cdot (\underline{x}-\underline{x}')\} \\
&= E\Big\{\Big[\sum_{i=1}^{N} A_i \cdot \underline{\eta}_i - \sum_{i=1}^{N} B_i \cdot \underline{\eta}_i\Big]^T \cdot \Big[\sum_{i=1}^{N} A_i \cdot \underline{\eta}_i - \sum_{i=1}^{N} B_i \cdot \underline{\eta}_i\Big]\Big\} \\
&= tr\Big[E\Big\{\Big[\sum_{i=1}^{N} (A_i - B_i) \cdot \underline{\eta}_i\Big] \cdot \Big[\sum_{j=1}^{N} (A_j - B_j) \cdot \underline{\eta}_j\Big]^T\Big\}\Big] \\
&= tr\Big[E\Big\{\Big[\sum_{i=1}^{N}\sum_{j=1}^{N} (A_i - B_i) \cdot \underline{\eta}_i \cdot \underline{\eta}_j^T \cdot (A_j - B_j)^T\Big]\Big\}\Big] \\
&= tr\Big[\sum_{i=1}^{N}\sum_{j=1}^{N} (A_i - B_i) \cdot E\{\underline{\eta}_i \cdot \underline{\eta}_j^T\} \cdot (A_j - B_j)^T\Big] \\
&= tr\Big[\sum_{i=1}^{N}\sum_{j=1}^{N} (A_i - B_i) \cdot I \cdot \delta_k(i,j)(A_j - B_j)^T\Big] \\
&= tr\Big[\sum_{i=1}^{N} (A_i - B_i) \cdot (A_i - B_i)^T\Big]
\end{aligned} \tag{3.501}$$

Damit gilt für den Abstand zweier Vektoren der Mannigfaltigkeit:

$$\rho_{\underline{xx}'} = tr\Big[\sum_{i=1}^{N} (A_i - B_i) \cdot (A_i - B_i)^T\Big]^{1/2} \tag{3.502}$$

Die Matrizen A_i und B_i ergeben sich aus den deterministischen Kenngrößen der Zufallsvariablen, und damit ist auch der Abstand zweier Zufallsvektoren eine deterministische Kenngröße und kann zur Beurteilung der 'Estimationsgüte eines Schätzalgorithmus' verwendet werden.

Bedeutung des inneren Produktes eines Vektors mit einem Basisvektor, orthogonale Projektion

Das innere Produkt eines Vektors $\underline{x}$ mit einem Basisvektor oder Koordinatenvektor $\underline{\eta}_j$ ist aufgrund der Orthogonalität des Basisvektorsystems die orthogonale Projektion dieses Vektors auf diese Koordinatenachse, oder mit anderen Worten die Komponente von $\underline{x}$ in Richtung dieser Koordinatenachse. Betrachtet man also eine lineare Mannigfaltigkeit $\mathcal{M}_1$, die durch alle Vektoren der Form

$$\underline{y} = \sum_{i=1}^{M} B_i \cdot \underline{\eta}_i \quad M \leq N \tag{3.503}$$

beschrieben wird, dann ist der Vektor:

$$\underline{x}' = \sum_{i=1}^{M} A_i \cdot \underline{\eta}_i = \sum_{i=1}^{N} A_i \cdot \underline{\eta}_i - \sum_{i=M+1}^{N} A_i \cdot \underline{\eta}_i = \underline{x} - \sum_{i=M+1}^{N} A_i \cdot \underline{\eta}_i \tag{3.504}$$

die orthogonale Projektion des Vektors $\underline{x}$ auf die lineare Mannigfaltigkeit $\mathcal{M}_1$ oder die orthogonale Projektion auf die 'Hyperebene', die durch die lineare Mannigfaltigkeit $\mathcal{M}_1$ beschrieben wird.

Norm einer vektoriellen Zufallsvariablen, Parseval'sches Theorem

Für einen Vektor $\underline{x}$ der linearen Mannigfaltigkeit $\mathcal{M}$, die durch die Basisvektoren $\underline{\eta}_1 \cdots \underline{\eta}_N$ aufgespannt wird, ergibt sich für das Normquadrat mit der Darstellung als Fourierzerlegung nach Gleichung 3.498:

$$\mathrm{tr}(E\{\underline{x} \cdot \underline{x}^T\}) = \mathrm{tr}(E\left\{\sum_{j=1}^{N} A_j \cdot \underline{\eta}_j \cdot \sum_{i=1}^{N} \underline{\eta}_i^T \cdot A_i^T\right\}) = \mathrm{tr}(\sum_{i=1}^{N} A_i \cdot A_i^T) \tag{3.505}$$

Diese Identität ist als Parseval'sches Theorem bekannt.

Bessel'sche Ungleichung für die Abstände von Zufallsvektoren, Orthogonalitätstheorem

Der Vektor $\underline{x}_1$ sei ein Zufallsvektor der linearen Mannigfaltigkeit $\mathcal{M}$ mit der Darstellung:

$$\underline{x}_1 = \sum_{i=1}^{N} A_i \cdot \underline{\eta}_i \tag{3.506}$$

Der Vektor $\underline{x}$ sei ein weiterer Vektor, der nicht notwendigerweise der gleichen Mannigfaltigkeit $\mathcal{M}$ angehört. Dieser Vektor soll nun durch den Vektor $\underline{x}_1$ der linearen Mannigfaltigkeit $\mathcal{M}$ so approximiert werden, daß das Normquadrat des Differenzvektors minimiert wird. Es soll also gelten:

$$\|\underline{x} - \underline{x}_1\|^2 \overset{!}{=} \min \tag{3.507}$$

Wir stellen dazu das Normquadrat als Summe positiver Summanden dar und schreiben:

$$\|\underline{x} - \underline{x}_1\|^2 = E\{(\underline{x} - \underline{x}_1)^T \cdot (\underline{x} - \underline{x}_1)\} = tr[E\Big\{\Big[\underline{x} - \sum_{i=1}^{N} A_i \cdot \underline{\eta}_i\Big] \cdot \Big[\underline{x} - \sum_{j=1}^{N} A_j \cdot \underline{\eta}_j\Big]^T\Big\}]$$

$$= tr[E\{\underline{x} \cdot \underline{x}^T\} - \sum_{i=1}^{N} A_i \cdot E\{\underline{\eta}_i \cdot \underline{x}^T\} - \sum_{j=1}^{N} E\{\underline{x} \cdot \underline{\eta}_j^T\} \cdot A_j^T + \sum_{i=1}^{N} \sum_{j=1}^{N} A_i \cdot E\{\underline{\eta}_i \cdot \underline{\eta}_j^T\} \cdot A_j^T]$$

$$= tr[E\{\underline{x} \cdot \underline{x}^T\} - \sum_{i=1}^{N} A_i \cdot E\{\underline{\eta}_i \cdot \underline{x}^T\} - \sum_{j=1}^{N} E\{\underline{x} \cdot \underline{\eta}_j^T\} \cdot A_j^T + \sum_{i=1}^{N} A_i \cdot A_i^T] \tag{3.508}$$

Der erste Summand in Gl. 3.508 ist zweifellos positiv, es sollen deshalb nur noch die letzten drei Summanden geeignet zusammengefaßt werden. Wir schreiben:

$$-\sum_{i=1}^{N} A_i \cdot E\{\underline{\eta}_i \cdot \underline{x}^T\} - \sum_{j=1}^{N} E\{\underline{x} \cdot \underline{\eta}_j^T\} \cdot A_j^T + \sum_{i=1}^{N} A_i \cdot A_i^T$$

$$= \sum_{j=1}^{N} [E\{\underline{x} \cdot \underline{\eta}_j^T\} - A_j] \cdot [E\{\underline{x} \cdot \underline{\eta}_j^T\} - A_j]^T - \sum_{j=1}^{N} E\{\underline{x} \cdot \underline{\eta}_j^T\} \cdot E\{\underline{x} \cdot \underline{\eta}_j^T\}^T \tag{3.509}$$

Setzt man nun Gleichung 3.509 in Gleichung 3.508 ein, erhält man sofort:

$$\|\underline{x}-\underline{x}_1\|^2 = \mathrm{tr}[E\{\underline{x}\cdot\underline{x}^T\} + \sum_{j=1}^{N}[E\{\underline{x}\cdot\underline{\eta}_j^T\} - A_j]\cdot[E\{\underline{x}\cdot\underline{\eta}_j^T\} - A_j]^T$$

$$- \sum_{j=1}^{N} E\{\underline{x}\cdot\underline{\eta}_j^T\}\cdot E\{\underline{x}\cdot\underline{\eta}_j^T\}^T] \tag{3.510}$$

Alle Terme in Gleichung 3.510 sind positiv, und nur der zweite Summand hängt explizit von der Wahl der Fourierkoeffizienten von $\underline{x}_1$ ab. Um das Normquadrat des Differenzvektors in Gl. 3.510, wie gewünscht, durch die Wahl von $\underline{x}_1$ zu minimieren, muß damit der zweite, positive Summand minimiert werden. Damit gilt:

$$\|\underline{x}-\underline{x}_1\|^2 = \min \text{ für } \sum_{j=1}^{N}[E\{\underline{x}\cdot\underline{\eta}_j^T\} - A_j]\cdot[E\{\underline{x}\cdot\underline{\eta}_j^T\} - A_j]^T = \min$$

Dieser Ausdruck wird minimal für:

$$A_j = E\{\underline{x}\cdot\underline{\eta}_j^T\} \tag{3.511}$$

Dies bedeutet nichts anderes, als daß der gegebene Vektor $\underline{x}$ durch den Vektor $\underline{x}_1 \in \mathcal{M}$ dann mit minimalem Fehlernormquadrat approximiert wird, wenn der Vektor $\underline{x}_1$ die orthogonale Projektion von $\underline{x}$ auf die lineare Mannigfaltigkeit $\mathcal{M}$, die $\underline{x}_1$ enthält, ist. Beschreibt man den Approximationsfehler durch:

$$\underline{e} = \underline{x} - \underline{x}_1 = \underline{x} - \sum_{i=1}^{N} A_i\cdot\underline{\eta}_i \tag{3.512}$$

stellt man fest, daß:

$$E\{\underline{e}\cdot\underline{x}_1^T\} = E\left\{\left[\underline{x} - \sum_{i=1}^{N} A_i\cdot\underline{\eta}_i\right]\cdot\sum_{i=1}^{N}\underline{\eta}_i^T\cdot A_i^T\right\} = \sum_{i=1}^{N} E\{\underline{x}\cdot\underline{\eta}_i^T\}\cdot A_i^T - \sum_{i=1}^{N} A_i\cdot A_i^T \tag{3.513}$$

Der Ausdruck $E\{\underline{x}\cdot\underline{\eta}_i^T\}$ ist aber die orthogonale Projektion von $\underline{x}$ auf den Koordinatenvektor $\underline{\eta}_i$ und liefert den Ausdruck:

$$E\{\underline{x}\cdot\underline{\eta}_i^T\} = A_i \tag{3.514}$$

Durch Einsetzen von Gleichung 3.514 in Gl. 3.513 erhalten wir dann:

$$E\{\underline{e}\cdot \underline{x}_1^T\} = \sum_{i=1}^{N} A_i \cdot A_i^T - \sum_{i=1}^{N} A_i \cdot A_i^T = 0 \tag{3.515}$$

Diese bedeutsame Gleichung sagt aus, daß der Approximationsfehler $\underline{e}$ offensichtlich dann eine minimale Norm besitzt, wenn der Approximationsfehler orthogonal zum Approximationsvektor $\underline{x}_1$ ist, wenn also $\underline{x}_1$ die orthogonale Projektion von $\underline{x}$ auf die lineare Mannigfaltigkeit $\mathcal{M}$ ist. Interpretiert man den Approximationsvektor $\underline{x}_1$ als Schätzvektor von $\underline{x}$, dann ist $\underline{e}$ die vektorielle Schätzfehlerzufallsvariable. In diesem Sinne wird die Schätzfehlernorm dann minimiert, wenn der Schätzfehler orthogonal zum Schätzwert ist. Diese Tatsache wird in der Literatur als Orthogonalitätstheorem bezeichnet. Für das minimierte Normquadrat des Schätz– oder Approximationsfehlers ergibt sich dann:

$$\|\underline{e}\|^2 = \|\underline{x} - \underline{x}_1\|^2 = \mathrm{tr}[E\{\underline{x}\cdot \underline{x}^T\} - \sum_{j=1}^{N} E\{\underline{x}\cdot \underline{\eta}_j^T\}\cdot E\{\underline{x}\cdot \underline{\eta}_j^T\}^T] \tag{3.510}$$

$$= E\{\underline{x}^T \cdot \underline{x}\} - \mathrm{tr}[\sum_{j=1}^{N} E\{\underline{x}\cdot \underline{\eta}_j^T\}\cdot E\{\underline{x}\cdot \underline{\eta}_j^T\}^T] \tag{3.516}$$

$$= E\{\underline{x}^T \cdot \underline{x}\} - \mathrm{tr}[\sum_{j=1}^{N} A_j \cdot A_j^T] \tag{3.517}$$

Daraus ergibt sich durch Umstellen:

$$\|\underline{x}\|^2 = E\{\underline{x}^T \cdot \underline{x}\} = \|\underline{e}\|^2 + \mathrm{tr}[\sum_{j=1}^{N} A_j \cdot A_j^T] = \|\underline{x} - \underline{x}_1\|^2 + \|\underline{x}_1\|^2 \tag{3.518}$$

Gleichung 3.518 ist als n–dimensionales Pythagoräisches Theorem bekannt. Durch Vernachlässigung des Approximationsfehlernormquadrates in Gleichung 3.518 erhält man schließlich die Bessel'sche Ungleichung:

$$\|\underline{x}\|^2 = E\{\underline{x}^T \cdot \underline{x}\} = E\{(\underline{x}_1 + \underline{e})^T \cdot (\underline{x}_1 + \underline{e})\} = \|(\underline{x}_1 + \underline{e})\|^2 \geq \mathrm{tr}[\sum_{j=1}^{N} A_j \cdot A_j^T] = \|\underline{x}_1\|^2 \tag{3.519}$$

3.17.2 Entwicklungstheorem für beliebige Vektoren

Wir wollen nun zeigen, daß das im vorangegangenen Text abgeleitete Approximationsprinzip allgemein gültig und eindeutig ist, so daß nach diesem Verfahren zu jedem gegebenen Zufallsvektor immer ein eindeutiger optimaler Approximationsvektor (Schätzvektor) bestimmt werden kann. Es sei dazu ein Vektor $\underline{x}$ gegeben, der nicht unbedingt ein Element der linearen Mannigfaltigkeit $\mathcal{M}$ ist. Diese Mannigfaltigkeit werde von den Basisvektoren $\underline{n}_1 \ldots \underline{n}_N$ aufgespannt. Dann lautet unsere Behauptung: Jeder Vektor $\underline{x}$ mit den obigen Eigenschaften kann zerlegt werden in einen Vektor $\underline{x}_{\mathcal{M}} \in \mathcal{M}$ und einen zu $\mathcal{M}$ orthogonalen Vektor $\underline{x}_0$, d.h., es gilt dann eindeutig:

$$\underline{x} = \underline{x}_{\mathcal{M}} + \underline{x}_0 \tag{3.520}$$

Den Eindeutigkeitsbeweis führen wir umgekehrt, indem wir behaupten, es gebe zwei mögliche Zerlegungen mit:

$$\underline{x} = \underline{x}_{\mathcal{M}} + \underline{x}_0$$

und:

$$\underline{x} = \overset{*}{\underline{x}}_{\mathcal{M}} + \overset{*}{\underline{x}}_0 \tag{3.521}$$

$\mathcal{M}$ ist aber nach Voraussetzung ein linearer, vollständiger Raum. Da aber sowohl $\underline{x}_{\mathcal{M}}$ als auch $\overset{*}{\underline{x}}_{\mathcal{M}}$ Elemente von $\mathcal{M}$ sind, muß wegen der Vollständigkeit auch deren Differenz $\underline{x}_{\mathcal{M}} - \overset{*}{\underline{x}}_{\mathcal{M}}$ ein Element von $\mathcal{M}$ sein, d.h., es muß gelten:

$$\underline{x}_{\mathcal{M}} - \overset{*}{\underline{x}}_{\mathcal{M}} \in \mathcal{M} \tag{3.522}$$

Löst man aber die Gleichungen 3.520 und 3.521 nach $\underline{x}_0$ und $\overset{*}{\underline{x}}_0$ auf, ergibt sich für die Differenz $\underline{x}_{\mathcal{M}} - \overset{*}{\underline{x}}_{\mathcal{M}}$:

$$\underline{x}_{\mathcal{M}} - \overset{*}{\underline{x}}_{\mathcal{M}} = \overset{*}{\underline{x}}_0 - \underline{x}_0 \tag{3.523}$$

$\underline{x}_0$ und $\overset{*}{\underline{x}}_0$ sind voraussetzungsgemäß orthogonal zu $\mathcal{M}$, deshalb sind sie auch orthogonal zur Differenz: $\underline{x}_{\mathcal{M}} - \overset{*}{\underline{x}}_{\mathcal{M}} \in \mathcal{M}$. Damit muß folgende Beziehung gelten:

$$E\{(\overset{*}{\underline{x}}_0 - \underline{x}_0) \cdot (\underline{x}_{\mathcal{M}} - \overset{*}{\underline{x}}_{\mathcal{M}})^T\} = 0 \tag{3.524}$$

Setzt man jetzt für den zweiten Faktor die Identität nach Gl. 3.523 ein, erhält man:

$$E\{(\underline{x}_0^* - \underline{x}_0)\cdot(\underline{x}_0^* - \underline{x}_0)^T\} = 0 \tag{3.525a}$$

oder:

$$E\{(\underline{x}_{\mathcal{M}}^* - \underline{x}_{\mathcal{M}})\cdot(\underline{x}_{\mathcal{M}} - \underline{x}_{\mathcal{M}}^*)^T\} = 0 \tag{3.525b}$$

Dies ist aber nur erfüllbar für:

$$\underline{x}_{\mathcal{M}}^* = \underline{x}_{\mathcal{M}} \tag{3.526a}$$

woraus sich auch sofort:

$$\underline{x}_0^* = \underline{x}_0 \tag{3.526b}$$

ergibt. Damit sind beide Zerlegungen identisch, und wir erhalten einen Widerspruch zur Annahme. Damit ist gezeigt, daß die angegebene Zerlegung eindeutig ist. Es muß nun noch gezeigt werden, daß die Zerlegung nach Gl. 3.520 immer existiert. Für jeden Vektor der linearen Mannigfaltigkeit $\mathcal{M}$ existiert wegen der Orthogonalität des Basisvektorsystems eine eindeutige Darstellung. So kann $\underline{x}_{\mathcal{M}} \in \mathcal{M}$ dargestellt werden durch:

$$\underline{x}_{\mathcal{M}} = \sum_{i=1}^{N} A_i \cdot \underline{\eta}_i \tag{3.527}$$

Setzt man diese Darstellung in Gleichung 3.520 ein, erhält man durch Auflösen nach $\underline{x}_0$:

$$\underline{x}_0 = \underline{x} - \sum_{i=1}^{N} A_i \cdot \underline{\eta}_i \tag{3.528}$$

Die Fourierkoeffizienten A_i des Vektors $\underline{x}_{\mathcal{M}}$ werden nun durch die orthogonale Projektion von $\underline{x}$ auf den jeweiligen Koordinatenvektor von $\mathcal{M}$ bestimmt, d.h.:

$$A_i = E\{\underline{x}\cdot \underline{\eta}_i^T\} \tag{3.529}$$

Damit kann zu jedem Vektor $\underline{x}$ ein Vektor $\underline{x}_{\mathcal{M}} \in \mathcal{M}$ berechnet werden, indem man einfach seine Fourierkoeffizienten nach Gleichung 3.529 bestimmt. Setzt man die nach Gleichung 3.529 bestimmten Fourierkoeffizienten in Gl. 3.528 ein, erhält man:

$$\underline{x}_0 = \underline{x} - \sum_{i=1}^{N} E\{\underline{x} \cdot \underline{\eta}_i^T\} \cdot \underline{\eta}_i \tag{3.530}$$

Nun muß abschließend nur noch gezeigt werden, daß $\underline{x}_0$ dann auch wirklich orthogonal zu $\mathcal{M}$ ist. Dazu betrachten wir die orthogonale Projektion von $\underline{x}_0$ auf einen beliebigen Basisvektor $\underline{\eta}_j \in \mathcal{M}$. Wir können dann schreiben:

$$E\{\underline{x}_0 \cdot \underline{\eta}_j^T\} = E\left\{\left[\underline{x} - \sum_{i=1}^{N} E\{\underline{x} \cdot \underline{\eta}_i^T\} \cdot \underline{\eta}_i\right] \cdot \underline{\eta}_j^T\right\}$$

$$= E\{\underline{x} \cdot \underline{\eta}_j^T\} - \sum_{i=1}^{N} E\{\underline{x} \cdot \underline{\eta}_i^T\} \cdot E\{\underline{\eta}_i \cdot \underline{\eta}_j^T\} = A_j - \sum_{i=1}^{N} A_i \cdot I \cdot \delta_k(i,j)$$

$$= A_j - A_j = 0 \tag{3.531}$$

wobei zur vorletzten Umformung zweimalig von Gleichung 3.529 Gebrauch gemacht wurde. Gleichung 3.531 sagt nun in aller Deutlichkeit aus, daß die orthogonale Projektion von $\underline{x}_0$ auf jeden beliebigen Basisvektor $\underline{\eta}_j \in \mathcal{M}$ verschwindet, daß also $\underline{x}_0$ mit anderen Worten zu jedem beliebigen Basisvektor $\underline{\eta}_j$ orthogonal ist. Damit ist $\underline{x}_0$ orthogonal zu $\mathcal{M}$ und auch zu $\underline{x}_{\mathcal{M}}$ womit gezeigt ist, daß $\underline{x}_{\mathcal{M}}$ tatsächlich die orthogonale Projektion von $\underline{x}$ auf die lineare Mannigfaltigkeit $\mathcal{M}$ ist. Diese Projektion kann nach den Gleichungen 3.527 und 3.529 zu jedem Vektor $\underline{x}$ berechnet werden. Damit ist auch gezeigt, daß die Entwicklung beliebiger Vektoren nach Gleichung 3.520 immer existiert.

3.17.3 Projektionstheorem für beliebige Vektoren

In Kapitel 3.17.2 wurde gezeigt, daß zu beliebigen Vektoren $\underline{x}$ stets eine eindeutige Entwicklung der Form:

$$\underline{x} = \underline{x}_{\mathcal{M}} + \underline{x}_0 \tag{3.532a}$$

gefunden werden kann, wobei:

$$\underline{x}_{\mathcal{M}} \in \mathcal{M} \tag{3.532b}$$

und:

$$\underline{x}_0 \perp \mathcal{M} \tag{3.532c}$$

In diesem Kapitel soll nun gezeigt werden, daß diese Entwicklung auch das Normquadrat des Differenzvektors $\underline{x}_0 = \underline{x} - \underline{x}_{\mathcal{M}}$ minimiert. Betrachtet man daher die orthogonale Projektion $\underline{x}_{\mathcal{M}}$ als Estimator von $\underline{x}$, dann besitzt der Differenzvektor zwischen der Zufallsvariablen $\underline{x}$ und ihrer Schätzung eine minimale Norm. Dies ist die Aussage des Projektions- oder Orthogonalitätstheorems der Schätztheorie.

Wir wollen den Beweis dieser Behauptung führen, indem wir das Abstandsnormquadrat eines Vektors $\underline{x}$ mit einem beliebigen anderen Vektor $\underline{x}^* \in \mathcal{M}$ berechnen und dann zeigen, daß dieses minimal wird, wenn $\underline{x}^* = \underline{x}_{\mathcal{M}}$ gewählt wird. Dazu berechnen wir :

$$\|\underline{x} - \underline{x}^*\|^2 = E\{(\underline{x} - \underline{x}^*)^T \cdot (\underline{x} - \underline{x}^*)\} = E\{(\underline{x} - \underline{x}_{\mathcal{M}} + \underline{x}_{\mathcal{M}} - \underline{x}^*)^T \cdot (\underline{x} - \underline{x}_{\mathcal{M}} + \underline{x}_{\mathcal{M}} - \underline{x}^*)\}$$

$$= E\{(\underline{x}_0 + (\underline{x}_{\mathcal{M}} - \underline{x}^*))^T \cdot (\underline{x}_0 + (\underline{x}_{\mathcal{M}} - \underline{x}^*))\} \tag{3.533}$$

Nun sind sowohl $\underline{x}_{\mathcal{M}}$ als auch $\underline{x}^*$ Elemente der linearen Mannigfaltigkeit, wegen der Vollständigkeit von $\mathcal{M}$ ist dann auch der Differenzvektor $(\underline{x}_{\mathcal{M}} - \underline{x}^*)$ ein Element dieser Mannigfaltigkeit. Der Vektor $\underline{x}_0$ ist aber orthogonal zu $\mathcal{M}$ und damit auch zu $(\underline{x}_{\mathcal{M}} - \underline{x}^*) \in \mathcal{M}$. Damit gilt:

$$E\{\underline{x}_0^T \cdot (\underline{x}_{\mathcal{M}} - \underline{x}^*)\} = E\{(\underline{x}_{\mathcal{M}} - \underline{x}^*)^T \cdot \underline{x}_0\} = 0 \tag{3.534}$$

Ausrechnen von Gleichung 3.533 liefert dann in Verbindung mit Gl. 3.534:

$$\|\underline{x} - \underline{x}^*\|^2 = E\{\underline{x}_0^T \cdot \underline{x}_0\} + E\{(\underline{x}_{\mathcal{M}} - \underline{x}^*)^T \cdot (\underline{x}_{\mathcal{M}} - \underline{x}^*)\}$$

$$= \|\underline{x}_0\|^2 + \|(\underline{x}_{\mathcal{M}} - \underline{x}^*)\|^2 \tag{3.535}$$

Die rechte Seite von Gleichung 3.535 stellt eine Summe positiver Summanden dar, die minimal wird, wenn:

$$\underline{x}^* = \underline{x}_{\mathcal{M}} \tag{3.536}$$

Damit ist gezeigt, daß die orthogonale Projektion $\underline{x}_{\mathcal{M}}$ von $\underline{x}$ tatsächlich die Norm des Differenzvektors $\underline{x} - \underline{x}_{\mathcal{M}}$ minimiert, und damit ist das Orthogonalitätstheorem bewiesen. Die Aussage des Orthogonalitätstheorems ist in Abbildung 3.23 graphisch dargestellt.

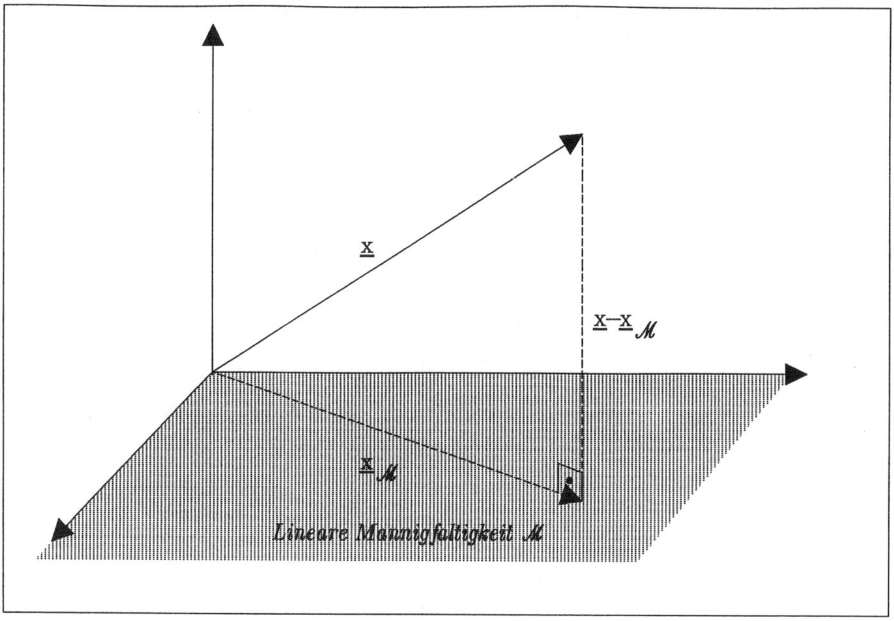

Bild 3.23: Graphische Darstellung des Orthogonalitätstheorems

3.17.4 Optimale Estimation nach dem Orthogonalitätsprinzip

Zur Formulierung eines statischen Estimationsproblems gehen wir wieder, wie in Kapitel 3.15, von einem linearen Beobachtungsproblem aus, bei dem der Beobachtungsvektor $\underline{y}$ eine von weißem Rauschen gestörte lineare Abbildung eines zu schätzenden, unbekannten Zustandsvektors $\underline{x}$ darstellt. Entsprechend der Gleichung 3.353 verwenden wir dann das folgende Beobachtungsmodell:

$$\underline{y}(k) = C(k) \cdot \underline{x} + \underline{v}(k) \tag{3.537}$$

wobei k die Nummer der Beobachtung darstellt, und für jede Beobachtung eine unterschiedliche, aber bekannt angenommene Beobachtungsmatrix vorliegt. Der Vektor $\underline{v}(k)$ repräsentiert die in den Messungen $\underline{y}(k)$ enthaltenen Störungen, die jeweils als weiße Zufallsvariablen mit von Messung zu Messung variierender Kovarianzmatrix R(k) modelliert werden. Das Störrauschen wird darüberhinaus wieder als unabhängig mit $\underline{x}$ und erwartungswertfrei angenommen. Um mit Hilfe des Orthogonalitätstheorems einen optimalen, rekursiven Schätzalgorithmus für den unbekannten Vektor $\underline{x}$ zu gewinnen, gehen wir davon aus, daß schon k–1 Messungen der Zufallsvariablen $\underline{x}$ vorliegen und zu einem optimalen Schätzwert $\hat{\underline{x}}(k-1)$ verarbeitet worden sind, und nun ein k–ter Meßwert hinzukommt, der optimal verarbeitet werden soll. Anders als bei der Ableitung eines rekursiven WLS–Algorithmus, bei der ein vergrößerter Beobachtungsvektor zur Beschreibung der Meßwertgeschichte eingeführt wurde, soll die in den k–1 verarbeiteten vektoriellen Messungen enthaltene Information nun durch eine lineare Mannigfaltigkeit $\mathcal{M}_{k-1}$ beschrieben werden, die von den Vektoren $\underline{y}(1)...\underline{y}(k-1)$ generiert wird. Folgerichtig wird durch die Hinzunahme des k–ten Vektors $\underline{y}(k)$ dann eine neue lineare Mannigfaltigkeit $\mathcal{M}_k$ generiert, wenn der k–te Beobachtungsvektor $\underline{y}(k)$ einen zur Mannigfaltigkeit $\mathcal{M}_{k-1}$ orthogonalen Vektor $\underline{y}_{o_{k-1}}(k)$ enthält. Der Beobachtungsvektor $\underline{y}(k)$ kann nun nach dem Entwicklungstheorem für beliebige Vektoren immer zerlegt werden in einen Anteil, der in der Mannigfaltigkeit $\mathcal{M}_{k-1}$ liegt, und in einen zu dieser Mannigfaltigkeit orthogonalen Anteil:

$$\underline{y}(k) = \underline{y}_{\mathcal{M}_{k-1}}(k) + \underline{y}_{o_{k-1}}(k) \tag{3.538}$$

wobei der zu $\mathcal{M}_{k-1}$ orthogonale Anteil $\underline{y}_{o_{k-1}}(k)$ gleich oder ungleich dem Nullvektor sein kann. Ist dieser Vektor gleich dem Nullvektor, kommt durch die neue Messung keinerlei neue Information bezüglich der Variablen $\underline{x}$ hinzu, es wird keine neue Mannigfaltigkeit generiert und es gilt: $\mathcal{M}_k = \mathcal{M}_{k-1}$. Dies ist im allgemeinen nicht der Fall, so daß durch die Hinzunahme der k–ten Messung $\underline{y}(k)$ neue Information gewonnen und eine neue Mannigfaltigkeit höherer Dimension generiert wird. Ein optimaler Schätzwert von $\underline{x}$ ist in diesem Sinne aber nichts anderes als die orthogonale Projektion von $\underline{x}$ auf die lineare Mannigfaltigkeit $\mathcal{M}_k$, die durch die k Meßvektoren $\underline{y}(1)...\underline{y}(k)$ generiert wird. Wir nehmen nun an, daß ein optimaler Schätzwert $\hat{\underline{x}}(k-1)$ als orthogonale Projektion von $\underline{x}$ auf $\mathcal{M}_{k-1}$ schon bekannt und gegeben ist durch:

$$\hat{\underline{x}}(k-1) = O\{\underline{x}/\mathcal{M}_{k-1}\} \tag{3.539}$$

wobei $O\{\cdot/\cdot\}$ einen linearen Operator kennzeichnet, der die orthogonale Projektion eines Vektors auf eine hinter dem Schrägstrich aufgeführte lineare Mannigfaltigkeit kennzeichnet.

Der nächstbessere Schätzwert $\hat{\underline{x}}(k)$, basierend auf dem letzten Schätzwert $\hat{\underline{x}}(k-1)$ und dem hinzugekommenen Meßvektor $\underline{y}(k)$, ist dann die orthogonale Projektion von $\underline{x}$ auf die lineare Mannigfaltigkeit $\mathcal{M}_k$, das heißt:

$$\hat{\underline{x}}(k) = O\{\underline{x}/\mathcal{M}_k\} \tag{3.540}$$

Für die von den Vektoren $\underline{y}(1)...\underline{y}(k)$ generierte Mannigfaltigkeit $\mathcal{M}_k$ kann nun mit dem Gram–Schmidt–Orthogonalisierungsverfahren ein orthonormales Basisvektorsystem $\underline{\eta}_1...\underline{\eta}_N$ gefunden werden, so daß jeder in $\mathcal{M}_k$ enthaltene Vektor als Linearkombination dieser Basisvektoren dargestellt werden kann, d.h., es gilt für jeden Vektor $\underline{x}^* \in \mathcal{M}_k$:

$$\underline{x}^* = \sum_{i=1}^{N} A_i \cdot \underline{\eta}_i \tag{3.541a}$$

Ebenso kann jeder Vektor $\underline{x}'' \in \mathcal{M}_{k-1}$ durch seine Fourierkoeffizienten dargestellt werden:

$$\underline{x}'' = \sum_{i=1}^{M} A_i \cdot \underline{\eta}_i \; ; \quad M \leq N \tag{3.541b}$$

Jeder Vektor $\underline{x}^*$ der linearen Mannigfaltigkeit $\mathcal{M}_k$ kann dann nach dem Entwicklungstheorem zerlegt werden in einen Anteil $\underline{x}^*_{\mathcal{M}_{k-1}}$, der in der linearen Mannigfaltigkeit $\mathcal{M}_{k-1}$ liegt und in einen zur Mannigfaltigkeit $\mathcal{M}_{k-1}$ orthogonalen Anteil $\underline{x}^*_{o_{k-1}}$ mit:

$$\underline{x}^*_{o_{k-1}} = \underline{x}^* - \underline{x}^*_{\mathcal{M}_{k-1}} = \sum_{i=M+1}^{N} A_i \cdot \underline{\eta}_i \tag{3.542}$$

Durch die Linearkombination aller möglichen Basisvektoren nach Gleichung 3.542 wird dabei eine weitere Mannigfaltigkeit $\mathcal{Z}_{k-1}$ generiert, die zur Mannigfaltigkeit $\mathcal{M}_{k-1}$ orthogonal ist. Diese lineare Mannigfaltigkeit enthält dann alle Vektoren, die in $\mathcal{M}_k$ enthalten sind, die aber zu allen Vektoren aus $\mathcal{M}_{k-1}$ orthogonal sind. Zusammengenommen bilden dann die zueinander orthogonalen Mannigfaltigkeiten $\mathcal{M}_{k-1}$ und $\mathcal{Z}_{k-1}$ die lineare Mannigfaltigkeit $\mathcal{M}_k$. Demzufolge kann der zur Mannigfaltigkeit $\mathcal{M}_{k-1}$ orthogonale Vektor $\underline{x}^*_{o_{k-1}}$ als orthogonale Projektion des Vektors $\underline{x}$ auf die zu $\mathcal{M}_{k-1}$ orthogonale Mannigfaltigkeit $\mathcal{Z}_{k-1}$ aufgefaßt werden. Damit kann die orthogonale Projektion des Vektors $\underline{x}$ auf die lineare Mannigfaltigkeit $\mathcal{M}_k$ nach Gleichung 3.540 beschrieben werden durch:

$$\hat{\underline{x}}(k) = O\{\underline{x}/\mathcal{M}_k\} = O\{\underline{x}/\mathcal{M}_{k-1}\} + O\{\underline{x}/\mathcal{Z}_{k-1}\} \tag{3.543}$$

Mit Gleichung 3.539 folgt dann:

$$\hat{\underline{x}}(k) = O\{\underline{x}/\mathcal{M}_k\} = \hat{\underline{x}}(k-1) + O\{\underline{x}/\mathcal{Z}_{k-1}\} \tag{3.544}$$

Der neue optimale Schätzwert ergibt sich damit aus dem vorangegangenen Schätzwert, zu dem ein Korrekturvektor $O\{\underline{x}/\mathcal{Z}_{k-1}\}$ addiert wird. Damit ist implizit schon eine rekursive Estimatorstruktur erreicht. Der Korrekturterm $O\{\underline{x}/\mathcal{Z}_{k-1}\}$ ist die orthogonale Projektion von $\underline{x}$ auf die zu $\mathcal{M}_{k-1}$ orthogonale Mannigfaltigkeit $\mathcal{Z}_{k-1}$, die von den zu $\mathcal{M}_{k-1}$ orthogonalen Vektoren $\underline{y}_{0_{k-1}}(k)$ generiert wird. Aufgrund der Linearität der Mannigfaltigkeiten muß dann der Korrekturterm $O\{\underline{x}/\mathcal{Z}_{k-1}\}$ eine lineare Funktion der Zufallsvariablen $\underline{y}_{0_{k-1}}(k)$ sein. Dieser Tatsache wird durch den folgenden Ansatz Rechnung getragen. Wir setzen:

$$O\{\underline{x}/\mathcal{Z}_{k-1}\} = K(k)\cdot \underline{y}_{0_{k-1}}(k) \tag{3.545}$$

wobei K(k) die optimale lineare Abbildungsmatrix ist, die den Korrekturterm $O\{\underline{x}/\mathcal{Z}_{k-1}\}$ als lineare Funktion von $\underline{y}_{0_{k-1}}(k)$ erzeugt. Zur Berechnung der zu $\mathcal{M}_{k-1}$ orthogonalen Komponente $\underline{y}_{0_{k-1}}(k)$ von $\underline{y}(k)$ berechnen wir zunächst die in $\mathcal{M}_{k-1}$ liegende Komponente von $\underline{y}(k)$:

$$\underline{y}_{\mathcal{M}_{k-1}} = O\{\underline{y}(k)/\mathcal{M}_{k-1}\} = O\{C(k)\cdot \underline{x} + \underline{v}(k)/\mathcal{M}_{k-1}\} \tag{3.546}$$

wobei das Beobachtungsmodell nach Gleichung 3.537 ausgenutzt wurde. Orthogonale Projektionen auf lineare Mannigfaltigkeiten sind lineare Operationen, deshalb ist die orthogonale Projektion einer Summe gleich der Summe der orthogonalen Projektionen. Damit können wir für Gleichung 3.546 schreiben:

$$\begin{aligned}\underline{y}_{\mathcal{M}_{k-1}} &= O\{C(k)\cdot \underline{x}/\mathcal{M}_{k-1}\} + O\{\underline{v}(k)/\mathcal{M}_{k-1}\} \\ &= C(k)\cdot O\{\underline{x}/\mathcal{M}_{k-1}\} + O\{\underline{v}(k)/\mathcal{M}_{k-1}\}\end{aligned} \tag{3.547}$$

wobei zur letzen Umformung wiederum die Linearität der Projektion ausgenutzt wurde. Aus der Unabhängigkeit des Rauschens $\underline{v}(k)$ mit der Zufallsvariablen $\underline{x}$ und aus der Weißheit folgt sofort die Orthogonalität von $\underline{v}(k)$ zu $\mathcal{M}_{k-1}$, so daß der zweite Summand in Gleichung 3.547 verschwindet. Der erste Summand ist aber nach Gleichung 3.539

gleich dem Schätzwert $\hat{\underline{x}}(k-1)$, so daß wir schließlich erhalten:

$$\underline{y}_{\mathscr{M}_{k-1}} = C(k) \cdot \hat{\underline{x}}(k-1) \tag{3.548}$$

Setzt man dieses Ergebnis nun aber in Gleichung 3.538 ein, erhält man für $\underline{y}_{o_{k-1}}(k)$:

$$\underline{y}_{o_{k-1}}(k) = \underline{y}(k) - C(k) \cdot \hat{\underline{x}}(k-1) = \underline{r}(k) \tag{3.549}$$

Durch Zusammenfassen der Gleichungen 3.544, 3.545 und Gl. 3.549 ergibt sich dann aber sofort das schon von der Ableitung des rekursiven WLS–Algorithmus bekannte Zwischenergebnis:

$$\hat{\underline{x}}(k) = \hat{\underline{x}}(k-1) + K(k) \cdot \underline{r}(k) \tag{3.550a}$$

oder:

$$\hat{\underline{x}}(k) = \hat{\underline{x}}(k-1) + K(k) \cdot [\underline{y}(k) - C(k) \cdot \hat{\underline{x}}(k-1)] \tag{3.550b}$$

Es bleibt nun nur noch die Bestimmung der optimalen Abbildungsmatrix K(k). Dazu betrachten wir die orthogonale Projektion von $\underline{x}$ auf die Mannigfaltigkeit $\mathscr{Z}_{k-1}$, die durch Gleichung 3.545 gegeben ist. Der Differenzvektor $(\underline{x} - O\{\underline{x}/\mathscr{Z}_{k-1}\})$ muß deshalb orthogonal zu $O\{\underline{x}/\mathscr{Z}_{k-1}\}$ sein. Da aber $O\{\underline{x}/\mathscr{Z}_{k-1}\}$ eine lineare Abbildung von $\underline{r}(k) = \underline{y}_{o_{k-1}}(k)$ ist, muß dann der Differenzvektor $(\underline{x} - O\{\underline{x}/\mathscr{Z}_{k-1}\})$ auch orthogonal zu $K(k) \cdot \underline{y}_{o_{k-1}}(k)$ sein. Damit muß dann gelten:

$$E\{(\underline{x} - O\{\underline{x}/\mathscr{Z}_{k-1}\}) \cdot (K(k) \cdot \underline{y}_{o_{k-1}}(k))^T\} = E\{(\underline{x} - K(k) \cdot \underline{y}_{o_{k-1}}(k)) \cdot \underline{y}_{o_{k-1}}(k)^T \cdot K(k)^T\}$$

$$\overset{!}{=} 0 \tag{3.551}$$

Wir ersetzen nun $\underline{y}_{o_{k-1}}(k)$ durch Gl. 3.549 und $\underline{y}(k)$ durch Gleichung 3.537 und erhalten somit:

$$E\{\underline{x} \cdot [C(k) \cdot (\underline{x} - \hat{\underline{x}}(k-1)) + \underline{v}(k)]^T \cdot K(k)^T\}$$

$$= E\{K(k) \cdot [C(k) \cdot (\underline{x} - \hat{\underline{x}}(k-1)) + \underline{v}(k)] \cdot [C(k) \cdot (\underline{x} - \hat{\underline{x}}(k-1)) + \underline{v}(k)]^T\} \cdot K(k)^T \tag{3.552}$$

Wir führen nun den Estimationsfehler $\underline{e}(k-1)$ ein mit:

$$\underline{e}(k-1) = \underline{x} - \hat{\underline{x}}(k-1) \tag{3.553}$$

Damit folgt aus Gleichung 3.552:

$$E\{\underline{x} \cdot \underline{e}(k-1)^T\} \cdot C(k)^T \cdot K(k)^T = E\{[\hat{\underline{x}}(k-1) + \underline{e}(k-1)] \cdot \underline{e}(k-1)^T\} \cdot C(k)^T \cdot K(k)^T$$

$$= K(k) \cdot C(k) \cdot E\{\underline{e}(k-1) \cdot \underline{e}(k-1)^T\} \cdot C(k)^T \cdot K(k)^T + K(k) \cdot R(k) \cdot K(k)^T \tag{3.554}$$

wobei die Unabhängigkeit von $\underline{v}(k)$ von $\underline{x}$ und von $\hat{\underline{x}}(k-1)$ ausgenutzt wurde.

$\hat{\underline{x}}(k-1)$ ist ein optimaler Schätzwert im Sinne des Orthogonalitätstheorems, deshalb muß der Schätzfehler orthogonal zum Schätzwert sein. Führt man nun noch die folgende Abkürzung ein:

$$E\{\underline{e}(k-1) \cdot \underline{e}(k-1)^T\} = P(k-1) \tag{3.555}$$

erhält man mit dieser Abkürzung aus Gl. 3.554:

$$P(k-1) \cdot C(k)^T \cdot K(k)^T = K(k) \cdot [C(k) \cdot P(k-1) \cdot C(k)^T + R(k)] \cdot K(k)^T \tag{3.556}$$

Zusammenfassen der Terme auf einer Seite ergibt:

$$[P(k-1) \cdot C(k)^T - K(k) \cdot [C(k) \cdot P(k-1) \cdot C(k)^T + R(k)]] \cdot K(k)^T = 0 \tag{3.557}$$

Nimmt man nun ferner die Invertierbarkeit von $[C(k) \cdot P(k-1) \cdot C(k)^T + R(k)]$ an, erhält man durch 'Ausklammern':

$$\left\{P(k-1) \cdot C(k)^T \cdot [C(k) \cdot P(k-1) \cdot C(k)^T + R(k)]^{-1} - K(k)\right\}$$

$$\cdot \; [C(k) \cdot P(k-1) \cdot C(k)^T + R(k)] \cdot K(k)^T = 0 \tag{3.558}$$

Gleichung 3.558 muß für beliebige R(k) und C(k) Geltung besitzen, deshalb erhält man die einzige nichttriviale Lösung von Gl. 3.558 für K(k) durch die Forderung:

$$P(k-1)\cdot C(k)^T\cdot [C(k)\cdot P(k-1)\cdot C(k)^T + R(k)]^{-1} - K(k) = 0 \qquad (3.559a)$$

bzw. aufgelöst nach K(k):

$$K(k) = P(k-1)\cdot C(k)^T\cdot [C(k)\cdot P(k-1)\cdot C(k)^T + R(k)]^{-1} \qquad (3.559b)$$

Damit ist die optimale Gewichtsmatrix K(k), die, wie schon die anderen Gleichungen des Estimationsalgorithmus identisch mit dem WLS–Algorithmus ist, bestimmt. Für die vollständige rekursive Formulierung des Algorithmus benötigen wir nur noch eine Gleichung, mit der es möglich ist, die neue Fehlerleistung P(k) zu berechnen. Dazu schreiben wir für den Estimationsfehler:

$$\underline{e}(k) = \underline{x} - \hat{\underline{x}}(k) = \underline{x} - [\hat{\underline{x}}(k-1) + K(k)\cdot (C(k)\cdot \underline{x} + \underline{v}(k) - C(k)\cdot \hat{\underline{x}}(k-1)]$$

$$= \underline{x} - \hat{\underline{x}}(k-1) - K(k)\cdot [C(k)\cdot (\underline{x} - \hat{\underline{x}}(k-1)) + \underline{v}(k)]$$

$$= [I - K(k)\cdot C(k)]\cdot \underline{e}(k-1) - K(k)\cdot \underline{v}(k) \qquad (3.560)$$

Dies ist eine Differenzengleichung für den Schätzfehler. Wir berechnen die Fehlerkovarianz:

$$P(k) = E\{\underline{e}(k)\cdot \underline{e}(k)^T\}$$

$$= E\left\{\left[[I - K(k)\cdot C(k)]\cdot \underline{e}(k-1) - K(k)\cdot \underline{v}(k)\right]\cdot \left[[I - K(k)\cdot C(k)]\cdot \underline{e}(k-1) - K(k)\cdot \underline{v}(k)\right]^T\right\} \qquad (3.561)$$

Berücksichtigt man nun die Unabhängigkeit von $\underline{v}(k)$ von $\underline{x}$ und von $\hat{\underline{x}}(k-1)$, erhält man mit Gleichung 3.555:

$$P(k) = [I - K(k)\cdot C(k)]\cdot P(k-1)\cdot [I - K(k)\cdot C(k)]^T + K(k)\cdot R(k)\cdot K(k)^T \qquad (3.562)$$

als eine mögliche Differenzengleichung für P(k). Gleichung 3.562 soll jedoch noch weiter umgeformt werden, um eine mathematisch äquivalente, jedoch vom Rechenaufwand her günstigere Formulierung zu finden. Dazu multiplizieren wir Gl. 3.562 aus:

$$P(k) = P(k-1) - K(k) \cdot C(k) \cdot P(k-1) - P(k-1) \cdot C(k)^T \cdot K(k)^T$$

$$+ K(k) \cdot C(k) \cdot P(k-1) \cdot C(k)^T \cdot K(k)^T + K(k) \cdot R(k) \cdot K(k)^T$$

$$= P(k-1) + K(k) \cdot [C(k) \cdot P(k-1) \cdot C(k)^T + R(k)] \cdot K(k)^T$$

$$- K(k) \cdot C(k) \cdot P(k-1) - P(k-1) \cdot C(k)^T \cdot K(k)^T \qquad (3.563a)$$

Wir setzen nun für K(k) den Ausdruck nach Gl. 3.559b ein und erhalten dann:

$$P(k) = P(k-1) + P(k-1) \cdot C(k)^T \cdot [C(k) \cdot P(k-1) \cdot C(k)^T + R(k)]^{-1}$$

$$\cdot \ [C(k) \cdot P(k-1) \cdot C(k)^T + R(k)] \cdot K(k)^T$$

$$- K(k) \cdot C(k) \cdot P(k-1) - P(k-1) \cdot C(k)^T \cdot K(k)^T \qquad (3.563b)$$

Zusammenfassen der Terme ergibt dann das gewünschte Endergebnis:

$$P(k) = P(k-1) - K(k) \cdot C(k) \cdot P(k-1) = [I - K(k) \cdot C(k)] \cdot P(k-1) \qquad (3.564)$$

Die Gleichungen 3.562 und 3.564 stellen mathematisch äquivalente, numerisch und rechnerisch jedoch unterschiedliche Formulierungen der gewünschten Differenzengleichung für die Fehlerkovarianz P(k) dar. Gleichung 3.562 ist rechnerisch aufwendiger als Gl. 3.564, weist jedoch numerisch (bei Einbeziehung von Rundungsfehlern bei der Berechnung) ein günstigeres Verhalten als Gleichung 3.564 auf. Gleichung 3.562 berechnet P(k) als Summe von positiv definiten, symmetrischen Matrizen. Daher bleibt die Summe auch bei Auftreten von numerisch ungünstigen Werten ($P(k-1) \to \infty$, $(I-K(k) \cdot C(k)) \to 0$)) positiv definit, während dann der Ausdruck $(I-K(k) \cdot C(k)) \cdot P(k-1)$ bei Auftreten von Rundungsfehlern leicht auf Null gerundet werden kann. Somit ergäbe sich in Gleichung 3.564 ein Ausdruck von $P(k) = 0$, was im folgenden zu Gewichtsmatrizen von $K(k) = 0$ führen würde – ein derartiger Estimationsalgorithmus würde von dem Punkt an, bei dem erstmalig $P(k)=0$ wird, alle folgenden Meßwerte mißachten, eine unter Umständen verhängnisvolle Eigenschaft, da Restestimationsfehler dann niemals korrigiert würden, unabhängig von der Anzahl der verarbeiteten Meßwerte.

Dieses nachteilige Verhalten eines Estimationsalgorithmus bezeichnet man mit Divergenz, da der im Algorithmus berechnete theoretische Wert der Fehlerkovarianz nicht mehr mit der realen Fehlerkovarianz übereinstimmt – beide divergieren. Divergenz muß bei der Estimation unter allen Umständen vermieden werden. Eine mögliche Abhilfe ist die Verwendung rechnerisch aufwendigerer, numerisch aber günstigerer Algorithmusformulierungen, wie z.B. Gleichung 3.562 anstelle von Gl. 3.564. Auf weitere Ursachen von divergentem Filterverhalten und mögliche Abhilfemaßnahmen wird an späterer Stelle nach der Ableitung des Kalman–Filteralgorithmus eingegangen.

3.17.5 Zusammenfassung orthogonaler Projektionen

In diesem Kapitel wurde die Methodik und die Denkweise der orthogonalen Projektionen von Zufallsvariablen kurz dargestellt und zur Ableitung und Formulierung optimaler Estimationsalgorithmen verwendet. Die mit diesem Ansatz erhaltenen Estimationsalgorithmen sind identisch mit den rekursiven Algorithmen zur WLS–Estimation und zur rekursiven, bedingten Erwartungswertschätzung bei linearen, gauß'schen Systemmodellen. Diese Übereinstimmung ist angesichts der speziellen linearen Modellbildung nicht verwunderlich: Orthogonale Projektionen verwenden implizit lineare Modelle in Form linearer Mannigfaltigkeiten, deshalb erhält man als Ergebnis einen linearen Estimationsalgorithmus, ohne irgendwelche Voraussetzungen bezüglich der stochastischen Eigenschaften der Zufallsvariablen $\underline{x}$ oder der Störungen $\underline{v}(k)$ zu benötigen. Eine lineare Systemmodellierung in Verbindung mit gaußverteilten Zufallsvariablen führt andererseits direkt auf lineare Estimationsalgorithmen, ohne deren Linearität implizit oder explizit fordern zu müssen. In diesem Fall ist der bedingte Erwartungswert einer Zufallsvariablen eine lineare Funktion der Beobachtungsvariablen, und der Algorithmus zu seiner Berechnung stimmt identisch mit dem Estimationsalgorithmus überein, der mit der Methode der orthogonalen Projektionen gefunden wurde. Der Estimationsalgorithmus lautet zusammengefaßt:

$$K(k) = P(k-1)\cdot C(k)^T \cdot [C(k)\cdot P(k-1)\cdot C(k)^T + R(k)]^{-1} \tag{3.565}$$

$$\hat{\underline{x}}(k) = \hat{\underline{x}}(k-1) + K(k) \cdot [\underline{y}(k) - C(k)\cdot \hat{\underline{x}}(k-1)] \tag{3.566}$$

$$P(k) = P(k-1) - K(k)\cdot C(k)\cdot P(k-1) = [I - K(k)\cdot C(k)] \cdot P(k-1) \tag{3.567}$$

Die Initialisierung kann völlig analog zu den rekursiven WLS–Algorithmen oder zum rekursiven, bedingten Erwartungswertschätzalgorithmus erfolgen.

3.18 Zusammenfassung

In diesem Kapitel wurden die wahrscheinlichkeitstheoretischen Grundlagen der Estimationstheorie erarbeitet. Ausgangspunkt der Betrachtungen war der Ereignisraum mit den abstrakten Ereignismengen, denen durch die Wahrscheinlichkeitsfunktion ein Wahrscheinlichkeitsmaß zugewiesen wurde. Die Zufallsvariable wurde als eine meßbare Funktion auf diesem Ereignisraum eingeführt, die jedes Elementarereignis in einen Zahlenwert in einem n–dimensionalen Realisationenraum abbildet. Verteilungsfunktion und Verteilungsdichtefunktion wurden als Funktionen eingeführt, die das statistische Verhalten der Zufallsvariablen beschreiben. Verbundverteilungs–, Verbundverteilungsdichte–, bedingte Verteilungs– und bedingte Verteilungsdichtefunktionen stellten sich im Anschluß als geeignetes Mittel heraus, die statistischen Zusammenhänge zwischen mehreren Zufallsvariablen zu beschreiben. Die bedingte Verteilungsdichte erwies sich in diesem Zusammenhang für die Estimation als außerordentlich nützlich. Momente und Erwartungswerte stellten ein weiteres Mittel dar, das statistische Verhalten von Zufallsvariablen zu beschreiben. Den bedingten Erwartungswerten als Momente einer bedingten Verteilungsdichtefunktion kommt in der Estimationstheorie eine besondere Bedeutung zu, da sie einfacher zu berechnen sind als die gesamte bedingte Verteilungsdichtefunktion einer Zufallsvariablen. Im Spezialfall der gaußförmigen, bedingten Verteilungsdichtefunktion reichen zwei bedingte Momente, nämlich bedingter Erwartungswert und bedingte Kovarianz, vollständig aus, um die gesamte bedingte Verteilungsdichtefunktion zu beschreiben. Für diesen Fall wurde ein statischer Estimationsalgorithmus abgeleitet. Dieser Algorithmus wurde mit dem Konzept der Weighted Least Squares Estimation verglichen, und es wurde ein enger Zusammenhang festgestellt. Eine rekursive Formulierung der in diesem Kapitel dargestellten Estimationsalgorithmen trug anschließend den Erfordernissen an eine Online–Rechnerimplementierung dieser Algorithmen Rechnung. Den Abschluß dieses Kapitels bildete eine zusammenfassende Darstellung weiterer, in der Estimationstheorie bekannter und gebräuchlicher Optimalitäts– und Estimationskriterien. Dabei wurden unter dem Oberbegriff Bayes'scher Estimationstheorie als Spezialfälle die Weighted Least Squares Algorithmen, aber auch die Maximum–a–posteriori–Estimation und bedingte Erwartungswertestimation bei gauß'schen Systemmodellen kurz andiskutiert. Die Methode orthogonaler Projektionen eröffnete die Möglichkeit zur geometrischen Betrachtung und Interpretation estimationstheoretischer Probleme und bot somit ein zusätzliches, auch der Anschauung sehr gut zugängliches Hilfsmittel. Die in diesem Kapitel eingeführten Zusammenhänge für Zufallsvariablen sollen in den folgenden Kapiteln auf stochastische Prozesse und damit auf zeitabhängige Zufallsphänomene erweitert werden. Ziel dieser Erweiterung wird das Kalman–Filter als optimaler Estimationsalgorithmus für vektorielle Gauß–Markov–Prozesse sein. Der Kalman–Filteralgorithmus entspricht bei stochastischen Prozessen dann den in diesem Kapitel abgeleiteten statischen Estimationsalgorithmen.

3.19 Literatur zu Kapitel 3

1.) Halmos, Paul, Measure Theory, Springer Verlag, New York, 1974

2.) Natanson, I.P., Theorie der Funktionen einer reellen Veränderlichen, Harry Deutsch, Frankfurt/Main, 1981

3.) Lighthill, M.J., Einführung in die Theorie der Fourier– Analysis und der Verallgemeinerten Funktionen, B.I.– Verlag, Band 139, Mannheim 1966

4.) Apostol, T.M., Mathematic Analysis, Addison–Wesley Publishing Company, Reading, Massachusetts, 1974

5.) Davenport, W.B., Probability and Random Processes, McGraw–Hill Book Company, New York, 1970

6.) Lüke, H.D., Signal–Übertragung, Springer–Verlag, Berlin, 1985

7.) Maybeck, P.S., Stochastic Models, Estimation and Control, Vol. I, Academic Press, New York, 1979

8.) Cramer, H., Mathematical Methods of Statistics, Princeton University Press, Princeton, 1971

9.) Levy, P., Calcul des probabilités, Paris 1925

10.) Loeve, M., Probability Theory, D. Van Nostrand Company, Inc., Princeton, N.J., 1963

11.) Deutsch, R., Estimation Theory, Prentice Hall, Inc., Englewood Cliffs, N.J., 1965

12.) Sage, A.P., Melsa, J.L., Estimation Theory witch Applications to Communication and Control, McGraw–Hill Book Company, New York, 1971

13.) Brammer, K., Siffling, G., Stochastische Grundlagen des Kalman–Bucy–Filters, Oldenbourg Verlag, München, Wien, 1985

14.) Kroschel, K., Statistische Nachrichtentheorie, Erster Teil, Springer–Verlag, Berlin, Heidelberg, 1986

4 Lineare dynamische Systemmodelle und stochastische Prozesse

4.1 Einleitung

In Kapitel 3 wurden die wahrscheinlichkeitstheoretischen Grundlagen für das Verständnis statischer Estimationsprobleme gelegt. Mit diesen Grundlagen war es möglich, für verschiedenartige Meß– und Beobachtungsprobleme optimale Verarbeitungsalgorithmen zu formulieren. Allen diesen Problemstellungen war gemeinsam, daß die zu schätzenden Variablen unveränderlich waren, ein zeitabhängiges Verhalten einer zu schätzenden Variablen konnte mit dem in Kapitel 3 erarbeiteten Estimationsinstrumentarium nicht bearbeitet werden. Kapitel 4 löst nun diese Problematik – Ziel dieses Kapitels ist die Modellierung zeitabhängiger stochastischer Phänomene durch lineare Systemmodelle im Zustandsraum. Dazu werden die Ergebnisse der deterministischen Zustandraummodellierung nach Kapitel 2 herangezogen und mit den wahrscheinlichkeitstheoretischen Modellen nach Kapitel 3 kombiniert. Zunächst werden stochastische Prozesse als dynamische Erweiterung des statischen Zufallsvariablenkonzeptes eingeführt. Mit dem Konzept des stochastischen Prozesses kann dann in Verbindung mit linearen Zustandsraummodellen ein lineares stochastisches Systemmodell formuliert werden, welches als Basis für die Kalman–Filtertheorie dient.

4.2 Stochastische Prozesse

Es sei ein allgemeiner Ereignisraum Ω gegeben, die Menge T stelle ein Intervall auf der reellen Achse dar und beschreibe damit ein betrachtetes Zeitintervall. Damit kann ein **stochastischer Prozeß** $\underline{\mathbf{x}}(\cdot\,,\cdot\,)$ als Abbildung des Produktraumes $T \times \Omega$ in den Realisationenraum $\mathbb{R}^n$ definiert werden, so daß für jedes $t \in T$ $\underline{\mathbf{x}}(t,\cdot\,)$ eine Zufallsvariable darstellt. Mathematisch formuliert bedeutet dies nichts anderes, als daß eine auf dem Produktraum $T \times \Omega$ definierte Funktion $\underline{\mathbf{x}}(\cdot\,,\cdot\,)$ einen Prozeß darstellt, wenn alle Mengen der Form:

$$A = \{\ \omega \in \Omega : \underline{\mathbf{x}}(t,\omega) \leq \underline{\xi}\ \} \tag{4.1}$$

für beliebige $t \in T$ und $\underline{\xi} \in \mathbb{R}^n$ Elemente einer σ–Algebra $\mathfrak{F}_\sigma$ darstellen.

Für jedes feste Argument $\omega_i \in \Omega$ ist die Funktion $\underline{\mathbf{x}}(\cdot\,,\omega_i) = \underline{x}(\cdot\,)$ eine reine Zeitfunktion, die Musterfunktion (Sample function) des Prozesses $\underline{\mathbf{x}}(\cdot\,,\cdot\,)$ genannt wird. Jedem Punkt $\omega_i \in \Omega$ wird somit ein zufälliger Zeitverlauf $\underline{x}(\cdot\,)$, ein Muster des Prozesses, zugeordnet. Jedem festen Zeitpunkt $t_i \in T$ ordnet die Musterfunktion $\underline{x}(\cdot\,)$ einen festen Zahlenwert

$\underline{x}(t_i) = \underline{x}_i = \underline{x}_{ri} \in \mathbb{R}^n$ zu, der als Realisation $\underline{x}_{ij}(\cdot) = \underline{\mathbf{x}}(t_i,\omega_j)$ der Zufallsvariablen $\underline{\mathbf{x}}(t_i,\cdot)$ betrachtet werden kann. Die Argumentmenge T kann nun entweder abzählbar viele oder nicht abzählbar viele Elemente enthalten. Im ersten Fall wird jedem diskreten Zeitpunkt $t_i \in$ T eine Zufallsvariable $\underline{\mathbf{x}}(t_i,\cdot) = \underline{\mathbf{x}}(t_i)$ zugeordnet, und damit entspricht der diskreten Zeitsequenz $\{t_1, t_2, ...\}$, wobei die Zeitpunkte t_i nicht notwendigerweise äquidistant gewählt werden müssen, eine Familie oder Sequenz von Zufallsvariablen $\{\underline{\mathbf{x}}(t_1), \underline{\mathbf{x}}(t_2), ...\}$, mit $\underline{\mathbf{x}}(t_1) = \underline{\mathbf{x}}(t_1,\cdot)$ und $\underline{\mathbf{x}}(t_2) = \underline{\mathbf{x}}(t_2,\cdot)$ .... Ein derartiger Prozeß $\underline{\mathbf{x}}(\cdot,\cdot)$ wird stochastischer, zeitdiskreter Prozeß oder Prozeß mit diskretem Zeitparameter genannt. Jedem Punkt $\omega \in \Omega$ wird eine zeitdiskrete Musterfunktion zugeordnet. Abbildung 4.1 zeigt eine Musterfunktion eines derartigen zeitdiskreten stochastischen Prozesses.

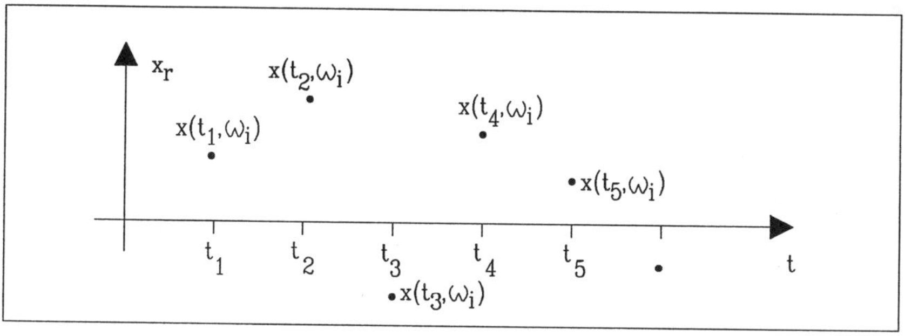

Bild 4.1: Musterfunktion eines stochastischen, zeitdiskreten Prozesses

Stellt T dagegen ein kontinuierliches Intervall auf der reellen Achse dar, spricht man von einem zeitkontinuierlichen stochastischen Prozeß, jeder Punkt $\omega \in \Omega$ liefert eine zeitkontinuierliche Musterfunktion. Abbildung 4.2 stellt zwei verschiedene Musterfunktionen eines kontinuierlichen stochastischen Prozesses dar. Ein derartiger Prozeß kann wegen der Nichtabzählbarkeit der Zeitpunkte nicht mehr ohne weiteres als zeitliche Aufeinanderfolge von Zufallsvariablen interpretiert werden, da es auf der kontinuierlichen Zeitachse zu jedem festen Zeitpunkt keinen abzählbaren nächsten Zeitpunkt gibt. Wenn die Menge T allerdings eine abzählbare endliche Menge von N Zeitpunkten darstellt oder eine abzählbare endliche Teilmenge einer nicht abzählbaren Grundmenge T' darstellt, kann auf die Menge der den Zeitpunkten t_i zugeordneten Zufallsvariablen $\underline{\mathbf{x}}(t_1) = \underline{\mathbf{x}}(t_1,\cdot)$, $\underline{\mathbf{x}}(t_2) = \underline{\mathbf{x}}(t_2,\cdot)$ ... $\underline{\mathbf{x}}(t_N) = \underline{\mathbf{x}}(t_N,\cdot)$ das gesamte wahrscheinlichkeitstheoretische Instrumentarium nach Kapitel 3 angewendet werden. Die statistischen Zusammenhänge zwischen den Zufallsvariablen könnten z.B. durch die Verbundverteilungsfunktion:

$$F_{\underline{\mathbf{x}}(t_1),\underline{\mathbf{x}}(t_2),...\underline{\mathbf{x}}(t_N)}(\xi_1, \xi_2,... \xi_N) = P\{\omega: \underline{\mathbf{x}}(t_1,\omega) \leq \xi_1, ... \underline{\mathbf{x}}(t_N,\omega) \leq \xi_N\} \qquad (4.2)$$

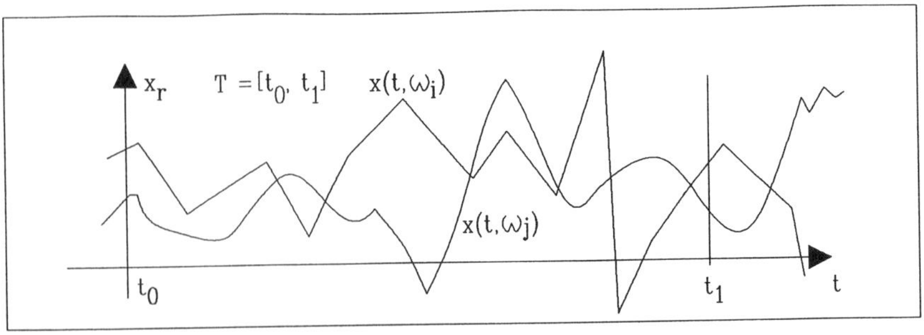

Bild 4.2: Musterfunktionen eines zeitkontinuierlichen stochastischen Prozesses

oder, wenn sie existiert, durch die Verbundverteilungsdichtefunktion:

$$f_{\underline{x}(t_1),\underline{x}(t_2),\ldots\underline{x}(t_N)}(\xi_1, \xi_2, \ldots \xi_N)$$

$$= \frac{\partial^{Nn} F_{\underline{x}(t_1),\underline{x}(t_2),\ldots\underline{x}(t_N)}(\xi_1, \xi_2, \ldots \xi_N)}{\partial\xi_{11} \cdots \partial\xi_{1n}\, \partial\xi_{21} \cdots \partial\xi_{2n} \cdots \partial\xi_{N1} \cdots \partial\xi_{Nn}} \tag{4.3}$$

beschrieben werden. Betrachtet man andererseits einen zeitkontinuierlichen Prozeß, so existieren beliebig viele Möglichkeiten, Sequenzen von endlich vielen diskreten Zeitpunkten und die zugehörigen Zufallsvariablen mit ihren statistischen Zusammenhängen zu betrachten. Demzufolge kann ein zeitkontinuierlicher Prozeß nur vollständig beschrieben werden, indem alle möglichen Verbundverteilungsfunktionen oder Verbundverteilungsdichtefunktionen von abzählbar vielen Zufallsvariablen zu unterschiedlichen Zeitpunkten angegeben werden – ein Verfahren, welches theoretisch befriedigend erscheint, praktisch allerdings aus begreiflichen Gründen auf Schwierigkeiten stößt.

Welche Information vermitteln nun aber die Verbundverteilungs– und Verbundverteilungsdichtefunktionen eines Prozesses?

Nach Gl. 4.2 beschreibt die Verbundverteilungsfunktion eines Prozesses die Wahrscheinlichkeit der Menge aller $\omega \in \Omega$, deren Bilder durch die Zufallsvariablenabbildungen $\underline{x}(t_1) = \underline{x}(t_1,\cdot)$, $\underline{x}(t_2) = \underline{x}(t_2,\cdot)$ ... $\underline{x}(t_N) = \underline{x}(t_N,\cdot)$ gleichzeitig kleiner gleich der reellen Schrankenvariablen $\xi_1, \xi_2, \ldots \xi_N$ sind. Damit beschreibt die Verbundverteilungsfunktion die Wahrscheinlichkeit dafür, daß die Realisationen des Prozesses $\underline{x}(\cdot,\cdot)$ zum Zeitpunkt

t_1 kleiner gleich der Schrankenvariablen $\underline{\xi}_1$, zum Zeitpunkt t_2 kleiner gleich der Schrankenvariablen $\underline{\xi}_2$, zum Zeitpunkt t_3 kleiner gleich $\underline{\xi}_3$ ... sind. Ebenso ergibt die Randverteilungsfunktion $F_{\underline{x}(t_i)}$ die Wahrscheinlichkeit dafür, daß die Realisationen des Prozesses $\underline{x}(\cdot,\cdot)$ zum Zeitpunkt t_i kleiner gleich der Schrankenvariablen $\underline{\xi}_i$ sind. Völlig analog übertragen sich die Konzepte der Verteilungsdichtefunktion auf stochastische Prozesse. Die Verbundverteilungsdichtefunktion $f_{\underline{x}(t_1),\underline{x}(t_2), \ldots \underline{x}(t_N)}(\underline{\xi}_1, \underline{\xi}_2, \ldots \underline{\xi}_N)$ nach Gl. 4.3, multipliziert mit dem infinitesimalen Hypervolumenelement $d\xi_{11} d\xi_{12} \ldots d\xi_{Nn}$, ergibt die Wahrscheinlichkeit dafür, daß die Realisationen des Prozesses zum Zeitpunkt t_1 in dem Intervall $(\underline{\xi}_1, \underline{\xi}_1 + d\underline{\xi}_1]$, zum Zeitpunkt t_2 in dem Intervall $(\underline{\xi}_2, \underline{\xi}_2 + d\underline{\xi}_2]$ ... und zum Zeitpunkt t_N in dem Intervall $(\underline{\xi}_N, \underline{\xi}_N + d\underline{\xi}_N]$ liegen. Diese Zusammenhänge sind in Abbildung 4.3 graphisch dargestellt.

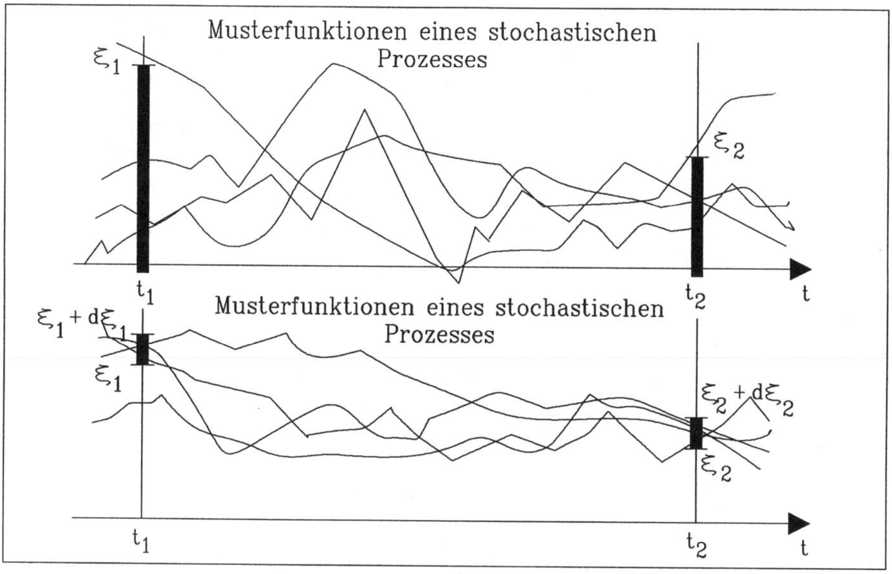

Bild 4.3: Beschreibung eines stochastischen Prozesses durch Verbundverteilungs– (oberes Teilbild) und Verbundverteilungsdichtefunktion (unteres Teilbild)

Wie schon zuvor angedeutet, besitzt ein stochastischer Prozeß durch die zusätzliche Zeitabhängigkeit einen weiteren Freiheitsgrad, der es erforderlich macht, zur vollständigen Beschreibung sämtliche endlichen Verbundverteilungen oder Verbundverteilungsdichten für alle möglichen Zeitpunkte zu formulieren. Dies ist eine Forderung, die in der Praxis nicht realisierbar erscheint. Andererseits scheint der in Kapitel 3 eingeführte Ansatz, das statistische Verhalten von Zufallsvariablen durch die Angabe von Momenten und

Verbundmomenten zu beschreiben, auch auf stochastische Prozesse übertragbar zu sein und bietet damit eine vereinfachte Möglichkeit, einen Prozeß zumindest teilweise zu beschreiben. Wenn es dazu noch gelingt, Prozesse zu formulieren, deren sämtliche Verbundverteilungen und –verteilungsdichten gaußförmig sind, dann genügt, wie schon bei gaußverbundverteilten Zufallsvariablen in Kapitel 3, die Angabe der Verbundmomente erster und zweiter Ordnung zur vollständigen Beschreibung des statistischen Verhaltens eines stochastischen Prozesses. Dies ist eine Möglichkeit, die sehr attraktiv erscheint, die aber dennoch mehr Aufwand als bei der Beschreibung von Zufallsvariablen verursacht, da wegen der zusätzlichen Zeitabhängigkeit eines Prozesses auch seine Momente eine Zeitabhängigkeit erhalten. Vor der Einführung von Momentenzeitfunktionen wollen wir aber zunächst eine vereinfachte Kurzschreibweise zur Beschreibung von stochastischen Prozessen, von Zufallsvariablen, Musterfunktionen und Realisationswerten einführen. Den stochastischen Prozeß $\underline{\mathrm{x}}(\cdot\,,\cdot)$ werden wir im folgenden durch $\underline{\mathrm{x}}(\cdot)$ beschreiben, für dic Zufallsvariable $\underline{\mathrm{x}}(\mathrm{t},\cdot)$ werden wir $\underline{\mathrm{x}}(\mathrm{t})$ schreiben und meinen damit die zeitliche Momentaufnahme des Prozesses $\underline{\mathrm{x}}(\cdot\,,\cdot)$ zum Zeitpunkt t. Realisationen werden im folgenden durch kursiv geschriebene Buchstaben dargestellt, so erscheint die Realisation des Prozesses $\underline{\mathrm{x}}(\cdot\,,\cdot)$ zum Zeitpunkt t, die auch gleichzeitig die Realisation der Zufallsvariablen $\underline{\mathrm{x}}(\mathrm{t}) = \underline{\mathrm{x}}(\mathrm{t},\cdot)$ ist, als $\underline{\mathrm{x}}(\mathrm{t},\omega) = \underline{x}(\mathrm{t})$, die Musterfunktion des Prozesses $\underline{\mathrm{x}}(\cdot\,,\cdot)$ als $\underline{\mathrm{x}}(\cdot\,,\omega) = \underline{x}(\cdot)$. Damit definieren wir die Erwartungswertfunktion (mean value function) $\underline{\mathrm{m}}_{\underline{\mathrm{x}}}(\cdot)$ des Prozesses $\underline{\mathrm{x}}(\cdot)$ für alle $\mathrm{t} \in \mathrm{T}$ durch:

$$\underline{\mathrm{m}}_{\underline{\mathrm{x}}}(\mathrm{t}) = \mathrm{E}\{\underline{\mathrm{x}}(\mathrm{t})\} \tag{4.4}$$

Dies ist der Erwartungswert der Zufallsvariablen $\underline{\mathrm{x}}(\mathrm{t})$, aber auch der Erwartungswert, den der Prozeß $\underline{\mathrm{x}}(\cdot)$ zum Zeitpunkt t annimmt, wenn man über alle Realisationen $\underline{x}(\mathrm{t})$ zum Zeitpunkt t mittelt. Die Kovarianzfunktion $\mathrm{P}_{\underline{\underline{\mathrm{xx}}}}(\cdot)$ ist die dem zweiten zentralen Moment entsprechende Zeitfunktion, die definiert ist durch:

$$\mathrm{P}_{\underline{\underline{\mathrm{xx}}}}(\mathrm{t}) = \mathrm{E}\{(\underline{\mathrm{x}}(\mathrm{t}) - \underline{\mathrm{m}}_{\underline{\mathrm{x}}}(\mathrm{t}))\cdot(\underline{\mathrm{x}}(\mathrm{t}) - \underline{\mathrm{m}}_{\underline{\mathrm{x}}}(\mathrm{t}))^{\mathrm{T}}\} \tag{4.5}$$

Diese zeitabhängige Matrixfunktion beschreibt, wie stark die Realisationen des Prozesses zum Zeitpunkt t um den Erwartungswert variieren. Das Konzept der Kovarianzfunktion kann man zum sogenannten Kovarianzkern $\mathrm{P}_{\underline{\underline{\mathrm{xx}}}}(\cdot\,,\cdot)$ verallgemeinern, der für zwei beliebige Zeitpunkte t_1, $\mathrm{t}_2 \in \mathrm{T}$ definiert ist durch:

$$\mathrm{P}_{\underline{\underline{\mathrm{xx}}}}(\mathrm{t}_1,\mathrm{t}_2) = \mathrm{E}\{(\underline{\mathrm{x}}(\mathrm{t}_1) - \underline{\mathrm{m}}_{\underline{\mathrm{x}}}(\mathrm{t}_1))\cdot(\underline{\mathrm{x}}(\mathrm{t}_2) - \underline{\mathrm{m}}_{\underline{\mathrm{x}}}(\mathrm{t}_2))^{\mathrm{T}}\} \tag{4.6}$$

Diese Matrix gibt an, wie stark sich die Realisationen eines Prozesses vom Zeitpunkt t_1

bis t_2 ändern. Die Kovarianzfunktion nach Gl. 4.5 kann als Spezialfall von Gl. 4.6 aufgefaßt werden, denn, wie man leicht durch einen Vergleich der Definitionsgleichungen feststellt, gilt:

$$P_{\underline{xx}}(t) = P_{\underline{xx}}(t,t) \tag{4.7}$$

Ebenso analog zu den Überlegungen in Kapitel 3 läßt sich ein Korrelationskern $\psi_{\underline{xx}}(\cdot,\cdot)$ einführen, der für beliebige t_1, $t_2 \in T$ definiert ist durch:

$$\psi_{\underline{xx}}(t_1,t_2) = E\{\underline{x}(t_1)\cdot \underline{x}(t_2)^T\} \tag{4.8}$$

und der, wie man leicht nachrechnet, mit dem Kovarianzkern nach Gl. 4.6 verknüpft ist durch:

$$\psi_{\underline{xx}}(t_1,t_2) = P_{\underline{xx}}(t_1,t_2) + \underline{m}_{\underline{x}}(t_1)\cdot \underline{m}_{\underline{x}}(t_2)^T \tag{4.9}$$

Auch der Korrelationskern degeneriert durch Setzen von $t_1 = t_2 = t$ zur Korrelationsmatrix:

$$\psi_{\underline{xx}}(t) = \psi_{\underline{xx}}(t,t) \tag{4.10}$$

Für <u>erwartungswertfreie</u> Prozesse sind Korrelationskern und Kovarianzkern identisch:

$$\psi_{\underline{xx}}(t_1,t_2) = P_{\underline{xx}}(t_1,t_2) \tag{4.11}$$

Kovarianz– und Korrelationskerne lassen sich ohne weiteres auf Kreuzkovarianz– und Kreuzkorrelationskerne verallgemeinern und beschreiben dann die statistischen Zusammenhänge zwischen den Realisationen von zwei verschiedenen Prozessen zu unterschiedlichen Zeitpunkten. Den Kreuzkovarianzkern $P_{\underline{xy}}(\cdot,\cdot)$ definieren wir zu:

$$P_{\underline{xy}}(t_1,t_2) = E\{(\underline{x}(t_1) - \underline{m}_{\underline{x}}(t_1))\cdot (\underline{y}(t_2) - \underline{m}_{\underline{y}}(t_2))^T\} \tag{4.12}$$

für beliebige t_1, $t_2 \in T$ mit dem Spezialfall $t_1 = t_2 = t$:

$$P_{\underline{xy}}(t) = P_{\underline{xy}}(t,t) \tag{4.13}$$

Für den Kreuzkorrelationskern erhält man analog für beliebige t_1, $t_2 \in T$:

$$\psi_{\underline{xy}}(t_1, t_2) = E\{\underline{x}(t_1)\cdot \underline{y}(t_2)^T\} = P_{\underline{xy}}(t_1, t_2) + \underline{m}_{\underline{x}}(t_1)\cdot \underline{m}_{\underline{y}}(t_2)^T \tag{4.14}$$

Ebenso übertragen sich alle anderen Ansätze der statischen Wahrscheinlichkeitstheorie auf stochastische Prozesse.

4.2.1 Unabhängige, unkorrelierte und weiße Prozesse

Ein Prozeß $\underline{x}(\cdot,\cdot)$ wird unabhängig (über der Zeit) oder 'weiß' genannt, wenn für eine beliebige Wahl von Zeitpunkten t_1, t_2, ... t_N die zugehörigen Zufallsvariablen $\underline{x}(t_1)$, $\underline{x}(t_2)$, $\underline{x}(t_N)$ unabhängige Zufallsvariablen sind, d.h., wenn gilt:

$$P\{\omega: \underline{x}(t_1) \leq \underline{\xi}_1, \underline{x}(t_2) \leq \underline{\xi}_2, \dots \underline{x}(t_N) \leq \underline{\xi}_N\} = \prod_{i=1}^{N} P\{\omega: \underline{x}(t_i) \leq \underline{\xi}_i\} \tag{4.15}$$

Unabhängigkeit kann, ebenso wie für Zufallsvariablen, durch die Verbundverteilungsfunktion ausgedrückt werden:

$$F_{\underline{x}(t_1), \underline{x}(t_2), \dots \underline{x}(t_N)}(\underline{\xi}_1, \underline{\xi}_2, \dots \underline{\xi}_N) = \prod_{i=1}^{N} F_{\underline{x}(t_i)}(\underline{\xi}_i) \tag{4.16}$$

oder, wenn sie existiert, durch die Verbundverteilungsdichtefunktion:

$$f_{\underline{x}(t_1), \underline{x}(t_2), \dots \underline{x}(t_N)}(\underline{\xi}_1, \underline{\xi}_2, \dots \underline{\xi}_N) = \prod_{i=1}^{N} f_{\underline{x}(t_i)}(\underline{\xi}_i) \tag{4.17}$$

Die Unabhängigkeit (über der Zeit) oder Weißheit eines Prozesses darf keinesfalls verwechselt werden mit der Unabhängigkeit von zwei Prozessen. Zwei Prozesse $\underline{x}(\cdot,\cdot)$ und $\underline{y}(\cdot,\cdot)$ werden unabhängig voneinander genannt, wenn:

$$P\{\omega: \underline{x}(t_1) \leq \underline{\xi}_1, \dots \underline{x}(t_N) \leq \underline{\xi}_N, \underline{y}(t_1) \leq \underline{\rho}_1, \dots \underline{y}(t_N) \leq \underline{\rho}_N\}$$

$$= P\{\omega: \underline{x}(t_1) \leq \underline{\xi}_1, \dots \underline{x}(t_N) \leq \underline{\xi}_N\} \cdot P\{\omega: \underline{y}(t_1) \leq \underline{\rho}_1, \dots \underline{y}(t_N) \leq \underline{\rho}_N\} \tag{4.18}$$

Die Unkorreliertheit von Prozessen ist, verglichen mit der Unabhängigkeit, eine schwächere Forderung. Ein Prozeß wird unkorreliert (über der Zeit) genannt, wenn sein Kovarianzkern für alle $t_1 \neq t_2$, t_1, $t_2 \in T$ verschwindet:

$$P_{\underline{xx}}(t_1,t_2) = 0 \quad \text{für } t_1 \neq t_2 \tag{4.19}$$

Daraus folgt für den Korrelationskern:

$$\psi_{\underline{xx}}(t_1,t_2) = E\{\underline{x}(t_1)\cdot \underline{x}(t_2)^T\} = E\{\underline{x}(t_1)\}\cdot E\{\underline{x}(t_2)^T\} = \underline{m}_{\underline{x}}(t_1)\cdot \underline{m}_{\underline{x}}(t_2)^T$$

für alle $t_1, t_2, t_1 \neq t_2$ (4.20)

Andererseits werden zwei Prozesse $\underline{x}(\cdot,\cdot)$ und $\underline{y}(\cdot,\cdot)$ miteinander unkorreliert genannt, wenn ihr Kreuzkovarianzkern für alle t_1, t_2 verschwindet:

$$P_{\underline{x}(t_1),\underline{y}(t_2)} = 0 \qquad t_1, t_2 \in T, \text{(einschließl.} t_1 = t_2) \tag{4.21}$$

Daraus folgt für den Kreuzkorrelationskern:

$$\psi_{\underline{x}(t_1),\underline{y}(t_2)} = E\{\underline{x}(t_1)\cdot \underline{y}(t_2)^T\} = E\{\underline{x}(t_1)\}\cdot E\{\underline{y}(t_2)^T\} = \underline{m}_{\underline{x}}(t_1)\cdot \underline{m}_{\underline{y}}(t_2)^T$$

für alle t_1, t_2 (4.22)

Wie in Kapitel 3 schon gezeigt, folgt aus der Unabhängigkeit die Unkorreliertheit. Umgekehrt gilt dieser Schluß nur für Prozesse, deren sämtliche Verbundverteilungsdichtefunktionen gaußförmig sind. Solche Prozesse werden Gaußprozesse genannt.

4.2.2 Gaußprozesse

Gaußprozesse sind von ebenso ausgezeichneter Bedeutung wie gaußverteilte Zufallsvariablen. Ein Prozeß $\underline{x}(\cdot,\cdot)$ ist ein Gaußprozeß, wenn alle endlichen Verbundverteilungen der Zufallsvariablen $\underline{x}(t_1,\cdot)$, $\underline{x}(t_2,\cdot)$, ... $\underline{x}(t_N,\cdot)$ für eine beliebige Wahl der Zeitpunkte t_1, t_2, ... t_N gaußförmig sind. Die Verbundverteilungsdichte zweier Momentaufnahmen eines Gaußprozesses $\underline{x}(\cdot,\cdot)$ zu den Zeitpunkten t_1 und t_2 ($t_1, t_2 \in T$) wäre gegeben durch:

$$f_{\underline{x}(t_1),\underline{x}(t_2)}(\underline{\xi}_1, \underline{\xi}_2) = [(2\pi)^n \cdot |P|^{1/2}]^{-1} \cdot \exp\{-\frac{1}{2}(\underline{\xi}-\underline{m})^T \cdot P^{-1} \cdot (\underline{\xi}-\underline{m})\} \tag{4.23}$$

wobei:

$$\underline{\xi} = \begin{bmatrix} \underline{\xi}_1 \\ \hline \underline{\xi}_2 \end{bmatrix}, \quad \underline{m} = \begin{bmatrix} \underline{m}_{\underline{x}}(t_1) \\ \hline \underline{m}_{\underline{x}}(t_2) \end{bmatrix} = \begin{bmatrix} E\{\underline{x}(t_1)\} \\ \hline E\{\underline{x}(t_2)\} \end{bmatrix} \tag{4.24a}$$

$$P = \left[\begin{array}{c|c} E\{\underline{x}(t_1)\cdot \underline{x}(t_1)^T\} - \underline{m}_x(t_1)\cdot \underline{m}_x(t_1)^T & E\{\underline{x}(t_1)\cdot \underline{x}(t_2)^T\} - \underline{m}_x(t_1)\cdot \underline{m}_x(t_2)^T \\ \hline E\{\underline{x}(t_2)\cdot \underline{x}(t_1)^T\} - \underline{m}_x(t_2)\cdot \underline{m}_x(t_1)^T & E\{\underline{x}(t_2)\cdot \underline{x}(t_2)^T\} - \underline{m}_x(t_2)\cdot \underline{m}_x(t_2)^T \end{array}\right]$$

$$= \left[\begin{array}{c|c} E\{\underline{x}(t_1)\cdot \underline{x}(t_1)^T\} & E\{\underline{x}(t_1)\cdot \underline{x}(t_2)^T\} \\ \hline E\{\underline{x}(t_2)\cdot \underline{x}(t_1)^T\} & E\{\underline{x}(t_2)\cdot \underline{x}(t_2)^T\} \end{array}\right] - \underline{m}\cdot \underline{m}^T \tag{4.24b}$$

Für Verbundverteilungsdichten mehrerer Zufallsvariablen steigt die Dimension der Erwartungswertvektoren $\underline{m}$ und des Kovarianzkerns P entsprechend.

4.2.3 Stationäre stochastische Prozesse und Leistungsdichtespektren

In den vorangegangenen Ausführungen besaßen die Verteilungs– und Verteilungsdichtefunktionen sowie die daraus abgeleiteten Parameter eines stochastischen Prozesses eine Zeitabhängigkeit, d.h., sowohl Verteilungsdichtefunktion und Verteilungsfunktion als auch die Momente eines stochastischen Prozesses konnten ihre Größe über der Zeit ändern. In diesem Unterpunkt werden nun als Spezialisierung solche stochastischen Prozesse eingeführt, deren Verteilungs– und Verteilungsdichtefunktionen oder zumindest deren Momente sich über der Zeit nicht änderen. Solche Prozesse nennt man **stationär**. Bei der Stationarität eines Prozesses unterscheidet man zwei unterschiedlich strenge Formen der Stationarität, die strenge Stationarität und die schwache Stationarität, die gelegentlich Momentenstationarität oder Stationarität im weiteren Sinne genannt wird.

Ein Prozeß $\underline{x}(\cdot,\cdot)$ heißt streng oder stark stationär, wenn für eine beliebige Wahl von Zeitpunkten $t_1 \dots t_N \in T$ und eine beliebige Zeitverschiebung $\tau \in T$ und $(t_i + \tau) \in T$ alle endlichen Verbundverteilungen nicht von der Zeitverschiebung τ abhängen. Dies heißt, es muß gelten:

$$P\{\omega: \underline{x}(t_1+\tau,\omega) \le \xi_1, \underline{x}(t_2+\tau,\omega) \le \xi_2, \dots \underline{x}(t_N+\tau,\omega) \le \xi_N\}$$

$$= P\{\omega: \underline{x}(t_1,\omega) \le \xi_1, \underline{x}(t_2,\omega) \le \xi_2, \dots \underline{x}(t_N,\omega) \le \xi_N\} \tag{4.25a}$$

In der vereinfachten Schreibweise, in der Realisationen kursiv geschrieben werden, lautet diese Forderung:

$$P\{\omega: \underline{\mathit{x}}(t_1+\tau) \le \xi_1, \underline{\mathit{x}}(t_2+\tau) \le \xi_2, \dots \underline{\mathit{x}}(t_N+\tau) \le \xi_N\}$$
$$= P\{\omega: \underline{\mathit{x}}(t_1) \le \xi_1, \underline{\mathit{x}}(t_2) \le \xi_2, \dots \underline{\mathit{x}}(t_N) \le \xi_N\} \tag{4.25b}$$

Demgegenüber heißt ein Prozeß schwach stationär (wide–sense stationary), wenn für alle t, τ, $(t+\tau) \in T$ folgende 3 Bedingungen erfüllt sind:

1.) $E\{\underline{x}(t) \cdot \underline{x}(t)^T\}$ ist endlich (4.26a)

2.) $E\{\underline{x}(t)\}$ ist konstant (4.26b)

3.) $\underline{\underline{P}}_{xx}(t, t+\tau) = E\{(\underline{x}(t) - \underline{m}_x) \cdot (\underline{x}(t+\tau) - \underline{m}_x)^T\}$ hängt nur von der Zeitdifferenz τ ab, nicht aber von der absoluten Zeit. Daraus folgt sofort: $\underline{\underline{P}}_{xx}(t) = \underline{\underline{P}}_{xx}(t, t) =$ const., $\underline{\underline{\psi}}_{xx}(t) = \underline{\underline{\psi}}_{xx}(t, t) =$ const. (4.26c)

Schwache Stationarität ist also Momentenstationarität bezüglich der ersten beiden Momente. Man erkennt, daß die schwache Stationarität aus der strengen Stationarität folgt, daß umgekehrt die schwache Sationarität aber nicht hinreichend für die starke Stationarität ist. Eine Ausnahme bilden allerdings die Gaußprozesse, bei denen die gesamte Verteilungsdichtefunktion durch die Angabe der ersten beiden Momente vollständig bestimmt ist. Ein schwach stationärer Gaußprozeß ist demzufolge auch streng stationär.

4.2.3.1 Korrelation und Kovarianz von schwach stationären Prozessen

4.2.3.1.1 Autokorrelation und Autokovarianz von schwach stationären Prozessen

Durch die Definition sind die Kovarianz– und Korrelationskerne $\underline{\underline{P}}_{xx}(t,t+\tau)$ und $\underline{\underline{\psi}}_{xx}(t,t+\tau)$ schwach stationärer Prozesse nur Funktionen der Zeitdifferenz τ, diese Eigenschaft wird in der Notation dadurch dargestellt, daß diese Kerne nur noch in Abhängigkeit von dieser Zeitdifferenz dargestellt werden, d.h., man schreibt:

$$\underline{\underline{P}}_{xx}(t,t+\tau) \longrightarrow \underline{\underline{P}}_{xx}(\tau) \qquad (4.27a)$$

$$\underline{\underline{\psi}}_{xx}(t,t+\tau) \longrightarrow \underline{\underline{\psi}}_{xx}(\tau) \qquad (4.27b)$$

Die Hauptdiagonalelemente dieser Kernmatrizen sind die sogenannten Autokovarianz–, bzw. Autokorrelationsfunktionen der einzelnen Komponenten des stochastischen Prozesses. Um einige Eigenschaften dieser Funktionen zu betrachten, konzentrieren wir uns zunächst auf skalare stationäre, stochastische Prozesse $\mathbf{x}(\cdot,\cdot)$. Autokovarianz– und Autokorrelationsfunktion dieses Prozesses sind gegeben durch:

$$\psi_{xx}(\tau) = E\{x(t) \cdot x(t+\tau)\} = \varphi^L_{xx}(\tau) \qquad (4.28a)$$

$$P_{xx}(\tau) = E\{(x(t)-m_x)\cdot(x(t+\tau)-m_x)\} = \psi_{xx}(\tau) - m_x^2 = \varphi_{xx}^L(\tau) - m_x^2 \quad (4.28b)$$

Die Verwendung des Zeichens φ mit dem hochgestellten Index 'L' für die Autokorrelationsfunktion eines 'Leistungssignals' soll die Verbindung zu den geläufigen Definitionen der Autokorrelationsfunktion aus der Nachrichtentechnik herstellen. Diese Schreibweise wird in dieser Darstellung aber nur im Zusammenhang mit stationären Prozessen verwendet.

Eigenschaften von Autokorrelations– und Autokovarianzfunktion

Aus Gleichung 4.28b folgt:

$$P_{xx}(-\tau) = E\{(x(t) - m_x)\cdot(x(t-\tau) - m_x)\} = P_{xx}(t,t-\tau) \quad (4.28c)$$

Wegen der angenommenen schwachen Stationarität kann der Zeitparameter t durch einen beliebigen anderen Zeitparameter, etwa durch $t+\tau$, ersetzt werden. Damit gilt:

$$P_{xx}(-\tau) = P_{xx}(t,t-\tau) = P_{xx}(t+\tau,t) = E\{(x(t+\tau) - m_x)\cdot(x(t) - m_x)\}$$

$$= E\{(x(t) - m_x)\cdot(x(t+\tau) - m_x)\} = P_{xx}(t, t+\tau) = P_{xx}(\tau) \quad (4.28d)$$

Ebenso gilt wegen $\psi_{xx}(\tau) = P_{xx}(\tau) + m_x^2$

$$\psi_{xx}(-\tau) = \psi_{xx}(\tau) \quad (4.28e)$$

Autokovarianzfunktion und Autokorrelationsfunktionen eines schwach stationären Prozesses sind also **gerade** Funktionen. Ebenso gilt:

$$E\{[x(t)\pm x(t+\tau)]^2\} \geq 0 \qquad \text{für beliebige } \tau \quad (4.29a)$$

da es sich um einen quadratischen Erwartungswert handelt. Ausrechnen des Klammerterms ergibt:

$$E\{x(t)^2\} \pm 2\cdot E\{x(t)\cdot x(t+\tau)\} + E\{x(t+\tau)^2\} \geq 0 \quad (4.29b)$$

Wegen der schwachen Stationarität gilt aber:

$$E\{x(t)^2\} = E\{x(t+\tau)^2\} = \psi_{xx}(0) \tag{4.29c}$$

Damit folgt durch Einsetzen von Gl. 4.29c in Gl. 4.29b und anschließendes Umstellen:

$$\psi_{xx}(0) \geq \pm\ \psi_{xx}(\tau) = |\ \psi_{xx}(\tau)| \quad \text{für beliebige } \tau \tag{4.29d}$$

Aus Gl. 4.28b folgt dann sofort:

$$P_{xx}(0) \geq |\ P_{xx}(\tau)| \quad \text{für beliebige } \tau \tag{4.29e}$$

Autokorrelations– und Autokovarianzfunktion sind also **gerade Funktionen** über der Verschiebungsvariablen τ, die ihr **Maximum bei $\tau = 0$** annehmen.

4.2.3.1.2 Kreuzkorrelationsfunktionen schwach stationärer Prozesse

Das Konzept der Kreuzkorrelationskerne läßt sich ebenso wie die Autokorrelationsfunktion auf schwach stationäre Prozesse anwenden, indem man schreibt:

$$\psi_{xy}(\tau) = E\{x(t)\cdot y(t+\tau)\} = \varphi^{L}_{xy}(\tau) \tag{4.30a}$$

$$P_{xy}(\tau) = E\{(x(t)-m_x)\cdot(y(t+\tau)-m_y)\} = \psi_{xy}(\tau) - m_x\cdot m_y = \varphi^{L}_{xy}(\tau) - m_x\cdot m_y \tag{4.30b}$$

Symmetrieeigenschaften von Kreuzkorrelations– und Kreuzkovarianzfunktion

Aus Gl. 4.30b folgt:

$$P_{xy}(-\tau) = E\{(x(t) - m_x)\cdot(y(t-\tau) - m_y)\} = P_{xy}(t,t-\tau) \tag{4.30c}$$

Wegen der angenommenen schwachen Stationarität kann t wieder durch $t+\tau$ ersetzt werden. Damit gilt:

$$P_{xy}(-\tau) = P_{xy}(t,t-\tau) = P_{xy}(t+\tau,t) = E\{(x(t+\tau) - m_x)\cdot(y(t) - m_y)\}$$

$$= E\{(y(t) - m_y)\cdot(x(t+\tau) - m_x)\} = P_{yx}(t,t+\tau) = P_{yx}(\tau) \tag{4.30d}$$

Ebenso gilt wegen $\psi_{xy}(\tau) = P_{xy}(\tau) + m_x\cdot m_y$

$$\psi_{xy}(-\tau) = \psi_{yx}(\tau) \tag{4.30e}$$

Die Kreuzkorrelations– und Kreuzkovarianzfunktion zweier Prozesse sind also weder gerade noch ungerade.

Zwei nützliche Ungleichungen

Es gilt wieder:

$$E\{[x(t)\pm y(t+\tau)]^2\} \geq 0 \quad \text{für beliebige } \tau \tag{4.31a}$$

Daraus folgt durch Ausrechnen:

$$E\{x(t)^2\} \pm 2\cdot E\{x(t)\cdot y(t+\tau)\} + E\{y(t+\tau)^2\} \geq 0 \tag{4.31b}$$

Wegen der schwachen Stationarität gilt aber:

$$E\{y(t)^2\} = E\{y(t+\tau)^2\} = \psi_{yy}(0) \tag{4.31c}$$

Damit folgt durch Einsetzen von Gl. 4.31c in Gl. 4.31b und anschließendes Umstellen:

$$1/2\cdot(\psi_{xx}(0) + \psi_{yy}(0)) \geq \pm\, \psi_{xy}(\tau) = |\,\psi_{xy}(\tau)| \quad \text{für beliebige } \tau \tag{4.31d}$$

Dies ist eine sehr nützliche Abschätzung für den Betrag der Kreuzkorrelationsfunktion zweier stationärer Prozesse. Eine weitere Abschätzung erhält man, indem man Gl. 4.31a als Spezialfall der allgemeineren Beziehung:

$$E\{[a\cdot x(t) \pm b\cdot y(t+\tau)]^2\} \geq 0 \text{ für beliebige } \tau,\ a,\ b \text{ reell, } b\neq 0 \tag{4.32a}$$

betrachtet. Wendet man nun die Erwartungswertrechenregeln an, erhält man nach einigen Umformungen:

$$\psi_{xx}(0)\cdot(a/b)^2 \pm 2\cdot\psi_{xy}(\tau)\cdot(a/b) + \psi_{yy}(0) \geq 0 \tag{4.32b}$$

als quadratische Ungleichung in a/b. Betrachtet man nun die Gleichung:

$$(a/b)^2 \pm 2\cdot\psi_{xy}(\tau)/\psi_{xx}(0)\cdot(a/b) + \psi_{yy}(0)/\psi_{xx}(0) = 0 \tag{4.32c}$$

die sich aus Gl. 4.32b durch Division durch $\psi_{xx}(0)$ ergibt, so ist unmittelbar einzusehen, daß diese Gleichung keine zwei verschiedenen reellen Lösungen für a/b haben kann, da das Gleichheitszeichen in der Ausgangsgleichung 4.32a für nichttriviale $\mathbf{x}(\cdot,\cdot)$, $\mathbf{y}(\cdot,\cdot)$ nur für a=b=0 gültig ist. Dies bedeutet letztlich nichts anderes, als daß die Diskriminante:

$$D = (\psi_{xy}(\tau)/\psi_{xx}(0))^2 - \psi_{yy}(0)/\psi_{xx}(0) \leq 0 \tag{4.32d}$$

erfüllen muß. Damit ergibt sich sofort:

$$\psi_{xy}(\tau)^2 \leq \psi_{xx}(0)\cdot \psi_{yy}(0) \tag{4.32e}$$

oder:

$$|\psi_{xy}(\tau)| \leq \sqrt{\psi_{xx}(0)\cdot \psi_{yy}(0)} \quad \text{für beliebige } \tau \tag{4.32f}$$

4.2.3.2 Fouriertransformation der Korrelationsfunktionen

4.2.3.2.1 Leistungsdichtespektrum

Die Autokorrelationsfunktion $\varphi^L_{xx}(\cdot) = \psi_{xx}(\cdot)$ erfüllt formal die Voraussetzungen der Fouriertransformation, demzufolge kann eine Fouriertransformierte $\phi_{xx}(\cdot)$ der Autokorrelationsfunktion $\psi_{xx}(\cdot)$ eines schwach stationären, skalaren Prozesses $\mathbf{x}(\cdot,\cdot)$ eingeführt werden mit:

$$\phi_{xx}(f) = \mathscr{F}\{\psi_{xx}(\tau)\} = \int_{-\infty}^{\infty} \psi_{xx}(\tau)\cdot e^{-j2\pi f\tau}\, d\tau \tag{4.33a}$$

und:

$$\psi_{xx}(\tau) = \mathscr{F}^{-1}\{\phi_{xx}(f)\} = \int_{-\infty}^{\infty} \phi_{xx}(f)\cdot e^{j2\pi f\tau}\, df \tag{4.33b}$$

Das Leistungsdichtespektrum eines schwach stationären, skalaren Prozesses $\mathbf{x}(\cdot,\cdot)$ ist als Fouriertransformierte der Autokorrelationsfunktion dieses Prozesses definiert. Diese Einführung erschließt das gesamte Instrumentarium der Fouriertransformation und damit der Beschreibung von schwach stationären Prozessen im Frequenzbereich. Damit stehen die gesamten Werkzeuge der klassischen Eingangs– Ausgangsbeschreibung von linearen zeitinvarianten Systemen mit stochastischer, stationärer Anregung sowohl im Zeit– als auch im Frequenzbereich, wie etwa die klassischen Wiener–Lee und Wiener–Khintchine

Theoreme, zur Modellierung schwach stationärer Prozesse zur Verfügung. Diese Betrachtungen sollen an dieser Stelle jedoch nicht weiter vertieft werden, da in /1/ eine wirklich ausgezeichnete und empfehlenswerte Darstellung dieser Werkzeuge enthalten ist.
Aus der Tatsache, daß die Autokorrelationsfunktion eine gerade Funktion in τ ist, folgt sofort, daß das Leistungsdichtespektrum reell ist und eine gerade Funktion über der Frequenz darstellt. Weiterhin ergibt sich aus Gl. 4.33b sofort für τ=0:

$$E\{x(t)^2\} = \psi_{xx}(0) = \int_{-\infty}^{\infty} \phi_{xx}(f) \cdot df \tag{4.34}$$

Dies bedeutet, die Leistung eines schwach stationären Prozesses ergibt sich aus dem Integral über das Leistungsdichtespektrum.

4.2.3.2.2 Kreuzleistungsdichtespektrum

Das Kreuzleistungsdichtespektrum zweier schwach stationärer Prozesse $\mathbf{x}(\cdot,\cdot)$, $\mathbf{y}(\cdot,\cdot)$ ist als Fouriertransformierte ihrer Kreuzkorrelationsfunktion $\psi_{xy}(\cdot)$ definiert mit:

$$\phi_{xy}(f) = \mathscr{F}\{\psi_{xy}(\tau)\} = \int_{-\infty}^{\infty} \psi_{xy}(\tau) \cdot e^{-j2\pi f\tau}\, d\tau \tag{4.35a}$$

bzw.:

$$\psi_{xy}(\tau) = \mathscr{F}^{-1}\{\phi_{xy}(f)\} = \int_{-\infty}^{\infty} \phi_{xy}(f) \cdot e^{j2\pi f\tau}\, df \tag{4.35b}$$

Das Kreuzleistungsdichtespektrum zweier Prozesse ist im allgemeinen komplex, und da für die Kreuzkorrelationsfunktion nach Gl. 4.30e $\psi_{xy}(\tau) = \psi_{yx}(-\tau)$ gilt, erhält man folgende, leicht nachvollziehbare Identitäten:

$$\phi_{xy}(f) = \phi_{yx}^{*}(f) \tag{4.36}$$

$$\mathrm{Re}\{\phi_{xy}(f)\} = \mathrm{Re}\{\phi_{yx}(f)\} = 1/2\,[\phi_{xy}(f) + \phi_{yx}(f)] \tag{4.37}$$

Auch die Kreuzleistung läßt sich als Integral über das Kreuzleistungsdichtespektrum zweier Prozesse berechnen mit:

$$E\{x(t)\cdot y(t)\} = \psi_{xy}(0) = \int_{-\infty}^{\infty} \phi_{xy}(f)\cdot df \tag{4.38}$$

4.2.3.3 Ergodische Prozesse

Eine wichtige Untergruppe stationärer Prozesse bilden die ergodischen Prozesse. Ein stationärer Prozeß wird ergodisch genannt, wenn alle seine Momente, die ja allgemein als Erwartungswerte über das gesamte Ensemble aller Musterfunktionswerte zu einem gegebenen Zeitpunkt berechnet werden, auch als Zeitmittelwerte über eine einzige Musterfunktion ermittelt werden können, wobei die Wahl der Musterfunktion keine Rolle spielt. Bei ergodischen Prozessen stimmen Scharmittelwerte und die entsprechenden Zeitmittelwerte über beliebige Musterfunktionen überein, bis auf eine Restmenge von Musterfunktionen, die mit der Wahrscheinlichkeit 0 auftritt. Ergodizität läßt sich am besten an einem Beispielprozeß darstellen, der zwar stationär, jedoch nicht ergodisch ist: Wir betrachten einen skalaren, stationären Prozeß $\mathbf{x}(\cdot,\cdot)$, dessen Musterfunktionen konstant über der Zeit sind. Der Funktionswert jeder Musterfunktion sei entweder 0 oder eine Konstante a. Die binäre Entscheidung, ob der Musterfunktionswert 0 oder a ist wird dabei durch Werfen einer 'fairen' Münze getroffen. Bildet man nun den einfachen Zeitmittelwert über eine Musterfunktion erhält man entweder den Wert a oder den Wert 0, je nach Wahl der Musterfunktion. Dieser Wert ist aber keinesfalls identisch mit dem Ensemblemittelwert über alle Musterfunktionen zu einem beliebigen Zeitpunkt, der in diesem Fall den Wert a/2 annimmt. Ähnliche Nichtübereinstimmungen ergeben sich auch für Zeit– und Ensemblemittelwerte höherer Ordnung. Dieses spezielle Beispiel läßt sich offensichtlich auf alle Prozesse mit konstanten Musterfunktionen übertragen, deren Funktionswerte statistisch gewählt werden. Diese Prozesse sind stationär, jedoch nicht ergodisch. In der Praxis werden stochastische, stationäre Prozesse häufig als ergodisch angenommen, solange es kein Indiz für eine gegenteilige Annahme gibt – man spricht von der Ergodenhypothese. Eine derartige Annahme reduziert z.B. bei der Meßwertaufnahme an stochastischen Prozessen den Aufwand beträchtlich, dadurch daß anstelle eines Ensembles von representativ vielen Musterfunktionen nur eine einzige Musterfunktion betrachtet werden muß. Im Allgemeinfall existieren keine einfachen hinreichenden Bedingungen, die die Ergodizität eines Prozesses sichern, lediglich für Gaußprozesse lassen sich hinreichende Bedingungen formulieren:

Ein Gaußprozeß $\mathbf{x}(\cdot,\cdot)$, der für $-\infty < t < \infty$ existiert, ist ergodisch, wenn:

$$\int_{-\infty}^{\infty} | P_{xx}(\tau)| \, d\tau \quad \text{endlich ist.}$$

Allerdings ist $P_{xx}(\tau)$ wieder als Scharmittelwert definiert.

Die Momente von ergodischen Prozessen können als Zeitmittelwerte bestimmt werden, z.B.:

$$m_x = E\{x(t,\cdot)\} = \lim_{T\to\infty} \frac{1}{2\,T} \int_{-T}^{T} x(t,\omega_i)\, dt \tag{4.39}$$

$$\psi_{xx}(\tau) = E\{x(t,\cdot)\cdot x(t+\tau,\cdot)\} = \lim_{T\to\infty} \frac{1}{2\,T} \int_{-T}^{T} x(t,\omega_i)\cdot x(t+\tau,\omega_i) dt \tag{4.40}$$

$$\psi_{xy}(\tau) = E\{x(t,\cdot)\cdot y(t+\tau,\cdot)\} = \lim_{T\to\infty} \frac{1}{2\,T} \int_{-T}^{T} x(t,\omega_i)\cdot y(t+\tau,\omega_i) dt \tag{4.41}$$

4.3 Einführung in die dynamische Systemmodellierung

Kapitel 2 legte die Grundlagen für die deterministische Modellbildung im Zustandsraum diese Modellierung erwies sich als leistungsfähig und vollständig, löste das Problem der Modellierung realer Estimationsprobleme jedoch nicht zufriedenstellend. Dies lag daran, daß in Realität das Systemverhalten niemals rein deterministischer Natur ist, und daß es darum unmöglich ist, lediglich aus der Kenntnis der deterministischen Steuergrößen eines Systems den genauen Systemzustand zu berechnen oder vorherzusagen. In den vorangegangen Unterpunkten dieses Kapitels wurden in der Form stochastischer Prozesse die Werkzeuge zur Beschreibung zeitvarianter Zufallsphänomene erarbeitet. Diese zeitvarianten Zufallsphänomene können nun einerseits als stochastische Eingangsgrößen zur Beschreibung der stochastischen Unsicherheit eines Systemzustandes dienen, etwa dadurch, daß die stochastischen Eingangsgrößen, die sich den deterministischen Steuergrößen überlagern, den Systemzustand in einer nur stochastisch beschreibbaren Weise beeinflussen. Andererseits können stochastische Prozesse zur Beschreibung der zeitabhängigen stochastischen Meßfehler dienen. In den folgenden Unterpunkten dieses Kapitels wird es nun darum gehen, stochastische Prozesse mit der determinstischen Modellbildung nach

Kapitel 2 zu einem dynamischen, linearen, stochastischen Systemmodell zu kombinieren. Da es niemals darum gehen kann, eine 100%ige Modellierungsgenauigkeit auf Kosten des Modellierungsaufwandes zu erreichen, wird diese Modellbildung berechtigte Vereinfachungsmöglichkeiten soweit wie möglich nutzen, aber dennoch mathematisch abstrakt sein. Mathematisch formuliert bedeuten die vorangegangenen Ausführungen nicht anderes, als daß wir nach einem Systemmodell suchen, welches durch folgende Gleichungen beschrieben werden kann:

$$\dot{\underline{x}}(t) = F(t)\cdot \underline{x}(t) + B(t)\cdot \underline{u}(t) + G(t)\cdot \underline{n}_1(t) \tag{4.42}$$

$$\underline{y}(t) = C(t)\cdot \underline{x}(t) + \underline{n}_2(t) \tag{4.43}$$

Dies sind zunächst einmal formale Erweiterungen der deterministischen, linearen, zeitvarianten Zustandsraumgleichungen (Gl. 2.40, 2.41) nach Kapitel 2. Zur lokalen Zustandsübergangsfunktion wurde lediglich ein Rauschprozeß $\underline{n}_1(\cdot,\cdot)$ hinzugefügt, die Beobachtungsgleichung wurde um einen zweiten Rauschprozeß $\underline{n}_2(\cdot,\cdot)$ erweitert. Dabei gilt für die Realisationen der beiden Rauschprozesse: $\underline{n}_1(t,\omega)\in\mathbb{R}^l$ und $\underline{n}_2(t,\omega)\in\mathbb{R}^m$. Für die stochastische Steuermatrix G(t) (stochastic control matrix) ergibt sich daraus die Dimension $[n\times l]$. Wie schon in Kapitel 2 angedeutet, könnte auch ein direkter 'Durchgriff' des Prozesses $\underline{n}_1(\cdot,\cdot)$ auf den Ausgang realisiert werden, diese Möglichkeit ist jedoch für unsere Betrachtungen nicht weiter wichtig.

Gleichung 4.42 könnte formal als Beschreibung interpretiert werden, wie sich die Ableitung eines Zustandsvektors über der Zeit in Abhängigkeit vom Zustand, von den deterministischen Eingangsgrößen und in Abhängigkeit von dem stochastischen Eingangsprozeß $\underline{n}_1(\cdot,\cdot)$ ändert, doch bei dieser Betrachtung treten unmittelbar folgende begriffliche Schwierigkeiten auf:

1.) Wie integriert man Musterfunktionen stochastischer Prozesse, denn zur Lösung von Gl. 4.42 ist eine Integration erforderlich. Ein Integral ist im deterministischen Sinn der Grenzwert einer Summe, die Existenz von Integralen hängt deshalb davon ab, ob die betrachteten Summen gegen einen Grenzwert konvergieren. Wie kann aber im stochastischen Sinn von Konvergenz gesprochen werden, wenn letztlich immer nur Musterfunktionen von Prozessen 'integriert' werden und damit jede Musterfunktion einen anderen 'Grenzwert' erzeugen kann?

2.) Selbst wenn durch einen stochastischen Konvergenzbegriff die Integrabilität von stochastischen Prozessen gesichert werden kann, tritt eine weitere begriffliche

Schwierigkeit bei der Interpretation der Lösung von Gl. 4.42 auf. Der Systemzustand $\underline{x}(t)$ wurde in Kapitel 2 mathematisch abstrakt als ein Vektor in einem Zustandsraum eingeführt, der gewisse Eindeutigkeitsbedingungen erfüllen mußte. Durch die Addition eines stochastischen Prozesses zur Zustandsübergangsgleichung in Gl. 4.42 existieren eindeutige Übergänge aber nur noch für die einzelnen Musterfunktionen des Eingangsprozesses, es entstehen damit Musterfunktionen eines Systemzustandes. Damit ist der Systemzustand nicht länger eindeutig und ein Punkt in einem n–dimensionalen Raum. Die Größe $\underline{x}$ wird selbst zu einem stochastischen Prozeß, zu jedem Zeitpunkt können nur noch wahrscheinlichkeitstheoretische Aussagen gemacht werden, aus welchem Hypervolumenelement des Raumes $\mathbb{R}^n$ der Zufallsvektor $\underline{x}(t) = \underline{x}(t,\cdot)$ einen Wert annimmt.

Aus diesen Überlegungen folgt, daß eine vollständige Beschreibung des Prozesses $\underline{x}(\cdot,\cdot)$ notwendigerweise die Berechnung aller möglichen Verbundverteilungen und Verbundverteilungsdichten für alle möglichen Zeitpunkte erforderlich macht – damit wäre eventuell auch die Beschreibung des Ausgangsmeßprozesses $\underline{y}$ möglich. Eine derartige Beschreibung ist aber im allgemeinen völlig unmöglich. Selbst wenn beispielsweise der Prozeß $\underline{n}_1(\cdot,\cdot)$ für alle Zeitpunkte $t\in T$ gleichverteilt bleibt, können mit einfachen analytischen Mitteln keinerlei Aussagen über das zeitliche Verhalten dieser gesuchten Verbundverteilungen und Verbundverteilungsdichten gemacht werden. Nimmt man andererseits die Prozesse $\underline{n}_1(\cdot,\cdot)$ und $\underline{n}_2(\cdot,\cdot)$ als Gaußprozesse an, dann kann man wegen der Linearität des Gesamtsystems folgern, daß alle Verbundverteilungsdichten gaußförmig für alle Zeitpunkte bleiben und in diesen Fällen eine Berechnung der ersten beiden Verbundmomente vollständig zur Charakterisierung der betrachteten Prozesse ausreicht. Selbst wenn die beiden Prozesse $\underline{n}_1(\cdot,\cdot)$ und $\underline{n}_2(\cdot,\cdot)$ nicht gaußverteilt sind, erscheint es oft immer noch sinnvoll, diese Prozesse durch solche gaußverteilte Prozesse anzunähern, die einen Ausgangsprozeß $\underline{y}$ mit gleichen ersten beiden Verbundmomenten erzeugen. Trotzdem bleibt die Berechnung aller möglichen Verbundverteilungen endlicher Länge immer noch praktisch unmöglich, es sei denn, es kann gezeigt werden, daß nicht alle möglichen Verbundverteilungen oder Verbundverteilungsdichten endlich vieler Prozeßzeitpunkte betrachtet werden müssen, um den Prozeß vollständig zu beschreiben. Solche Prozesse nennt man Prozesse mit endlichem Gedächtnis oder **Markov–Prozesse**. Ein solcher Markov–Prozeß $\underline{x}(\cdot,\cdot)$ ist dadurch definiert, daß die bedingte Verteilungsfunktion der Zufallsvariablen $\underline{x}(t_k,\cdot)$, bedingt darauf, daß die Zufallsvariablen $\underline{x}(t_{k-1},\cdot)$, $\underline{x}(t_{k-2},\cdot)$, $\underline{x}(t_{k-3},\cdot)$, $\ldots\underline{x}(t_j,\cdot)$ die Realisationen $\underline{x}(t_{k-1},\omega)=\underline{\mathcal{x}}_{k-1}$, $\underline{x}(t_{k-2},\omega)=\underline{\mathcal{x}}_{k-2}$, $\underline{x}(t_{k-3},\omega)=\underline{\mathcal{x}}_{k-3}$, $\ldots$ $x(t_j,\omega)=\underline{\mathcal{x}}_j$ angenommen haben, identisch ist mit der bedingten Verteilungsfunktion der Zufallsvariablen $\underline{x}(t_k,\cdot)$, bedingt darauf, daß bekannt ist, daß die letzte zurückliegen–

de Zufallsvariable $\underline{x}(t_{k-1},\cdot)$ die Realisation $\underline{x}(t_{k-1},\omega)=\underline{x}_{k-1}$ angenommen hat, wobei k und j beliebige abzählbare Werte annehmen können. Damit gilt für Markov–Prozesse $\underline{x}(\cdot,\cdot)$:

$$F_{\underline{x}(t_k)/\underline{x}(t_{k-1}),\underline{x}(t_{k-2}),\ldots\underline{x}(t_j)}(\xi_k/\underline{x}_{k-1},\underline{x}_{k-2},\ldots\underline{x}_j) = F_{\underline{x}(t_k)/\underline{x}(t_{k-1})}(\xi_k/\underline{x}_{k-1}) \quad (4.44)$$

für beliebige k, j und beliebige Werte $\underline{x}_{k-1}, \underline{x}_{k-2}, \ldots\underline{x}_j$. Damit ist die Markov–Eigenschaft vergleichbar mit der deterministischen Bedeutung des Zustandes. Genauso wie der aktuelle Zustand nur vom letzten vorangegangenen Zustand abhängt, hängt die bedingte Verteilungsfunktion eines Markov–Pozesses nur von der Realisation der letzten zurückliegenden Zufallsvektorvariablen ab. Alle stochastische Information über die Zufallsvariable $\underline{x}(t_k)$ zum Zeitpunkt t, die aus der Vergangenheit (den Realisationswerten aller zurückliegenden Zufallsvariablen) gewonnen werden kann, ist in der Realisation der letzten vorangegangenen Zufallsvariablen $\underline{x}(t_{k-1})$ enthalten. Ein **Gauß–Markov–Prozeß** ist ein Prozeß, der sowohl ein Markov–Prozeß als auch ein Gauß–Prozeß ist. Es wird zu einem späteren Zeitpunkt gezeigt werden, daß Gauß–Markov–Prozesse durch lineare Systemmodelle (die im Zustandsraum formuliert werden) erzeugt werden können, die nur von weißem, gaußverteilten Rauschen und von deterministischen Eingangszeitfunktionen gespeist werden. Die dadurch entstehenden Rauschprozesse sind dann nicht länger weiß sondern farbig. Ein farbiger Gauß–Markov–Prozeß, wie er z.B. zur Modellierung der beiden stochastischen Prozesse $\underline{\mathbf{n}}_1(\cdot,\cdot)$ und $\underline{\mathbf{n}}_2(\cdot,\cdot)$ verwendet werden soll, kann demnach durch einen weißen, gaußverteilten Rauschprozeß mit einem nachgeschalteten, linearen 'Formfilter', welches durch ein lineares Zustandsraummodell beschrieben wird, erzeugt werden. Konsequenterweise kann dann das ursprünglich gegebene dynamische Systemmodell nach Gl. 4.42 und Gl. 4.43, welches von den farbigen Gauß–Markov–Prozessen $\underline{\mathbf{n}}_1(\cdot,\cdot)$ und $\underline{\mathbf{n}}_2(\cdot,\cdot)$ beeinflußt wird, durch ein vergrößertes Zustandsraummodell ersetzt werden, indem die Markov–Prozesse $\underline{\mathbf{n}}_1(\cdot,\cdot)$ und $\underline{\mathbf{n}}_2(\cdot,\cdot)$ durch Formfilter mit gauß'schem, weißen Eingangsrauschen erzeugt werden. Die Zustandsraumbeschreibung der Formfilter wird zur gegebenen Zustandsraumdarstellung hinzugenommen und führt dann zur besagten Zustandsvektorvergrößerung. Unter den angenommenen Voraussetzungen können dann reale Systemprobleme durch lineare Zustandsraummodelle, welche nur von weißem, gaußverteilten Rauschen und deterministischen Eingangsgrößen beeinflußt werden, mit hinreichender Genauigkeit beschrieben werden. Diese Modellierungsvorstellung ist in Abbildung 4.4 dargestellt.

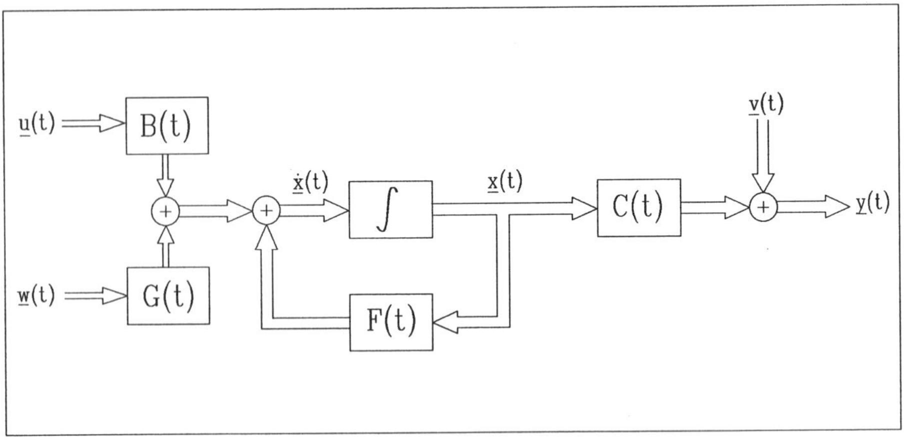

Bild 4.4: Beschreibung eines realen Problems durch ein lineares Systemmodell mit weißen, gaußverteilten und deterministischen Eingangsgrößen

Eine geeignete Systembeschreibung ist unter diesen Voraussetzungen:

$$\dot{\underline{x}}(t) = F(t)\cdot \underline{x}(t) + B(t)\cdot \underline{u}(t) + G(t)\cdot \underline{w}(t) \tag{4.45}$$

$$\underline{y}(t) = C(t)\cdot \underline{x}(t) + \underline{v}(t) \tag{4.46}$$

In dieser Darstellung sind $\underline{w}(t)$ und $\underline{v}(t)$ weiße, gaußverteilte Rauschprozesse, die voneinander unabhängig und unabhängig vom Anfangswert $\underline{x}(t_0)=\underline{x}_0$ angenommen werden, wobei $\underline{x}_0$ eine gaußverteilte Zufallsvariable mit gegebenem Erwartungswert und Kovarianzmatrix ist. Der Prozeß $\underline{\mathbf{w}}(\cdot\,,\cdot)$ modelliert in dieser Darstellung nicht nur die unbekannten Eingangseinflüsse des Systems, sondern auch die Unsicherheiten und Ungenauigkeiten in der Modellierung der 'realen' Welt. Wendet man nun die Ergebnisse der deterministischen Zustandsraumdarstellung zur Lösung der Differentialgleichung 4.45 an, erhält man als formale Lösung:

$$\underline{x}(t) = \phi(t,t_0)\cdot \underline{x}(t_0) + \int_{t_0}^{t} \phi(t,\tau)B(\tau)\cdot \underline{u}(\tau)\, d\tau + \int_{t_0}^{t} \phi(t,\tau)G(\tau)\cdot \underline{w}(\tau)\, d\tau \tag{4.47}$$

Gl. 4.47 stellt allerdings nur eine formale Lösung von Gl. 4.45 dar, da das letzte Integral noch keinerlei Bedeutung besitzt. Die folgenden Unterpunkte dieses Kapitels widmen sich deshalb zunächst den Werkzeugen zur Beschreibung von Integralen mit stochastischen Integranden und den dazu notwendigen Konvergenzkonzepten.

4.4 Grundlagen und Basisprozesse: Weißes, gaußverteiltes Rauschen und Brown'sche Prozesse

Weiße, gaußverteilte Rauschprozesse sind dem Elektrotechniker nicht unbekannt, so daß diese Prozesse vorstellungsmäßig weniger Schwierigkeiten verursachen, als es der Schwierigkeit einer exakten theoretischen Beschreibung entsprechen würde. Aus den vorangegangenen Definitionen ergibt sich, daß ein Prozeß $\underline{x}(\cdot,\cdot)$ ein weißer, gaußverteilter Prozeß ist, wenn der Prozeß sowohl ein Gaußprozeß als auch ein weißer Prozeß ist. Dies bedeutet zusammengenommen, daß für eine beliebige Sequenz von Zeitpunkten $t_1, \ldots t_N \in T$ die den Zeitpunkten zugeordneten Zufallsvektoren $\underline{x}(t_1,\cdot), \ldots \underline{x}(t_N,\cdot)$ unabhängige, gauß'sche Zufallsvektoren sind. Da aus der Unabhängigkeit die Unkorreliertheit direkt folgt, ergibt sich daraus auch sofort, daß die entsprechenden Zufallsvektoren dann auch unkorreliert sind, und zwar unabhängig davon, wie dicht die gewählten Zeitpunkte t_i zusammenliegen. Damit gilt aber:

$$P_{\underline{xx}}(t_i,t_j) = 0 \quad \text{für } t_i \neq t_j \tag{4.48}$$

Schwierigkeiten entstehen nun, wenn die Zeitpunkte t_i und t_j einem kontinuierlichen Zeitintervall T entstammen und die Forderung nach Unkorreliertheit für beliebig dicht zusammenliegende Zeitpunkte t_i, t_j, $t_i \neq t_j$ beibehalten wird. Fordert man nun, daß ein derartig unkorrelierter Prozeß am Ausgang eines linearen Systems die gleiche Momentanleistung erzeugen können soll wie ein korrelierter Prozeß, muß gefordert werden, daß die 'Fläche' unter den Kovarianzkernen von korreliertem und unkorreliertem Anregungsprozeß gleich sind. (Zur Veranschaulichung betrachte man das Wiener–Lee Theorem für stationäre, skalare, stochastische Prozesse als Anregungsfunktionen von linearen, zeitinvarianten Systemen (LTI–Systemen) (/1/). Damit folgt für die Kovarianz eines unkorrelierten Prozesses:

$$P_{\underline{xx}}(t_i,t_j) = P_{\underline{x}}(t_i) \cdot \delta(t_i - t_j) \tag{4.49}$$

und im stationären Fall:

$$P_{\underline{xx}}(\tau) = \breve{P}_{\underline{x}} \cdot \delta(\tau) \tag{4.50}$$

Im stationären, skalaren Fall ergäbe sich daraus ein Wechselleistungsdichtespektrum, welches unendlich ausgedehnt und konstant für alle Frequenzen wäre:

$$P_{xx}(f) = \mathscr{F}\{P_{xx}(\tau)\} = \breve{P}_x = \text{const.} \tag{4.51}$$

Gerade deshalb werden derartige, im Zeitbereich unkorrelierte Prozesse mit konstantem Leistungsdichtespektrum in Anlehung an weißes Licht weiße Prozesse genannt. Anderer–

seits führt ein konstantes, unendlich ausgedehntes Leistungsdichtespektrum zu einer unendlich großen Prozeß–Leistung, die in der Praxis bei keinem realen Rauschprozeß beobachtet wird. Daher wird weißes Rauschen als Abstraktion der Realität betrachtet – eine ingenieurwissenschaftliche Abstraktion, die ihren Nutzen vor allen Dingen in der stationären, stochastischen Systemtheorie beweist. Mathematisch betrachtet verbleibt allerdings immer noch das Problem, wie man derartige unkorrelierte Prozesse integriert und welcher Konvergenzbegriff die Eindeutigkeit von derart integrierten, unkorrelierten Rauschprozessen sichert. Die folgenden Unterpunkte sollen einen Einblick in die mathematische Behandlung dieser Probleme vermitteln, die mit diesem Einblick verbundenen Erkenntnisse werden dann sehr wertvoll für das Verständnis der ingenieurwissenschaftlichen Betrachtungsweise der Problematik sein. Zunächst werden dazu die notwendigen Konvergenzkonzepte eingeführt, danach soll als Basisprozeß für die weiteren Betrachtungen der **Brown'sche Prozeß** betrachtet werden. Die Konvergenzkonzepte ermöglichen dann die eingehendere Betrachtung dieser Prozesse und die Herleitung eines einfachen, formalen Zusammenhanges mit weißen Rauschprozessen. Zusammen mit den Konvergenzkonzepten können dann auf der Basis Brown'scher Prozesse auch die Integrale mit stochastischen Integranden, sogenannte **Stochastische Integrale**, definiert werden, die zur Interpretation der Vektordifferentialgleichung 4.42 erforderlich sind. Stochastische Differentiale ermöglichen danach den Übergang zu linearen, stochastischen Differenzengleichungen und damit zu zeitdiskreten stochastischen Systemen.

4.4.1 Stochastische Konvergenzbegriffe

Für deterministische Zahlenfolgen bedeutet Konvergenz im Prinzip nichts anderes als die Existenz eines festen Grenzwertes, gegen den die Folgenglieder mit wachsender Ordnungszahl streben und diesem Grenzwert beliebig nahe kommen. Genau formuliert bedeutet die Konvergenz einer Folge, daß für jede beliebige, positive, reelle Zahl ϵ ein Folgenglied a_N der Folge a_1, a_2, ... a_n so gefunden werden kann, daß der Absolutwert aller Differenzen zwischen den auf a_N folgenden Gliedern $a_n (n>N)$ und dem Grenzwert A kleiner ist als diese Schranke ϵ, d.h. es gilt:

$$|a_N - a_n| < \epsilon \quad \text{für beliebige } \epsilon>0 \text{ und } n>N \tag{4.52}$$

Für diesen Grenzwert schreibt man formal:

$$A = \lim_{n \to \infty} a_n \tag{4.53}$$

Wie kann nun aber die Konvergenz einer Sequenz von Zufallsvariablen aufgefaßt werden, z.B. wenn die Folgenglieder a_n in dem Beispiel oben durch Zufallsvariablen $x_n(\cdot)$ ersetzt werden, und auch der Grenzwert A durch eine Zufallsvariable $x(\cdot)$ ersetzt wird? Die deterministische Interpretation scheitert daran, daß für jedes Experiment eine Folge von Zufallsvariablenrealisationen entsteht, von der man aufgrund der Zufälligkeit sicherlich keine Konvergenz gegen eine bestimmte Realisation der Zufallsvariablen x erwarten kann. Die stochastische Formulierung der Konvergenz benutzt die bekannten Konzepte wahrscheinlichkeitstheoretischer Beschreibungen, wir betrachten im folgenden 3 verschiedene Möglichkeiten, **stochastische Konvergenz** zu formulieren:

4.4.1.1 Konvergenz im quadratischen Mittel (Mean square convergence)

Eine Folge von Zufallsvariablen $x_1(\cdot)$, $x_2(\cdot)$, ... konvergiert im quadratischen Mittel gegen die Zufallsvariable $x(\cdot)$ (converges in mean square), wenn die Leistungen $E\{x_k^2\}$ der Zufallsvariablen $x_k(\cdot)$ für alle k und die Leistung $E\{x^2\}$ der Zufallsvariablen $x(\cdot)$ endlich sind und wenn gilt:

$$\lim_{k \to \infty} E\{(x_k - x)^2\} = 0 \tag{4.54}$$

Die Folge der Differenzleistungen $E\{(x_k - x)^2\}$ ist eine Folge deterministischer Kenngrößen der betrachteten Zufallsvariablen, deren Konvergenz im deterministischen Sinn interpretiert und beurteilt werden kann. Damit wird die Konvergenzbetrachtung der Zufallsvariablenfolge auf eine Konvergenzbetrachtung von deterministischen Kenngrößen dieser Folge zurückgeführt. Für den nach Gl. 4.54 definierten Grenzwert x schreibt man formal:

$$x = \underset{k \to \infty}{\text{l.i.m.}}\; x_k \tag{4.55}$$

wobei die Abkürzung l.i.m. limit in the mean bedeutet.

4.4.1.2 Konvergenz in Wahrscheinlichkeit

Eine Sequenz von Zufallsvariablen $x_1(\cdot)$, $x_2(\cdot)$, ... konvergiert in Wahrscheinlichkeit gegen x, wenn für jede positive reelle Zahl ϵ gilt:

$$\lim_{k \to \infty} P(\{\omega\colon |x_k(\omega) - x(\omega)| \geq \epsilon\} = 0 \qquad \text{für } \epsilon > 0 \tag{4.56}$$

Diese Form der Konvergenz wird damit auf eine Konvergenz einer Folge von Wahrscheinlichkeiten zurückgeführt. Es werden die Wahrscheinlichkeiten dafür betrachtet, daß die Absolutwerte der Differenzen zwischen den Realisationen der Zufallsfolgenglieder und der Grenzwertzufallsvariablen x größer als eine beliebig vorgegebene positive Schranke ϵ sind. Konvergiert die Folge der Wahrscheinlichkeiten gegen Null und zwar unabhängig von der Größe von ϵ, dann spricht man von Konvergenz in Wahrscheinlichkeit.

4.4.1.3 Konvergenz mit Wahrscheinlichkeit 1

Eine Sequenz von Zufallsvariablen $x_1(\cdot)$, $x_2(\cdot)$, ... konvergiert *fast sicher* oder mit Wahrscheinlichkeit 1 (w.p.1) gegen $x(\cdot)$, wenn für fast alle Realisationen der Zufallsvariablen $x_1(\cdot)$, $x_2(\cdot)$, ... und $x(\cdot)$ gilt:

$$\lim_{k \to \infty} |x_k(\omega) - x(\omega)| = 0 \tag{4.57}$$

Der Geltungsbereich für 'fast alle' Realisationen bedeutet, daß Gleichung 4.57 für alle $\omega \in \Omega$ mit Ausnahme lediglich einer Menge $A \subset \Omega$ gilt, die aber die Wahrscheinlichkeit 0 besitzt. Anders formuliert heißt dies, es gibt eine Menge $A \subset \Omega$, so daß für alle Elemente ω, die kein Element von A sind, Gleichung 4.57 gilt. Daraus folgt sofort:

$$P(\{\omega: \lim_{k \to \infty} |x_k(\omega) - x(\omega)| \neq 0\}) = 0 \tag{4.58}$$

Diese Definition der Konvergenz betrachtet direkt den Absolutwert der Differenzen von Zufallsvariablenrealisationen, dies ist ein Unterschied zu den vorangegangenen Definitionen. Wenn die Wahrscheinlichkeit dafür, daß der Absolutwert der Differenz zwischen einer beliebigen Realisation der Zufallszahlensequenz x_k (für k gegen Unendlich strebend) und einer Realisation der Grenzwertzufallsvariablen x ungleich 0 ist verschwindet, dann spricht man von Konvergenz mit Wahrscheinlichkeit 1 oder fast sicherer Konvergenz. Diese Form der Konvergenz wird sehr häufig ausgenutzt, um eine fast sichere stochastische Gleichheit von 2 Zufallsvariablen auszudrücken. Man schreibt:

$$x \underset{\text{w.p.1}}{=} y$$

und meint damit:

$$P(\{\omega: |x(\omega) - y(\omega)| \neq 0\}) = 0$$

4.4.1.4 Zusammenhänge zwischen den Konvergenzbegriffen

Konvergenz in Wahrscheinlichkeit ist der schwächste Konvergenzbegriff; diese Konvergenz folgt sowohl aus der Konvergenz im quadratischen Mittel als auch aus der Konvergenz mit Wahrscheinlichkeit 1. Es gelten damit folgende Implikationen:

1) Konvergenz im quadratischen Mittel $\longrightarrow$ Konvergenz in Wahrscheinlichkeit
2) Fast sichere Konvergenz $\longrightarrow$ Konvergenz in Wahrscheinlichkeit

Wir zeigen nun zunächst, daß aus der Konvergenz im quadratischen Mittel sofort die Konvergenz in Wahrscheinlichkeit folgt. Diese Tatsache ergibt sich direkt aus der Anwendung der Tschebyscheff–Ungleichung, die wir an dieser Stelle als Nebenprodukt mit ableiten:

a) Ableitung der Tschebyscheff–Ungleichung:

Der quadratische Erwartungswert der Differenz zweier Zufallsvariablen $x_k(\cdot)$ und $x(\cdot)$ ist gegeben durch:

$$P_\delta = E\{(x_k(\cdot)-x(\cdot))^2\} = \int_{-\infty}^{\infty} (\xi_k-\xi)^2 \cdot f_{x_k,x}(\xi_k,\xi)\, d\xi_k d\xi \tag{4.59}$$

Damit kann man folgende Zerlegung ableiten:

$$P_\delta = \int_{-\infty}^{\infty} (\xi_k-\xi)^2 \cdot f_{x_k,x}(\xi_k,\xi)\, d\xi_k d\xi = \int_{-\infty}^{-\epsilon} (\xi_k-\xi)^2 \cdot f_{x_k,x}(\xi_k,\xi)\, d\xi_k d\xi$$

$$+ \int_{\epsilon}^{\infty} (\xi_k-\xi)^2 \cdot f_{x_k,x}(\xi_k,\xi)\, d\xi_k d\xi + \int_{|\xi_k-\xi|<\epsilon} (\xi_k-\xi)^2 \cdot f_{x_k,x}(\xi_k,\xi)\, d\xi_k d\xi$$

$$= \int_{|\xi_k-\xi|\geq\epsilon} (\xi_k-\xi)^2 \cdot f_{x_k,x}(\xi_k,\xi)\, d\xi_k d\xi + \int_{|\xi_k-\xi|<\epsilon} (\xi_k-\xi)^2 \cdot f_{x_k,x}(\xi_k,\xi)\, d\xi_k d\xi \tag{4.60}$$

Die Integranden in beiden Integralen auf der rechten Seite von Gl. 4.60 sind positiv, deshalb hat folgende Ungleichung Gültigkeit:

$$\int\limits_{|\xi_k-\xi|\geq\epsilon} (\xi_k-\xi)^2 \cdot f_{x_k,x}(\xi_k,\xi)\, d\xi_k d\xi \leq \int\limits_{-\infty}^{\infty} (\xi_k-\xi)^2 \cdot f_{x_k,x}(\xi_k,\xi)\, d\xi_k d\xi = P_\delta \tag{4.61}$$

Der Integrationsbereich des Integrales auf der linken Seite von Gl. 4.61 ist auf $|\xi_k-\xi|\geq\epsilon$ eingeschränkt, ersetzt man deshalb den Ausdruck $(\xi_k-\xi)$ durch den Wert ϵ, so erhält man für $\epsilon>0$ eine sichere Minorante des linken Integrales:

$$\int\limits_{|\xi_k-\xi|\geq\epsilon} (\epsilon)^2 \cdot f_{x_k,x}(\xi_k,\xi)\, d\xi_k d\xi = \epsilon^2 \cdot \int\limits_{|\xi_k-\xi|\geq\epsilon} f_{x_k,x}(\xi_k,\xi)\, d\xi_k d\xi$$

$$\leq \int\limits_{|\xi_k-\xi|\geq\epsilon} (\xi_k-\xi)^2 \cdot f_{x_k,x}(\xi_k,\xi)\, d\xi_k d\xi \tag{4.62}$$

Zusammen mit Ungl. 4.62 ergibt sich dann aus Ungl. 4.61 folgende Ungleichungskette:

$$\epsilon^2 \cdot \int\limits_{|\xi_k-\xi|\geq\epsilon} f_{x_k,x}(\xi_k,\xi)\, d\xi_k d\xi \leq P_\delta = E\{(x_k(\cdot)-x(\cdot))^2\} \tag{4.63}$$

Oder umgeformt:

$$\int\limits_{|\xi_k-\xi|\geq\epsilon} f_{x_k,x}(\xi_k,\xi)\, d\xi_k d\xi \leq \frac{P_\delta}{\epsilon^2} = \frac{E\{(x_k(\cdot)-x(\cdot))^2\}}{\epsilon^2} \tag{4.64}$$

Der Term auf der linken Seite von Gl. 4.64 stellt aber gerade die Wahrscheinlichkeit dafür dar, daß der Betrag der Differenz $x_k(\omega)-x(\omega)$ einen Wert $\geq \epsilon$ annimmt, wobei $\epsilon > 0$ gelten soll. Damit kann man schreiben:

$$P\{\omega: |x_k(\omega)-x(\omega)| \geq \epsilon\} = \int\limits_{|\xi_k-\xi|\geq\epsilon} f_{x_k,x}(\xi_k,\xi)\, d\xi_k d\xi$$

$$\leq \frac{P_\delta}{\epsilon^2} = \frac{E\{(x_k(\cdot)-x(\cdot))^2\}}{\epsilon^2} \tag{4.65}$$

Gleichung 4.65 ist eine Formulierung der Tschebyscheff–Ungleichung. Diese Ungleichung wird nun benutzt, um die Implikation zu beweisen.

b) Anwendung der Tschebyscheff–Ungleichung:

Aus der in Gl. 4.54 definierten Konvergenz im quadratischen Mittel folgt zusammen mit Gl. 4.65:

$$\lim_{k\to\infty} E\{(x_k - x)^2\}/(\epsilon^2) = 0 \geq P\{\omega: |x_k(\omega)-x(\omega)| \geq \epsilon\} \tag{4.66}$$

Da aber die Wahrscheinlichkeit eines Ereignisses definitionsgemäß immer größer oder gleich 0 ist, ergibt sich dann sofort:

$$P\{\omega: |x_k(\omega)-x(\omega)| \geq \epsilon\} = 0 \text{ für } \epsilon > 0 \tag{4.67}$$

womit die Konvergenz in Wahrscheinlichkeit aus der Konvergenz im quadratischen Mittel folgt.

Aus der in Gl. 4.58 definierten fast sicheren Konvergenz folgt andererseits:

$$P(\{\omega: \lim_{k\to\infty} |x_k(\omega)-x(\omega)| = 0\}) = 1 - P(\{\omega: \lim_{k\to\infty} |x_k(\omega)-x(\omega)| \neq 0\}) = 1 \tag{4.68}$$

Da die Sequenz von Ereignissen $|x_k(\omega)-x(\omega)|$ voraussetzungsgemäß konvergent ist, kann man das für monotone Sequenzen geltende Kontinuitätstheorem anwenden, welches auch für konvergente Ereignisse gilt, wie in /2/ gezeigt wird. Damit ergibt sich aber:

$$P(\{\omega: \lim_{k\to\infty} |x_k(\omega)-x(\omega)| = 0\}) = \lim_{k\to\infty} P(\{\omega: |x_k(\omega)-x(\omega)| = 0\}) \tag{4.69}$$

womit sofort die strengste Formulierung der Konvergenz in Wahrscheinlichkeit (ϵ=0) gegeben ist.

4.4.2 Brown'sche Prozesse (Wiener–Prozesse)

Brown'sche Prozesse, die auch Wiener–Prozesse genannt werden, stellen die Basisprozesse der mathematisch strengen Formulierung kontinuierlicher, stochastischer Prozesse und ihrer Integration dar. Mit diesen Prozessen können stochastische Differentialgleichungen gelöst werden. Ihren Namen verdanken diese Prozesse den Beobachtungen der Brown'schen Molekularbewegung durch den englischen Botaniker R. Brown (1773–1858) sowie dem amerikanischen Mathematiker und Pionier der Estimationstheorie Norbert Wiener (1894–1964), der die stochastische Natur dieser Bewegung mathematisch streng formulierte.

4.4.2.1 Prozesse mit unabhängigen Inkrementen

Zur Einführung Brown'scher Prozesse benötigen wir zunächst den Begriff eines *Prozesses mit unabhängigen Inkrementen.* Es sei ein kontinuierliches Zeitintervall T gegeben und mit diesem Zeitintervall eine Sequenz von Zeitpunkten $t_0 < t_1 < t_2 < \dots t_N$, die das gegebene Zeitintervall in N (nicht notwendigerweise äquidistante) Teilintervalle aufteilt. Als Inkremente eines auf dem Zeitintervall T existierenden stochastischen Prozesses $\underline{\mathbf{x}}(\cdot,\cdot)$ definieren wir nun die Sequenz der N Zufallsvariablen, die durch:

$$\begin{aligned} \underline{\delta}_1(\cdot) &= \underline{\mathbf{x}}(t_1,\cdot) - \underline{\mathbf{x}}(t_0,\cdot) \\ \underline{\delta}_2(\cdot) &= \underline{\mathbf{x}}(t_2,\cdot) - \underline{\mathbf{x}}(t_1,\cdot) \\ &\;\;\vdots \\ \underline{\delta}_N(\cdot) &= \underline{\mathbf{x}}(t_N,\cdot) - \underline{\mathbf{x}}(t_{N-1},\cdot) \end{aligned} \tag{4.70}$$

definiert sind. Wenn die durch Gl. 4.70 beschriebenen Zufallsvariablen alle voneinander unabhängig für eine beliebige Wahl der Zeitpunkte $t_0 \dots t_N$ sind, dann nennt man $\underline{\mathbf{x}}(\cdot,\cdot)$ einen Prozeß mit unabhängigen Inkrementen.

4.4.2.2 Brown'scher Prozeß

Ein skalarer Prozeß $\beta(\cdot,\cdot)$ wird skalarer Brown'scher Prozeß mit konstanter Diffusion genannt, wenn folgende Bedingungen erfüllt sind:

1) $\beta(\cdot,\cdot)$ ist ein Prozeß mit unabhängigen Inkrementen
2) Alle Inkremente sind gauß'sche Zufallsvariablen für alle betrachteten Zeitpunkte $t_i \in T$. Außerdem gilt für zwei beliebige Zeitpunkte $t_1, t_2 \in T$:

$$E\{(\beta(t_2)-\beta(t_1))\} = 0 \tag{4.71a}$$

$$E\{(\beta(t_2)-\beta(t_1))^2\} = q\,|t_2 - t_1| \tag{4.71b}$$

3) $\beta(t_0, \omega_i) = 0$ für alle $\omega_i \in \Omega$, mit Ausnahme einer Menge $A \subset \Omega$ mit $P(A)=0$ (4.71c)

Abbildung 4.5 zeigt einige Musterfunktionen eines skalaren Brown'schen Prozesses.

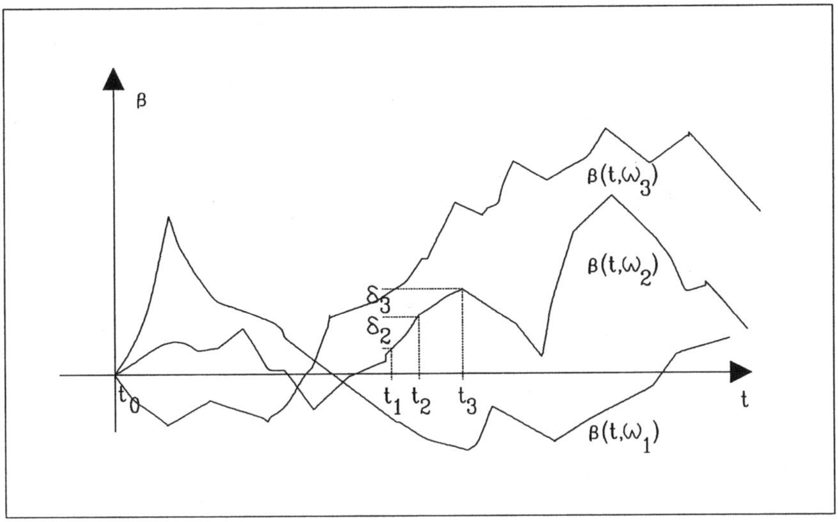

Bild 4.5: Musterfunktionen eines skalaren Brown'schen Prozesses

Für eine spezielle Realisation der Inkremente eines derartigen Prozesses gilt dann:

$$\begin{aligned} \delta_1 &= \delta_1(\omega_k) = \beta(t_1,\omega_k) - \beta(t_0,\omega_k) \\ \delta_2 &= \delta_2(\omega_k) = \beta(t_2,\omega_k) - \beta(t_1,\omega_k) \\ &\;\;\vdots \\ \delta_N &= \delta_N(\omega_k) = \beta(t_N,\omega_k) - \beta(t_{N-1},\omega_k) \end{aligned} \tag{4.72}$$

Der Parameter q in Gl. 4.71b wird Diffusionsparameter des Prozesses genannt; denn er bestimmt zusammen mit dem Absolutwert der Zeitdifferenz (t_2-t_1), wie stark sich die Varianz des Prozesses von einem Zeitpunkt t_1 zum nächsten Zeitpunkt t_2 ändert.

4.4.2.2.1 Eigenschaften eines skalaren Brown'schen Prozesses

a) Momente von Brown'schen Prozessen

Für einen beliebigen Zeitpunkt $t_i \in T$ gilt für die dem Zeitpunkt t_i zugeordnete Zufallsvariable $\beta(t_i,\cdot)$:

$$\beta(t_i,\cdot) = \beta(t_0,\cdot) + \sum_{j=1}^{i} \delta(t_j,\cdot) = \beta(t_0,\cdot) + \sum_{j=1}^{i} \beta(t_j,\cdot) - \beta(t_{j-1},\cdot) \tag{4.73}$$

Für den Erwartungswert der Zufallsvariablen $\beta(t_i,\cdot)$ ergibt sich daraus:

$$E\{\beta(t_i)\} = E\{\beta(t_0)\} + \sum_{j=1}^{i} E\{(\beta(t_j,\cdot) - \beta(t_{j-1},\cdot))\} = 0 \tag{4.74}$$

wobei zur Berechnung Gl. 4.71a und 4.71c ausgenutzt wurden. Ein Brown'scher Prozeß ist also zu jedem Zeitpunkt erwartungswertfrei. Wegen dieser Erwartungswertfreiheit gilt dann für die Varianz der Zufallsvariablen $\beta(t_i,\cdot)$ zum Zeitpunkt t_i:

$$\begin{aligned} P_{\beta\beta}(t_i,t_i) &= E\{\beta(t_i)^2\} = E\left\{[\beta(t_0) + \sum_{j=1}^{i} (\beta(t_j) - \beta(t_{j-1}))]^2\right\} \\ &= E\left\{[\beta(t_i) - \beta(t_0)]^2\right\} = q\,|\,t_i - t_0| \end{aligned} \tag{4.75}$$

Die Varianz des Prozesses steigt also linear mit der Zeit an, und damit bestimmt die Diffusionskonstante q, im Zusammenhang mit der Zeitdifferenz, wie stark die Musterfunktionen des Prozesses von der 'Null'linie diffundieren.

Für die Kreuzkovarianz zweier Brown'scher Zufallsvariablen zu verschiedenen Zeitpunkten t_i, t_j, $(t_j>t_i)$ kann man wegen der Erwartungswertfreiheit schreiben:

$$E\{\beta(t_i)\cdot\beta(t_j)\} = E\Big\{\beta(t_i)\cdot[\beta(t_i) + (\beta(t_j)-\beta(t_i))]\Big\}$$

$$= E\{\beta(t_i)^2\} + E\Big\{\beta(t_i)\cdot(\beta(t_j)-\beta(t_i))\Big\} \qquad (4.76)$$

Da die Inkrementvariable $\delta(t_j,\cdot) = \beta(t_j,\cdot)-\beta(t_i,\cdot)$ aber voraussetzungsgemäß von allen anderen Inkrementzufallsvariablen unabhängig ist, somit auch von den Inkrementen, die $\beta(t_i)$ erzeugt haben, verschwindet der zweite Term in Gl. 4.76 für $t_j>t_i$ (Unabhängigkeit $\rightarrow$ Unkorreliertheit $\rightarrow$ Orthogonalität (wegen verschwindender Erwartungswerte)). Damit ergibt sich:

$$E\{\beta(t_i)\cdot\beta(t_j)\} = E\{\beta(t_i)^2\} = q\cdot(t_i-t_0) \text{ für } t_j>t_i,\ t_i>t_0 \qquad (4.77)$$

Wegen der Unabhängigkeit und der Gaußverteiltheit der Inkremente sind damit alle Verbundverteilungen und Verbundverteilungsdichten eines Brown'schen Prozesses gaußförmig und bekannt, da die Erwartungswerte und Kovarianzen mit den Gleichungen 4.74 – 4.77 berechnet werden können.

b) Markov–Eigenschaft

Zum Nachweis der Markov–Eigenschaft Brown'scher Prozesse setzen wir die Existenz der entsprechenden Verteilungsdichtefunktionen voraus. Weiterhin führen wir zur Vereinfachung der folgenden Ableitung folgende Zufallsvektoren und Realisationsvektoren ein: Der Vektor $\underline{\beta}(t_{k-1})$ sei der Zufallsvektor, der aus allen Zufallsvariablen $\beta(t_0)$, $\beta(t_1)$, ... $\beta(t_{k-1})$ besteht. Damit gilt:

$$\underline{\beta}(t_{k-1}) = \begin{bmatrix} \beta(t_0) \\ \beta(t_1) \\ \cdot \\ \cdot \\ \beta(t_{k-1}) \end{bmatrix} \qquad (4.78)$$

Für den Realisationenvektor $\underline{\beta}_{k-1}$ des Zufallsvektors $\underline{\beta}(t_{k-1})$ schreiben wir:

$$\underline{\beta}_{k-1} = \begin{bmatrix} \beta_0 \\ \beta_1 \\ \cdot \\ \cdot \\ \beta_{k-1} \end{bmatrix} \tag{4.79}$$

Für die bedingte Verteilungsdichtefunktion der Zufallsvariablen $\beta(t_k)$, bedingt auf die Realisationen aller zurückliegenden Zufallsvariablen, kann man dann schreiben:

$$f_{\beta(t_k)/\beta(t_{k-1}),\beta(t_{k-2}),\,...\beta(t_0)}(\xi_k/\beta_{k-1},\beta_{k-2},...\beta_0) = f_{\beta(t_k)/\underline{\beta}(t_{k-1})}(\xi_k/\underline{\beta}_{k-1}) \tag{4.80}$$

Diese bedingte Verteilungsdichtefunktion kann nun nach Gl. 3.99 interpretiert werden:

$$f_{\beta(t_k)/\underline{\beta}(t_{k-1})}(\xi_k/\underline{\beta}_{k-1})\cdot d\xi_k = P(\{\omega\colon \xi_k < \beta(t_k,\omega) \le \xi_k + d\xi_k \mid \underline{\beta}(t_{k-1}) = \underline{\beta}_{k-1}\}) \tag{4.81}$$

Nun gilt allerdings mit der Definition der Inkrementrealisationen Brown'scher Prozesse nach Gl. 4.72:

$$\beta(t_k,\omega) = \beta(t_{k-1},\omega) + \delta_k(\omega) \tag{4.82}$$

Setzt man Gl. 4.82 in Gl. 4.81 ein, erhält man:

$$P(\{\omega\colon \xi_k < \beta(t_k,\omega) \le \xi_k + d\xi_k \mid \underline{\beta}(t_{k-1}) = \underline{\beta}_{k-1}\})$$

$$= P(\left\{\omega\colon \xi_k < \beta(t_{k-1},\omega) + \delta_k(\omega) \le \xi_k + d\xi_k \mid \left[\beta(t_{k-1}) = \beta_{k-1} \text{ und } \underline{\beta}(t_{k-2}) = \underline{\beta}_{k-2}\right]\right\}) \tag{4.83}$$

Die Realisation $\beta(t_{k-1},\omega) = \beta_{k-1}$ ist voraussetzungsgemäß, wie in Gl. 4.83 dargestellt, bekannt. Diese Realisation kann damit für $\beta(t_{k-1},\omega)$ eingesetzt werden, damit erhält man:

$$P(\{\omega\colon \xi_k < \beta(t_k,\omega) \le \xi_k + d\xi_k \mid \underline{\beta}(t_{k-1}) = \underline{\beta}_{k-1}\})$$

$$= P(\left\{\omega\colon \xi_k - \beta_{k-1} < \delta_k(\omega) \le \xi_k - \beta_{k-1} + d\xi_k \mid \left[\beta(t_{k-1}) = \beta_{k-1} \text{ und } \underline{\beta}(t_{k-2}) = \underline{\beta}_{k-2}\right]\right\}) \tag{4.84}$$

Nach der Voraussetzung ist die Inkrementvariable $\delta_k(\cdot)$ aber unabhängig von allen vorausgegangenen Zufallsvariablen, damit kann die Bedingung in Gl. 4.84 entfallen. Damit erhält man:

$$P(\{\omega: \xi_k < \beta(t_k,\omega) \leq \xi_k + d\xi_k \mid \underline{\beta}(t_{k-1}) = \underline{\beta}_{k-1}\})$$

$$= P(\left\{\omega: \xi_k - \beta_{k-1} < \delta_k(\omega) \leq \xi_k - \beta_{k-1} + d\xi_k \right\}) \tag{4.85}$$

Daraus ergibt sich für die bedingte Verteilungsdichtefunktion:

$$f_{\beta(t_k)/\underline{\beta}(t_{k-1})}(\xi_k/\underline{\beta}_{k-1}) = f_{\delta_k}(\xi_k - \beta_{k-1}) \tag{4.86}$$

Diese bedingte Verteilungsdichtefunktion ist gleich der unbedingten Verteilungsdichtefunktion der Inkrementzufallsvariablen $\delta_k(\cdot)$ mit verschobenem Argument $(\xi_k - \beta_{k-1})$. Damit ist die bedingte Verteilungsdichte $f_{\beta(t_k)/\underline{\beta}(t_{k-1})}(\xi_k/\underline{\beta}_{k-1})$ gaußförmig, da die Verteilungsdichtefunktion der Inkrementzufallsvariablen δ_k bei der Einführung Brown'scher Prozesse als gaußförmig angenommen wurde. Die Parameter der gaußförmigen, bedingten Verteilungsdichtefunktion, bedingter Erwartungswert und bedingte Kovarianz, hängen nur von den Parametern der Inkrementzufallsvariablen δ und von der Realisation β_{k-1} der letzten vorangegangenen Zufallsvariablen $\beta(t_{k-1})$ ab, nicht aber von den Realisationen der davor liegenden Zufallsvariablen $\beta(t_{k-2})$ ... $\beta(t_0)$. Während der gesamten Herleitung haben die Realisationen der weiter als t_{k-1} zurückliegenden Zufallsvariablen keinerlei Rolle gespielt, so daß man die Bedingung auf diese Realisationen ohne Konsequenzen für das Endergebnis hätte weglassen können. Damit ist schon prinzipiell gezeigt, daß die bedingte Verteilungsdichtefunktion $f_{\beta(t_k)/\underline{\beta}(t_{k-1})}(\xi_k/\underline{\beta}_{k-1})$ nur von den Realisationen der Zufallsvariablen $\beta(t_{k-1})$ abhängt. Wir zeigen nun abschließend noch, daß die bedingte Verteilungsdichtefunktion $f_{\beta(t_k)/\beta(t_{k-1})}(\xi_k/\beta_{k-1})$ identisch ist mit $f_{\beta(t_k)/\underline{\beta}(t_{k-1})}(\xi_k/\underline{\beta}_{k-1})$. Dazu wiederholen wir die Schritte, die zur Ableitung von Gl. 4.86 gemacht wurden. Wir ersetzen dabei lediglich $\underline{\beta}(t_{k-1})$ durch $\beta(t_{k-1})$ und $\underline{\beta}_{k-1}$ durch β_{k-1}. Genau mit der gleichen Argumentation erhalten wir dann schließlich:

$$f_{\beta(t_k)/\beta(t_{k-1})}(\xi_k/\beta_{k-1}) = f_{\delta_k}(\xi_k - \beta_{k-1}) \tag{4.87}$$

Damit folgern wir aus den Gleichungen 4.80, 4.86 und 4.87:

$$f_{\beta(t_k)/\beta(t_{k-1}),\beta(t_{k-2}),\,\dots\beta(t_0)}(\xi_k/\beta_{k-1},\,\beta_{k-2},\,\dots\beta_0)$$

$$= f_{\beta(t_k)/\underline{\beta}(t_{k-1})}(\xi_k/\underline{\beta}_{k-1}) = f_{\beta(t_k)/\beta(t_{k-1})}(\xi_k/\beta_{k-1}) \tag{4.88}$$

womit die Markov–Eigenschaft Brown'scher Prozesse gezeigt ist.

c) Martingal–Eigenschaft von Brown'schen Prozessen

Aus Gleichung 4.82 folgt durch Erwartungswertbildung:

$$E\{\beta(t_k)|\,\beta(t_{k-1})=\beta_{k-1}\} = E\{\beta(t_{k-1})|\,\beta(t_{k-1})=\beta_{k-1}\} + E\{\delta_k|\,\beta(t_{k-1})=\beta_{k-1}\}$$

$$= \beta_{k-1} \tag{4.89}$$

wobei der zweite bedingte Erwartungswert aufgrund der Unabhängigkeit der Inkremente verschwindet. Dies bedeutet, daß der bedingte Erwartungswert der k–ten Zufallsvariablen eines Brown'schen Prozesses, bedingt auf die Realisation der unmittelbar vorangegangen Zufallsvariablen, gleich dieser Realisation ist. Prozesse, die diese Eigenschaft besitzen, nennt man **Martingal–Prozesse**. Ein Brown'scher Prozeß ist also ein Martingal–Prozeß.

d) Stetigkeit und Differenzierbarkeit von Brown'schen Prozessen

Mit den zuvor eingeführten Konvergenzkonzepten soll nun die Stetigkeit und Differenzierbarkeit Brown'scher Prozesse untersucht werden. Dazu sei $\beta(\cdot\,,\cdot\,)$ ein skalarer, auf dem Produktraum $T\times\Omega$ definierter Brown'scher Prozeß, wobei $T = [0, \infty)$. Es gilt mit der Definition des Brown'schen Prozesses nach Gl. 4.71b:

$$E\{(\beta(t_1)-\beta(t_0))^2\} = q\,|\,t_1-t_0| \tag{4.71b}$$

Wählt man nun die Zeitpunkte t_1, t_0 zu:

$$t_1 = t_0 + \epsilon \qquad \text{mit } \epsilon \geq 0 \tag{4.90}$$

erhält man durch Einsetzen von Gl. 4.90 in Gl. 4.71b:

$$\lim_{t_1 \downarrow t_0} E\{(\beta(t_1)-\beta(t_0))^2\} = \lim_{\epsilon \to 0} E\{(\beta(t_0+\epsilon)-\beta(t_0))^2\} = \lim_{\epsilon \to 0} q\cdot |\epsilon| = 0 \tag{4.91}$$

Dies ist eine Konvergenzaussage im quadratischen Mittel, für die man mit $t_1 = t'$ und $t_0 = t$ auch schreiben kann:

$$\beta^+(t, \cdot) = \underset{t' \downarrow t}{\text{l.i.m.}}\ \beta(t', \cdot) = \beta(t, \cdot) \tag{4.92}$$

Mit der gleichen Argumentation erhält man mit dem Ansatz:

$$t_0 = t_1 - \epsilon \qquad \text{für } \epsilon \geq 0 \tag{4.93}$$

durch den Grenzübergang $\epsilon \to 0$:

$$\lim_{t_0 \uparrow t_1} E\{(\beta(t_1)-\beta(t_0))^2\} = \lim_{\epsilon \to 0} E\{(\beta(t_1)-\beta(t_1-\epsilon))^2\} = \lim_{\epsilon \to 0} q\cdot |\epsilon| = 0 \tag{4.94}$$

Durch die Substitution $t_0 = t'$ und $t_1 = t$ erhält man dann:

$$\beta^-(t, \cdot) = \underset{t' \uparrow t}{\text{l.i.m.}}\ \beta(t', \cdot) = \beta(t, \cdot) \tag{4.95}$$

Jedem Zeitpunkt $t \in T$ können damit zwei Zufallsvariablen $\beta^-(t,\cdot)$ und $\beta^+(t,\cdot)$ zugeordnet werden, die im quadratischen Mittel von unten, bzw. von oben gegen die Zufallsvariable $\beta(t,\cdot)$ konvergieren. Die durch die Gl. 4.92 und 4.95 definierten Grenzwerte im quadratischen Mittel sagen aus, daß die Varianz der Differenz zwischen $\beta(t',\cdot)$ und $\beta^-(t,\cdot)$, bzw. $\beta^+(t,\cdot)$ gegen Null strebt, wenn t' von unten, bzw. von oben gegen t strebt. Damit ist gezeigt, daß Brown'sche Prozesse **stetig** im quadratischen Mittel sind. Aus der Konvergenz im quadratischen Mittel folgt andererseits auch die Konvergenz in Wahrscheinlichkeit, damit ergibt sich aus der Stetigkeit im quadratischen Mittel auch die Stetigkeit in Wahrscheinlichkeit.

Weiterhin kann gezeigt werden /4/, daß die Zufallsvariablen $\beta^-(t,\cdot)$ und $\beta^+(t,\cdot)$ mit Wahrscheinlichkeit 1, also fast sicher, gegen die Zufallsvariable $\beta(t,\cdot)$ konvergieren, d.h. für fast alle Realisationen der Zufallsvariablen (mit Ausnahme der Realisationen, die mit der Wahrscheinlichkeit 0 auftreten) $\beta^-(t,\cdot)$ und $\beta^+(t,\cdot)$ und $\beta(t,\cdot)$ sind die Differenzbeträge $|\beta^-(t,\cdot)-\beta(t,\cdot)| = 0 = |\beta^+(t,\cdot)-\beta(t,\cdot)|$. Damit gilt :

$$\beta^-(t,\cdot) \underset{\text{w.p.1}}{=} \beta(t,\cdot) \underset{\text{w.p.1}}{=} \beta^+(t,\cdot) \tag{4.96}$$

Damit sind Brown'sche Prozesse auch stetig mit Wahrscheinlichkeit 1, also fast sicher stetig.

Brown'sche Prozesse sind **nicht differenzierbar** in allen drei Konvergenzkonzepten:

Ein Prozeß $x(\cdot,\cdot)$ heißt differenzierbar im quadratischen Mittel, wenn der Grenzwert:

$$\underset{\Delta t \to 0}{\text{l.i.m.}} \frac{x(t+\Delta t,\cdot) - x(t,\cdot)}{\Delta t} = \frac{d}{dt} x(t,\cdot) = \dot{x}(t,\cdot) \text{ für alle } t\in T \tag{4.97}$$

existiert. In diesem Sinne gilt für Brown'sche Prozesse:

$$E\left\{\left(\frac{\beta(t+\Delta t,\cdot) - \beta(t,\cdot)}{\Delta t}\right)\right\} = 0 \tag{4.98}$$

und:

$$E\left\{\left[\frac{\beta(t+\Delta t,\cdot) - \beta(t,\cdot)}{\Delta t}\right]^2\right\} = \frac{q\,\Delta t}{\Delta t^2} = \frac{q}{\Delta t} \tag{4.99a}$$

wobei Gl. 4.71b zur Berechnung verwendet wurde. Betrachtet man nun den Grenzwert von Gl. 4.99a für $\Delta t \to 0$, erhält man aber:

$$\lim_{\Delta t \to 0} E\left\{\left[\frac{\beta(t+\Delta t,\cdot) - \beta(t,\cdot)}{\Delta t}\right]^2\right\} = \lim_{\Delta t \to 0} \frac{q\,\Delta t}{\Delta t^2} = \lim_{\Delta t \to 0} \frac{q}{\Delta t} \to \infty \tag{4.99b}$$

Ein Grenzwert, wie er in Gl. 4.97 gefordert wird, existiert also nicht. Damit sind Brown'sche Prozesse nicht differenzierbar im quadratischen Mittel. Es folgt auch sofort, daß sie nicht differenzierbar in Wahrscheinlichkeit sind. Es gilt nämlich mit Gl. 4.65:

$$\lim_{\Delta t \to 0} P\left\{\omega: \left|\frac{\beta(t+\Delta t,\omega) - \beta(t,\omega)}{\Delta t}\right| \geq \frac{B}{\Delta t}\right\} \leq \lim_{\Delta t \to 0} \frac{q}{B^2} \cdot \Delta t = 0 \tag{4.100a}$$

Diese Bedingung muß für eine beliebige Wahl der Schwellenschranke $\epsilon = \frac{B}{\Delta t}$ erfüllbar sein, um die Differenzierbarkeit in Wahrscheinlichkeit zu gewährleisten. Für eine gegebene Schranke ϵ = const. bedeutet diese Forderung jedoch, daß dann für B gelten müßte:

$$B = \epsilon \cdot \Delta t \tag{4.100b}$$

Betrachtet man nun jedoch den Ausdruck auf der rechten Seite von Gl. 4.100a, ergibt sich:

$$\lim_{\Delta t \to 0} \frac{q}{B^2} \cdot \Delta t = \lim_{\Delta t \to 0} \frac{q}{\epsilon^2} \cdot (\Delta t)^{-1} \to \infty \tag{4.100c}$$

Damit ist gezeigt, daß die geforderte Wahrscheinlichkeit von Null dafür, daß der Absolutwert des betrachteten Differenzenquotienten größer ist als eine Schranke ϵ, nur erreicht werden kann, wenn diese Schranke umgekehrt proportional zum kleiner werdenden Abstand Δt gewählt wird. Gibt man umgekehrt die Schranke fest vor, kann die Forderung nicht erfüllt werden. Damit ist gezeigt, daß Brown'sche Prozesse auch nicht in Wahrscheinlichkeit differenzierbar sind. Ebenso kann man zeigen, daß Brown'sche Prozesse nicht differenzierbar mit Wahrscheinlichkeit 1, also fast sicher nicht differenzierbar sind (vgl./4/). Zusammengefaßt kann man festhalten, daß Brown'sche Prozesse stetig in Wahrscheinlichkeit, stetig mit Wahrscheinlichkeit 1 und stetig im quadratischen Mittel sind. Ebenso sind sie fast sicher nicht differenzierbar, ebenso nicht differenzierbar in Wahrscheinlichkeit und im quadratischen Mittel. Damit haben alle Musterfunktionen eines Brown'schen Prozesses zwar einen stetigen Verlauf (mit Ausnahme der Menge an Musterfunktionen, die mit Wahrscheinlichkeit 0 auftritt), aber ebenso sind die Musterfunktionen zu beliebigen Zeitpunkten $t \in T$ fast sicher nicht differenzierbar (anschaulich vorstellbar als 'Ecken' im Musterfunktionsverlauf).

4.4.2.2.2 Zusammenhang zwischen Brown'schem Prozeß und weißem, stationärem Rauschen

Nimmt man nun trotz der fast sicheren Nichtdifferenzierbarkeit Brown'scher Prozesse an, daß ein Brown'scher Prozeß $\beta(\cdot,\cdot)$ **formal** durch Integration eines anderen integrierbaren Prozesses $w(\cdot,\cdot)$ entsteht, und durch:

$$\beta(t,\cdot) \overset{f}{=} \int_{t_0}^{t_1} w(\tau,\cdot)\, d\tau \tag{4.101}$$

beschrieben werden kann, wobei das hochgestellte 'f' die formale Gleichheit kennzeichnet, dann ergibt sich aus der Umkehrung:

$$w(t,\cdot) \overset{f}{=} \frac{d}{dt}\beta(t,\cdot) \tag{4.102}$$

Diese Darstellung kann nur formal interpretiert werden, da Brown'sche Prozesse ja fast sicher nicht differenzierbar sind. Wir betrachten jetzt zwei unabhängige Inkremente von $\beta(\cdot,\cdot)$, wobei wir die formale Schreibweise von Gleichung 4.101 verwenden:

$$\delta_2(\cdot) = \beta(t_2,\cdot) - \beta(t_1,\cdot) \overset{f}{=} \int_{t_1}^{t_2} w(t,\cdot)\, dt \tag{4.103a}$$

und:

$$\delta_4(\cdot) = \beta(t_4,\cdot) - \beta(t_3,\cdot) \overset{f}{=} \int_{t_3}^{t_4} w(t,\cdot)\, dt \tag{4.103b}$$

Die Forderung nach Unabhängigkeit der Inkremente δ_2 und δ_4 ist praktisch identisch mit der Forderung, daß die Zeitintervalle $(t_1, t_2]$ und $(t_3, t_4]$ disjunkt sind, sich also nicht überlappen. Die Inkremente eines Brown'schen Prozesses sind aber definitionsgemäß erwartungswertfrei, d.h. es gilt: $E\{\delta_i(\cdot)\} = 0$ für alle i, so daß wir aus Gl. 4.103a oder 4.103b erhalten:

$$E\left[\int_{t_1}^{t_2} w(t,\cdot)\, dt\right] = \int_{t_1}^{t_2} E\{w(t,\cdot)\}\, dt \overset{f}{=} E\{\delta_2(\cdot)\} = 0 \tag{4.104}$$

Da die Grenzen des Intervalles t_1 und t_2 beliebig gewählt werden können, und der Erwartungswert wegen der Erwartungswertfreiheit der Inkremente Brown'scher Prozesse immer verschwinden muß, folgt daraus:

$$E\{w(t,\cdot)\} = 0 \quad \text{für alle } t \in T \tag{4.105}$$

Betrachtet man weiterhin den Kovarianzkern der Inkremente δ_2 und δ_4, so folgt aus der Unabhängigkeit der Inkremente auch ihre Unkorreliertheit und wegen der geltenden Erwartungswertfreiheit:

$$E\{\delta_2 \cdot \delta_4\} = E\{[\beta(t_2,\cdot) - \beta(t_1,\cdot)] \cdot [\beta(t_4,\cdot) - \beta(t_3,\cdot)]\}$$

$$\overset{f}{=} E\left\{\int_{t_1}^{t_2} w(t,\cdot)\, dt \cdot \int_{t_3}^{t_4} w(t,\cdot)\, dt\right\} = 0 \tag{4.106}$$

wobei die Gleichungen 4.103a und 4.103b angewendet wurden. Aus Gleichung 4.106, deren Integrale formal zu interpretieren sind, ergibt sich durch Anwendung der Integrationsregeln und Vertauschung von Erwartungswertbildung und Integration:

$$E\left\{\int_{t_1}^{t_2} w(t,\cdot)\, dt \cdot \int_{t_3}^{t_4} w(t',\cdot)\, dt'\right\} = E\left\{\int_{t_1}^{t_2}\int_{t_3}^{t_4} w(t,\cdot) \cdot w(t',\cdot)\, dtdt'\right\}$$

$$= \int_{t_3}^{t_4}\int_{t_1}^{t_2} E\{w(t,\cdot) \cdot w(t',\cdot)\}\, dtdt' = 0 \tag{4.107}$$

Gleichung 4.107 gilt für beliebige, disjunkte Zeitintervalle, deshalb muß der Integrand selbst verschwinden, um die Gleichung zu erfüllen, so daß wir fordern müssen:

$$E\{w(t,\cdot) \cdot w(t',\cdot)\} = 0 \text{ für } t \neq t' \tag{4.108}$$

Betrachtet man die Kovarianz eines Inkrementes, so erhält man aus Gl. 4.104 und Gl. 4.71b:

$$E\{\delta_2^2\} = E\{[\beta(t_2,\cdot) - \beta(t_1,\cdot)]^2\} \overset{f}{=} E\left\{\int_{t_1}^{t_2} w(t,\cdot)\, dt \cdot \int_{t_1}^{t_2} w(t',\cdot)\, dt'\right\}$$

$$= E\left\{\int_{t_1}^{t_2}\int_{t_1}^{t_2} w(t,\cdot) \cdot w(t',\cdot)\, dtdt'\right\} = \int_{t_1}^{t_2}\int_{t_1}^{t_2} E\{w(t,\cdot) \cdot w(t',\cdot)\}\, dtdt'$$

$$= q\,(t_2 - t_1) = \int_{t_1}^{t_2} q\, dt' \tag{4.109}$$

Aus Gl. 4.109 ergibt sich aber sofort die Forderung:

$$\int_{t_1}^{t_2}\int_{t_1}^{t_2} E\{w(t,\cdot)\cdot w(t',\cdot)\}\, dt dt' = \int_{t_1}^{t_2} q\, dt' \qquad (4.110)$$

so daß wir durch Sammeln der Integrale auf einer Seite von Gl. 4.110 erhalten:

$$\int_{t_1}^{t_2}\left[\int_{t_1}^{t_2} E\{w(t,\cdot)\cdot w(t',\cdot)\}\, dt - q\right] dt' = 0 \qquad (4.111)$$

Gleichung 4.111 muß wieder für beliebige Zeitintervalle $(t_1,t_2]$ gelten, so daß wir wieder zur Erfüllung dieser Gleichung das Verschwinden des Integranden verlangen müssen. Damit erhalten wir:

$$\int_{t_1}^{t_2} E\{w(t,\cdot)\cdot w(t',\cdot)\}\, dt = q \text{ für } \begin{array}{l} t \in (t_1,t_2] \\ t' \in (t_1,t_2] \text{ beliebig} \end{array} \qquad (4.112)$$

Gleichung 4.108 und 4.112 definieren zusammen einen Diracstoß $q\cdot \delta(t-t')$ mit dem Gewicht q, so daß wir für den Autokorrelationskern des Prozesses $w(\cdot,\cdot)$ folgende Darstellung erhalten:

$$E\{w(t,\cdot)\cdot w(t',\cdot)\} = E\{w(t)\cdot w(t')\} = q\cdot \delta(t-t') \qquad (4.113)$$

Den Prozeß $w(\cdot,\cdot)$ nennt man **stationäres, weißes, gaußverteiltes Rauschen**. (Die Gaußverteiltheit ergibt sich aus der Gaußverteiltheit des 'differenzierten' Brown'schen Prozesses und der Linearität der Differentiation.) Kennzeichen dieses Prozesses sind:

$$E\{w(t,\cdot)\cdot w(t',\cdot)\} = E\{w(t)\cdot w(t')\} = q\cdot \delta(t-t') \qquad (4.113)$$

und:

$$E\{w(t,\cdot)\} = 0 \quad \text{für alle } t \in T \qquad (4.105)$$

Damit kann man sich einen Brown'schen Prozeß mit konstanter Diffusion q heuristisch so vorstellen, daß man weißes, gaußverteiltes Rauschen mit der Autokorrelationsfunktion $\varphi_{ww}^{L}(\tau) = q\cdot \delta(\tau)$ auf einen idealen Integrierer nach Bild 4.6 gibt.

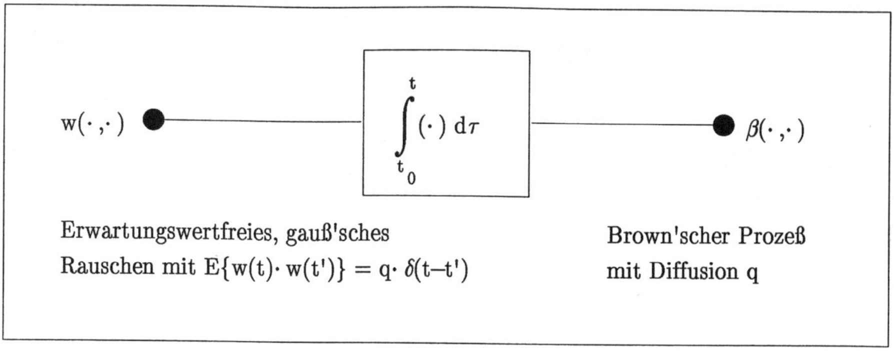

Bild 4.6: Formaler Zusammenhang zwischen einem Brown'schen Prozeß und weißem, gauß'schen Rauschen

Die gesamte vorangegangene Betrachtung hätte auch für skalare Brown'sche Prozesse mit zeitvarianter Diffusion durchgeführt werden können. Dazu müßte lediglich die Varianz der unabhängigen Inkremente zeitvariant definiert werden:

$$E\{\delta_2^2\} = E\{[\beta(t_2,\cdot) - \beta(t_1,\cdot)]^2\} \stackrel{f}{=} E\left[\int_{t_1}^{t_2} w(t,\cdot)\, dt \cdot \int_{t_1}^{t_2} w(t',\cdot)\, dt'\right]$$

$$= \int_{t_1}^{t_2} q(t')\, dt' \quad \text{für } t_2 \geq t_1 \text{ und } q(t) \geq 0 \text{ für alle } t \in T \qquad (4.114)$$

Nimmt man $q(\cdot)$ als integrierbar, unabhängig von der Wahl der Zeitpunkte t_1, t_2, an, kann die Ableitung des zeitvarianten, weißen, gaußverteilten Rauschens völlig analog zu der vorangegangenen Ableitung durchgeführt werden. Der dem Brown'schen Prozeß mit zeitvarianter Diffusion entsprechende **zeitvariante, weiße, gaußverteilte Rauschprozeß** hat dann die folgenden Parameter:

$$E\{w(t,\cdot) \cdot w(t',\cdot)\} = E\{w(t) \cdot w(t')\} = q(t) \cdot \delta(t-t') \qquad (4.115)$$

und:

$$E\{w(t,\cdot)\} = 0 \quad \text{für alle } t \in T \qquad (4.116)$$

4.4.2.2.3 Vektorielle Brown'sche Prozesse

Ein vektorieller Prozeß $\underline{\beta}(\cdot,\cdot)$ ist die konsequente Erweiterung eines skalaren Brown'schen Prozesses, der unabhängige, vektorielle, gaußverteilte Inkremente besitzt und im Fall zeitvarianter Diffusion beschrieben wird durch:

$$E\{\underline{\beta}(t)\} = \underline{0} \tag{4.117}$$

und

$$E\left\{[\underline{\beta}(t_2)-\underline{\beta}(t_1)]\cdot[\underline{\beta}(t_2)-\underline{\beta}(t_1)]^T\right\} = \int_{t_1}^{t_2} Q(t')\,dt' \text{ für } t_2 \geq t_1,\ t' \in T \tag{4.118}$$

$Q(\cdot)$ ist dabei positiv semidefinit und integrierbar, unabhängig von der Wahl von t_2, t_1. Diesem vektorwertigen Brown'schen Prozeß entspricht als formale Ableitung das vektorielle, gaußverteilte, weiße Rauschen mit zeitvarianten Parametern:

$$E\{\underline{w}(t)\} = \underline{0} \tag{4.119}$$

und

$$E\{\underline{w}(t)\cdot\underline{w}(t')^T\} = Q(t)\,\delta(t-t') \tag{4.120}$$

für alle t, $t' \in T$ und $Q(\cdot)$ positiv semidefinit. Der vektorielle Prozeß $\underline{\mathbf{w}}(\cdot,\cdot)$ ist ein unkorrelierter Prozeß in der Zeit, dies bedeutet nicht, daß die einzelnen Vektorkomponenten miteinander unkorreliert sind – im Gegenteil $Q(t)$ muß nicht von Diagonalgestalt sein.

4.5 Stochastische Integrale

Das Ziel dieses Unterpunktes ist die Formulierung eines geeigneten Integralbegriffes und der geeigneten 'Integrationstechnik', die es gestattet, einen Ausdruck der Form:

$$\int_{t_0}^{t_1} \phi(t,\tau)\, G(\tau)\, \underline{w}(\tau)\, d\tau \tag{4.121}$$

zu interpretieren und auszurechnen. Wenn man nun berücksichtigt, daß vektorielles, weißes Rauschen als die formale Ableitung eines vektoriellen Brown'schen Prozesses betrachtet werden kann, wobei gilt:

$$\underline{w}(t,\cdot) \overset{f}{=} \frac{d}{dt} \underline{\beta}(t,\cdot) \tag{4.122}$$

dann kann man durch Einsetzen von Gl. 4.122 in Gl. 4.121 folgern:

$$\int_{t_0}^{t_1} \phi(t,\tau)\, G(\tau)\, \underline{w}(\tau)\, d\tau \overset{f}{=} \int_{t_0}^{t_1} \phi(t,\tau)\, G(\tau) \frac{d}{d\tau} \underline{\beta}(\tau)\, d\tau = \int_{t_0}^{t_1} \phi(t,\tau)\, G(\tau)\, d\underline{\beta}(\tau) \tag{4.123}$$

In dieser Darstellung bedeutet das hochgestellte 'f' über dem Gleichheitszeichen die formale Gleichheit. In diesem Sinne kann das gesuchte Integral über das mit den Matrizen bewertete weiße Rauschen auf der linken Seite von Gl. 4.123 als die formale Darstellung des Integrales auf der rechten Seite von Gl. 4.123 interpretiert werden, welches ein Differential eines Brown'schen Prozesses enthält. Wenn es gelingt, das auf der rechten Seite von Gl. 4.123 stehende Integral zu definieren und zu lösen, ist damit über die formale Gleichheit auch das linke Integral interpretierbar und kann damit gelöst werden. Die Ableitung in diesem Unterpunkt lehnt sich an die Darstellung in /3/ an, bei der ein guter Kompromiß zwischen mathematischer Exaktheit und ingenieurhaftem Verständnis erreicht wurde.

Zur Lösung des in Gl. 4.123 beschriebenen Integrales betrachten wir zunächst das sogenannte skalare **Stochastische Integral**:

$$I(t,\cdot) \overset{\Delta}{=} \int_{t_0}^{t} a(\tau)\, d\beta(\tau,\cdot) \tag{4.124}$$

Das hochgestellte Δ über dem Gleichheitszeichen kennzeichnet hier und im folgenden eine definitionsgemäße Gleichheit der Ausdrücke links und rechts des Gleichheitszeichens.

Für jeden betrachteten Zeitpunkt $t \in T$ ist $I(t,\cdot)$ eine Zufallsvariable, so daß $I(\cdot,\cdot)$ ein stochastischer Prozeß ist. $a(\cdot)$ ist in dieser Ableitung eine deterministische Zeitfunktion, deren Eigenschaften im folgenden weiter spezifiziert werden. Die Interpretation und Definition dieses Integrales geht von einer Approximation durch 'Summen' und anschließender Grenzwertbetrachtung aus. Zunächst partitionieren wir das zu betrachtende Integrationsintervall $[t_0, t)$ in N, nicht notwendigerweise gleich große Teilintervalle. Mit der Annahme : $t_0 < t_1 < t_2 < \dots < t_N = t$ erhalten wir eine Aufteilung des Intervalls $[t_0, t)$ in N Teilintervalle, die durch:

$$[t_{i-1}, t_i)\ ,\ i=1,2,3,\dots N \tag{4.125}$$

gegeben sind. Wir definieren nun eine sogenannte 'einfache' Funktion $a_N(\cdot)$, die durch die Beziehungen:

$$a_N(t) = \begin{cases} a(t_0) & t \in [t_0, t_1) \\ a(t_1) & t \in [t_1, t_2) \\ \cdot & \\ \cdot & \\ a(t_{N-1}) & t \in [t_{N-1}, t_N) \end{cases} \tag{4.126}$$

bestimmt ist. $a_N(\cdot)$ ist damit eine stückweise konstante 'Treppen'funktion, die eine, je nach Intervallteilung, mehr oder weniger gute Approximation einer gegebenen Funktion $a(\cdot)$ darstellt. Abbildung 4.7 stellt ein Beispiel für eine derartige Approximation dar.

Mit dieser einfachen Treppenfunktion $a_N(\cdot)$ kann nun das stochastische Integral $I_N(t,\cdot)$ als mit den Funktionswerten gewichtete Summe der N unabhängigen Inkrementzufallsvariablen des Brown'schen Prozesses definiert werden:

$$I_N(t,\cdot) \stackrel{\Delta}{=} \sum_{i=0}^{N-1} a_N(t_i)\,[\beta(t_{i+1},\cdot) - \beta(t_i,\cdot)] \stackrel{\Delta}{=} \int_{t_0}^{t} a_N(\tau)\, d\beta(\tau,\cdot) \tag{4.127}$$

$I_N(t,\cdot)$ besteht zu jedem Zeitpunkt aus einer gewichteten Summe von unabhängigen, gaußverteilten Zufallsvariablen, deshalb ist $I_N(t,\cdot)$ selbst eine gaußverteilte Zufallsvariable.

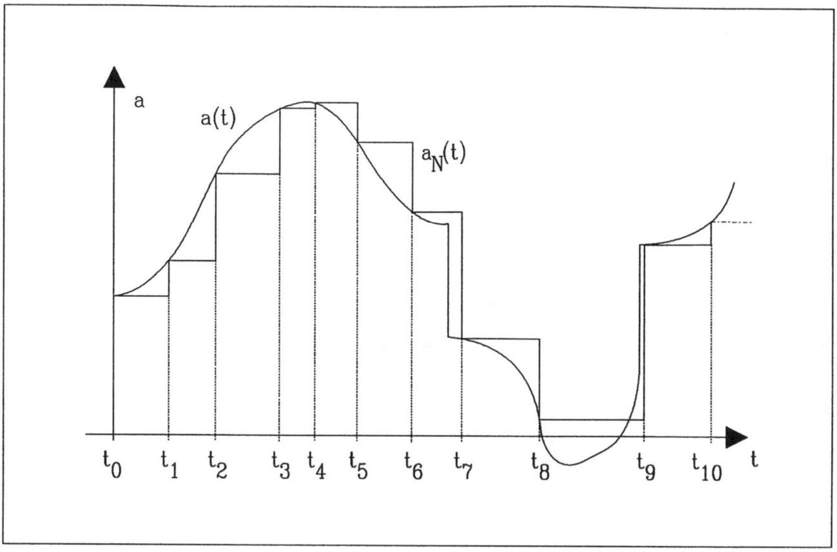

Bild 4.7: Approximation einer stückweise stetigen Funktion $a(\cdot)$ durch eine einfache Treppenfunktion $a_N(\cdot)$

Für den Erwartungswert von $I_N(t,\cdot)$ berechnen wir:

$$E\{I_N(t)\} = E\Big\{\sum_{i=0}^{N-1} a_N(t_i)\,[\beta(t_{i+1},\cdot) - \beta(t_i,\cdot)]\Big\}$$

$$= \sum_{i=0}^{N-1} a_N(t_i)\, E\{[\beta(t_{i+1},\cdot) - \beta(t_i,\cdot)]\} = 0 \tag{4.128}$$

wobei ausgenutzt wurde, daß $a_N(\cdot)$ eine deterministische Funktion ist, und die Reihenfolge von Erwartungswertbildung und Summation wegen der Linearität vertauscht werden kann. Außerdem wurde ausgenutzt, daß die Inkrementzufallsvariablen eines Brown'schen Prozesses erwartungswertfrei sind. Für die Varianz des stochastischen Integrales schreiben wir:

$$E\{I_N(t)^2\} = E\Big\{\Big[\sum_{i=0}^{N-1} a_N(t_i)\cdot[\beta(t_{i+1},\cdot) - \beta(t_i,\cdot)]\Big]^2\Big\}$$

$$= E\left\{ \sum_{i=0}^{N-1} \sum_{j=0}^{N-1} a_N(t_i) \cdot [\beta(t_{i+1},\cdot) - \beta(t_i,\cdot)] \cdot a_N(t_j) \cdot [\beta(t_{j+1},\cdot) - \beta(t_j,\cdot)] \right\}$$

$$= \sum_{i=0}^{N-1} \sum_{j=0}^{N-1} a_N(t_i) \cdot a_N(t_j) \cdot E\left\{ [\beta(t_{i+1},\cdot) - \beta(t_i,\cdot)] \cdot [\beta(t_{j+1},\cdot) - \beta(t_j,\cdot)] \right\} \qquad (4.129)$$

Da die N Teilintervalle disjunkt sind, sind die Inkrementzufallsvariablen in Gl. 4.129 unabhängig, so daß die Erwartungswerte in Gl. 4.129 für $i \neq j$ verschwinden. Dadurch reduziert sich die Doppelsumme auf eine Einfachsumme mit $i=j$, und wir erhalten:

$$E\{I_N(t)^2\} = \sum_{i=0}^{N-1} a_N(t_i)^2 \cdot E\left\{ [\beta(t_{i+1},\cdot) - \beta(t_i,\cdot)]^2 \right\} = \sum_{i=0}^{N-1} a_N(t_i)^2 \cdot \int_{t_i}^{t_{i+1}} q(\tau)\, d\tau \qquad (4.130)$$

wobei ein Brown'scher Prozeß mit zeitvarianter Diffusion nach Gl. 4.114 angenommen wurde. Der Ausdruck $a_N(t_i)$ kann nach Gleichung 4.126 im jeweiligen Integrationsintervall durch $a(t)$ ersetzt und unter das Integral gezogen werden, so daß wir aus Gl. 4.130 folgern können:

$$E\{I_N(t)^2\} = \sum_{i=0}^{N-1} \int_{t_i}^{t_{i+1}} a_N(t)^2 q(t)\, dt = \int_{t_0}^{t} a_N(\tau)^2 q(\tau)\, d\tau \qquad (4.131)$$

wobei allerdings verlangt werden muß, daß das Integral $\int_{t_0}^{t} a_N(\tau)^2 q(\tau)\, d\tau$ konvergiert.

Hiermit ist es gelungen, die statistischen Eigenschaften des stochastischen Integrals für die einfache Treppenfunktion $a_N(\cdot)$ zu berechnen. Die Ergebnisse sollen nun weiter benutzt werden, um das stochastische Integral für stückweise stetige Funktionen $a(\cdot)$ als Grenzwert der in Gl. 4.127 beschriebenen Summe zu definieren und seine statistischen Eigenschaften zu berechnen. Dazu wollen wir, wie angedeutet, die Summendarstellung von Gl. 4.127 benutzen und den Grenzwert für $N \to \infty$ betrachten. Wir betrachten dazu die Menge deterministischer Funktionen $a(\cdot)$, die auf dem Intervall $[t_0,t)$ definiert sind und deren Integral $\int_{t_0}^{t} a^2(\tau)\cdot q(\tau)\, d\tau$ endlich ist für stückweise stetige Funktionen $q(\cdot)$. Man kann zeigen, daß diese Menge von Funktionen $a(\cdot)$ einen Hilbert–Funktionenraum bildet. (Ein Hilbert–Raum ist ein vollständiger Raum von Zahlen oder von Funktionen, in dem ein Skalarprodukt existiert (das Skalarprodukt muß dabei entsprechend definiert werden), und in dem die Norm eines Elementes (einer Zahl oder einer Funktion) und das Skalarprodukt über folgende Beziehung verknüpft sind: $\|x\| = \sqrt{(x,x)}$.). Das Normquadrat des Abstandes zweier Funktionen $a_N(\cdot)$ und $a_P(\cdot)$ im Intervall $[t_0,t)$ ist dann durch das Skalarprodukt gegeben:

$$\|a_N - a_P\|^2 = \int_{t_0}^{t} [a_N(\tau) - a_P(\tau)]^2\cdot q(\tau)\, d\tau \tag{4.132}$$

Wenn nun $a(\cdot)$ eine derartige Funktion ist, kann man zeigen, daß $a(\cdot)$ durch eine einfache Treppenfunktion $a_K(\cdot)$, wie in Gl. 4.126 definiert, so approximiert werden kann, daß gilt:

$$\lim_{K\to\infty} \|a - a_K\|^2 = \lim_{K\to\infty} \int_{t_0}^{t} [a(\tau) - a_K(\tau)]^2\cdot q(\tau)\, d\tau = 0 \tag{4.133}$$

Dabei stellen die Differenzenfunktionen $(a(\cdot) - a_k(\cdot))$ (k=1,2,3,4 ...) Folgenglieder einer Sequenz von Differenzenfunktionen dar, wobei jedem Folgenelement $(a(\cdot) - a_k(\cdot))$ durch das Normquadrat $\|a - a_k\|^2$ eine positive reelle Zahl zugeordnet wird. Dadurch entsteht zu jeder Folge von Differenzenfunktionen $(a(\cdot) - a_k(\cdot))$ (k=1,2,3,4 ...) eine Folge von Normquadraten $\|a - a_k\|^2$ (k=1,2,3,4 ...). Eine notwendige und hinreichende Bedingung für die Konvergenz der Folge der Differenzenfunktionen ist, daß für eine beliebige positive reelle Zahl ϵ eine Ordnungszahl n_0 so angeben werden kann, daß für alle $i>n_0$ und alle $j>n_0$ das Normquadrat $\|a_i - a_j\|^2$ des Abstandes zweier Approximationsfunktionen $a_i(\cdot)$ und $a_j(\cdot)$ kleiner ist als diese positive reelle Schranke ϵ, d.h. $\|a_i - a_j\|^2 < \epsilon$. Die Sequenz der Funktionen $a_k(\cdot)$ heißt dann Cauchy–Sequenz und konvergiert gegen die Funktion $a(\cdot)$, die auch zum Hilbert–Raum der Funktionen $a_N(\cdot)$ gehört, da jeder Hilbert–Raum ein vollständiger Raum ist. Umgekehrt kann aus der Vollständigkeit des Hilbert–Raums der Funktionen $a_N(\cdot)$ gefolgert werden, daß eine Grenzwertfunktion $a(\cdot)$, wie in Gl. 4.133 beschrieben, existiert.

Definiert man nun ein weiteres stochastisches Integral mit einer Treppenfunktion $a_P(\cdot)$, welche auf einer Intervallteilung des Intervalles $[t_0,t)$ in P Teilintervalle beruht (analog zu Gl. 4.126) mit:

$$I_P(t,\cdot) \stackrel{\Delta}{=} \sum_{i=0}^{P-1} a_P(t_i)\cdot[\beta(t_{i+1},\cdot)-\beta(t_i,\cdot)] \stackrel{\Delta}{=} \int_{t_0}^{t} a_P(\tau)\,d\beta(\tau,\cdot) \tag{4.134}$$

kann man für die Differenz der stochastischen Integrale $I_N(t,\cdot) - I_P(t,\cdot)$ aus Gl. 4.127 und Gl. 4.134 folgern:

$$I_N(t)-I_P(t) = \sum_{i=0}^{N-1} a_N(t_i)\cdot[\beta(t_{i+1})-\beta(t_i)] - \sum_{j=0}^{P-1} a_P(t_j)\cdot[\beta(t_{j+1})-\beta(t_j)] \tag{4.135}$$

$a_N(\cdot)$ und $a_P(\cdot)$ sind Treppenfunktionen und damit stückweise konstant. Die Differenzfunktion von zwei Treppenfunktionen mit N, bzw. P 'Treppenstufen' ist ebenfalls wieder eine Treppenfunktion mit maximal N+P 'Treppenstufen'.Damit kann man schreiben:

$$I_N(t)-I_P(t) = \sum_{k=0}^{K-1} (a_N(t_k)-a_P(t_k))\cdot[\beta(t_{k+1})-\beta(t_k)] \tag{4.136a}$$

Daraus folgt mit der definierten formalen Schreibweise nach Gl. 4.127 oder 4.134:

$$I_N(t)-I_P(t) = \int_{t_0}^{t} [a_N(\tau)-a_P(\tau)]\,d\beta(\tau) \tag{4.136b}$$

Hiermit ist die Differenz zweier stochastischer Integrale mit stückweise konstanten Funktionen definiert. Betrachtet man nun den quadratischen Erwartungswert der Integraldifferenz nach Gl. 4.136b, erhält man:

$$E\{[I_N(t)-I_P(t)]^2\} = E\left\{\left[\int_{t_0}^{t} [a_N(\tau)-a_P(\tau)]\,d\beta(\tau)\right]^2\right\} \tag{4.137}$$

Die Differenz der Treppenfunktionen $a_N(\cdot)$ und $a_P(\cdot)$ ist ebenfalls eine Treppenfunktion, so daß man bei der weiteren Umformung auf die Überlegungen, die zur Ableitung der Gl. 4.129 – 4.131 geführt haben, zurückgreifen kann und schließlich als Endergebnis analog zu Gl 4.131 erhält:

$$E\{[I_N(t) - I_P(t)]^2\} = \int_{t_0}^{t} [a_N(\tau) - a_P(\tau)]^2 \cdot q(\tau)\, d\tau \qquad (4.138)$$

Zu jedem Zeitpunkt t ist die Differenz zweier stochastischer Integrale eine Zufallsvariable mit einer Leistung, die durch Gl. 4.138 gegeben ist. Ferner kann man festhalten, daß wegen der Erwartungswertfreiheit der stochastischen Integrale nach Gl. 4.128 auch die Differenz zweier Integrale erwartungswertfrei ist. Unter der Voraussetzung endlicher zweiter Momente kann man dann in Verbindung mit der Erwartungswertfreiheit einen Hilbert–Raum von Zufallsvariablen $I(t,\cdot)$ definieren, in dem der 'Abstand' zweier Zufallsvariablen $I_N(t,\cdot)$ und $I_P(t,\cdot)$ als die Norm ihrer Differenz $||I_N(t) - I_P(t)||$ definiert ist, wobei gilt:

$$||I_N(t) - I_P(t)||^2 = E\{[I_N(t) - I_P(t)]^2\} \qquad (4.139)$$

Zusammen mit Gl. 4.138 folgt daraus:

$$||I_N(t) - I_P(t)||^2 = \int_{t_0}^{t} [a_N(\tau) - a_P(\tau)]^2\, q(\tau)\, d\tau \qquad (4.140)$$

Dies ist ein deterministisches Distanzmaß analog zu Gl. 4.132. Um jetzt die vorangegangene Grenzwert– und Konvergenzargumentation übernehmen zu können, teilen wir das gegebene Intervall $[t_0,t)$ in immer mehr Teilintervalle auf und erhalten somit mit steigender Teilintervallzahl N_i eine Folge immer feiner werdender Intervallteilungen. Für jede Intervallteilung können wir eine Approximationsfunktion $a_{Ni}(\cdot)$ von $a(\cdot)$ angeben, mit der wir ein stochastisches Integral $I_{Ni}(t,\cdot)$ definieren können. Damit erhalten wir eine der Sequenz von Approximationsfunktion $a_{Ni}(\cdot)$ entsprechende Sequenz von stochastischen Integralen: $I_{N1}(t,\cdot)$, $I_{N2}(t,\cdot)$, ..., wobei die stochastischen Integrale mit steigendem Index auf feiner werdenden Intervallteilungen und damit besseren Approximationsfunktionen $a_{Ni}(\cdot)$ beruhen. Die Sequenz der stochastischen Integrale bildet dann eine Cauchy–Sequenz und konvergiert gegen ein stochastisches Integral $I(t,\cdot)$, welches durch:

$$\lim_{N\to\infty} ||I(t) - I_N(t)||^2 = \lim_{N\to\infty} E\{[I(t) - I_N(t)]^2\} = 0 \qquad (4.141)$$

gegeben ist. Damit ist das stochastische Integral I(t,·) als Grenzwert der Sequenz $I_N(t,\cdot)$ im quadratischen Mittel definiert, und wir können damit schreiben:

$$I(t,\cdot) = \int_{t_0}^{t} a(\tau)\, d\beta(\tau) \overset{\Delta}{=} \underset{N\to\infty}{\text{l.i.m.}}\, I_N(t,\cdot) \overset{\Delta}{=} \underset{N\to\infty}{\text{l.i.m.}} \int_{t_0}^{t} a_N(\tau)\, d\beta(\tau) \tag{4.142}$$

für stückweise stetige Funktionen a(·).

Brown'sche Zufallsvariablen β(t,·) sind gaußverteilt, und da das stochastische Integral I(t,·) als Grenzwert einer Summe abgeleitet wurde, ist es ebenfalls eine gaußverteilte Zufallsvariable mit einem Erwartungswert von:

$$E\{I(t)\} = \lim_{N\to\infty} E\{I_N(t)\} = 0 \tag{4.143}$$

Die Kovarianz ist gegeben durch:

$$E\{I(t)^2\} = \lim_{N\to\infty} E\{I_N(t)^2\} = \lim_{N\to\infty} \int_{t_0}^{t} a_N(\tau)^2 \cdot q(\tau) d\tau = \int_{t_0}^{t} \lim_{N\to\infty} a_N(\tau)^2 \cdot q(\tau) d\tau$$

$$= \int_{t_0}^{t} a(\tau)^2 \cdot q(\tau)\, d\tau \tag{4.144}$$

4.5.1 Eigenschaften stochastischer Integrale

In diesem Unterpunkt sollen einige Eigenschaften von stochastischen Integralen angegeben werden. Auf die Ableitung dieser Regeln wird an dieser Stelle bewußt aus Platzgründen verzichtet. Bei der Ableitung benötigt man außer der definierenden Summengrenzwertdarstellung des stochastischen Integrales nur die Linearitätseigenschaften von Summation und Grenzwertbildung, sowie die Assoziativ–, Kommutativ– und Distributivgesetze für Addition und Multiplikation. Stochastische Integrale besitzen die gleichen Linearitätseigenschaften wie gewöhnliche Integrale. Es gilt:

$$\int_{t_0}^{t_2} a(\tau)\, d\beta(\tau) = \int_{t_0}^{t_1} a(\tau)\, d\beta(\tau) + \int_{t_1}^{t_2} a(\tau)\, d\beta(\tau) \qquad (4.145a)$$

$$\int_{t_0}^{t} [a_1(\tau) + a_2(\tau)]\, d\beta(\tau) = \int_{t_0}^{t} a_1(\tau)\, d\beta(\tau) + \int_{t_0}^{t} a_2(\tau)\, d\beta(\tau) \qquad (4.145b)$$

$$\int_{t_0}^{t} a(\tau)\, d[\beta_1(\tau)+\beta_2(\tau)] = \int_{t_0}^{t} a(\tau)\, d\beta_1(\tau) + \int_{t_0}^{t} a(\tau)\, d\beta_2(\tau) \qquad (4.145c)$$

$$\int_{t_0}^{t} c\cdot a(\tau) d\beta(\tau) = c\cdot \int_{t_0}^{t} a(\tau) d\beta(\tau) = \int_{t_0}^{t} a(\tau) d(c\beta(\tau)) \qquad (4.145d)$$

Es gilt auch die partielle Integrationsregel /3/:

$$\int_{t_0}^{t} a(\tau)\, d\beta(\tau) = a(\tau)\cdot \beta(\tau)\Big|_{t_0}^{t} - \int_{t_0}^{t} \beta(\tau)\, da(\tau) \qquad (4.146)$$

wobei das letzte Integral ein sogenanntes 'Stieltjes'–Integral darstellt. Dabei wird über eine Musterfunktion des Prozesses $\beta(\cdot\,,\cdot)$ integriert. Das Integral existiert, wenn $a(\cdot)$ von begrenzter Variation ist. Wenn $a(\cdot)$ stetig differenzierbar im betrachteten Intervall ist, kann man schreiben:

$$\dot{a}(t) = \frac{d}{dt}\, a(t) \qquad (4.147a)$$

woraus sich aber:

$$da(t) = \dot{a}(t)\cdot dt \qquad (4.147b)$$

ergibt. Durch Einsetzen dieser Gleichung erhält man dann für das Stieltjes–Integral:

$$\int_{t_0}^{t} \beta(\tau)\, da(\tau) = \int_{t_0}^{t} \beta(\tau)\, \dot{a}(\tau)\, d\tau \tag{4.147c}$$

Damit kann das Stieltjes–Integral auf ein gewöhnliches Riemann–Integral zurückgeführt werden. Man kann das stochastische Integral auch als stochastischen Prozeß $\mathbf{I}(\cdot,\cdot)$ betrachten und seine Stetigkeitseigenschaften untersuchen, ähnlich den Überlegungen bei der Betrachtung Brown'scher Prozesse. Das stochastische Integral ist z.B. stetig im quadratischen Mittel, wie man aus der folgenden Ableitung ersieht:

$$E\{[I(t_2) - I(t_1)]^2\} = E\left\{\left[\int_{t_0}^{t_2} a(\tau)\, d\beta(\tau) - \int_{t_0}^{t_1} a(\tau)\, d\beta(\tau)\right]^2\right\} = E\left\{\left[\int_{t_1}^{t_2} a(\tau)\, d\beta(\tau)\right]^2\right\} \tag{4.148}$$

Durch Anwendung von Gl. 4.142 und Gl. 4.144 ergibt sich dann aus Gl. 4.148:

$$E\{[I(t_2) - I(t_1)]^2\} = \int_{t_1}^{t_2} a(\tau)^2 \cdot q(\tau)\, d\tau \tag{4.149}$$

Für den Grenzwert von Gl. 4.149 erhält man nun:

$$\lim_{t_2 \downarrow t_1} E\{[I(t_2) - I(t_1)]^2\} = \lim_{t_2 \to t_1} \int_{t_1}^{t_2} a(\tau)^2 \cdot q(\tau)\, d\tau = 0 \tag{4.150a}$$

Damit kann man schreiben:

$$\underset{t_2 \downarrow t_1}{\text{l.i.m.}}\; I_2(t) = I_1(t) \tag{4.150b}$$

Daraus folgt sofort die Stetigkeit in Wahrscheinlichkeit.

Zusammenhang zwischen stochastischen Integralen und Brown'schen Prozessen

Wir betrachten nun zwei disjunkte Zeitintervalle $(t_1, t_2]$ und $(t_3, t_4]$ und die Differenzen der stochastischen Integrale:

$$[I(t_2) - I(t_1)] = \int_{t_1}^{t_2} a(\tau) d\beta(\tau) \text{ und } [I(t_4) - I(t_3)] = \int_{t_3}^{t_4} a(\tau) d\beta(\tau) \tag{4.151}$$

Da die betrachteten Intervalle disjunkt sind, sind die Inkremente des Brown'schen Prozesses $\beta(\cdot,\cdot)$ im Intervall $(t_1, t_2]$ unabhängig von den Inkrementen im Intervall $(t_3, t_4]$. Die betrachteten Integraldifferenzen in Gleichung 4.151 werden nun definitionsgemäß als Grenzwerte der Summen aller Brown'schen Inkremente in den jeweiligen Zeitintervallen berechnet, damit sind auch die Integraldifferenzen $\delta_{I2} = [I(t_2) - I(t_1)]$ und $\delta_{I4} = [I(t_4) - I(t_3)]$ unabhängig. Damit ist $I(\cdot,\cdot)$ selbst ein Prozeß mit unabhängigen, gaußverteilten und erwartungswertfreien Inkrementen. Berechnet man weiter die Leistung der Differenz von zwei Brown'schen Zufallsvariablen $\beta(t_2,\cdot) - \beta(t_1,\cdot)$, $(t_2>t_1)$, die einem Brown'schen Prozeß mit zeitvarianter Diffusion entnommen sind, erhält man mit Gl. 4.109:

$$E\{(\beta(t_2)-\beta(t_1))^2\} = E\{(\beta(t_2)^2\} - 2\cdot E\{\beta(t_1)\beta(t_2)\} + E\{\beta(t_1)^2\}$$

$$= \int_{t_0}^{t_2} q(\tau)d\tau - 2\cdot \int_{t_0}^{t_1} q(\tau)d\tau + \int_{t_0}^{t_1} q(\tau)d\tau = \int_{t_1}^{t_2} q(\tau)d\tau \tag{4.152}$$

Es fällt auf, daß die Gleichungen 4.149 und 4.152 von derselben Form sind – Gleichung 4.149 kann offensichtlich als reskalierte Form von Gl. 4.152 aufgefaßt werden. Weiterhin stellt Gl. 4.144 eine reskalierte Form der Gleichung für die Varianz eines Brown'schen Prozesses mit zeitvarianter Diffusion dar:

$$E\{\beta(t)^2\} = \int_{t_0}^{t} q(\tau)\, d\tau \tag{4.153}$$

Damit besitzt das stochastische Integral die gleichen Eigenschaften wie ein Brown'scher Prozeß, es ist damit selbst ein Brown'scher Prozeß, allerdings, wie ein Vergleich von

Gl. 4.144 mit Gl. 4.153 oder von Gl. 4.149 mit Gl. 4.152 offenbart, mit reskalierter zeitabhängiger Diffusion. Damit besitzt das stochastische Integral auch alle weiteren zuvor abgeleiteten Eigenschaften Brown'scher Prozesse.

4.5.2 Vektorielle stochastische Integrale

Dem vektoriellen Brown'schen Prozeß entspricht das vektorielle stochastische Integral $\underline{I}(\cdot,\cdot)$ in der gleichen Weise, wie der skalare Brown'sche Prozeß dem skalaren stochastischen Integral entspricht. Das vektorielle stochastische Integral kann damit als vektorieller Brown'scher Prozeß mit reskalierter Diffusionsmatrix aufgefaßt werden. Für vektorielle Brown'sche Prozesse $\underline{\beta}(\cdot,\cdot)$ mit zeitvarianter Diffusion gilt:

$$E\{\underline{\beta}(t)\} = \underline{0} \tag{4.154}$$

$$E\{[\underline{\beta}(t_2)-\underline{\beta}(t_1)]\cdot[\underline{\beta}(t_2)-\underline{\beta}(t_1)]^T\} = \int_{t_1}^{t_2} Q(\tau)\, d\tau \tag{4.155}$$

wobei $t_2>t_1$ angenommen wird und $Q(\cdot)$ eine positiv semidefinite, symmetrische Matrix für alle $t\in T$ ist. Ferner wird $Q(\cdot)$ als mindestens stückweise stetig angenommen. Wenn jetzt eine stückweise stetige, zeitvariante $[n\times l]$–Matrix $A(\cdot)$ gegeben ist, kann man mit dem l–dimensionalen Brown'schen Prozeß $\underline{\beta}(\cdot,\cdot)$ ein vektorielles, stochastisches Integral definieren:

$$\underline{I}(t,\cdot) = \int_{t_0}^{t} A(\tau)\, d\beta(\tau) \overset{\Delta}{=} \underset{N\to\infty}{\mathrm{l.i.m.}}\, \underline{I}_N(t,\cdot) = \underset{N\to\infty}{\mathrm{l.i.m.}} \int_{t_0}^{t} A_N(\tau)\, d\beta(\tau) \tag{4.156}$$

Der Zufallsvektor $\underline{I}(t,\cdot)$ ist ein gauß'scher, n–dimensionaler Zufallsvektor mit Erwartungswert und Kovarianz:

$$E\{\underline{I}(t)\} = \underline{0} \tag{4.157}$$

$$E\{[\underline{I}(t_2)-\underline{I}(t_1)]\cdot[\underline{I}(t_2)-\underline{I}(t_1)]^T\} = \int_{t_1}^{t_2} A(\tau)\cdot Q(\tau)\cdot A(\tau)^T\, d\tau \tag{4.158}$$

$$E\{\underline{I}(t)\cdot\underline{I}(t)^T\} = \int_{t_1}^{t} A(\tau)\cdot Q(\tau)\cdot A(\tau)^T\, d\tau \tag{4.159}$$

wobei bei der Herleitung zusätzlich zur Ableitung für den skalaren Fall nur die Matrixrechenregeln zu beachten sind. Das skalare Distanzmaß zweier stochastischer Integrale verallgemeinert sich im vektoriellen Fall zu:

$$\begin{aligned} \|\underline{I}_N(t)-\underline{I}_P(t)\|^2 &= \mathrm{tr}\, E\{[\underline{I}_N(t)-\underline{I}_P(t)]\cdot[\underline{I}_N(t)-\underline{I}_P(t)]^T\} \\ &= E\{[\underline{I}_N(t)-\underline{I}_P(t)]^T\cdot[\underline{I}_N(t)-\underline{I}_P(t)]\} \end{aligned} \tag{4.160}$$

wobei tr den Trace–Operator kennzeichnet und damit die Spur einer Matrix berechnet.

Auch das vektorielle, stochastische Integral ist damit ein vektorieller Brown'scher Prozeß mit reskalierter Diffusion und besitzt damit die bekannten Eigenschaften Brown'scher Prozesse.

4.6 Stochastische Differentiale

Mit den in den vorangegangenen Unterpunkten eingeführten stochastischen Intergralen können nun auch stochastische Differentiale eingeführt und interpretiert werden. Es sei ein stochastisches Integral $I(\cdot,\cdot)$ gegeben mit:

$$\underline{I}(t,\cdot) = \int_{t_0}^{t} A(\tau)\, d\underline{\beta}(\tau,\cdot) = \int_{t_0}^{t_1} A(\tau)\, d\underline{\beta}(\tau,\cdot) + \int_{t_1}^{t} A(\tau)\, d\underline{\beta}(\tau,\cdot) = \underline{I}(t_1,\cdot) + \int_{t_1}^{t} A(\tau)\, d\underline{\beta}(\tau,\cdot) \tag{4.161}$$

Umgeformt ergibt sich aus Gl. 4.161:

$$\underline{I}(t,\cdot) - \underline{I}(t_1,\cdot) = \int_{t_1}^{t} A(\tau)\, d\underline{\beta}(\tau,\cdot) \stackrel{\Delta}{=} \int_{t_1}^{t} d\underline{I}(\tau,\cdot) \tag{4.162}$$

Der in Gl. 4.162 auftretende Ausdruck $dI(t,\cdot)$ definiert ein stochastisches Differential in der Weise, daß das stochastische Differential, integriert über ein Zeitintervall von t_1 bis t, die Zufallsvariable $[\underline{I}(t,\cdot) - \underline{I}(t_1,\cdot)]$ ergibt. Für das stochastische Differential ergibt sich damit aus Gl. 4.162:

$$d\underline{I}(\tau,\cdot) = A(\tau)\, d\underline{\beta}(\tau,\cdot) \tag{4.163}$$

Gleichung 4.162 führt damit das stochastische Differential auf ein stochastisches Integral zurück. Gl. 4.163 stellt somit keine Definition des Differentials im Sinne einer Ableitung dar, da Brown'sche Prozesse ja bekanntermaßen nicht differenzierbar sind.

4.6.1 Stochastisches Differential eines Produktes einer deterministischen Zeitfunktion und eines stochastischen Integrals

Multipliziert man ein stochastisches Integral $\underline{s}(\cdot,\cdot)$ mit einer deterministischen Zeitfunktion $D(\cdot)$, so ist das Ergebnis wieder ein Brown'scher Prozeß, der durch ein stochastisches Integral und ein stochastisches Differential beschrieben werden kann. Wir betrachten also das stochastische Integral:

$$\underline{s}(t) = \underline{s}(t_0) + \int_{t_0}^{t} A(\tau)\, d\underline{\beta}(\tau) \tag{4.164}$$

Die deterministische Matrix D(·) bestehe aus differenzierbaren Zeitfunktionen $d_{ij}(\cdot)$, so daß durch die Matrixmultiplikation der Matrix D(·) mit dem Prozeß $\underline{s}(\cdot,\cdot)$ ein Prozeß $\underline{y}(\cdot,\cdot)$ gebildet werden kann mit:

$$\underline{y}(t,\cdot) = D(t)\cdot \underline{s}(t,\cdot) \tag{4.165a}$$

Zu jedem Zeitpunkt $t \in T$ ist damit $\underline{y}(t,\cdot)$ eine vektorielle Zufallsvariable, die aus der Multiplikation der Zufallsvariablen $\underline{s}(t,\cdot)$ mit der deterministischen Matrix D(t) entsteht. In der vereinfachten Schreibweise lautet dieser Zusammenhang:

$$\underline{y}(t) = D(t)\cdot \underline{s}(t) \tag{4.165b}$$

Zur Berechnung des Differentials partitionieren wir das Intervall $[t_0,t)$ in N Teilintervalle, so daß wir für $\underline{s}(t)$ und D(t) mit der Konvention $t_N=t$ folgende Inkrementalschreibweise angeben können:

$$\underline{s}(t) = \underline{s}(t_0) + \sum_{i=0}^{N-1} [\underline{s}(t_{i+1}) - \underline{s}(t_i)] \tag{4.166a}$$

$$D(t) = D(t_0) + \sum_{i=0}^{N-1} [D(t_{i+1}) - D(t_i)] \tag{4.166b}$$

Setzt man die Gleichungen 4.166a und 4.166b nun in Gleichung 4.165b ein erhält man:

$$D(t)\cdot \underline{s}(t) = \left[D(t_0) + \sum_{i=0}^{N-1} [D(t_{i+1}) - D(t_i)]\right] \cdot \left[\underline{s}(t_0) + \sum_{i=0}^{N-1} [\underline{s}(t_{i+1}) - \underline{s}(t_i)]\right] \tag{4.167}$$

Ausmultiplizieren dieser Gleichung ergibt 4 Summanden:

$$D(t)\cdot \underline{s}(t) =$$

$$D(t_0)\cdot \underline{s}(t_0) + D(t_0)\cdot \left[\sum_{i=0}^{N-1} [\underline{s}(t_{i+1}) - \underline{s}(t_i)]\right] + \left[\sum_{i=0}^{N-1} [D(t_{i+1}) - D(t_i)]\right] \cdot \underline{s}(t_0)$$

$$+ [D(t_N) - D(t_0)]\,[\underline{s}(t_N) - \underline{s}(t_0)] \tag{4.168}$$

Durch gleichzeitige Addition und Subtraktion von $\left[\sum_{i=0}^{N-1} D(t_i)\cdot [\underline{s}(t_{i+1}) - \underline{s}(t_i)]\right]$ und von $\left[\sum_{i=0}^{N-1} [D(t_{i+1}) - D(t_i)]\cdot \underline{s}(t_{i+1})\right]$ ändert sich nichts an Gleichung 4.168, aber man kann schreiben:

$$
\begin{aligned}
D(t)\cdot \underline{s}(t) = {} & \\
& D(t_0)\cdot \underline{s}(t_0) + D(t_0)\cdot \left[\sum_{i=0}^{N-1} [\underline{s}(t_{i+1}) - \underline{s}(t_i)]\right] \\
& + \left[\sum_{i=0}^{N-1} D(t_i)\cdot [\underline{s}(t_{i+1}) - \underline{s}(t_i)]\right] - \left[\sum_{i=0}^{N-1} D(t_i)\cdot [\underline{s}(t_{i+1}) - \underline{s}(t_i)]\right] \\
& + \left[\sum_{i=0}^{N-1} [D(t_{i+1}) - D(t_i)]\right]\cdot \underline{s}(t_0) + \left[\sum_{i=0}^{N-1} [D(t_{i+1}) - D(t_i)]\cdot \underline{s}(t_{i+1})\right] \\
& - \left[\sum_{i=0}^{N-1} [D(t_{i+1}) - D(t_i)]\cdot \underline{s}(t_{i+1})\right] + [D(t_N) - D(t_0)]\,[\underline{s}(t_N) - \underline{s}(t_0)]
\end{aligned}
\tag{4.169}
$$

Durch Umordnen erhält man mit den Identitäten:

$$\left[\sum_{i=0}^{N-1} [D(t_{i+1}) - D(t_i)]\right] = D(t_N) - D(t_0) \tag{4.170a}$$

und:

$$\left[\sum_{i=0}^{N-1} [\underline{s}(t_{i+1}) - \underline{s}(t_i)]\right] = \underline{s}(t_N) - \underline{s}(t_0) \tag{4.170b}$$

aus Gl. 4.169 das wichtige Zwischenergebnis:

$$D(t)\cdot \underline{s}(t) =$$

$$\left[\sum_{i=0}^{N-1} D(t_i)\cdot [\underline{s}(t_{i+1}) - \underline{s}(t_i)]\right] + \left[\sum_{i=0}^{N-1} [D(t_{i+1}) - D(t_i)]\cdot \underline{s}(t_{i+1})\right]$$

$$+ D(t_0)\cdot \underline{s}(t_0) + D(t_0)\cdot [\underline{s}(t_N) - \underline{s}(t_0)] + [D(t_N) - D(t_0)]\cdot \underline{s}(t_0)$$

$$+ [D(t_N) - D(t_0)]\,[\underline{s}(t_N) - \underline{s}(t_0)]$$

$$+ \sum_{i=0}^{N-1} D(t_i)\cdot \underline{s}(t_{i+1}) - \sum_{i=0}^{N-1} D(t_i)\cdot \underline{s}(t_{i+1})$$

$$+ \sum_{i=0}^{N-1} D(t_i)\cdot \underline{s}(t_i) - \sum_{i=0}^{N-1} D(t_{i+1})\cdot \underline{s}(t_{i+1}) \qquad (4.171a)$$

Durch geeignetes Zusammenfassen ergibt sich:

$$D(t)\cdot \underline{s}(t) =$$

$$D(t_0)\cdot \underline{s}(t_0) + \left[\sum_{i=0}^{N-1} D(t_i)\cdot [\underline{s}(t_{i+1}) - \underline{s}(t_i)]\right] + \left[\sum_{i=0}^{N-1} [D(t_{i+1}) - D(t_i)]\cdot \underline{s}(t_{i+1})\right]$$

$$- D(t_0)\cdot \underline{s}(t_0) + D(t_N)\cdot \underline{s}(t_N) + \sum_{i=0}^{N-1} D(t_i)\cdot \underline{s}(t_i) - \sum_{i=0}^{N-1} D(t_{i+1})\cdot \underline{s}(t_{i+1}) \qquad (4.171b)$$

Durch Zusammenfassen der letzten 4 Summanden in Gl. 4.171b erhalten wir dann abschließend:

$$D(t)\cdot \underline{s}(t) =$$

$$D(t_0)\cdot \underline{s}(t_0) + \left[\sum_{i=0}^{N-1} D(t_i)\cdot [\underline{s}(t_{i+1}) - \underline{s}(t_i)]\right] + \left[\sum_{i=0}^{N-1} [D(t_{i+1}) - D(t_i)]\cdot \underline{s}(t_{i+1})\right] \qquad (4.171c)$$

als Endergebnis.

$D(\cdot)$ wurde als differenzierbar angenommen, so daß die zweite Summe in Gl. 4.171c mit

Hilfe des Mittelwertsatzes umgeformt werden kann. Es gilt dann nämlich:

$$D(t_{i+1}) - D(t_i) = \dot{D}(t_i') \cdot [t_{i+1} - t_i] \; ; \; t_i' \in (t_i, t_{i+1}) \tag{4.171d}$$

Einsetzen dieser Gleichung in Gl. 4.171c ergibt dann:

$$D(t) \cdot \underline{s}(t) =$$

$$D(t_0) \cdot \underline{s}(t_0) + \left[\sum_{i=0}^{N-1} D(t_i) \cdot [\underline{s}(t_{i+1}) - \underline{s}(t_i)] \right] + \left[\sum_{i=0}^{N-1} \dot{D}(t_i')] \cdot \underline{s}(t_{i+1}) \cdot [t_{i+1} - t_i] \right] \tag{4.172}$$

Bildet man jetzt den Grenzwert im quadratischen Mittel, erhält man:

$$\underset{N \to \infty}{\text{l.i.m.}} \; \underline{y}(t) =$$

$$\underset{N \to \infty}{\text{l.i.m.}} \; D(t_0) \cdot \underline{s}(t_0) + \left[\sum_{i=0}^{N-1} D(t_i) \cdot [\underline{s}(t_{i+1}) - \underline{s}(t_i)] \right] + \left[\sum_{i=0}^{N-1} \dot{D}(t_i') \cdot \underline{s}(t_{i+1}) \cdot [t_{i+1} - t_i] \right]$$

$$= D(t_0) \cdot \underline{s}(t_0) + \int_{t_0}^{t} D(\tau) \, d\underline{s}(\tau) + \int_{t_0}^{t} \dot{D}(\tau) \cdot \underline{s}(\tau) \cdot d\tau \tag{4.173}$$

Dabei stellt der zweite Integralterm in Gl. 4.173 ein gewöhnliches Riemann–Integral dar, welches über die Musterfunktionen $\underline{s}(\cdot, \omega)$ berechnet wird, das erste Integral ist ein stochastisches Integral, welches in den vorangegangenen Unterpunkten definiert wurde.
Aus Gl. 4.173 folgt nun:

$$D(t) \cdot \underline{s}(t) - D(t_0) \cdot \underline{s}(t_0) = \int_{t_0}^{t} D(\tau) \, d\underline{s}(\tau) + \int_{t_0}^{t} \dot{D}(\tau) \cdot \underline{s}(\tau) d\tau = \int_{t_0}^{t} d\underline{y}(\tau) \tag{4.174}$$

so daß man für das stochastische Differential $d\underline{y}(t)$ schließlich erhält:

$$d\underline{y}(t) = D(t) \cdot d\underline{s}(t) + \dot{D}(t) \cdot \underline{s}(t) \cdot dt \tag{4.175}$$

Das gesuchte stochastische Differential eines Produktes einer deterministischen Zeitfunktion und eines stochastischen Integrals ist damit gefunden und wird formal genauso berechnet wie das deterministische totale Differential des Ausdrucks $\underline{y}(t) = D(t)\cdot \underline{s}(t)$.

4.6.2 Lineare stochastische Differentialgleichungen

Die durch Gl. 4.45 gegebene lineare Systembeschreibung mit deterministischen und stochastischen Anregungen lautete:

$$\dot{\underline{x}}(t) = F(t)\cdot \underline{x}(t) + B(t)\cdot \underline{u}(t) + G(t)\cdot \underline{w}(t) \tag{4.176}$$

wobei $\underline{w}(t) = \underline{w}(t,\cdot)$ die dem Zeitpunkt t zugeordnete Zufallsvariable des weißen, gaußverteilten Rauschprozesses $\underline{w}(\cdot,\cdot)$ ist. Gleichung 4.47 beschrieb die formale Lösung der gegebenen Differentialgleichung, die allerdings nicht interpretierbar war. Mit den in den vorangegangenen Unterpunkten hergeleiteten formalen Äquivalenzen von weißem, gaußverteiltem Rauschen und der mathematisch nicht exisitierenden Ableitung Brown'scher Prozesse ist es aber nun möglich, Gleichung 4.176 als formale Schreibweise einer stochastischen Differentialgleichung aufzufassen. Zunächst schreiben wir Gleichung 4.176 um:

$$d\underline{x}(t) = F(t)\cdot \underline{x}(t)\cdot dt + B(t)\cdot \underline{u}(t)\cdot dt + G(t)\cdot \underline{w}(t)\cdot dt \tag{4.177}$$

Dies ist nach Gleichung 4.102 die formale Schreibweise von:

$$d\underline{x}(t) = F(t)\cdot \underline{x}(t)\cdot dt + B(t)\cdot \underline{u}(t)\cdot dt + G(t)\cdot d\underline{\beta}(t) \tag{4.178}$$

wobei $\underline{\beta}(t,\cdot)$ die dem Zeitpunkt t entsprechende Zufallsvariable eines Brown'schen Prozesses mit zeitvarianter Diffusionsmatrix Q(t) darstellen soll. Das stochastische Differential $d\underline{x}(t)$ kann nun nach Gleichung 4.162 interpretiert werden, und man kann folgern:

$$\underline{x}(t) - \underline{x}(t_0) = \int_{t_0}^{t} d\underline{x}(\tau) = \int_{t_0}^{t} [F(\tau)\cdot \underline{x}(\tau)\cdot d\tau + B(\tau)\cdot \underline{u}(\tau)\cdot d\tau + G(\tau)\cdot d\underline{\beta}(\tau)] \tag{4.179a}$$

Stellt man Gleichung 4.179a unter gleichzeitiger Anwendung der Linearitätseigenschaften des betrachteten Integrals um, erhält man:

$$\underline{x}(t) = \underline{x}(t_0) + \int_{t_0}^{t} F(\tau)\cdot \underline{x}(\tau)\cdot d\tau + \int_{t_0}^{t} B(\tau)\cdot \underline{u}(\tau)\cdot d\tau + \int_{t_0}^{t} G(\tau)\cdot d\underline{\beta}(\tau) \tag{4.179b}$$

Die ersten beiden Integrale können dabei als gewöhnliche Riemann–Integrale interpretiert und gelöst werden, das letzte Integral stellt ein stochastisches Integral dar.

Wir suchen damit nach einer Lösung $\underline{x}(t)$, die Gleichung 4.179b erfüllt. Dazu versuchen wir den aus der deterministischen Systemtheorie folgenden formalen Ansatz:

$$\underline{x}(t) = \phi(t,t_0)\cdot \underline{x}(t_0) + \int_{t_0}^{t} \phi(t,\tau)\cdot B(\tau)\cdot \underline{u}(\tau)\cdot d\tau + \int_{t_0}^{t} \phi(t,\tau)\cdot G(\tau)\cdot d\underline{\beta}(\tau) \qquad (4.180a)$$

wobei die deterministische Zustandsübergangsmatrix $\phi(t,t_0)$ wieder bestimmt ist durch:

$$\dot{\phi}(t,t_0) = F(t)\cdot \phi(t,t_0) \qquad (4.180b)$$

und:

$$\phi(t_0,t_0) = I \qquad (4.180c)$$

Wir wollen nun zeigen, daß dieser Ansatz die gegebene stochastische Differentialgleichung 4.178 erfüllt. Dazu 'klammern' wir zunächst aus Gl. 4.180a den Term $\phi(t,t_0)$ aus und erhalten:

$$\underline{x}(t) = \phi(t,t_0)\cdot \Big[\underline{x}(t_0) + \phi(t,t_0)^{-1}\int_{t_0}^{t} \phi(t,\tau)\cdot B(\tau)\cdot \underline{u}(\tau)\cdot d\tau$$

$$+ \phi(t,t_0)^{-1}\int_{t_0}^{t} \phi(t,\tau)\cdot G(\tau)\cdot d\underline{\beta}(\tau)\Big]$$

$$= \phi(t,t_0)\cdot \Big[\underline{x}(t_0) + \int_{t_0}^{t} \phi(t_0,\tau)\cdot B(\tau)\cdot \underline{u}(\tau)\cdot d\tau + \int_{t_0}^{t} \phi(t_0,\tau)\cdot G(\tau)\cdot d\underline{\beta}(\tau)\Big] \qquad (4.181a)$$

wobei ausgenutzt wurde, daß: $\phi(t,t_0)^{-1} = \phi(t_0,t)$ gilt.

Zur Abkürzung führen wir nun folgende Zwischengröße ein:

$$\underline{z}(t) = \underline{x}(t_0) + \int_{t_0}^{t} \phi(t_0,\tau)\cdot B(\tau)\cdot \underline{u}(\tau)\cdot d\tau + \int_{t_0}^{t} \phi(t_0,\tau)\cdot G(\tau)\cdot d\underline{\beta}(\tau) \qquad (4.181b)$$

so daß wir Gleichung 4.181a wie folgt schreiben können:

$$\underline{x}(t) = \phi(t,t_0)\cdot \underline{z}(t) \tag{4.181c}$$

Für $t=t_0$ folgt aus Gl. 4.181c:

$$\underline{x}(t_0) = \underline{z}(t_0) \tag{4.181d}$$

wobei Gl. 4.180c angewendet wurde. Damit folgt aber sofort durch Einsetzen von Gl. 4.181d in 4.181b:

$$\underline{z}(t) = \underline{z}(t_0) + \int_{t_0}^{t} \phi(t_0,\tau)\cdot B(\tau)\cdot \underline{u}(\tau)\cdot d\tau + \int_{t_0}^{t} \phi(t_0,\tau)\cdot G(\tau)\cdot d\underline{\beta}(\tau) \tag{4.182a}$$

Nun folgt aus Gleichung 4.182a durch Umstellen:

$$\underline{z}(t) - \underline{z}(t_0) = \int_{t_0}^{t} \phi(t_0,\tau)\cdot B(\tau)\cdot \underline{u}(\tau)\cdot d\tau + \int_{t_0}^{t} \phi(t_0,\tau)\cdot G(\tau)\cdot d\underline{\beta}(\tau) = \int_{t_0}^{t} d\underline{z}(\tau) \tag{4.182b}$$

wodurch ein stochastisches Differential:

$$d\underline{z}(t) = \phi(t_0,t)\cdot B(t)\cdot \underline{u}(t)\cdot dt + \phi(t_0,t)\cdot G(t)\cdot d\underline{\beta}(t) \tag{4.182c}$$

definiert werden kann. Andererseits folgt aus Gleichung 4.181c unter Anwendung von Gl. 4.175 für das stochastische Differential $d\underline{x}(t)$:

$$d\underline{x}(t) = \dot{\phi}(t,t_0)\cdot \underline{z}(t)\ dt + \phi(t,t_0)\cdot d\underline{z}(t) \tag{4.183a}$$

Mit Gleichung 4.180b folgt dann aus Gleichung 4.183a:

$$d\underline{x}(t) = F(t)\cdot \phi(t,t_0)\cdot \underline{z}(t)\cdot dt + \phi(t,t_0)\cdot d\underline{z}(t) \tag{4.183b}$$

Setzt man nun für $\underline{z}(t)$ die umgeformte Gleichung 4.181c ein und für $d\underline{z}(t)$ Gleichung 4.182c, erhält man:

$$d\underline{x}(t) = F(t)\cdot \phi(t,t_0)\cdot \phi(t,t_0)^{-1}\cdot \underline{x}(t)\cdot dt$$

$$+\ \phi(t,t_0)\cdot [\phi(t_0,t)\cdot B(t)\cdot \underline{u}(t)\cdot dt + \phi(t_0,t)\cdot G(t)\cdot d\underline{\beta}(t)]$$

$$= F(t)\cdot \underline{x}(t)\cdot dt + B(t)\cdot \underline{u}(t)\cdot dt + G(t)\cdot d\underline{\beta}(t) \tag{4.184}$$

Gleichung 4.184 ist aber mit der gegebenen stochastischen Differentialgleichung 4.178 identisch, womit gezeigt ist, daß der in den Gleichungen 4.180a – 4.180c beschriebene Ansatz die gegebene Differentialgleichung erfüllt. Ebenso folgt mit der Definition des stochastischen Differentials nach Gl. 4.162 durch Einsetzen von Gleichung 4.184:

$$x(t) = \underline{x}(t_0) + \int_{t_0}^{t} d\underline{x}(\tau) = \underline{x}(t_0) + \int_{t_0}^{t} [F(\tau)\cdot \underline{x}(\tau)\cdot d\tau + B(\tau)\cdot \underline{u}(\tau)\cdot d\tau + G(\tau)\cdot d\underline{\beta}(\tau)] \tag{4.185}$$

womit ebenfalls gezeigt ist, daß der gewählte Ansatz auf eine mit Gleichung 4.179a identische Lösung führt. Damit können wir zusammenfassend die allgemeine Lösung der stochastischen Differentialgleichung 4.178 angeben:

$$\underline{x}(t) = \phi(t,t_0)\cdot \underline{x}(t_0) + \int_{t_0}^{t} \phi(t,\tau)\cdot B(\tau)\cdot \underline{u}(\tau)\cdot d\tau + \int_{t_0}^{t} \phi(t,\tau)\cdot G(\tau)\cdot d\underline{\beta}(\tau) \tag{4.186a}$$

mit:

$$\dot{\phi}(t,t_0) = F(t)\cdot \phi(t,t_0) \tag{4.186b}$$

und:

$$\phi(t_0,t_0) = I \tag{4.186c}$$

Damit kann auch die in Gleichung 4.47 angegebene Lösung:

$$\underline{x}(t) = \phi(t,t_0)\cdot \underline{x}(t_0) + \int_{t_0}^{t} \phi(t,\tau)\cdot B(\tau)\cdot \underline{u}(\tau)\cdot d\tau + \int_{t_0}^{t} \phi(t,\tau)\cdot G(\tau)\cdot \underline{w}(\tau)d\tau$$

als formale Darstellung des mathematisch formulierten Sachverhaltes in Gleichung 4.186a interpretiert werden.

Insgesamt haben wir damit die Werkzeuge gefunden, Zustandsraumdifferentialgleichungen mit deterministischen Eingangsgrößen und weißem, gaußverteiltem Rauschen als stochastische Differentialgleichungen zu interpretieren und durch die Verwendung stochastischer Integrale zu lösen. In den folgenden Unterpunkten sollen die stochastischen Momente der gefundenen Lösung berechnet werden. Danach werden wir die solchermaßen 'streng' berechneten Momente mit den Momenten vergleichen, die man mit dem rein for malen Ansatz weißen, gaußverteilten Rauschens erhält.

4.6.2.1 Berechnung der Momente von x(t,·)

Der Prozeß $\underline{x}(\cdot,\cdot)$ ist, wie man aus der Lösung 4.186a unschwer erkennt, ein Gaußprozeß, wenn die Zufallsvariable $\underline{x}(t_0,\cdot)$ als gaußverteilt und unabhängig von den anderen in Gl. 4.186a auftretenden stochastischen Größen angenommen wird. Die Inkremente $d\underline{\beta}(\tau,\cdot)$ sind aber voraussetzungsgemäß unabhängig von allen anderen betrachteten stochastischen Größen, so daß diese Voraussetzung stets erfüllt ist. Die dem Zeitpunkt t entsprechende Zufallsvariable $\underline{x}(t,\cdot)$ des stochastischen Prozesses $\underline{x}(\cdot,\cdot)$ ergibt sich laut Gl. 4.186a aus der linearen Überlagerung der linear transformierten Zufallsvariablen $\underline{x}(t_0,\cdot)$, einem deterministischen Anteil, charakterisiert durch das Riemann–Integral über die deterministischen Eingangsgrößen $\underline{u}(\cdot)$ im Intervall $[t_0,t)$ und der weiteren Überlagerung eines stochastischen Integrals mit Brown'schen Inkrementen, welches , wie zuvor abgeleitet, wieder einen Brown'schen Prozeß darstellt. Damit ist $\underline{x}(t,\cdot)$ eine gaußverteilte Zufallsvariable, zu deren Beschreibung die Angabe von Erwartungswert und Kovarianz genügt. Dazu schreiben wir:

$$\underline{m}_{\underline{x}}(t) = E\{\underline{x}(t)\} = E\left\{\phi(t,t_0)\cdot\underline{x}(t_0) + \int_{t_0}^{t}\phi(t,\tau)\cdot B(\tau)\cdot\underline{u}(\tau)\cdot d\tau + \int_{t_0}^{t}\phi(t,\tau)\cdot G(\tau)\cdot d\underline{\beta}(\tau)\right\}$$

$$= \phi(t,t_0)\cdot E\{\underline{x}(t_0)\} + \int_{t_0}^{t}\phi(t,\tau)\cdot B(\tau)\cdot\underline{u}(\tau)\cdot d\tau$$

$$= \phi(t,t_0)\cdot\underline{m}_{\underline{x}}(t_0) + \int_{t_0}^{t}\phi(t,\tau)\cdot B(\tau)\cdot\underline{u}(\tau)\cdot d\tau \qquad (4.187)$$

Für die Kovarianzmatrix $P_{\underline{\underline{xx}}}(t)$ zum Zeitpunkt t schreiben wir:

$$P_{\underline{\underline{xx}}}(t) = E\left\{[\underline{x}(t) - \underline{m}_{\underline{x}}(t)]\cdot[\underline{x}(t) - \underline{m}_{\underline{x}}(t)]^T\right\}$$

$$= E\left\{\left[\phi(t,t_0)\cdot[\underline{x}(t_0)-\underline{m}_{\underline{x}}(t_0)] + \int_{t_0}^{t}\phi(t,\tau)\cdot G(\tau)\cdot d\underline{\beta}(\tau)\right]\right.$$

$$\left.\cdot\left[\phi(t,t_0)\cdot[\underline{x}(t_0)-\underline{m}_{\underline{x}}(t_0)] + \int_{t_0}^{t}\phi(t,\tau)\cdot G(\tau)\cdot d\underline{\beta}(\tau)\right]^T\right\}$$

$$= \phi(t,t_0)\cdot E\{[\underline{x}(t_0)-\underline{m}_{\underline{x}}(t_0)]\cdot[\underline{x}(t_0)-\underline{m}_{\underline{x}}(t_0)]^T\}\cdot\phi(t,t_0)^T$$

$$+ \phi(t,t_0)\cdot E\left\{[\underline{x}(t_0)-\underline{m}_{\underline{x}}(t_0)]\cdot\left[\int_{t_0}^{t}\phi(t,\tau)\cdot G(\tau)\cdot d\underline{\beta}(\tau)\right]^T\right\}$$

$$+ E\left\{\left[\int_{t_0}^{t}\phi(t,\tau)\cdot G(\tau)\cdot d\underline{\beta}(\tau)\right]\cdot[\underline{x}(t_0)-\underline{m}_{\underline{x}}(t_0)]^T\right\}\cdot\phi(t,t_0)^T$$

$$+ E\left\{\left[\int_{t_0}^{t}\phi(t,\tau)\cdot G(\tau)\cdot d\underline{\beta}(\tau)\right]\cdot\left[\int_{t_0}^{t}\phi(t,\tau)\cdot G(\tau)\cdot d\underline{\beta}(\tau)\right]^T\right\} \tag{4.188}$$

Die beiden Kreuzterme in Gleichung 4.188 entfallen, da die Brown'schen Inkremente $d\underline{\beta}(\tau)$ definitionsgemäß unabhängig von der Startvariablen $\underline{x}(t_0)$ sind. Aus der Unabhängigkeit folgt sofort deren Unkorreliertheit, und mit der zusätzlichen Erwartungswertfreiheit ergibt sich daraus auch die Orthogonalität der Inkremente zu $\underline{x}(t_0)$, so daß die Kreuzkorrelationsintegrale verschwinden. Der erste Summenterm stellt die Kreuzkovarianzmatrix der Zufallsvariablen $\underline{x}(t_0)$ dar, während der letzte Summand die Kovarianzmatrix des stochastischen Integrals:

$$\underline{I}(t) = \int_{t_0}^{t}\phi(t,\tau)\cdot G(\tau)\cdot d\underline{\beta}(\tau) \tag{4.189}$$

darstellt. Nimmt man für $\underline{\beta}(\cdot,\cdot)$ einen Brown'schen Prozeß mit der zeitvarianten Diffusionsmatrix $Q(\cdot)$ an, so erhalten wir für die gesuchte Kovarianz des stochastischen Integrals $\underline{I}(t,\cdot)$ mit den Gleichungen 4.156 und 4.159:

$$E\left\{\left[\int_{t_0}^{t} \phi(t,\tau)\cdot G(\tau)\cdot d\underline{\beta}(\tau)\right]\cdot\left[\int_{t_0}^{t} \phi(t,\tau)\cdot G(\tau)\cdot d\underline{\beta}(\tau)\right]^T\right\} = E\{\underline{I}(t)\cdot \underline{I}(t)^T\}$$

$$= \int_{t_0}^{t} \phi(t,\tau)\cdot G(\tau)\cdot Q(\tau)\cdot G(\tau)^T\cdot \phi(t,\tau)^T\cdot d\tau \qquad (4.190)$$

Zusammengefaßt erhalten wir dann für die Kovarianzmatrix $P_{\underline{xx}}(t)$ aus den Gleichungen 4.188 – 4.190:

$$P_{\underline{xx}}(t) = \phi(t,t_0)\cdot P_{\underline{xx}}(t_0)\cdot \phi(t,t_0)^T + \int_{t_0}^{t} \phi(t,\tau)\cdot G(\tau)\cdot Q(\tau)\cdot G(\tau)^T\cdot \phi(t,\tau)^T\cdot d\tau \quad (4.191)$$

Damit sind die ersten beiden Momente der Zufallsvariablen $\underline{x}(t,\cdot)$ und somit auch die gesamte Verteilungsdichtefunktion vollständig spezifiziert. Die Verteilungsdichtefunktion ist gegeben durch:

$$f_{\underline{x}(t)}(\underline{\xi}) = [(2\pi)^{n/2}\cdot |P_{\underline{xx}}(t)|^{1/2}]^{-1}\cdot \exp\{-1/2\cdot [\underline{\xi}-\underline{m}_{\underline{x}}(t)]^T\cdot P_{\underline{xx}}(t)^{-1}\cdot [\underline{\xi}-\underline{m}_{\underline{x}}(t)]\} \quad (4.192)$$

Das stochastische Integral in Gl. 4.186a stellt die lineare Überlagerung unabhängiger, gaußverteilter Inkremente dar, daraus folgt, daß alle Verbundverteilungsdichtefunktionen endlich vieler Zufallsvariablen $\underline{x}(t_i,\cdot)$, i = 1, 2, 3 .... gaußförmig sind. Demzufolge ist der Prozeß $\underline{x}(\cdot,\cdot)$ auch ein Gaußprozeß, für dessen vollständige Beschreibung die Berechnung der Verbundmomente erster und zweiter Ordnung vollständig ausreicht. Betrachtet man z.B. den vergrößerten Zufallsvariablenvektor:

$$\underline{x}_a(t_1) = [\underline{x}(t_1)^T | \underline{x}(t_2)^T | \ldots | \underline{x}(t_N)^T]^T \qquad (4.193a)$$

und den vergrößerten Vektor $\underline{\xi}_a$ mit:

$$\underline{\xi}_a = [\underline{\xi}_1^T | \underline{\xi}_2^T | \dots | \underline{\xi}_N^T]^T \tag{4.193b}$$

so gilt für die Verbundverteilungsdichte:

$$f_{\underline{x}(t_1),\underline{x}(t_2),\underline{x}(t_3),\dots\underline{x}(t_N)}(\underline{\xi}_1,\underline{\xi}_2,\underline{\xi}_3,\dots\underline{\xi}_N) = f_{\underline{x}_a(t)}(\underline{\xi}_a) \tag{4.193c}$$

Die Verteilungsdichte des vergrößerten Zufallsvektors ist dann gegeben durch:

$$f_{\underline{x}_a(t)}(\underline{\xi}_a) = [(2\pi)^{(N\cdot n)/2} \cdot |P_{\underline{x}_a\underline{x}_a}(t)|^{1/2}]^{-1} \cdot \exp\{-1/2\cdot [\underline{\xi}_a - \underline{m}_{\underline{x}_a}(t)]^T \cdot P_{\underline{x}_a\underline{x}_a}(t)^{-1} \cdot [\underline{\xi}_a - \underline{m}_{\underline{x}_a}(t)]\} \tag{4.194}$$

Die Hauptdiagonalmatrizen der partitionierten Kovarianzmatrix des vergrößerten Zufallsvektors sind gleichzeitig die Kovarianzmatrizen $P_{\underline{x}(t_i)\underline{x}(t_i)}$, i=1,2,...N und können nach Gl. 4.191 berechnet werden. Ebenso besteht der Erwartungswertvektor $\underline{m}_{\underline{x}_a}(t)$ aus den untereinandergeschriebenen Erwartungswerten $\underline{m}_{\underline{x}}(t_i)$, i=1,2,...N, die nach Gleichung 4.187 berechnet werden können. Die Nebendiagonalmatrizen von $P_{\underline{x}_a\underline{x}_a}(t)$ stellen die Kreuzkovarianzmatrizen von jeweils zwei Zufallsvektoren $\underline{x}(t_i)$ und $\underline{x}(t_j)$, $j\neq i$ dar und sollen nun berechnet werden. Für den Kreuzkovarianzkern des Prozesses $\underline{x}(\cdot,\cdot)$ kann man für zwei Zeitpunkte t_i, t_j, $t_j \geq t_i \geq t_0$ schreiben:

$$P_{\underline{xx}}(t_i,t_j) = E\Big\{[\underline{x}(t_i) - \underline{m}_{\underline{x}}(t_i)] \cdot [\underline{x}(t_j) - \underline{m}_{\underline{x}}(t_j)]^T\Big\}$$

$$= E\left\{\left[\phi(t_i,t_0)\cdot[\underline{x}(t_0) - \underline{m}_{\underline{x}}(t_0)] + \int_{t_0}^{t_i} \phi(t_i,\tau)\cdot G(\tau)\cdot d\underline{\beta}(\tau)\right] \cdot \left[\phi(t_j,t_0)\cdot[\underline{x}(t_0) - \underline{m}_{\underline{x}}(t_0)] + \int_{t_0}^{t_j} \phi(t_j,\tau)\cdot G(\tau)\cdot d\underline{\beta}(\tau)\right]^T\right\}$$

$$= \phi(t_i,t_0)\cdot E\{[\underline{x}(t_0) - \underline{m}_x(t_0)]\cdot[\underline{x}(t_0) - \underline{m}_x(t_0)]^T\}\cdot \phi(t_j,t_0)^T$$

$$+ \phi(t,t_0)\cdot E\left\{[\underline{x}(t_0) - \underline{m}_x(t_0)]\cdot\left[\int_{t_0}^{t_j} \underline{\phi}(t_j,\tau)\cdot G(\tau)\cdot d\underline{\beta}(\tau)\right]^T\right\}$$

$$+ E\left\{\left[\int_{t_0}^{t_i} \phi(t_i,\tau)\cdot G(\tau)\cdot d\underline{\beta}(\tau)\right]\cdot[\underline{x}(t_0) - \underline{m}_x(t_0)]^T\right\}\cdot \phi(t,t_0)^T$$

$$+ E\left\{\left[\int_{t_0}^{t_i} \underline{\phi}(t_i,\tau)\cdot G(\tau)\cdot d\underline{\beta}(\tau)\right]\cdot\left[\int_{t_0}^{t_j} \phi(t_j,\tau)\cdot G(\tau)\cdot d\underline{\beta}(\tau)\right]^T\right\} \qquad (4.195)$$

Die Kreuzterme in Gleichung 4.195 verschwinden wieder mit der gleichen Argumentation wie bei der Ableitung von Gleichung 4.190. Der letzte Summand ergibt die Kovarianz zweier stochastischer Integrale:

$$\underline{I}(t_i) = \int_{t_0}^{t_i} \underline{\phi}(t_i,\tau)\cdot G(\tau)\cdot d\underline{\beta}(\tau) \qquad (4.196a)$$

$$\underline{I}(t_j) = \int_{t_0}^{t_j} \phi(t_j,\tau)\cdot G(\tau)\cdot d\underline{\beta}(\tau) \qquad (4.196b)$$

Für $t_j \geq t_i \geq t_0$ ergibt sich für die Kreuzkovarianzmatrix der beiden stochastischen Integrale $\underline{I}(t_i)$ und $\underline{I}(t_j)$:

$$E\{\underline{I}(t_i)\cdot \underline{I}(t_j)^T\} = E\left\{\left[\int_{t_0}^{t_i} \underline{\phi}(t_i,\tau)\cdot G(\tau)\cdot d\underline{\beta}(\tau)\right]\cdot\left[\int_{t_0}^{t_j} \phi(t_j,\tau)\cdot G(\tau)\cdot d\underline{\beta}(\tau)\right]^T\right\}$$

$$= E\left\{\left[\int_{t_0}^{t_i} \underline{\phi}(t_i,\tau)\cdot G(\tau)\cdot d\underline{\beta}(\tau)\right]\cdot\left[\int_{t_0}^{t_i} \phi(t_j,\tau)\cdot G(\tau)\cdot d\underline{\beta}(\tau) + \int_{t_i}^{t_j} \phi(t_j,\tau)\cdot G(\tau)\cdot d\underline{\beta}(\tau)\right]^T\right\}$$

$$= E\left\{\left[\left[\int_{t_0}^{t_i} \underline{\phi}(t_i,\tau)\cdot G(\tau)\cdot d\underline{\beta}(\tau)\right]\cdot\left[\int_{t_0}^{t_i} \phi(t_j,t_i)\cdot \phi(t_i,\tau)\cdot G(\tau)\cdot d\underline{\beta}(\tau)\right]^T\right.\right\}$$

$$+ E\left\{\left[\left[\int_{t_0}^{t_i} \underline{\phi}(t_i,\tau)\cdot G(\tau)\cdot d\underline{\beta}(\tau)\right]\cdot\left[\int_{t_i}^{t_j} \phi(t_j,\tau)\cdot G(\tau)\cdot d\underline{\beta}(\tau)\right]^T\right.\right\} \tag{4.197a}$$

Im Laufe der Umformung wurde die sogenannte 'Transitivitätseigenschaft' von Systemübergangsmatrizen ausgenutzt, die sich als Spezialfall von Gl. 2.206 ergibt. Die Intervalle $[t_0, t_i)$ und $[t_i,t_j)$ sind aber offensichtlich disjunkt, so daß die Brown'schen Inkremente im Intervall $[t_i,t_j)$ unabhängig von der durch die lineare Überlagerung der Brown'schen Inkremente im Intervall $[t_0, t_i)$ entstehenden Zufallsvariablen:

$\int_{t_0}^{t_i} \underline{\phi}(t_i,\tau)\cdot G(\tau)\cdot d\underline{\beta}(\tau)$ sind. Deshalb verschwindet der zweite Summand in Gleichung 4.197a und wir erhalten:

$$E\{\underline{I}(t_i)\cdot \underline{I}(t_j)^T\} = E\left\{\left[\left[\int_{t_0}^{t_i} \underline{\phi}(t_i,\tau)\cdot G(\tau)\cdot d\underline{\beta}(\tau)\right]\cdot\left[\int_{t_0}^{t_i} \phi(t_j,t_i)\cdot \phi(t_i,\tau)\cdot G(\tau)\cdot d\underline{\beta}(\tau)\right]^T\right.\right\}$$

$$=E\left\{\left[\left[\int_{t_0}^{t_i} \underline{\phi}(t_i,\tau)\cdot G(\tau)\cdot d\underline{\beta}(\tau)\right]\cdot\left[\int_{t_0}^{t_i} \phi(t_i,\tau)\cdot G(\tau)\cdot d\underline{\beta}(\tau)\right]^T\right.\right. \cdot\ \phi(t_j,t_i)^T$$

$$= E\{\underline{I}(t_i)\cdot \underline{I}(t_i)^T\}\cdot\ \phi(t_j,t_i)^T$$

$$= \int_{t_0}^{t_i} \phi(t_i,\tau)\cdot G(\tau)\cdot Q(\tau)\cdot G(\tau)^T\cdot \phi(t_i,\tau)^T\cdot d\tau \cdot \phi(t_j,t_i)^T \tag{4.197b}$$

Damit können wir zusammenfassend für Gleichung 4.195 schreiben:

$$P_{\underline{xx}}(t_i,t_j) = \phi(t_i,t_0)\cdot P_{\underline{xx}}(t_0,t_0)\cdot \phi(t_i,t_0)^T\cdot \phi(t_j,t_i)^T$$

$$+ \int_{t_0}^{t_i} \phi(t_i,\tau)\cdot G(\tau)\cdot Q(\tau)\cdot G(\tau)^T\cdot \phi(t_i,\tau)^T\cdot d\tau \cdot \phi(t_j,t_i)^T \tag{4.198}$$

Mit Gleichung 4.191 folgt dann aus Gleichung 4.198:

$$P_{\underline{xx}}(t_i,t_j) = P_{\underline{xx}}(t_i,t_i)\cdot \phi(t_j,t_i)^T \tag{4.199a}$$

und:

$$P_{\underline{xx}}(t_j,t_i) = \phi(t_j,t_i)\cdot P_{\underline{xx}}(t_i,t_i) \tag{4.199b}$$

$$t_j \geq t_i \geq t_0$$

Damit können auch alle Verbundmomente zweiter Ordnung des Prozesses $\underline{x}(\cdot\,,\cdot\,)$ berechnet werden. Für den Korrelationskern des Prozesses $\underline{x}(\cdot\,,\cdot\,)$ gilt mit $t_j \geq t_i \geq t_0$:

$$E\{\underline{x}(t_i)\cdot \underline{x}(t_j)^T\} = E\{\underline{x}(t_j)\cdot \underline{x}(t_i)^T\}^T = P_{\underline{xx}}(t_i,t_j) + \underline{m}_{\underline{x}}(t_i)\cdot \underline{m}_{\underline{x}}(t_j)^T$$

$$= P_{\underline{xx}}(t_i,t_i)\cdot \phi(t_j,t_i)^T + \underline{m}_{\underline{x}}(t_i)\cdot \left[\phi(t_j,t_i)\cdot \underline{m}_{\underline{x}}(t_i) + \int_{t_i}^{t_j} \phi(t_j,\tau)\cdot B(\tau)\cdot \underline{u}(\tau)\cdot d\tau\right]^T$$

$$= P_{\underline{xx}}(t_i,t_i)\cdot \phi(t_j,t_i)^T + \underline{m}_{\underline{x}}(t_i)\cdot \underline{m}_{\underline{x}}(t_i)^T\cdot \phi(t_j,t_i)^T$$

$$+ \underline{m}_{\underline{x}}(t_i)\cdot \left[\int_{t_i}^{t_j} \phi(t_j,\tau)\cdot B(\tau)\cdot \underline{u}(\tau)\cdot d\tau\right]^T \tag{4.200}$$

Damit ist der Prozeß $\underline{x}(\cdot\,,\cdot\,)$ als Gauß–Prozeß vollständig charakterisiert. Darüberhinaus kann man zeigen, daß $\underline{x}(\cdot\,,\cdot\,)$ auch ein Markov–Prozeß, zusammengefaßt also ein Gauß–Markov–Prozeß ist. Diese Eigenschaft ist besonders für die estimationstheoretische Modellbildung von Interesse.

4.6.2.2 Differentialgleichungsdarstellung der Momente

Im vorangegangenen Unterpunkt wurden die Gleichungen abgeleitet, die das zeitliche Verhalten der ersten beiden Momente des Gauß–Markov–Prozesses $\underline{\underline{x}}(\cdot,\cdot)$ beschreiben. Häufig wird aber auch eine Differentialgleichung gesucht, die das zeitliche Verhalten der Ableitung der Momente beschreibt. Diese Gleichungen sollen nun abgeleitet werden.
Aus der Erwartungswertgleichung 4.187 erhalten wir durch Differenzieren:

$$\dot{\underline{m}}_{\underline{x}}(t) = \dot{\phi}(t,t_0)\cdot \underline{m}_{\underline{x}}(t_0) + \frac{d}{dt}\int_{t_0}^{t} \phi(t,\tau)\cdot B(\tau)\cdot \underline{u}(\tau)\cdot d\tau \qquad (4.201a)$$

Die Ableitung des Integrals in Gl. 4.201 geschieht nach der Leibnitz–Regel, so daß wir erhalten:

$$\dot{\underline{m}}_{\underline{x}}(t) = \dot{\phi}(t,t_0)\cdot \underline{m}_{\underline{x}}(t_0) + \int_{t_0}^{t} \dot{\phi}(t,\tau)\cdot B(\tau)\cdot \underline{u}(\tau)\cdot d\tau + B(t)\cdot \underline{u}(t) \qquad (4.201b)$$

Mit Gleichung 4.186b folgt daraus:

$$\dot{\underline{m}}_{\underline{x}}(t) = F(t)\cdot \phi(t,t_0)\cdot \underline{m}_{\underline{x}}(t_0) + \int_{t_0}^{t} F(t)\cdot \phi(t,\tau)\cdot B(\tau)\cdot \underline{u}(\tau)\cdot d\tau + B(t)\cdot \underline{u}(t)$$

$$= F(t)\cdot [\phi(t,t_0)\cdot \underline{m}_{\underline{x}}(t_0) + \int_{t_0}^{t} \phi(t,\tau)\cdot B(\tau)\cdot \underline{u}(\tau) d\tau] + B(t)\cdot \underline{u}(t) \qquad (4.201c)$$

Der in Klammern stehende Ausdruck ist aber nach Gleichung 4.187 der Erwartungswert zum Zeitpunkt t, so daß wir die folgende Erwartungswertdifferentialgleichung erhalten:

$$\dot{\underline{m}}_{\underline{x}}(t) = F(t)\cdot \underline{m}_{\underline{x}}(t) + B(t)\cdot \underline{u}(t) \qquad (4.202)$$

Für die gesuchte Differentialgleichung der Kovarianz $P_{\underline{xx}}(t)$ erhalten wir durch Differenzieren von Gleichung 4.191 bei gleichzeitiger Anwendung der Leibnitz–Regel:

$$\dot{P}_{\underline{xx}}(t) = \dot{\phi}(t,t_0)\cdot P_{\underline{xx}}(t_0)\cdot \phi(t,t_0)^T + \phi(t,t_0)\cdot P_{\underline{xx}}(t_0)\cdot \dot{\phi}(t,t_0)^T$$

$$+ \int_{t_0}^{t} \dot{\phi}(t,\tau)\cdot G(\tau)\cdot Q(\tau)\cdot G(\tau)^T\cdot \phi(t,\tau)^T\cdot d\tau$$

$$+ \int_{t_0}^{t} \phi(t,\tau)\cdot G(\tau)Q(\tau)G(\tau)^T\cdot \dot{\phi}(t,\tau)^T d\tau + G(t)\cdot Q(t)\cdot G(t)^T \qquad (4.203a)$$

Eine erneute Anwendung von Gleichung 4.186b liefert nach Zusammenfassung der Terme:

$$\dot{P}_{\underline{xx}}(t) = F(t)\cdot [\phi(t,t_0)\cdot P_{\underline{xx}}(t_0)\cdot \phi(t,t_0)^T + \int_{t_0}^{t} \phi(t,\tau)\cdot G(\tau)\cdot Q(\tau)\cdot G(\tau)^T\cdot \phi(t,\tau)^T\cdot d\tau]$$

$$+ [\phi(t,t_0)\cdot P_{\underline{xx}}(t_0)\cdot \phi(t,t_0)^T + \int_{t_0}^{t} \phi(t,\tau)\cdot G(\tau)\cdot Q(\tau)\cdot G(\tau)^T\cdot \phi(t,\tau)^T\cdot d\tau]\cdot F(t)^T$$

$$+ G(t)\cdot Q(t)\cdot G(t)^T \qquad (4.203b)$$

Die in eckigen Klammern stehenden Ausdrücke stellen nach Gleichung 4.191 aber wieder die Kreuzkovarianzen dar, so daß wir schließlich schreiben können:

$$\dot{P}_{\underline{xx}}(t) = F(t)\cdot P_{\underline{xx}}(t) + P_{\underline{xx}}(t)\cdot F(t)^T + G(t)\cdot Q(t)\cdot G(t)^T \qquad (4.204)$$

und damit die gesuchte Differentialgleichung für die Kovarianz des Prozesses $\underline{x}(\cdot,\cdot)$ gefunden haben.

4.6.2.3 Formale Prozeßbeschreibung mit weißem, gaußverteiltem Rauschen

Die formale Lösung der stochastischen Differentialgleichung 4.176 lautete:

$$\underline{x}(t) = \phi(t,t_0)\cdot \underline{x}(t_0) + \int_{t_0}^{t} \phi(t,\tau)\cdot B(\tau)\cdot \underline{u}(\tau)\cdot d\tau + \int_{t_0}^{t} \phi(t,\tau)\cdot G(\tau)\cdot \underline{w}(\tau)d\tau \tag{4.205a}$$

Gleichung 4.205a ergab sich als formale Lösung der Differentialgleichung:

$$\dot{\underline{x}}(t) = F(t)\cdot \underline{x}(t) + B(t)\cdot \underline{u}(t) + G(t)\cdot \underline{w}(t) \tag{4.205b}$$

Das in Gleichung 4.205a auftretende Integral über Musterfunktionen des weißen, gaußverteilten Rauschprozesses $\underline{w}(\cdot,\cdot)$ mußte als formale Schreibweise eines stochastischen Integrales interpretiert werden. Die Momente des Prozesses $\underline{x}(\cdot,\cdot)$ konnten dann mit dem Instrumentarium der stochastischen Integrale und der Brown'schen Prozesse berechnet werden. In diesem Unterpunkten soll nun gezeigt werden, wie die Momente auch mit dem formalen Instrumentarium verallgemeinerter Funktionen und ihrer Integration berechnet werden können. Die Ergebnisse werden identisch mit den zuvor erhaltenen sein, trotz der verschiedenen Lösungswege. Dabei wird sich herausstellen, daß der in diesem Kapitel vorgestellte Lösungsweg der ingenieurhaften Betrachtungsweise realer Probleme sehr entgegen kommt und sich dadurch als sehr leistungsfähig erweist. Durch Erwartungswertbildung erhalten wir aus Gleichung 4.205a:

$$E\{\underline{x}(t)\} = \underline{m}_{\underline{x}}(t) = \phi(t,t_0)\cdot E\{\underline{x}(t_0)\} + \int_{t_0}^{t} \phi(t,\tau)\cdot B(\tau)\cdot \underline{u}(\tau)\cdot d\tau + E\left\{\int_{t_0}^{t} \phi(t,\tau)\cdot G(\tau)\cdot \underline{w}(\tau)d\tau\right\} \tag{4.206}$$

Wegen der Erwartungswertfreiheit von $\underline{w}(t,\cdot)$ und der Linearität von Erwartungswertbildung und Integration ergibt sich dann die mit Gleichung 4.187 identische Lösung für das zeitliche Verhalten des Erwartungswertes:

$$\underline{m}_{\underline{x}}(t) = \phi(t,t_0)\cdot \underline{m}_{\underline{x}}(t_0) + \int_{t_0}^{t} \phi(t,\tau)\cdot B(\tau)\cdot \underline{u}(\tau)\cdot d\tau \tag{4.207}$$

Für die Kovarianz von $\underline{x}(t,\cdot)$ ergibt sich aus Gleichung 4.205:

$$P_{\underline{xx}}(t) = E\left\{[\underline{x}(t) - \underline{m}_{\underline{x}}(t)]\cdot[\underline{x}(t) - \underline{m}_{\underline{x}}(t)]^T\right\}$$

$$= E\left\{\left[\phi(t,t_0)\cdot[\underline{x}(t_0) - \underline{m}_{\underline{x}}(t_0)] + \int_{t_0}^{t}\phi(t,\tau)\cdot G(\tau)\cdot\underline{w}(\tau)d\tau\right]\right.$$

$$\left.\cdot\left[\phi(t,t_0)\cdot[\underline{x}(t_0) - \underline{m}_{\underline{x}}(t_0)] + \int_{t_0}^{t}\phi(t,\tau)\cdot G(\tau)\cdot\underline{w}(\tau)d\tau\right]^T\right\}$$

$$= \phi(t,t_0)\cdot E\{[\underline{x}(t_0) - \underline{m}_{\underline{x}}(t_0)]\cdot[\underline{x}(t_0) - \underline{m}_{\underline{x}}(t_0)]^T\}\cdot\phi(t,t_0)^T$$

$$+ \phi(t,t_0)\cdot E\left\{[\underline{x}(t_0) - \underline{m}_{\underline{x}}(t_0)]\cdot\left[\int_{t_0}^{t}\phi(t,\tau)\cdot G(\tau)\cdot\underline{w}(\tau)d\tau\right]^T\right\}$$

$$+ E\left\{\left[\int_{t_0}^{t}\phi(t,\tau)\cdot G(\tau)\cdot\underline{w}(\tau)d\tau\right]\cdot[\underline{x}(t_0) - \underline{m}_{\underline{x}}(t_0)]^T\right\}\cdot\phi(t,t_0)^T$$

$$+ E\left\{\left[\int_{t_0}^{t}\phi(t,\tau)\cdot G(\tau)\cdot\underline{w}(\tau)d\tau\right]\cdot\left[\int_{t_0}^{t}\phi(t,\tau)\cdot G(\tau)\cdot\underline{w}(\tau)d\tau\right]^T\right\} \tag{4.208a}$$

Das weiße Rauschen ist unabhängig von der Zufallsvariablen $\underline{x}(t_0,\cdot)$, deshalb verschwinden auch hier die Kreuzterme, und wir erhalten aus Gleichung 4.208a, indem wir ferner die Reihenfolge von Integration und Erwartungswertbildung im letzten Summand vertauschen:

$$P_{\underline{xx}}(t) = \phi(t,t_0)\cdot P_{\underline{xx}}(t_0)\cdot\phi(t,t_0)^T$$

$$+ \int_{t_0}^{t}\int_{t_0}^{t}\phi(t,\tau)\cdot G(\tau)\cdot E\{\underline{w}(\tau)\cdot\underline{w}(\nu)^T\}\cdot G(\nu)^T\phi(t,\nu)^T\cdot d\tau\cdot d\nu \tag{4.208b}$$

Wir benutzen nun die Kovarianzkerndefinition des weißen Rauschens nach Gleichung 4.120 und erhalten:

$$P_{\underline{xx}}(t) = \phi(t,t_0)\cdot P_{\underline{xx}}(t_0)\cdot \phi(t,t_0)^T$$

$$+ \int_{t_0}^{t}\int_{t_0}^{t} \phi(t,\tau)\cdot G(\tau)\cdot Q(\tau)\cdot \delta(\tau-\nu)\cdot G(\nu)^T\cdot \phi(t,\nu)^T \, d\tau d\nu \qquad (4.208c)$$

Die Anwendung der 'Sieb'eigenschaft von Diracimpulsen und nachfolgendes 'Herausziehen' aller bezüglich der zweiten Integration konstanter Terme aus dem zweiten Integral liefert dann:

$$P_{\underline{xx}}(t) = \phi(t,t_0)\cdot P_{\underline{xx}}(t_0)\cdot \phi(t,t_0)^T$$

$$+ \int_{t_0}^{t} \phi(t,\tau)\cdot G(\tau)\cdot Q(\tau)\cdot G(\tau)^T\cdot \phi(t,\tau)^T\cdot \int_{t_0}^{t} \delta(\tau-\nu)\, d\nu d\tau \qquad (4.208d)$$

Der Diracimpuls liegt aber immer im Integrationsgebiet des zweiten Integrals, so daß die formal zu interpretierende Integration über diesen Impuls die Impuls'fläche' liefert, die aber 1 ist. Damit erhalten wir das mit Gleichung 4.191 identische Endergebnis für die Kovarianz:

$$P_{\underline{xx}}(t) = \phi(t,t_0)\cdot P_{\underline{xx}}(t_0)\cdot \phi(t,t_0)^T + \int_{t_0}^{t} \phi(t,\tau)\cdot G(\tau)\cdot Q(\tau)\cdot G(\tau)^T\cdot \phi(t,\tau)^T d\tau \qquad (4.209)$$

Für den Kovarianzkern des Prozesses $\underline{x}(\cdot,\cdot)$ schreiben wir mit $t_j \geq t_i$ in der Notation mit weißem Rauschen:

$$P_{\underline{xx}}(t_i,t_j) = E\left\{[\underline{x}(t_i) - \underline{m}_{\underline{x}}(t_i)]\cdot [\underline{x}(t_j) - \underline{m}_{\underline{x}}(t_j)]^T\right\}$$

$$= E\left\{\left[[\underline{x}(t_i) - \underline{m}_{\underline{x}}(t_i)]\cdot \left[\phi(t_j,t_i)\cdot [\underline{x}(t_i) - \underline{m}_{\underline{x}}(t_i)] + \int_{t_i}^{t_j} \phi(t_j,\tau)\cdot G(\tau)\cdot \underline{w}(\tau) d\tau\right]^T\right.\right\}$$

$$= E\{[\underline{x}(t_i) - \underline{m}_{\underline{x}}(t_i)]\cdot [\underline{x}(t_i) - \underline{m}_{\underline{x}}(t_i)]^T\}\cdot \phi(t_j,t_i)^T$$

$$+ E\left\{[\underline{x}(t_i) - \underline{m}_{\underline{x}}(t_i)]\cdot \left[\int_{t_i}^{t_j} \underline{\phi}(t_j,\tau)\cdot G(\tau)\cdot \underline{w}(\tau)d\tau\right]^T\right\} \tag{4.210}$$

Wegen der Unabhängigkeit des weißen Rauschens von der Zufallsvariablen $\underline{x}(t_i,\cdot)$ verschwindet der zweite Summand, und wir erhalten das wiederum mit 4.199a identische Endergebnis für den Kovarianzkern:

$$P_{\underline{xx}}(t_i,t_j) = P_{\underline{xx}}(t_i,t_i)\cdot \phi(t_j,t_i)^T = P_{\underline{xx}}(t_j,t_i)^T \text{ für } t_j \geq t_i \tag{4.211}$$

Auffällig ist an den vorangegangenen formalen Ableitungen, daß keinerlei mathematische Grundlagen, wie etwa Konvergenzbegriffe, Brown'sche Prozesse oder gar stochastische Integrale benötigt wurden. Dies ist zugleich ein Vorteil und ein Nachteil. Der Vorteil liegt in der Einfachheit der formalen Ableitung und der daraus folgenden einfachen praktischen Anwendbarkeit. Worin bestehen dann aber die Nachteile dieses Ansatzes? Der einfache formale Ansatz über die Integration des weißen Rauschens verhindert die eingehende Auseinandersetzung mit stochastischen Problemen, wie etwa der stochastischen Konvergenz, er täuscht zudem die Integrierbarkeit weißen Rauschens vor. Diese Integrierbarkeit ist aber im mathematischen Sinn wegen der nichtendlichen Variation weißen Rauschens nicht gegeben. Ohne die mathematische Betrachtung des Problems bleibt die Tatsache unklar, daß weißes Rauschen eine Abstraktion in zweierlei Hinsicht ist: Einerseits existiert weißes Rauschen wegen der unendlichen Leistung in der Realität nicht, andererseits existiert weißes Rauschen auch im mathematischen Sinn nicht. Ebenso gibt es keinerlei Integralbegriff, der es gestattet, die im Zusammenhang mit der Kovarianz weißen Rauschens auftretenden Diracstöße zu integrieren. Bei allen, im Zusammenhang mit weißem Rauschen betrachteten Integralen handelt es sich vielmehr um formale Schreibweisen. Das Integral über einen Diracstoß ist eine formale Schreibweise für den Grenzwert einer Integration über eine Folge von integrierbaren Funktionen, wobei der Grenzwert der Funktionenfolge gerade den Diracstoß definiert. Bei der Integration von weißem Rauschen handelt es sich andererseits um eine formale Beschreibung linearer, stochastischer Integrale, die besagt, daß man die entsprechende Integrationstechnik formal anwenden kann und das gleiche Endergebnis erhält wie mit dem mathematischen Ansatz. Dies gilt aber nur solange, wie die betrachteten Differentialgleichungen linear sind (wie in den vorangegangenen Unterpunkten angenommen). Bei nichtlinearen Differentialgleichungen versagt der formale Ansatz mit weißem Rauschen, und es gibt dann keinerlei ingenieurhafte Alternative zur mathematischen Betrachtungsweise, die dann auf sogenannte 'Ito'–Integrale führt.

4.6.3 Lineare stochastische Differenzengleichungen

Analog zur Ableitung der äquivalenten zeitdiskreten Systeme aus gegebenen kontinuierlichen Zustandsraumdarstellungen soll nun eine Beschreibung stochastischer Prozesse in diskreter Zeit erarbeitet werden. Analog zu den Überlegungen in Kapitel 2, bei denen die zeitdiskreten deterministischen Modelle als Spezialfall der Lösung der kontinuierlichen Zustandsraumdifferentialgleichungen aufgefaßt wurden, wird die Prozeßdarstellung in diskreter Zeit als Spezialfall der allgemeinen Lösung in Gl. 4.186a der stochastischen Differentialgleichung aufgefaßt. Mit der Wahl $t_0 = t_k = k \cdot T$ und $t = t_{k+1} = (k+1) \cdot T$ erhalten wir aus Gleichung 4.186a:

$$\underline{x}(t_{k+1}) = \phi(t_{k+1}, t_k) \cdot \underline{x}(t_k) + \int_{t_k}^{t_{k+1}} \phi(t_{k+1}, \tau) \cdot B(\tau) \cdot \underline{u}(\tau) \cdot d\tau + \int_{t_k}^{t_{k+1}} \phi(t_{k+1}, \tau) \cdot G(\tau) \cdot d\underline{\beta}(\tau) \tag{4.212}$$

Der Übergang zur gesuchten stochastischen Differenzengleichung geschieht nun, indem man fordert:

$$\underline{x}(t_{k+1}) \overset{!}{=} \phi(t_{k+1}, t_k) \cdot \underline{x}(t_k) + B_d \cdot \underline{u}_d'(k) + G_d(k) \cdot \underline{w}_d'(k) \tag{4.213a}$$

oder:

$$\underline{x}(t_{k+1}) \overset{!}{=} \phi(t_{k+1}, t_k) \cdot \underline{x}(t_k) + \underline{u}_d(k) + \underline{w}_d(k) \tag{4.213b}$$

Durch einen Vergleich der Gleichung 4.213a mit Gl. 4.212 ergeben sich dann folgende Äquivalenzen:

$$\underline{u}_d(k) = B_d(k) \cdot \underline{u}_d'(k) = \int_{t_k}^{t_{k+1}} \phi(t_{k+1}, \tau) \cdot B(\tau) \cdot \underline{u}(\tau) \cdot d\tau \tag{4.214a}$$

Hält man nun insbesondere die Eingangsgröße $\underline{u}(\cdot)$ im Intervall $[t_k, t_{k+1})$ konstant gleich $\underline{u}_d'(k)$, d.h.:

$$\underline{u}(t) = \underline{u}_d'(k) \quad \text{für } t \in [t_k, t_{k+1}) \tag{4.214b}$$

dann erhält man durch Betrachtung von Gleichung 4.214a:

$$B_d(k) = \int_{t_k}^{t_{k+1}} \phi(t_{k+1},\tau) \cdot B(\tau) \cdot d\tau \tag{4.214c}$$

Der diskrete Rauschprozeß $\underline{w}_d(\cdot\,,\cdot)$ ergibt sich durch den Vergleich von Gl. 4.213b mit Gl. 4.212 zu:

$$\underline{w}_d(k) = \int_{t_k}^{t_{k+1}} \phi(t_{k+1},\tau) \cdot G(\tau) \cdot d\underline{\beta}(\tau) \tag{4.214d}$$

oder in der formalen Schreibweise mit kontinuierlichem, weißem Rauschen:

$$\underline{w}_d(k) = \int_{t_k}^{t_{k+1}} \phi(t_{k+1},\tau) \cdot G(\tau) \cdot \underline{w}(\tau) \cdot d\tau \tag{4.214e}$$

<u>Eigenschaften von $\underline{w}_d(\cdot\,,\cdot)$</u>

Für den Erwartungswert des Prozesses $\underline{w}_d(\cdot\,,\cdot)$ erhalten wir aus Gleichung 4.214d:

$$E\{\underline{w}_d(k)\} = E\left\{\int_{t_k}^{t_{k+1}} \phi(t_{k+1},\tau) \cdot G(\tau) \cdot d\underline{\beta}(\tau)\right\} = \underline{0} \tag{4.215}$$

wegen der Erwartungswertfreiheit stochastischer Integrale über Brown'sche Inkremente. Für den Kovarianzkern des Prozesses $\underline{w}_d(\cdot\,,\cdot)$ ergibt sich aus Gleichung 4.214d:

$$E\{\underline{w}_d(t_i) \cdot \underline{w}_d(t_j)^T\} = E\left\{\left[\int_{t_i}^{t_{i+1}} \underline{\phi}(t_{i+1},\tau) \cdot G(\tau) \cdot d\underline{\beta}(\tau)\right] \cdot \left[\int_{t_j}^{t_{j+1}} \phi(t_{j+1},\tau) \cdot G(\tau) \cdot d\underline{\beta}(\tau)\right]^T\right\} \tag{4.216}$$

Analog zur Gleichung 4.158 kann man dann schreiben:

$$E\{\underline{w}_d(t_i) \cdot \underline{w}_d(t_j)^T\} = E\left\{[\underline{I}(t_{i+1}) - \underline{I}(t_i)] \cdot [\underline{I}(t_{j+1}) - \underline{I}(t_j)]^T\right\}$$

$$= E\{\underline{\Delta}_{i+1} \cdot \underline{\Delta}_{j+1}^T\} \tag{4.217}$$

Vektorielle, stochastische Integrale sind laut Unterpunkt 4.5 Brown'sche Prozesse mit unabhängigen Inkrementen. Für die Wahl von $t_i = i \cdot T \neq t_j = j \cdot T$ überlappen sich die Integrationsbereiche der stochastischen Integrale in Gl. 4.216 nicht, demzufolge sind die Brown'schen Inkremente in Gleichung 4.217 unabhängig, so daß man schreiben kann:

$$E\{\underline{w}_d(t_i) \cdot \underline{w}_d(t_j)^T\} = E\left\{[\underline{I}(t_{i+1}) - \underline{I}(t_i)] \cdot [\underline{I}(t_{j+1}) - \underline{I}(t_j)]^T\right\}$$

$$= E\{\underline{\Delta}_{i+1} \cdot \underline{\Delta}_{j+1}^T\} = 0 \quad \text{für } t_i \neq t_j \qquad (4.218)$$

Betrachtet man nun den Fall $t_i = t_j = i \cdot T$, ergibt sich aus Gleichung 4.214d:

$$E\{\underline{w}_d(t_i) \cdot \underline{w}_d(t_i)^T\} = E\left\{\left[\int_{t_i}^{t_{i+1}} \phi(t_{i+1}, \tau) \cdot G(\tau) \cdot d\underline{\beta}(\tau)\right] \cdot \left[\int_{t_i}^{t_{i+1}} \phi(t_{i+1}, \tau) \cdot G(\tau) \cdot d\underline{\beta}(\tau)\right]^T\right\} \qquad (4.219)$$

Mit Gleichung 4.190 ergibt sich dann aus Gleichung 4.219:

$$Q_d(t_i) = E\{\underline{w}_d(t_i) \cdot \underline{w}_d(t_i)^T\} = \int_{t_i}^{t_{i+1}} \phi(t_{i+1}, \tau) \cdot G(\tau) \cdot Q(\tau) \cdot G(\tau)^T \cdot \phi(t_{i+1}, \tau)^T \cdot d\tau \qquad (4.220)$$

Zusammenfassend kann man dann für den Kovarianzkern des diskreten Prozesses $\underline{w}_d(\cdot, \cdot)$ schreiben:

$$E\{\underline{w}_d(t_i) \cdot \underline{w}_d(t_j)^T\} = Q_d(t_i) \cdot \delta_k(t_i - t_j) = Q_d(t_i) \cdot \delta_k(i-j) \qquad (4.221)$$

in dieser Gleichung beschreibt $\delta_k(i-j)$ das Kroneckersymbol, welches definiert ist durch:

$$\delta_k(i-j) = \begin{cases} 1 \text{ für } i=j \\ 0 \text{ sonst} \end{cases} \qquad (4.222)$$

Der Prozeß $\underline{w}_d(\cdot, \cdot)$ wird zeitdiskretes, weißes Rauschen genannt. Das zeitdiskrete, weiße Rauschen entsteht nach Gleichung 4.214d durch die lineare Überlagerung gaußverteilter Brown'scher Inkremente, demzufolge ist auch der Prozeß $\underline{w}_d(\cdot, \cdot)$ zu jedem diskreten

Zeitpunkt t_k=k· T gaußverteilt. Aus der Unabhängigkeit der Prozeßzufallsvariablen zu verschiedenen Zeitpunkten ergeben sich dann alle Verbundverteilungsdichten endlicher Länge als Produkt der betrachteten Randverteilungen, die gaußförmig sind – damit ist $\underline{\mathbf{w}}_d(\cdot,\cdot)$ auch ein Gaußprozeß, also zusammengefaßt ein zeitdiskreter, weißer, gaußverteilter Rauschprozeß. Der Kovarianzkern dieses Prozesses ist, im Gegensatz zum kontinuierlichen weißen Rauschen, endlich für eine Verschiebung von Null. Weißes, zeitdiskretes Rauschen besitzt damit eine endliche Leistung und ist deshalb auch physikalisch existent, ebenfalls im Gegensatz zum kontinuierlichen weißen Rauschen.

4.6.3.1 Differentialgleichungsdarstellung der zeitdiskreten Größen

In vielen Fällen ist eine Beschreibung des zeitlichen Verhaltens der Prozeßgrößen des diskreten Prozesses $\underline{\mathbf{x}}(\cdot,\cdot)$ sehr wünschenswert, etwa in solchen Fällen, in denen man die Differentialgleichung direkt durch numerische Techniken löst und damit das zeitliche Verhalten der Momente bekommt. Aus Gleichung 4.214a folgern wir:

$$\overset{*}{\underline{u}}_d(t) = \int_{t_k}^{t} \phi(t,\tau)\cdot B(\tau)\cdot \underline{u}(\tau)\cdot d\tau \tag{4.223a}$$

Durch Differentiation nach der Leibnitz–Formel erhalten wir dann:

$$\dot{\overset{*}{\underline{u}}}_d(t) = \int_{t_k}^{t} \dot{\phi}(t,\tau)\cdot B(\tau)\cdot \underline{u}(\tau)\cdot d\tau + B(t)\cdot u(t) \tag{4.223b}$$

Die Ableitung der Zustandsübergangsmatrix können wir wiederum mit Gl. 4.186b ersetzen und erhalten:

$$\dot{\overset{*}{\underline{u}}}_d(t) = \int_{t_k}^{t} F(t)\cdot \phi(t,\tau)\cdot B(\tau)\cdot \underline{u}(\tau)\cdot d\tau + B(t)\cdot \underline{u}(t)$$

$$= F(t)\cdot \overset{*}{\underline{u}}_d(t) + B(t)\cdot \underline{u}(t) \tag{4.223c}$$

mit dem Startwert:

$$\overset{*}{\underline{u}}_d(t_k) = \underline{0} \tag{4.223d}$$

und dem Endwert:

$$\underline{u}_d^*(t_{k+1}) = \underline{u}_d(k) \tag{4.223e}$$

Im Falle konstanter Eingangsgrößen im Intervall $[t_k, t_{k+1})$ kann aus Gl. 4.214c eine analoge Differentialgleichung für $B_d(k)$ abgeleitet werden.

Für das zeitliche Verhalten der diskreten Kovarianzmatrix $Q_d(k)$ leitet man aus Gl. 4.220 ab:

$$Q_d^*(t) = \int_{t_i}^{t} \phi(t,\tau)\cdot G(\tau)\cdot Q(\tau)\cdot G(\tau)^T\cdot \phi(t,\tau)^T\cdot d\tau \tag{4.224a}$$

Durch Differenzieren nach der Leibnitz–Regel und durch die erneute Anwendung von Gl. 4.186b erhalten wir dann, nachdem alle bezüglich der Integration konstanten Terme aus den jeweiligen Integralen herausgezogen worden sind:

$$\dot{Q}_d^*(t) = F(t)\cdot \int_{t_i}^{t} \phi(t,\tau)\cdot G(\tau)\cdot Q(\tau)\cdot G(\tau)^T\cdot \phi(t,\tau)^T\cdot d\tau$$

$$+ \int_{t_i}^{t} \phi(t,\tau)\cdot G(\tau)\cdot Q(\tau)\cdot G(\tau)^T\cdot \phi(t,\tau)^T\cdot d\tau\cdot\ F(t)^T + G(t)\cdot Q(t)\cdot G(t)^T$$

$$= F(t)\cdot Q_d^*(t) + Q_d^*(t)\cdot F(t)^T + G(t)\cdot Q(t)\cdot G(t)^T \tag{4.224b}$$

mit dem Startwert:

$$Q_d^*(t_k) = 0 \tag{4.224c}$$

und dem Endwert:

$$Q_d^*(t_{k+1}) = Q_d(k) \tag{4.224d}$$

4.6.3.2 Momente des zeitdiskreten Prozesses x(· ,·)

Für den Erwartungswert des Prozesses $\underline{x}(\cdot,\cdot)$ erhalten wir aus Gleichung 4.213b:

$$\underline{m}_{\underline{x}}(k+1) = \phi((k+1)\cdot T, k\cdot T)\cdot \underline{m}_{\underline{x}}(k) + \underline{u}_d(k) = \phi(k+1,k)\cdot \underline{m}_{\underline{x}}(k) + \underline{u}_d(k)$$

$$= \phi(k+1,k)\cdot \underline{m}_{\underline{x}}(k) + B_d(k)\cdot \underline{u}_d'(k) \tag{4.225}$$

Ebenso erhalten wir für die Kovarianz aus Gleichung 4.213b unter Ausnutzung der Unabhängigkeit von $\underline{w}_d(k)$ und $\underline{x}(k)$:

$$P_{\underline{xx}}(k+1) = \phi(k+1,k)\cdot P_{\underline{xx}}(k)\cdot \phi(k+1,k)^T + Q_d(k) \tag{4.226}$$

Damit ist der zeitdiskrete Prozeß $\underline{x}(\cdot,\cdot)$ als Spezialfall des zeitkontinuierlichen Prozesses abgeleitet worden. Dieser zeitdiskrete Prozeß stellt die allgemeine Lösung der in Gleichung 4.213b betrachteten stochastischen Differenzengleichung dar. Diese stochastische Differenzengleichung kann als Basis für die lineare, zeitdiskrete, stochastische Modellbildung in der Estimationstheorie betrachtet werden. Diese Gleichung stellt den Ausgangspunkt für die Ableitung zeitdiskreter Optimalfilter dar. Damit sind nun die Grundlagen der stochastischen Modellbildung, sowohl in kontinuierlicher Zeit, als auch für diskrete Zeitachsenteilungen erarbeitet worden. Im nächsten Unterpunkt sollen diese Grundlagen zur estimationstheoretischen Modellbildung realer Probleme herangezogen werden.

4.7 Das Gesamtsystemmodell

Zur Vervollständigung der estimationstheoretischen Modellbildung soll in diesem Unterpunkt das Meßmodell formuliert und mit dem im vorangegangenen Unterpunkt beschriebenen stochastischen Systemmodell zum Gesamtsystemmodell kombiniert werden. Dieses Gesamtmodell beschreibt zum einen das stochastische Verhalten des zu vermessenden Systems, zum anderen aber auch das Zustandekommen der verfügbaren Meßwerte sowie die stochastischen Eigenschaften der in den Meßwerten enthaltenen Meßfehler. Unabhängig davon, ob das Verhalten des zu vermessenden Systems durch kontinuierliche oder durch zeitdiskrete stochastische Prozesse beschrieben wird, ist für die digitale Meßdatenverarbeitung ein Meßmodell sinnvoll, welches zeitdiskrete Meßwertfolgen liefert. Diese Meßwertfolgen können entweder als Abtastwerte eines zeitkontinuierlichen Meßvorganges an einem zeitkontinuierlichen System oder aber als zeitdiskrete Beobachtungen eines zeitdiskreten Systemzustandes interpretiert werden. Welcher Modellvorstellung der Vorzug gegeben wird, hängt vom betrachteten Anwendungsfall ab. Im Hinblick auf lineare Problemformulierungen soll jedoch ein lineares Meßmodell formuliert werden, bei dem der Vektor der zur Verfügung stehenden Meßwerte eine Linearkombination der Zustandsvariablen darstellt, die von additivem Meßrauschen gestört sind. Die Ordnung des Meßvektors ist typischerweise kleiner gleich der Ordnung des Zustandsvektors, denn üblicherweise sind nicht alle Komponenten des Zustandsvektors direkt meßbar. Im Gegensatz zur deterministischen Modellierung, bei der Beobachtungsvektordimensionen, die größer als die Zustandsvektordimension waren, keinen Sinn hatten, weil sie zu überbestimmten Gleichungssystemen führten, kann die Meßvektordimension bei den gestörten Meßmodellen allerdings auch größer sein als die Zustandsvektordimension. Die in den 'Mehrfachmessungen' des Zustandes enthaltene 'Redundanz' kann dann zur Meßfehlerreduktion ausgenutzt werden, wie im folgenden, dem Kalman–Filter gewidmeten Kapitel gezeigt wird. In diesem Sinne werden die in der Realität zur Verfügung stehenden Meßwerte als Realisationen einer Meßvektorzufallsvariablen interpretiert, die aus einer linearen Transformation der Zustandsvektorzufallsvariablen und einer additiv überlagerten Störvektorzufallsvariablen entsteht. Damit erhalten wir folgende Realisationengleichung:

$$\underline{y}(t_k) = \underline{y}(t_k,\omega) = C(t_k)\cdot \underline{x}(t_k,\omega) + \underline{v}(t_k,\omega) \tag{4.227}$$

oder in rein zeitdiskreter Sequenzenschreibweise:

$$\underline{y}(k) = \underline{y}(k,\omega) = C(k)\cdot \underline{x}(k,\omega) + \underline{v}(k,\omega) \tag{4.228}$$

Der Zusammenhang der entsprechenden Zufallsvariablen lautet dann:

$$\underline{y}(t_k) = \underline{y}(t_k,\cdot) = C(t_k)\cdot \underline{x}(t_k,\cdot) + \underline{v}(t_k,\cdot)$$

$$= \underline{y}(t_k) = C(t_k)\cdot \underline{x}(t_k) + \underline{v}(t_k) \tag{4.229}$$

Auch dieser Zusammenhang kann in der zeitdiskreten Sequenzenschreibweise dargestellt werden.

Der Meßstörvektor $\underline{v}(t_k)$ wird als gaußverteilte, erwartungswertfreie Zufallsvariable modelliert mit:

$$E\{\underline{v}(t_k)\} = \underline{0} \tag{4.230}$$

und:

$$E\{\underline{v}(t_k)\cdot \underline{v}(t_j)^T\} = R(t_k)\cdot \delta_k(t_k - t_j) \tag{4.231}$$

Weiter wird angenommen, daß $\underline{v}(t_j)$ unabhängig von der Anfangswertzufallsvariablen $\underline{x}(t_0)$, vom 'driving noise'–Vektor $\underline{w}_d(t_k)$ oder von $\underline{\beta}(t_k)$ für alle t_k, $t_j \in T$ ist. Statistische Zusammenhänge zwischen diesen Größen werden zu einem späteren Zeitpunkt betrachtet werden. Damit stehen prinzipiell zwei Systemgesamtmodelle zur Verfügung: Die erste Modellierung verwendet ein zeitkontinuierliches Systemmodell mit zeitdiskreten Meßwerten in der Form:

$$\dot{\underline{x}}(t) = F(t)\cdot \underline{x}(t) + B(t)\cdot \underline{u}(t) + G(t)\cdot \underline{w}(t) \tag{4.232}$$

oder in der strengen Formulierung:

$$d\underline{x}(t) = F(t)\cdot \underline{x}(t)\cdot dt + B(t)\cdot \underline{u}(t)\cdot dt + G(t)\cdot d\underline{\beta}(t) \tag{4.233}$$

mit den zeitdiskreten Meßwerten:

$$\underline{y}(t_k) = C(t_k)\cdot \underline{x}(t_k) + \underline{v}(t_k) \tag{4.234}$$

bzw.:

$$\underline{y}(k) = C(t_k)\cdot \underline{x}(t_k) + \underline{v}(k) \tag{4.235}$$

Dieses Modell ist in Abbildung 4.8 dargestellt.Die zweite Möglichkeit verwendet die zum kontinuierlichen Modell äquivalente zeitdiskrete Systemmodellierung mit diskretem Meßmodell:

$$\underline{x}(k+1) = \phi(k+1,k)\cdot \underline{x}(k) + B_d(k)\cdot \underline{u}_d'(k) + \underline{w}_d(k) \tag{4.236}$$

$$\underline{y}(k) = C(k) \cdot \underline{x}(k) + \underline{v}(k) \tag{4.237}$$

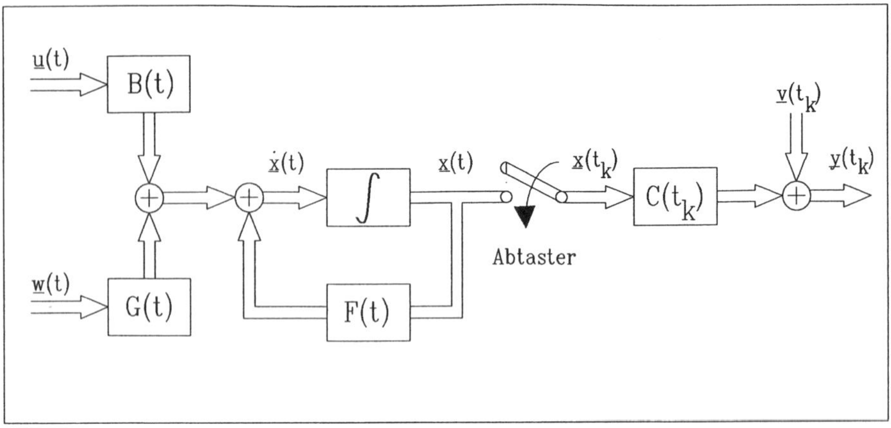

Bild 4.8: Kontinuierliches Systemmodell mit zeitdiskreten Messungen

Der Vektor $B_d(k) \cdot \underline{u}_d'(k)$ kann zu einem diskreten Eingangsvektor $\underline{u}_d(k)$ zusammengefaßt werden, ebenso wie man für den zeitdiskreten Rauschvektor $\underline{w}_d(k)$ schreiben könnte:

$$\underline{w}_d(k) = G_d(k) \cdot \underline{w}_d'(k) \tag{4.238}$$

Wenn das zeitdiskrete Modell jedoch als zeitdiskretes Äquivalent des zeitkontinuierlichen Modells abgeleitet wird, ergibt sich für die Darstellung nach Gl. 4.238 $G_d(k)$ immer als Einheitsmatrix, denn es gilt:

$$Q_d(k) = G_d(k) \cdot Q_d'(k) \cdot G_d(k)^T = \int_{t_k}^{t_{k+1}} \phi(t_{k+1},\tau) \cdot G(\tau) \cdot Q(\tau) \cdot G(\tau)^T \cdot \phi(t_{k+1},\tau)^T d\tau \tag{4.239}$$

Die Symmetrieeigenschaften und speziellen Korrelationszusammenhänge, die sich aus der Lösung des Integrals in Gl. 4.239 für $Q_d(k)$ ergeben, können erfüllt werden, wenn:

$$G_d(k) = I \tag{4.240}$$

gewählt wird. Dann gilt aber $Q_d(k) = Q_d'(k)$.

Diese Art der Modellierung ist in Abbildung 4.9 dargestellt.

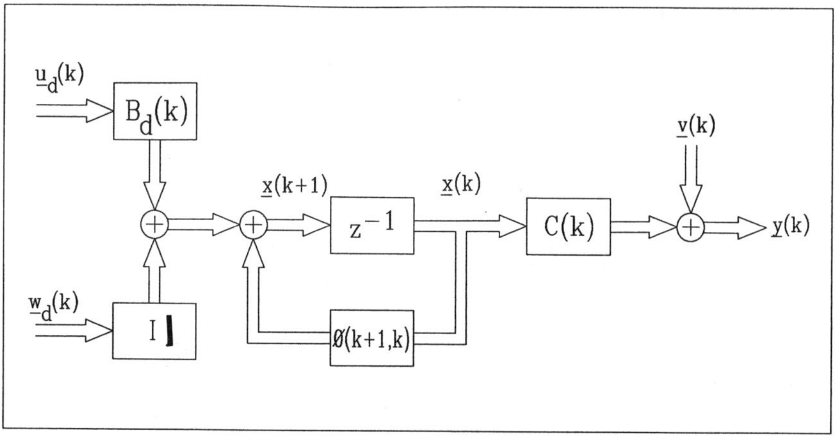

Bild 4.9: Zeitdiskretes System mit zeitdiskretem Meßmodell

Ebenso wäre eine rein kontinuierliche Modellierung denkbar, bei der auch die Meßwerte kontinuierlich zur Verfügung stehen, mit:

$$\underline{y}(t) = C(t) \cdot \underline{x}(t) + \underline{v}(t) \tag{4.241}$$

Wegen der zeitdiskreten Natur von digital implementierten Estimationsalgorithmen wird dieser Ansatz jedoch nicht weiter verfolgt.

4.7.1 Stochastische Eigenschaften des Meßprozesses

Die stochastischen Eigenschaften des Meßprozesses $\underline{y}(\cdot,\cdot)$ lassen sich direkt aus den Eigenschaften von $\underline{x}(\cdot,\cdot)$ und aus den Eigenschaften des Störprozesses $\underline{v}(\cdot,\cdot)$ ableiten. Für den Erwartungswert der Zufallsvariablen $\underline{y}(t_k,\cdot)$ erhalten wir z.B. aus Gleichung 4.241:

$$\begin{aligned} \underline{m}_{\underline{y}}(t_k) &= E\{\underline{y}(t_k)\} = E\{C(t_k) \cdot \underline{x}(t_k) + \underline{v}(t_k)\} \\ &= C(t_k) \cdot E\{\underline{x}(t_k)\} + E\{\underline{v}(t_k)\} \\ &= C(t_k) \cdot \underline{m}_{\underline{x}}(t_k) \end{aligned} \tag{4.242}$$

Die Korrelationsmatrix der Zufallsvariablen $\underline{y}(t_k)$ ergibt sich analog zu:

$$E\{\underline{y}(t_k)\cdot\underline{y}(t_k)^T\} = E\{C(t_k)\cdot\underline{x}(t_k)\cdot\underline{x}(t_k)^T\cdot C(t_k)^T\} + E\{\underline{v}(t_k)\cdot\underline{v}(t_k)^T\}$$

$$+ E\{C(t_k)\cdot\underline{x}(t_k)\cdot\underline{v}(t_k)^T\} + E\{\underline{v}(t_k)\cdot\underline{x}(t_k)^T\cdot C(t_k)^T\} \tag{4.243}$$

Die beiden letzten Summanden in Gleichung 4.243 verschwinden laut Voraussetzung, denn es gilt:

$$E\{C(t_k)\cdot\underline{x}(t_k)\cdot\underline{v}(t_k)^T\} = E\Big\{\Big[C(t_k)\cdot\phi(t_k,t_0)\cdot\underline{x}(t_0)$$

$$+\int_{t_0}^{t_k} C(t_k)\cdot\phi(t_k,\tau)\cdot B(\tau)\cdot\underline{u}(\tau)\,d\tau + \int_{t_0}^{t_k} C(t_k)\cdot\phi(t_k,\tau)\cdot G(\tau)\,d\underline{\beta}(\tau)\Big]\cdot\underline{v}(t_k)^T\Big\}$$

oder in zeitdiskreter Modellschreibweise (vgl. Gl. 2.207 – 2.208):

$$E\{C(t_k)\cdot\underline{x}(t_k)\cdot\underline{v}(t_k)^T\} = E\Big\{\Big[C(t_k)\cdot\phi(t_k,t_0)\cdot\underline{x}(t_0)$$

$$+\sum_{j=1}^{k} C(t_k)\cdot\phi(t_k,t_j)\cdot\underline{u}_d(t_{j-1}) + \sum_{j=1}^{k} C(t_k)\cdot\phi(t_k,t_j)\cdot\underline{w}_d(t_{j-1})\Big]\cdot\underline{v}(t_k)^T\Big\}$$

Laut Voraussetzung ist $\underline{v}(t_k)$ unabhängig von $\underline{x}(t_0)$ und von $d\underline{\beta}(t)$, bzw. von $\underline{w}_d(t_k)$. Ebenso verschwindet der Erwartungswert des Produktes mit der deterministischen Größe $\underline{u}_d(\cdot)$ wegen der Erwartungswertfreiheit von $\underline{v}(k)$. Damit gilt für die Korrelationsmatrix:

$$\Psi_{\underline{yy}}(t_k) = E\{\underline{y}(t_k)\cdot\underline{y}(t_k)^T\} = C(t_k)\cdot E\{\underline{x}(t_k)\cdot\underline{x}(t_k)^T\}\cdot C(t_k)^T + R(t_k) \tag{4.244}$$

und für den Korrelationskern:

$$\Psi_{\underline{yy}}(t_k,t_j) = E\{\underline{y}(t_k)\cdot\underline{y}(t_j)^T\} = C(t_k)\cdot E\{\underline{x}(t_k)\cdot\underline{x}(t_j)^T\}\cdot C(t_j)^T \quad \text{für } t_k \neq t_j \tag{4.245}$$

Für den Kovarianzkern erhält man daraus:

$$P_{\underline{yy}}(t_k,t_j) = C(t_k)\cdot P_{\underline{xx}}(t_k,t_j)\cdot C(t_j)^T + R(t_k)\cdot \delta_k(t_k-t_j) \qquad (4.246)$$

wobei $P_{\underline{xx}}(t_k,t_j)$ und $\Psi_{\underline{xx}}(t_k,t_j)$ nach den Gleichungen 4.199a und 4.200 berechnet werden können.

Der Meßprozeß $\underline{y}(\cdot,\cdot)$ stellt eine lineare Überlagerung zweier gaußverteilter, unabhängiger Prozesse dar, damit ist $\underline{y}(\cdot,\cdot)$ selbst ein Gaußprozeß. Die Angabe von Erwartungswert und Kovarianzkern reicht also zur vollständigen Beschreibung des Meßprozesses aus.

4.7.2 Modellierung von korreliertem Rauschen, vergrößerte Zustandsvektoren

Reale Störphänomene sind nur selten durch weißes, vom zu vermessenden Zustand unabhängiges Rauschen charakterisierbar, weit häufiger treten zeitlich oder mit dem Zustand korrelierte Störphänomene auf. In diesen Fällen würde eine Modellierung dieser Störphänomene durch weißes Rauschen einem Estimator zu 'unruhige' Rauschstörungen vortäuschen und als Konsequenz würde der Estimator den korrelierten Anteil der Störungen dem Zustandsvektorschätzwert zuschlagen und nur den weißen Anteil der Störungen beseitigen.

Betrachtet man nun Gleichung 4.246, so fällt auf, daß im Falle gaußverteilter Störphänomene ein Störprozeß als Ausgangsprozeß eines linearen Zustandsraummodells mit gaußverteiltem Eingangsrauschen betrachtet werden kann. Der Korrelations– und Kovarianzkern des Störprozesses könnte dann mit den Gleichungen 4.199a, 4.200 und 4.226 bestimmt werden, oder umgekehrt könnten zu einem Störprozeß $\underline{n}(\cdot,\cdot)$ mit vorgegebenem Korrelations– oder Kovarianzkern die allgemeinen System– und Beobachtungsmatrizen $F_n(\cdot)$, $G_n(\cdot)$, $C_n(\cdot)$, die benötigten Dimensionen des Störzustandsvektors $\underline{x}_n(t,\cdot)$ und des driving noise–Vektors $d\underline{\beta}_n(\cdot,\cdot)$ sowie die zeitvariante Diffusionsmatrix $Q_n(\cdot)$ so bestimmt werden, daß am Ausgang der gewünschte Störprozeß $\underline{n}(\cdot,\cdot)$ mit dem vorgegebenen Korrelationskern entsteht. Der weiße Störprozeß $\underline{v}_n(\cdot,\cdot)$ repräsentiert dann nur den weißen Anteil des Störrauschens. Diese Modellierungsdenkweise ist in Abbildung 4.10 dargestellt.

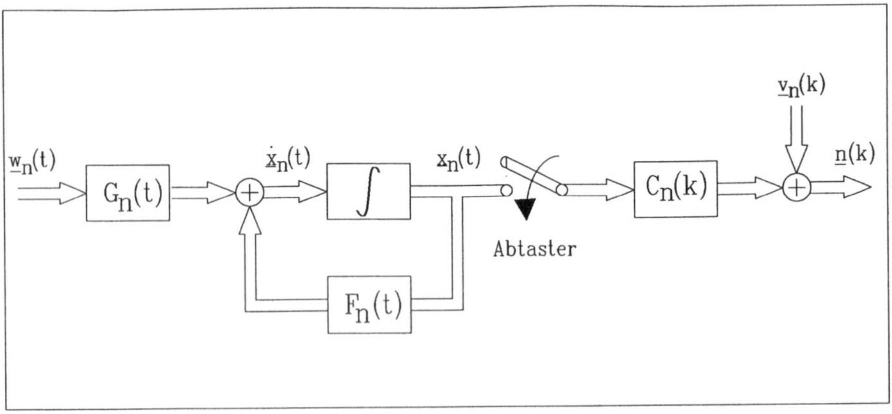

Bild 4.10: Modellierung korrelierter Störphänomene im Zustandsraum

Die Modellierungsgleichungen des korrelierten Störrauschens lauten dann:

$$d\underline{x}_n(t) = F_n(t)\cdot \underline{x}_n(t)\cdot dt + G_n(t)\cdot d\underline{\beta}_n(t) \tag{4.247a}$$

mit:

$$E\{\underline{\beta}_n(t)\cdot \underline{\beta}_n(t)^T\} = \int_{t_0}^{t} Q_n(\tau)\, d\tau \tag{4.247b}$$

bzw. in der Schreibweise mit weißem Rauschen:

$$\dot{\underline{x}}_n(t) = F_n(t)\cdot \underline{x}_n(t) + G_n(t)\cdot \underline{w}_n(t) \tag{4.248a}$$

mit:

$$E\{\underline{w}_n(t)\cdot \underline{w}_n(t')^T\} = Q_n(t)\cdot \delta(t-t') \tag{4.248b}$$

mit der zeitdiskreten Ausgangsgleichung:

$$\underline{n}(k) = C_n(t_k)\cdot \underline{x}_n(t_k) + \underline{v}_n(t_k) \tag{4.249a}$$

und:

$$E\{\underline{v}_n(t_k)\cdot \underline{v}_n(t_j)^T\} = R_n(t_k)\cdot \delta_k(t_k-t_j) \tag{4.249b}$$

Diese Modellierung gilt sinngemäß auch für korrelierte Eingangsrauschprozesse eines Systemmodells. Das durch diese Gleichungen im Zustandsraum beschriebene Filter bezeichnet man als Formfilter, weil es die Form des Leistungsdichtespektrums am Eingang an die gewünschte Form des Ausgangsleistungsdichtespektrums anpaßt, also die Form des Leistungsdichtespektrums verändert. Im Gegensatz zur Modellierung im Frequenzbereich, die bei instationären Problemen versagt, funktionieren diese Zustandsraumformfilter aber auch in allgemeinen Fällen. Die an Frequenzbereichsvorstellungen angelehnte Bezeichung Formfilter mag daher etwas inkonsequent erscheinen. Genaugenommen versagt diese Formfiltertechnik allerdings bei Störprozessen mit nicht rationalem Leistungsdichtespektrum, solche Prozesse können nur approximativ modelliert werden. Nach der erfolgten Modellierung des korrelierten Störrauschens kann die Zustandsraumbeschreibung nach den Gleichungen 4.247a – 4.249b mit der gegebenen Zustandsraumformulierung des Systemmodells zu einem vergrößerten Zustandsraummodell zusammengefaßt werden. Die Vorgehensweise dabei soll nun kurz demonstriert werden. Wir gehen von einem gegebenen Problem aus, bei dem sowohl das gaußverteilte Eingangsrauschen (driving noise) als auch das Meßrauschen (measurement noise) korreliert ist, und welches dann beschrieben wird durch:

$$\dot{\underline{x}}(t) = F(t)\cdot\underline{x}(t) + B(t)\cdot\underline{u}(t) + G(t)\cdot\underline{n}_1(t) \tag{4.250}$$

und:

$$\underline{y}(t_k) = C(t_k)\cdot\underline{x}(t_k) + \underline{n}_2(t_k) \tag{4.251}$$

Zur Modellierung der korrelierten Rauschvorgänge $\underline{n}_1(t)$ und $\underline{n}_2(t)$ benutzen wir die Gleichungen 4.248 – 4.250. Wir führen für $\underline{n}_1(t)$ und $\underline{n}_2(t)$ Rauschzustandsvektoren ein und schreiben:

$$\dot{\underline{x}}_{n1}(t) = F_{n1}(t)\cdot\underline{x}_{n1}(t) + G_{n1}(t)\cdot\underline{w}_{n1}(t) \tag{4.252a}$$

mit:

$$E\{\underline{w}_{n1}(t)\cdot\underline{w}_{n1}(t')^T\} = Q_{n1}(t)\cdot\delta(t-t') \tag{4.252b}$$

$$\underline{n}_1(t) = C_{n1}(t)\cdot\underline{x}_{n1}(t) + \underline{v}_{n1}(t) \tag{4.252c}$$

und:

$$\dot{\underline{x}}_{n2}(t) = F_{n2}(t)\cdot\underline{x}_{n2}(t) + G_{n2}(t)\cdot\underline{w}_{n2}(t) \tag{4.252d}$$

mit:

$$E\{\underline{w}_{n2}(t)\cdot\underline{w}_{n2}(t')^T\} = Q_{n2}(t)\cdot\delta(t-t') \tag{4.252e}$$

$$\underline{n}_2(t_k) = C_{n2}(t_k)\cdot\underline{x}_{n2}(t_k) + \underline{v}_{n2}(t_k) \tag{4.252f}$$

Die Rauschanteile $\underline{v}_{n1}(t)$ und $\underline{v}_{n2}(t_k)$ verkörpern dann die weißen, gaußverteilten Rauschanteile in $\underline{n}_1(t)$ und $\underline{n}_2(t_k)$.

Die drei einzelnen Modelle werden nun zu einem vergrößerten Modell zusammengefaßt. Wir definieren einen vergrößerten Vektor $\underline{x}_a(t)$ mit:

$$\underline{x}_a(t)^T = [\underline{x}(t)^T \mid \underline{x}_{n1}(t)^T \mid \underline{x}_{n2}(t)^T] \tag{4.253a}$$

mit der Ableitung:

$$\dot{\underline{x}}_a(t)^T = [\dot{\underline{x}}(t)^T \mid \dot{\underline{x}}_{n1}(t)^T \mid \dot{\underline{x}}_{n2}(t)^T] \tag{4.253b}$$

Die stochastische Differentialgleichung zur Beschreibung von $\underline{x}_a(t)$ lautet dann in der Schreibweise mit weißem Rauschen:

$$\dot{\underline{x}}_a(t) = \left[\begin{array}{c|c|c} F(t) & G(t)\cdot C_{n1}(t) & 0 \\ \hline 0 & F_{n1}(t) & 0 \\ \hline 0 & 0 & F_{n2}(t) \end{array}\right] \cdot \underline{x}_a(t) + \left[\begin{array}{c} B(t) \\ \hline 0 \\ \hline 0 \end{array}\right] \cdot \underline{u}(t)$$

$$+ \left[\begin{array}{c|c|c} G(t) & 0 & 0 \\ \hline 0 & G_{n1}(t) & 0 \\ \hline 0 & 0 & G_{n2}(t) \end{array}\right] \left[\begin{array}{c} \underline{v}_{n1}(t) \\ \hline \underline{w}_{n1}(t) \\ \hline \underline{w}_{n2}(t) \end{array}\right] \tag{4.254a}$$

oder in der Schreibweise mit vergrößerten Matrizen:

$$\dot{\underline{x}}_a(t) = F_a(t)\cdot \underline{x}_a(t) + B_a(t)\cdot \underline{u}(t) + G_a(t)\cdot \underline{w}_a(t) \tag{4.254b}$$

Die Beobachtungsgleichung lautet dann:

$$\underline{y}(t_k) = \left[C(t_k) \mid 0 \mid C_{n2}(t_k)\right] \cdot \underline{x}_a(t_k) + \underline{v}_{n2}(t_k) \tag{4.255a}$$

oder ebenfalls in der Schreibweise mit vergrößerter Beobachtungsmatrix:

$$\underline{y}(t_k) = C_a(t_k)\cdot \underline{x}_a(t_k) + \underline{v}_{n2}(t_k) \tag{4.255b}$$

$\underline{w}_a(t)$ ist ein weißer, gaußverteilter, erwartungswertfreier Rauschvektor, dessen Dimension und Kovarianzkern $E\{\underline{w}_a(t)\cdot \underline{w}_a(t')^T\} = Q_a(t)\cdot \delta(t-t')$ geeignet bestimmt werden muß. Durch die Wahl der Nebendiagonalmatrizen hat man zusätzlich die Möglichkeit, korrelative Bindungen zwischen den Eingangsrauschprozessen zu spezifizieren. Der Rauschvektor $\underline{v}_{n2}(t_k)$ repräsentiert in den Gleichungen 4.255 <u>nur</u> noch den weißen, gaußverteilten Anteil des Meßrauschens $\underline{n}_2(t_k)$. Das Blockschaltbild des vergrößerten Zustandsraummodells ist in Abbildung 4.11 dargestellt.

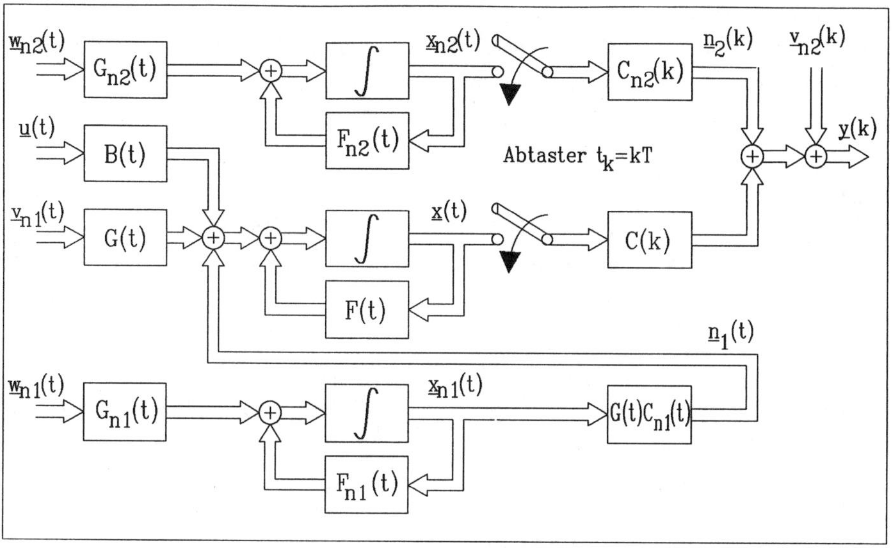

Bild 4.11: Vergrößertes Zustandsraummodell zur Modellierung korrelierter Rauschvorgänge

4.7.2.1 Formfilterdesign für skalare, stationäre Probleme

In diesem Unterpunkt sollen spezielle Zustandsraummodelle mit skalarem Eingang und Ausgang formuliert werden, die zur Erzeugung einiger wichtiger korrelierter Rauschvorgänge benutzt werden können. Für den Kovarianzkern der Ausgangsfunktion eines zeitinvarianten Formfilters gilt nach Gleichung 4.246 mit der Einschränkung auf skalare Beobachtungen:

$$P_{yy}(t_k - t_j) = C \cdot \underline{\underline{P_{xx}}}(t_k - t_j) \cdot C^T + R \cdot \delta_k(t_k - t_j) \qquad (4.256)$$

Mit Gleichung 4.199a folgt daraus, wenn wir den weißen Anteil des Rauschens vernachlässigen:

$$P_{yy}(\tau) = P_{yy}(t_k - t_j) = C \cdot \underline{\underline{P_{xx}}}(\tau) \cdot C^T = C \cdot \phi(\tau) \cdot \underline{\underline{P_{xx}}}(0) \cdot C^T \qquad (4.257)$$

mit der Zustandsübergangsmatrix $\phi(\tau) = \exp[F \cdot \tau]$ (vgl. Kap. 2). Betrachtet man nun die relative Verschiebung τ=0, ergibt sich:

$$P_{yy}(0) = C\cdot P_{\underline{xx}}(0)\cdot C^T \tag{4.258}$$

für die 'Wechselleistung' des Ausgangsprozesses.
Skalare, zeitinvariante Systeme können vorteilhaft durch Faltungsintegrale im Zeitbereich und durch Übertragungsfunktionen im Frequenzbereich beschrieben werden. Diese Tatsache ist in Abbildung 4.12 dargestellt.

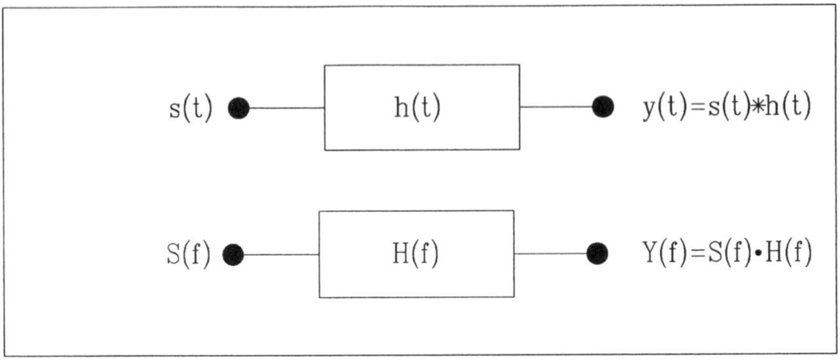

Bild 4.12: Zeitinvariante Systembeschreibung im Zeit– und Frequenzbereich

Für die Ausgangsfunktion y(·) gilt im Zeitbereich:

$$y(t) = \int_{-\infty}^{\infty} s(\tau)\cdot h(t-\tau)\, d\tau = s(t)*h(t) \tag{4.259}$$

Die Ausgangsfunktion kann im Frequenzbereich durch das Produkt der Fouriertransformierten beschrieben werden, wenn vorausgesetzt werden kann, daß die betrachteten Funktionen fouriertransformierbar sind:

$$Y(f) = S(f)\cdot H(f) \tag{4.260}$$

wobei die Fouriertransformierte X(·) einer Zeitfunktion x(·) allgemein definiert wird durch:

$$X(f) = \int_{-\infty}^{\infty} x(t)\cdot e^{-j2\pi ft}\, dt \tag{4.261}$$

Verwendet man nun als Eingangszeitfunktionen s(·) des Systems nach Gleichung 4.259 die Musterfunktionen eines stationären, gaußverteilten Rauschprozesses, d.h. $s(\cdot) = s(\cdot,\omega_j) = s(\cdot)$, dann wird auch die Ausgangsfunktion y(·) eine Musterfunktion eines stochastischen Prozesses darstellen, d.h.:

$$y(t) = y(t,\omega_j) = \int_{-\infty}^{\infty} s(\tau,\omega_j)\cdot h(t-\tau)\, d\tau \tag{4.262a}$$

bzw. als Zusammenhang von Zufallsvariablen beschrieben:

$$y(t) = y(t,\cdot) = \int_{-\infty}^{\infty} s(\tau,\cdot)\cdot h(t-\tau)\, d\tau = \int_{-\infty}^{\infty} s(\tau)\cdot h(t-\tau)\, d\tau \tag{4.262b}$$

Der Erwartungswert der Zufallsvariablen y(t,·) wird bestimmt durch:

$$E\{y(t)\} = E\left\{\int_{-\infty}^{\infty} s(\tau)\cdot h(t-\tau)\, d\tau\right\} = \int_{-\infty}^{\infty} E\{s(\tau)\}\cdot h(t-\tau)\, d\tau \tag{4.263a}$$

Wegen der Stationarität ist der Erwartungswert konstant über τ, kann deshalb aus der Integration herausgenommen werden, so daß man erhält:

$$E\{y(t)\} = m_x \cdot \int_{-\infty}^{\infty} h(t-\tau)\, d\tau = m_x \cdot H(0) \tag{4.263b}$$

Für den Kovarianzkern des Prozesses $\underline{y}(\cdot,\cdot)$ gilt:

$$\varphi^L_{yy}(\tau) = \Psi_{yy}(\tau) = E\{y(t)\cdot y(t+\tau)\} \tag{4.264}$$

wobei das Symbol $\varphi^L_{yy}(\tau)$ als Bezeichnung für die Autokorrelationsfunktion des 'Leistungssignals' y(·) bewußt verwendet wurde, um Anknüpfungspunkte an die nachrichtentechnische Nomenklatur zu schaffen. Für die Autokorrelationsfunktion $\varphi^L_{yy}(\tau)$ gilt dann:

$$\varphi^L_{yy}(\tau) = E\left\{\left[\int_{-\infty}^{\infty} s(\xi)\cdot h(t-\xi)\, d\xi\right]\cdot\left[\int_{-\infty}^{\infty} s(\nu)\cdot h(t+\tau-\nu)\, d\nu\right]\right\}$$

$$= \int_{-\infty}^{\infty} \int_{-\infty}^{\infty} E\{s(\xi)\cdot s(\nu)\}\cdot h(t-\xi)\cdot h(t+\tau-\nu)\, d\xi d\nu$$

$$= \int_{-\infty}^{\infty} \int_{-\infty}^{\infty} \varphi_{ss}^{L}(\nu-\xi)\cdot h(t-\xi)\cdot h(t+\tau-\nu)\, d\xi d\nu \qquad (4.265)$$

Dabei bezeichnet $\varphi_{ss}^{L}(\tau)$ die Autokorrelationsfunktion der Zeitfunktion $s(\cdot)$.

Substituiert man in Gl. 4.265 $\xi-\nu = u$, erhält man sofort:

$$\varphi_{yy}^{L}(\tau) = \int_{-\infty}^{\infty} \int_{-\infty}^{\infty} \varphi_{ss}^{L}(-u)\cdot h(t-\xi)\cdot h(t+\tau-\xi+u)\, d\xi du$$

$$= \int_{-\infty}^{\infty} \varphi_{ss}^{L}(-u)\cdot \left[\int_{-\infty}^{\infty} h(t-\xi)\cdot h(t+\tau-\xi+u)\, d\xi \right] du \qquad (4.266)$$

Durch eine weitere Substitution $t-\xi = v$ erhält man dann:

$$\varphi_{yy}^{L}(\tau) = \int_{-\infty}^{\infty} \varphi_{ss}^{L}(-u)\cdot \left[\int_{-\infty}^{\infty} h(v)\cdot h(v+\tau+u)\, dv \right] du$$

$$= \int_{-\infty}^{\infty} \varphi_{ss}^{L}(-u)\cdot \varphi_{hh}^{E}(\tau+u)\, du \qquad (4.267)$$

wobei $\varphi_{hh}^{E}(\tau)$ die deterministische Autokorrelationsfunktion der Stoßantwort $h(\cdot)$ darstellt. Durch eine letzte Substitution $u=-\zeta$ erhalten wir schließlich:

$$\varphi_{yy}^{L}(\tau) = \int_{-\infty}^{\infty} \varphi_{ss}^{L}(\zeta)\cdot \varphi_{hh}^{E}(\tau-\zeta)\, d\zeta = \varphi_{ss}^{L}(\tau) * \varphi_{hh}^{E}(\tau) \qquad (4.268)$$

Gleichung 4.268 ist als <u>Wiener–Lee–Theorem</u> bekannt. Die Fouriertransformierte der Autokorrelationsfunktion eines stochastischen, stationären, skalaren Prozesses ist nach der Aussage des Wiener–Khintchine–Theorems das Leistungsdichtespektrum des Prozesses. Berechnet man in diesem Sinne die Fouriertransformierte von $\varphi_{yy}^{L}(\tau)$, erhält man:

$$\phi_{yy}^{L}(f) = \mathfrak{F}\{\varphi_{yy}^{L}(\tau)\} = \int_{-\infty}^{\infty} \varphi_{yy}^{L}(\tau)\cdot e^{-j2\pi f\tau}\, d\tau = \phi_{ss}^{L}(f)\cdot \phi_{hh}^{E}(f) = \phi_{ss}^{L}(f)\cdot |H(f)|^{2} \quad (4.269)$$

Dies ist die Formulierung des Wiener–Lee–Theorems im Frequenzbereich.

Trotz der mathematischen Schwierigkeiten, die sich bei weißem Rauschen ergeben, bleiben diese Gleichungen formal gültig, wenn der Eingangsprozeß $\mathbf{s}(\cdot,\cdot)$ weißes, gaußverteiltes Rauschen ist, also für:

$$\mathbf{s}(\cdot,\cdot) = \mathbf{w}(\cdot,\cdot) \quad (4.270a)$$

mit:

$$\varphi_{ss}^{L}(\tau) = \varphi_{ww}^{L}(\tau) = E\{w(t)\cdot w(t+\tau)\} = N_0\cdot \delta(\tau) \quad (4.270b)$$

und:

$$m_s = m_w = E\{w(t)\} = 0 \quad (4.270c)$$

Dann ist auch der Ausgangsprozeß $\mathbf{y}(\cdot,\cdot)$ als Reaktion eines linearen Systems auf einen Gaußprozeß wieder ein Gaußprozeß, dessen Erwartungswert, Autokorrelationsfunktion und Leistungsdichtespektrum mit den zuvor abgeleiteten Formeln sofort berechnet werden kann:

$$m_y = 0 \quad (4.271a)$$

$$\varphi_{yy}^{L}(\tau) = P_{yy}(\tau) = N_0\cdot \varphi_{hh}^{E}(\tau) \quad (4.271b)$$

$$\phi_{yy}^{L}(f) = N_0\cdot |H(f)|^{2} \quad (4.271c)$$

Die Gleichungen 4.271 sagen klar aus, daß ein stationärer Gaußprozeß $\mathbf{y}(\cdot,\cdot)$ mit vorgegebener Autokorrelationsfunktion oder vorgegebenem Leistungsdichtespektrum durch ein lineares, zeitinvariantes System, welches mit gaußverteiltem, weißem Eingangsrauschen angeregt wird, erzeugt werden kann. Dazu muß die Autokorrelationsfunktion der Stoßantwort h(t), bzw. das Energiedichtespektrum der Stoßantwort so gewählt werden, daß die Gleichungen 4.271b und 4.271c erfüllt sind. Diese Gleichungen bestimmen aber weder die Stoßantwort h(t) des Systems noch die Systemübertragungsfunktion H(f) eindeutig, da nur der Betrag der Übertragungsfunktion, nicht aber deren Phase durch Gleichung 4.271c bestimmt ist. Umgekehrt bedeutet dies, daß alle Übertragungsfunktionen gleichen

Betragsverlaufes, aber unterschiedlicher Phase das gleiche Leistungsdichtespektrum am Ausgang des Systems erzeugen. Verlangt man jedoch zusätzlich, daß H(f) die Übertragungsfunktion eines kausalen, stabilen und minimalphasigen Systems ist, erhält man zusätzliche Bedingungen zur Bestimmung von H(f). Aufgrund dieser Bedingungen existiert dann ein eindeutiger Zusammenhang zwischen dem Betrags– und Phasenverlauf einer Übertragungsfunktion H(f). Diese Bedingungen sollen nun zusätzlich zur Bestimmung von H(f) eingeführt werden. Zunächst gilt für beliebige Systeme mit reeller Stoßantwort h(t):

$$|H(f)|^2 = H(f)\cdot H(f)^* = H(f)\cdot H(-f) \tag{4.272}$$

wobei der hochgestellte Stern eine konjugiert komplexe Größe bezeichnet. Wir gehen nun zunächst ganz zwanglos von der Fouriertransformierten H(f) zur zweiseitigen Laplacetransformierten H(s) über, indem wir setzen: $f = \frac{s}{j2\pi}$. Dann erhalten wir aus Gleichung 4.272:

$$|H(\tfrac{s}{j2\pi})|^2 = H(\tfrac{s}{j2\pi})\cdot H(-\tfrac{s}{j2\pi}) \tag{4.273}$$

und durch Anwendung von Gleichung 4.261:

$$H(\tfrac{s}{j2\pi})\cdot H(-\tfrac{s}{j2\pi}) = \int_{-\infty}^{\infty} h(\xi)\cdot e^{-s\xi}\, d\xi \cdot \int_{-\infty}^{\infty} h(\zeta)\cdot e^{+s\zeta}\, d\zeta \tag{4.274}$$

$$= \int_{-\infty}^{\infty}\int_{-\infty}^{\infty} h(\xi)\cdot h(\zeta)\cdot e^{-s(\xi-\zeta)}\, d\zeta d\xi \tag{4.275}$$

Durch die Substitution $\xi-\zeta = \nu$ erhalten wir:

$$H(\tfrac{s}{j2\pi})\cdot H(-\tfrac{s}{j2\pi}) = \int_{-\infty}^{\infty}\int_{-\infty}^{\infty} h(\nu+\zeta)\cdot h(\zeta)\cdot e^{-s\nu}\, d\zeta d\nu$$

$$= \int_{-\infty}^{\infty}\Big[\int_{-\infty}^{\infty} h(\nu+\zeta)\cdot h(\zeta)\, d\zeta\Big]\cdot e^{-s\nu} d\nu = \int_{-\infty}^{\infty} \varphi_{hh}^{E}(\nu)\cdot e^{-s\nu}\, d\nu \tag{4.276}$$

Damit ergibt sich das Produkt $H(\frac{s}{j2\pi})\cdot H(-\frac{s}{j2\pi})$ als zweiseitige Laplacetransformierte der Autokorrelationsfunktion $\varphi_{hh}^{E}(\tau)$. Wir führen nun die für praktische Realisierung uner–

läßliche Forderung kausaler Stoßantworten h(t) ein. Mit dieser zusätzlichen Annahme wollen wir dann von der zweiseitigen Laplacetransformierten H(s) zur einseitigen Laplacetransformierten $H_I(s)$ übergehen. Wenn es nun gelingt, die zweiseitige Laplacetransformierte von $\varphi_{hh}^{E}(\tau)$ in das Produkt $H_I(s)\cdot H_I(-s)$ zu faktorisieren, können wir sofort $H_I(s)$ als den Teil des Produktes identifizieren, welcher wegen der Stabilität und Minimalphasigkeit nur Pole und Nullstellen mit negativem Realteil besitzt. Die zweiseitige Laplacetransformierte der Autokorrelationsfunktion ist nach Gleichung 4.276 gegeben durch:

$$\mathfrak{L}_{II}\{\varphi_{hh}^{E}(\tau)\} = \int_{-\infty}^{\infty} \varphi_{hh}^{E}(\nu)\cdot e^{-s\nu}\, d\nu \qquad (4.277)$$

Wir suchen nun zunächst einen Zusammenhang zwischen der zweiseitigen und der einseitigen Laplacetransformierten der Autokorrelationsfunktion, um die zahlreichen für die einseitige (rechtsseitige) Laplacetransformation existierenden Transformationszusammenhänge nutzen zu können. Wir spalten das in Gleichung 4.277 auftretende Integral unter besonderer Berücksichtigung der unmittelbaren Umgebung des Nullpunktes in drei Teilintegrale auf und erhalten mit einer Grenze $\epsilon>0$:

$$\mathfrak{L}_{II}\{\varphi_{hh}^{E}(\tau)\} = \lim_{\epsilon\to 0} \int_{-\infty}^{-\epsilon} \varphi_{hh}^{E}(\nu)\cdot e^{-s\nu} d\nu + \int_{\epsilon}^{\infty} \varphi_{hh}^{E}(\nu)\cdot e^{-s\nu} d\nu + \int_{-\epsilon}^{\epsilon} \varphi_{hh}^{E}(\nu)\cdot e^{-s\nu} d\nu \qquad (4.278)$$

Substituiert man nun im ersten Integral $\nu=-\xi$, erhält man mit $\varphi_{hh}^{E}(\tau)=\varphi_{hh}^{E}(-\tau)$:

$$\mathfrak{L}_{II}\{\varphi_{hh}^{E}(\tau)\} = \lim_{\epsilon\to 0} \int_{\epsilon}^{\infty} \varphi_{hh}^{E}(\xi)\cdot e^{s\xi} d\xi + \int_{\epsilon}^{\infty} \varphi_{hh}^{E}(\nu)\cdot e^{-s\nu} d\nu + \int_{-\epsilon}^{\epsilon} \varphi_{hh}^{E}(\nu)\cdot e^{-s\nu} d\nu \qquad (4.279)$$

Das lezte Teilintegral beschreibt die Wirkung eines eventuell im Nullpunkt auftretenden Diracstoßes von $\varphi_{hh}^{E}(\tau)$. Ordnet man den Wert dieses Teilintegrals je zur Hälfte den beiden anderen Integralen zu, kann die zweiseitige Laplacetransformierte als Summe von zwei einseitigen (rechtsseitigen) Laplacetransformierten berechnet werden:

$$\mathfrak{L}_{II}\{\varphi_{hh}^{E}(\tau)\} = \mathfrak{L}_{I}\{\varphi_{hh}^{E}(\tau)\}\big|_{-s} + \mathfrak{L}_{I}\{\varphi_{hh}^{E}(\tau)\}\big|_{+s} \qquad (4.280a)$$

wobei dann hier die einseitige Laplacetransformierte gegeben ist durch:

$$\mathfrak{L}_I\{\varphi_{hh}^{E}(\tau)\}\Big|_{+s} = \lim_{\epsilon \to 0} \int_{\epsilon}^{\infty} \varphi_{hh}^{E}(\nu)\cdot e^{-s\nu} d\nu + 1/2\cdot \int_{-\epsilon}^{\epsilon} \varphi_{hh}^{E}(\nu)\cdot e^{-s\nu} d\nu \qquad (4.280b)$$

Diracstöße im Nullpunkt der Autokorrelationsfunktion $\varphi_{hh}^{E}(\tau)$ entsprechen einem direkten 'Durchgriff' von Filtereingang auf den Ausgang. Besitzt $\varphi_{hh}^{E}(\tau)$ keinerlei Diskontinuitäten im Nullpunkt, verschwindet das letzte Teilintegral und wir erhalten :

$$\mathfrak{L}_I\{\varphi_{hh}^{E}(\tau)\}\Big|_{+s} = \int_{0}^{\infty} \varphi_{hh}^{E}(\nu)\cdot e^{-s\nu} d\nu \qquad (4.280c)$$

Unter der Voraussetzung kausaler Stoßantworten h(t) kann, wie in /9/ gezeigt wird, direkt von der zweiseitigen Laplacetransformierten H(s) zur einseitigen Laplacetransformierten $H_I(s)$ übergegangen werden, wenn die einseitige Laplacetransformierte $H_I(s)$ entsprechend Gl. 4.280c definiert wird. Somit erhält man zusammengefaßt mit Gl. 4.276:

$$H_I(\tfrac{s}{j2\pi})\cdot H_I(-\tfrac{s}{j2\pi}) = \mathfrak{L}_I\{\varphi_{hh}^{E}(\tau)\}\Big|_{-s} + \mathfrak{L}_I\{\varphi_{hh}^{E}(\tau)\}\Big|_{+s} \qquad (4.281)$$

Mit Gleichung 4.281 kann die Übertragungsfunktion $H_I(s)$ eines kausalen, stabilen, minimalphasigen Systems aus der einseitigen Laplacetransformierten der Autokorrelationsfunktion der Systemstoßantwort bestimmt werden. In den folgenden Beispielen betrachten wir ausschließlich die Übertragungsfunktionen kausaler Systeme und können somit die Indizes 'I' zur Kennzeichnung der einseitigen Laplacetransformierten weglassen.

<u>Beispiel I</u>

Es soll ein stationärer Gaußprozeß $\mathbf{y}(\cdot,\cdot)$ erzeugt werden, dessen Autokorrelationsfunktion $\varphi_{yy}^{L}(\tau)$ gegeben ist durch:

$$\varphi_{yy}^{L}(\tau) = \sigma_y^2 \cdot e^{-\frac{|\tau|}{T}} \qquad (4.282a)$$

mit:

$$m_y = 0 \qquad (4.282b)$$

und:

$$\sigma_y^2 = E\{y^2(t)\} \tag{4.282c}$$

Zur Verfügung steht stationäres, weißes, gaußverteiltes Eingangsrauschen $\mathbf{w}(\cdot\,,\cdot\,)$ mit :

$$m_w = 0 \tag{4.283a}$$

und:

$$\varphi_{ww}^{L}(\tau) = N_0 \cdot \delta(\tau) \tag{4.283b}$$

Gesucht ist nun die Übertragungsfunktion H(s) und eine geeignete Zustandsraumdarstellung des kausalen, stabilen und minimalphasigen Systems, welches aus dem Eingangsprozeß $\mathbf{w}(\cdot\,,\cdot\,)$ den gewünschten Ausgangsprozeß $\mathbf{y}(\cdot\,,\cdot\,)$ erzeugt.

Lösung:

Aus Gleichung 4.271b ergibt sich für die Autokorrelationsfunktion des Systems:

$$\varphi_{hh}^{E}(\tau) = \frac{\sigma_y^2}{N_0} \cdot e^{-\frac{|\tau|}{T}} \tag{4.284}$$

Die einseitige Laplacetransformierte von Gl. 4.284 entnimmt man einer Tabelle:

$$\mathfrak{L}_I\{\varphi_{hh}^{E}(\tau)\}\Big|_{+s} = T \cdot \frac{\sigma_y^2}{N_0} \cdot \frac{1}{1+sT} \tag{4.285}$$

Damit erhält man aus Gleichung 4.281:

$$H\left(\frac{s}{j2\pi}\right) \cdot H\left(-\frac{s}{j2\pi}\right) = T \cdot \frac{\sigma_y^2}{N_0} \cdot \left[\frac{1}{1+sT} + \frac{1}{1-sT}\right] = T \cdot \frac{\sigma_y^2}{N_0} \cdot \frac{2}{(1+sT)\cdot(1-sT)} \tag{4.286}$$

Den minimalphasigen und stabilen Anteil dieses Produktes identifiziert man durch die Pole und Nullstellen mit negativem Realteil und erhält:

$$H(s) = \left(\frac{2 \cdot T}{N_0}\right)^{1/2} \cdot \sigma_y \cdot \frac{1}{1 + sT} = \left(\frac{2}{T \cdot N_0}\right)^{1/2} \sigma_y \cdot \frac{1}{s + \frac{1}{T}} \tag{4.287}$$

als Übertragungsfunktion des gesuchten Systems. Eine mögliche Zustandsraumdarstellung dieser Übertragungsfunktion lautet in Regelungsnormalform:

$$\dot{x}(t) = F \cdot x(t) + G \cdot w(t) \tag{4.288a}$$

und:

$$y(t) = C \cdot x(t) \tag{4.288b}$$

mit:

$$F = -\frac{1}{T} \tag{4.288c}$$

$$G = 1 \tag{4.288d}$$

$$C = \left(\frac{2}{T \cdot N_0}\right)^{1/2} \sigma_y \tag{4.288e}$$

Das Blockschaltbild dieses Modells ist in Abbildung 4.13 dargestellt.

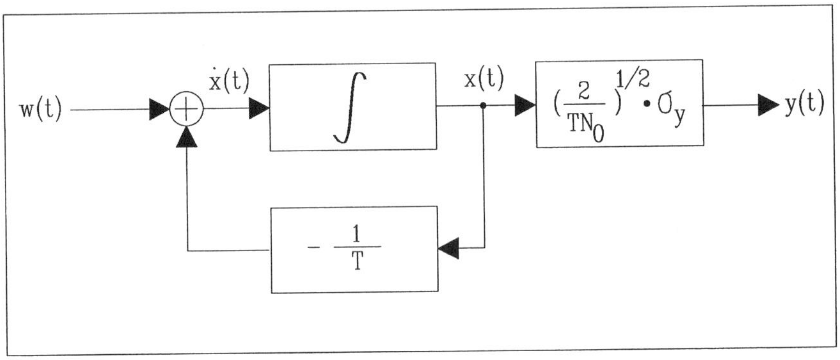

Bild 4.13: Zustandsraummodell zur Erzeugung korrelierten Rauschens

Beispiel II

Gesucht ist die Übertragungsfunktion H(s) und eine entsprechende Zustandsraumdarstellung des kausalen, minimalphasigen Systems, welches aus einem stationären, weißen Eingangsgaußprozeß **w**(· ,·) mit gegebener Rauschleistungsdichte N_0 einen Ausgangsprozeß **y**(· ,·) erzeugt, dessen Leistungsdichtespektrum $\phi^L_{yy}(f)$ gegeben ist durch:

$$\phi^L_{yy}(f) = \frac{a(2\pi f)^2}{b^2 + (2\pi f)^2} \tag{4.289}$$

Aus Gleichung 4.271c ergibt sich dann sofort:

$$|H(f)|^2 = \frac{\phi^L_{yy}(f)}{N_0} = \frac{1}{N_0} \cdot \frac{a(2\pi f)^2}{b^2 + (2\pi f)^2} \tag{4.290a}$$

Durch Ersetzen von f durch $\frac{s}{j2\pi}$ erhalten wir aus Gleichung 4.290a:

$$|H(\frac{s}{j2\pi})|^2 = -\frac{1}{N_0} \cdot \frac{a \cdot s^2}{b^2 - s^2} = H(\frac{s}{j2\pi}) \cdot H(-\frac{s}{j2\pi}) \tag{4.290b}$$

Gleichung 4.290b faktorisiert man leicht in:

$$H(\frac{s}{j2\pi}) \cdot H(-\frac{s}{j2\pi}) = (\frac{a}{N_0})^{1/2} \cdot \frac{s}{b+s} \cdot -(\frac{a}{N_0})^{1/2} \cdot \frac{s}{b-s} \tag{4.290c}$$

Durch die Auswahl der stabilen Pole und minimalphasigen Nullstellen erhält man dann für H(s):

$$H(s) = (\frac{a}{N_0})^{1/2} \cdot \frac{s}{b+s} \tag{4.290d}$$

Zur Realisierung dieser Übertragungsfunktion im Zustandsraum dividieren wir Gleichung 4.290d aus und erhalten:

$$H(s) = (\frac{a}{N_0})^{1/2} \cdot (1 - \frac{b}{b+s}) = (\frac{a}{N_0})^{1/2} - (\frac{a}{N_0})^{1/2} \cdot \frac{b}{b+s} \tag{4.290e}$$

Damit erhalten wir als Zustandsraumdarstellung in Regelungsnormalform:

$$\dot{x}(t) = F \cdot x(t) + G \cdot w(t) \tag{4.291a}$$

und:

$$y(t) = C \cdot x(t) + D \cdot w(t) \tag{4.291b}$$

mit:

$$F = -b \tag{4.291c}$$

$$G = 1 \tag{4.291d}$$

$$C = -(\frac{a}{N_0})^{1/2} \cdot b \tag{4.291e}$$

$$D = \left(\frac{a}{N_0}\right)^{1/2} \tag{4.291f}$$

Aufgrund des gleichen Zähler– und Nennergrades von H(s) erhalten wir also einen 'Durchgriff' des Eingangs auf den Ausgang.

Beispiel III

Am Ausgang eines linearen, zeitinvarianten Formfilters soll ein Rauschprozeß entstehen, dessen experimentell ermittelte Autokorrelationsfunktion folgende Form hat:

$$\varphi^{L}_{yy}(\tau) = \frac{a}{\cos(\varphi)} \cdot e^{-D\omega_n|\tau|} \cdot \cos((1-D^2)^{1/2} \cdot \omega_n \cdot |\tau| - \varphi) \tag{4.292a}$$

mit:

$$\varphi = \arctan\left(\frac{D}{(1-D^2)^{1/2}}\right) \tag{4.292b}$$

Die Leistung des Ausgangsprozesses wird experimentell zu:

$$E\{y^2\} = \sigma_y^2 \tag{4.292c}$$

bestimmt. Am Eingang des Systems steht weißes, gaußverteiltes Rauschen der Rauschleistungsdichte N_0 zur Verfügung.

Lösung

Aufgrund der gemessenen Leistung identifiziert man $a = \sigma_y^2$. Dann ergibt sich die Autokorrelationsfunktion der Stoßantwort des gesuchten Systems sofort zu:

$$\varphi^{E}_{hh}(\tau) = \frac{\sigma_y^2}{N_0} \cdot \frac{1}{(1-D^2)^{1/2}} \cdot e^{-D\omega_n|\tau|} \cdot \cos((1-D^2)^{1/2} \cdot \omega_n \cdot |\tau| - \varphi) \tag{4.293a}$$

Die einseitige Laplacetransformierte entnimmt man wieder einer Tabelle:

$$\mathfrak{L}_I\{\varphi^{E}_{hh}(\tau)\}\Big|_{+s} = \frac{\sigma_y^2}{N_0} \cdot \frac{s}{s^2 + 2D\omega_n s + \omega_n^2} \tag{4.293b}$$

Für die zweiseitige Laplacetransformierte erhält man dann, analog zum Vorgehen im ersten Beispiel:

$$H(\frac{s}{j2\pi})\cdot H(-\frac{s}{j2\pi}) = \frac{\sigma_y^2}{N_0}\cdot\left[\frac{s}{s^2 + 2D\omega_n s + \omega_n^2} - \frac{s}{s^2 - 2D\omega_n s + \omega_n^2}\right]$$

$$= \frac{\sigma_y^2}{N_0}\cdot\frac{-4D\omega_n s^2}{(s^2 + 2D\omega_n s + \omega_n^2)\cdot(s^2 - 2D\omega_n s + \omega_n^2)} \tag{4.294}$$

H(s) identifiziert man nun wieder als minimalphasigen und stabilen Anteil des Produktes, so daß man erhält:

$$H(s) = (\frac{4\cdot D\cdot \omega_n}{N_0})^{1/2}\cdot \sigma_y \cdot \frac{s}{s^2 + 2D\omega_n s + \omega_n^2} \tag{4.295}$$

Für die Zustandsraumdarstellung in Regelungsnormalform benutzen wir wieder den in Kapitel 2 abgeleiteten Formalismus (Gl. 2.62 und 2.63b) und erhalten so:

$$\dot{\underline{x}}(t) = F\cdot \underline{x}(t) + G\cdot w(t) \tag{4.296a}$$

und:

$$y(t) = C\cdot \underline{x}(t) \tag{4.296b}$$

mit:

$$F = \begin{bmatrix} 0 & 1 \\ -\omega_n^2 & -2D\omega_n \end{bmatrix} \tag{4.296c}$$

$$G = \begin{bmatrix} 0 \\ 1 \end{bmatrix} \tag{4.296d}$$

$$C = [0, (\frac{4\cdot D\cdot \omega_n}{N_0})^{1/2}\cdot \sigma_y] \tag{4.296e}$$

Natürlich können auch andere Zustandsraumnormalformen oder weitere äquivalente Zustandsraumdarstellungen verwendet werden.

4.7.2.2 Praktischer Formfilterentwurf

Möchte man die Meßfehler und die als driving noise bezeichneten Rausch–Eingangsgrößen eines Systems stochastisch analysieren, kommt man in der Regel nicht umhin, eine möglichst umfangreiche und stochastisch repräsentative Meßdatenreihe experimentell zu gewinnen. Bei der Analyse dieser Datenreihen finden die Methoden der statistischen Analyse empirisch gewonnener Meßdaten breite Anwendung. Ohne an dieser Stelle im einzelnen auf diese Problematik und die Methodik, für die auf die reichhaltige Spezialliteratur, beispeilsweise /5,6,7,8,10/, verwiesen wird, eingehen zu wollen, können jedoch einige grundlegende Punkte kurz andiskutiert werden. Grundsätzlich kann eine stochastische Beschreibung immer nur eine, zwar theoretisch exakte, aber eben abstrahierte Beschreibung eines realen Phänomens darstellen. Es kann also gar nicht darum gehen, praktische Probleme so naturgetreu und detailliert wie möglich zu beschreiben, da eine derartige Beschreibung, wenn überhaupt möglich, technisch immer am damit verbundenen Modellierungsaufwand scheitern muß. Ein weiteres Problem der zu detaillierten Modellbildung ist die Tatsache, daß die meßtechnische Identifikation von Modellierungsfeinheiten umso schwieriger wird, je indirekter diese Details zu Tage treten. Die Bestimmung der mittleren Leistung eines stationären, ergodischen Prozesses bereitet im allgemeinen keinerlei Schwierigkeiten, mit Ausnahme der Tatsache, daß Stationarität und Ergodizität eines Prozesses Annahmen sind, deren Gültigkeit belegt werden muß. Fatalerweise setzt dieser Gültigkeitsnachweis jedoch die meßtechnische Bestimmung der Autokorrelationsfunktion und/oder der Verteilungsdichtefunktion voraus, eine Problematik, deren Lösung bei weitem schwieriger ist als die meßtechnische Bestimmung der mittleren Leistung eines Prozesses. Auch die Bestimmung der Autokorrelations– und Autokovarianzfunktion eines Prozesses verläuft für stationäre und instationäre Prozesse völlig verschieden, so daß sich aus dieser Problematik ein gewisser 'Teufelskreis' ergibt, der nur durch eine vorsichtige 'Trial and Error'–Strategie bei der Meßdatenanalyse durchbrochen werden kann. Allgemein kann gesagt werden, daß eine verläßliche Bestimmung von Autokorrelations– oder Autokovarianzfunktion umso schwieriger wird, je größer die betrachteten Relativverschiebungen τ werden. Dies liegt im wesentlichen an der endlichen Länge der betrachteten Meßdatenreihen – durch deren zeitliche Begrenzung tritt ein 'Fenstereffekt' auf, der im Prinzip nicht vermieden werden kann. Allein diese Problematik ist schon Gegenstand einer Fülle wissenschaftlicher Veröffentlichungen. Die zeitliche Begrenzung gewonnener Meßdatenreihen birgt noch eine weitere Schwierigkeit: Auch instationäre Prozesse können in gewissen Zeitausschnitten stationär 'aussehen' und damit in einer Meßdatenanalyse, die nur diesen Ausschnitt betrachtet, zu völlig falschen

Modellaussagen führen. Diese Fehler können nur durch eine Analyse statistisch repräsentativer Datenmengen vermieden werden. Der Umfang einer in diesem Sinne repräsentativen Datenmenge hängt aber eben stark davon ab, wieviele Modellierungsparameter identifiziert werden sollen. Je komplexer ein Modell, desto umfangreicher wird eine statistisch repräsentative Datenmenge. Diese Problematik erfordert ganz einfach eine möglichst "knauserige" Modellbildung (parsimonious models /5/). Bei derartigen Modellierungskompromissen kommt der Technik der'Ausreißeranalyse' und –elimination eine wesentliche Rolle zu. Ausreißer sind Meßwerte, die einer anderen statistischen Grundgesamtheit entstammen als der Grundgesamtheit, deren Eigenschaften analysiert werden. Ob ein Meßwert in diesem Sinne ein Ausreißer ist oder nicht hängt im wesentlichen davon ab, welches Meßwerterzeugungsmodell hypothetisch zugrunde gelegt wurde und durch die Meßwertgesamtheit gestützt werden soll. Diese subjektive Ausreißerdefinition kann nun umgekehrt ausgenutzt werden, um die Verifikation eines hypothetischen Modells durchzuführen. Ein Modell gilt als genau genug, wenn die Anzahl der Ausreißer, die nicht in dieses Modell hineinpassen, klein gegenüber der Gesamtzahl der analysierten Meßdaten ist. Bei dieser Vorgehensweise beginnt man mit möglichst einfachen Modellierungshypothesen, bei der einfache Modelle mit z.B. geringstem quadratischem Fehler in vorhandene Meßdatenreihen eingepaßt werden. Diese Modelle werden dann entweder bestätigt oder widerlegt oder solange verfeinert, bis eine Verifikation erreicht ist. Die so gewonnenen Modelle können dann als Basis zum Entwurf optimaler Estimationsalgorithmen dienen. Allerdings muß die Güte der auf dieser Basis entwickelten Estimationsalgorithmen anhand der konkreten Anwendungsproblematik anschließend überprüft werden (Performance Analysen). Bei nicht zufriedenstellender Estimationsgüte muß gegebenenfalls der Vorgang der Modellbildung unter besonderer Berücksichtigung der aufgetretenen Probleme wiederholt werden.

4.8 Zusammenfassung

Kapitel 4 widmete sich der Beschreibung linearer, stochastischer Modelle durch stochastische Prozesse. Dazu wurden zunächst stochastische Prozesse als Erweiterung des statischen Zufallsvariablenkonzeptes auf zeitabhängige Phänomene eingeführt. Danach wurde auf die Methodik zur Beschreibung linearer, stochastischer Prozesse eingegangen. Brown'sche Prozesse, stochastische Integrale und stochastische Differentialgleichungen erwiesen sich dabei als Werkzeuge zur Beschreibung zeitkontinuierlicher, stochastischer Prozesse. Durch die Spezialisierung auf diskrete Zeitpunkte wurden dann Differenzengleichungen zur Beschreibung zeitdiskreter, stochastischer Prozesse eingeführt. Es wurde gezeigt, daß die Einführung weißer, gaußverteilter Rauschprozesse in Verbindung mit linearen Zustandsraummodellen eine sehr leistungsfähige Vereinfachung der mathematischen Betrachtungsweise mit sich bringt. Die bei dieser Modellierung entstehenden vektoriellen Gauß–Markov–Prozesse sind für estimationstheoretische Aufgabenstellungen von besonderem Interesse. Mit diesen Modellierungsvoraussetzungen wurde dann die Gesamtsystemmodellierung angegangen und anschließend einige Modellierungskonzepte sowohl im Zeit– als auch im Frequenzbereich erörtert. Den Abschluß der Modellierungsüberlegungen bildeten einige Bemerkungen über die praktische Meßdatenanalyse und deren Problematik.

4.9 Literatur zu Kapitel 4

1.) Lüke, H.D., Signalübertragung, Springer 1985

2.) Wong, E., Stochastic Processes in Information and Dynamical Systems, Mc. Graw Hill, New York, 1971

3.) Maybeck, P.S., Stochastic Models, Estimation and Control, Vol. I, Academic Press, New York, 1979

4.) Doob, J.L., Stochastic Processes, J. Wiley, Inc., New York, 1953

5.) Box, G.E., and Jenkins, G.M., Time Series Analysis, Forecasting and Control, Holden–Day, San Francisko, 1970

6.) Birkenfeld,W. Methoden zur Analyse kurzer Zeitreihen, Birkhäuser–Verlag, Basel und Stuttgart, 1977

7.) Bendat, J.S., and Piersol, G., Random Data: Analysis and Measurement Procedures, Wiley–Interscience, New York, 1971

8.) Graupe, D., Identification of Systems, Krieger Publishing Company, Huntington, New York, 1976

9.) Doetsch, G., Einführung in Theorie und Anwendung der Laplace–Transformation, Birkhäuser Verlag, Basel und Stuttgart, 1970

10.) Eyckhoff, P., System Identification, John Wiley & Sons, London, New York, 1974

11.) Brammer, K., Siffling, G., Stochastische Grundlagen des Kalman–Bucy–Filters, Oldenbourg Verlag, München, Wien, 1985

Sachverzeichnis